Rudolf Ott
Manfred Wendlandt

**Wirtschafts-,
Rechts-
und Sozialkunde**

Rudolf Ott
Manfred Wendlandt

Wirtschafts-, Rechts- und Sozialkunde

18., verbesserte Auflage

Die Deutsche Bibliothek – CIP-Einheitsaufnahme

Ott, Rudolf:
Wirtschafts-, Rechts- und Sozialkunde / Rudolf Ott;
Manfred Wendlandt. – 18., verb. Aufl. – Braunschweig;
Wiesbaden: Vieweg, 1994
    (Viewegs Fachbücher der Technik)
    ISBN 3-528-44020-1
NE: Wendlandt, Manfred:

1. Auflage 1963
2., durchgesehene Auflage 1964
3., durchgesehene Auflage 1967
4., durchgesehene Auflage 1970
5., durchgesehene Auflage 1972
6., neubearbeitete und erweiterte Auflage 1974
    Nachdruck 1975
7., verbesserte Auflage 1978
8., verbesserte Auflage 1979
9., verbesserte Auflage 1980
10., verbesserte Auflage 1981
11., verbesserte Auflage 1982
12., verbesserte Auflage 1985
13., verbesserte Auflage 1986
14., verbesserte Auflage 1987
15., verbesserte Auflage 1989
16., verbesserte Auflage 1990
17., verbesserte Auflage 1993
18., verbesserte Auflage 1994

Alle Rechte vorbehalten
© Friedr. Vieweg & Sohn Verlagsgesellschaft mbH, Braunschweig / Wiesbaden, 1994

Der Verlag Vieweg ist ein Unternehmen der Verlagsgruppe Bertelsmann International.

Das Werk einschließlich aller seiner Teile ist urheberrechtlich geschützt. Jede Verwertung außerhalb der engen Grenzen des Urheberrechtsgesetzes ist ohne Zustimmung des Verlags unzulässig und strafbar. Das gilt insbesondere für Vervielfältigungen, Übersetzungen, Mikroverfilmungen und die Einspeicherung und Verarbeitung in elektronischen Systemen.

Umschlaggestaltung: Klaus Birk, Wiesbaden
Satz: Vieweg, Braunschweig
Druck und buchbinderische Verarbeitung: Wiener Verlag, Himberg
Gedruckt auf säurefreiem Papier
Printed in Austria

ISBN 3-528-44020-1

Vorwort zur 6. Auflage

In fünf Auflagen hat sich das Buch „Wirtschafts- und Rechtskunde" in der Praxis bewährt. Nun liegt die 6., vollständig neu bearbeitete und erweiterte Auflage vor. Die neuen gesetzlichen Entwicklungen wurden wie bisher berücksichtigt. Außerdem wurden bei dieser Neuauflage alle Erfahrungen, die bei der Arbeit mit dem Buch gesammelt werden konnten, ausgewertet. Die Erweiterung des Themenkreises wird durch den neuen Titel „Wirtschafts-, Rechts- u. Sozialkunde" zum Ausdruck gebracht.

Die bisherige Gliederung in Wirtschaftskunde und Rechtskunde wurde beibehalten. Diese Teile sind in sich geschlossen und können unabhängig voneinander durchgearbeitet werden. Zahlreiche Verweise stellen die sachlichen Beziehungen zwischen diesen beiden Teilen sowie zwischen einzelnen Kapiteln und Abschnitten her.

Der volkswirtschaftliche Abschnitt ist ausführlicher als bisher gehalten, um vor allem die Auswirkungen der volkswirtschaftlichen Entwicklung auf den Einzelnen und den Betrieb zu zeigen.

Die Abschnitte „Industrieller Fertigungsbetrieb" und „Umsatzprozeß" wurden dagegen gestrafft, da diese Themen in anderen Büchern, z.B. in Sonnenberg, Arbeitsvorbereitung und Kalkulation, ausführlich dargestellt werden.

Neu aufgenommen wurde das Kapitel „Handelsrecht", das von vielen Seiten gewünscht wurde. In dieses Kapitel wurde auch die Behandlung der Unternehmungsformen und Unternehmungszusammenschlüsse integriert.

Ebenfalls neu aufgenommen wurde ein Kapitel über die wichtigsten sozialen Einheiten, wie Familie, Staat, Gemeinde usw. vor allem in rechtlicher Hinsicht. Damit entspricht der Inhalt den neuen Lehrplänen.

Zahlreiche Beispiele im Text veranschaulichen den Stoff und geben Anregungen zu Diskussionen einzelner Themen.

Rudolf Ott
Manfred Wendlandt

Bemerkung zur 18. Auflage

Durch die Neuauflage wurde das Buch auf den Stand vom Sommer 1993 gebracht.

Inhaltsverzeichnis

Teil I: Wirtschaftskunde

A. Einführung in die Wirtschaft ... 1
1. Wesen der Wirtschaft ... 1
2. Arten der wirtschaftlichen Tätigkeit ... 1
   - a) Urerzeugung ... 2
   - b) Weiterverarbeitung ... 2
   - c) Verteilung ... 3
   - d) Dienstleistungen ... 4
3. Einzelwirtschaft – Volkswirtschaft – Weltwirtschaft ... 5
4. Sozialprodukt ... 7
5. Organisationsformen der Volkswirtschaft ... 8
   - a) Zentralgeleitete Planwirtschaft ... 8
   - b) Freie Marktwirtschaft ... 8
   - c) Soziale Marktwirtschaft der Bundesrepublik ... 10
6. Produktionsfaktoren ... 10
   - a) Produktionsfaktor Boden (Natur) ... 10
   - b) Produktionsfaktor Arbeit ... 11
   - c) Produktionsfaktor Kapital ... 13
   - d) Betriebliche Produktionsfaktoren ... 14
7. Wert – Preis – Geld – Kredit ... 15
   - a) Wert ... 15
   - b) Preis ... 15
   - c) Geld ... 16
   - d) Kredit ... 18
8. Konjunkturzyklus ... 20

B. Die Unternehmung als finanziell-rechtliche Einheit ... 20
1. Betrieb – Unternehmung – Firma ... 20
2. Gründung der Unternehmung ... 20
   - a) Wirtschaftliche Voraussetzungen ... 21
   - b) Rechtliche Voraussetzungen ... 23

C. Der industrielle Fertigungsbetrieb ... 24
1. Wesen des Industriebetriebes ... 24
2. Standort des Industriebetriebes ... 26
   - a) Rohstofflage ... 26
   - b) Menschliche Arbeitskräfte ... 27
   - c) Energiequellen ... 27
   - d) Absatzlage ... 27
   - e) Verkehrsverhältnisse ... 27
   - f) Grundstücksverhältnisse ... 28
   - g) Steuerliche Gesichtspunkte ... 28
   - h) Tradition und werbepsychologische Gründe ... 28
   - i) Sonstige Gesichtspunkte ... 28
3. Die im Industriebetrieb arbeitenden Menschen ... 28
   - a) Unternehmer ... 28
   - b) Mitarbeiter der Unternehmung ... 29
4. Organisation des Industriebetriebes – Rationalisierung ... 32
5. Das Rechnungswesen des Industriebetriebes ... 34
   - a) Buchhaltung ... 34
   - b) Kostenrechnung ... 36
   - c) Statistik ... 36
   - d) Planung ... 37
6. Betriebliche Meßziffern ... 37
   - a) Rentabilität ... 37
   - b) Wirtschaftlichkeit ... 38
   - c) Produktivität ... 38
   - d) Kapazität ... 39
   - e) Beschäftigungsgrad ... 39
   - f) Liquidität ... 41
   - g) Cash Flow ... 42

D. Der betriebliche Umsatzprozeß ... 42
1. Beschaffung ... 43
   - a) Einkaufsabteilung ... 43
   - b) Durchführung der Beschaffung ... 44
2. Lagerung ... 46
   - a) Das Lager ... 46
   - b) Lagerarbeiten ... 47
   - c) Die Lagergröße ... 48
   - d) Lagerkosten ... 49
3. Fertigung ... 49
4. Fertigwarenlager ... 50
5. Vertrieb ... 50
   - a) Werbung ... 50
   - b) Verkauf ... 52
   - c) Versand ... 54
   - d) Geldeinzug ... 54

Teil II: Rechtskunde

A. Einführung ... 56
1. Rechtsbegriff ... 56
2. Gliederung des Rechts ... 57
3. Rechtsnormen ... 58
   - a) Satzungsrecht ... 58
   - b) Gewohnheitsrecht ... 59
4. Personen des Rechts – Rechtsfähigkeit ... 59

5. Geschäftsfähigkeit	60
6. Sachen	62
7. Fristen, Termine, Verjährung	63
a) Fristen, Termine	63
b) Verjährung	64
8. Allgemeines über Rechtsgeschäfte	65
a) Willenserklärung	65
b) Arten der Rechtsgeschäfte	65
c) Form der Rechtsgeschäfte	66
d) Nichtigkeit von Rechtsgeschäften	67
e) Anfechtbarkeit von Rechtsgeschäften	
f) Bedingung	69
g) Vertretung – Vollmacht	69
h) Zustimmung – Einwilligung – Genehmigung	70

B. Schuldverhältnisse   71

1. Allgemeine Bestimmungen	71
2. Verträge	73
a) Allgemeines über Verträge	73
b) Übersicht über die wichtigsten Verträge	74
3. Kaufvertrag	76
a) Wesen des Kaufs	76
b) Zustandekommen des Kaufvertrages	77
c) Besondere Arten des Kaufvertrages	78
d) Verpflichtungen aus dem Kaufvertrag	80
e) Störungen bei der Erfüllung des Kaufvertrages	80
4. Werk- und Werklieferungsvertrag	82
a) Werkvertrag	82
b) Werklieferungsvertrag	84
5. Darlehen, Bürgschaft	84
a) Darlehen	84
b) Bürgschaft	85
6. Ungerechtfertigte Bereicherung	85
7. Haftpflicht	86
a) Schaden	86
b) Ersatzpflicht	87

C. Aus dem Sachenrecht   91

1. Eigentum	91
a) Besitz-Eigentum	91
b) Eigentumserwerb an beweglichen Sachen	92
c) Eigentumserwerb an Grundstücken	94
2. Pfandrecht	95
a) Pfandrecht an beweglichen Sachen	95
b) Grundpfandrechte	96

D. Aus dem Handelsrecht   98

1. Handelsstand	99
a) Kaufleute	99
b) Handelsregister, Firma	101
c) Hilfspersonen des Kaufmannes	102
2. Unternehmungsformen	103
a) Einzelunternehmung	104
b) Personengesellschaften	104
c) Kapitalgesellschaften	110
d) Genossenschaften	117
3. Unternehmungszusammenschlüsse	119
a) Unternehmervereinigungen	119
b) Kartelle	119
c) Syndikate	121
d) Konzerne und sonstige verbundene Unternehmen	121
e) Trusts	122
4. Handelsgeschäfte	122

E. Zahlungsverkehr, Wertpapiere   125

1. Übersicht über den Zahlungsverkehr	125
2. Postgiroverkehr	126
3. Bankverkehr, Scheck	126
a) Allgemeines	126
b) Scheck	126
4. Wechsel	128
5. Übersicht über die Wertpapiere	133

F. Gerichtswesen   134

1. Allgemeines über das Gerichtswesen	134
a) Amtsgerichte	135
b) Landgerichte	135
c) Oberlandesgerichte	136
d) Bundesgerichtshof	136
2. Geltendmachung von Ansprüchen	136
a) Mahn- und Klageverfahren	137
b) Zwangsvollstreckung	138
3. Konkurs- und Vergleichsverfahren	139
a) Konkursverfahren	139
b) Vergleichsverfahren	140

G. Arbeitsrecht   141

1. Einführung in das Arbeitsrecht	141
a) Begriff des Arbeitsrechts	141
b) Quellen des Arbeitsrechts	141
c) Arbeitgeber	142
d) Arbeitnehmer	142

2. Arbeitsverhältnis	143
a) Begründung des Arbeitsverhältnisses	143
b) Inhalt des Arbeitsverhältnisses	144
c) Beendigung des Arbeitsverhältnisses	152
d) Berufsausbildungsverhältnis (früher Lehrverhältnis)	156
3. Arbeitsverfassung	157
a) Berufsverbände	157
b) Arbeitskampf	159
c) Tarifverträge	160
4. Betriebsverfassung	161
a) Betriebsrat	161
b) Betriebsvereinbarungen	164
5. Arbeitsschutz	164
a) Betriebsschutz	165
b) Arbeitszeitschutz	165
c) Sonderschutz für Frauen	166
d) Sonderschutz für Jugendliche	168
6. Arbeitsstreitigkeiten	169

H. Versicherungen 171

1. Allgemeines über Versicherungen	171
2. Vertragsversicherung	171
a) Allgemeines	171
b) Einige Zweige der Vertragsversicherung	172
3. Sozialversicherung	175
a) Übersicht	175
b) Gesetzliche Krankenversicherung	176
c) Rentenversicherung	179
d) Arbeitslosenversicherung – Arbeitsförderung	181
e) Gesetzliche Unfallversicherung	182

I. Steuern 183

1. Allgemeines Steuerrecht	183
a) Wesen und Zweck der Steuern	183
b) Einteilung der Steuern	184
c) Steuerverwaltung	185
d) Steuerverfahren	186
e) Rechtsbehelfe	186
f) Steuerstrafrecht	187

2. Steuerarten	187
a) Einkommensteuer	187
b) Lohnsteuer	193
c) Kapitalertragsteuer – Zinsabschlagsteuer	194
d) Körperschaftsteuer	195
e) Vermögensteuer	196
f) Gewerbesteuer	197
g) Grundsteuer	198
h) Umsatzsteuer (Mehrwertsteuer)	198
i) Erbschaft- und Schenkungsteuer	200
k) Grunderwerbsteuer	201
l) Kraftfahrzeugsteuer	201
m) Weitere Verkehrsteuern	202
n) Kirchensteuer	202
o) Verbrauchsteuern	203
3. Vermögensbildung der Arbeitnehmer	203
a) Vergünstigungen des Fünften Vermögensbildungsgesetzes	203
b) Anlageformen – Höhe der Zulagen	204
c) Festlegungsfristen	204
4. Wohnungsbau-Prämien	205

K. Gewerblicher Rechtsschutz 205

1. Patent	205
2. Gebrauchsmuster	206
3. Geschmacksmuster	207
4. Warenzeichen	207
5. Arbeitnehmererfindungen	207
6. Unlauterer Wettbewerb	208

L. Familie, Gemeinde, Staat, überstaatliche Organisationen 209

1. Familie	209
a) Ehe	209
b) Verwandtschaft	210
c) Erbrecht	212
2. Gemeinde	212
3. Staat	213
4. Überstaatliche Organisationen	216
a) Europäische Gemeinschaften – künftig Europäische Union (EU)	216
b) Vereinte Nationen	216

Anhang

Literatur zum Weiterstudium	218
Aufgaben	219

Sachwortverzeichnis 224

Abkürzungen

AFG	Arbeitsförderungsgesetz
AG	Aktiengesellschaft
AGB-Gesetz	Gesetz zur Regelung der Allgemeinen Geschäftsbedingungen
AO	Abgabeanordnung
ArbGG	Arbeitsgerichtsgesetz
Art.	Artikel
AWF	Ausschuß für wirtschaftliche Fertigung
AWV	Ausschuß für wirtschaftliche Verwaltung
AZO	Arbeitszeitordnung
BFH	Bundesfinanzhof
BGB	Bürgerliches Gesetzbuch
BGH	Bundesgerichtshof
BetrVG	Betriebsverfassungsgesetz
BewG	Bewertungsgesetz
cif	cost, insurance, freight (Verkäufer trägt Beförderungs- und Versicherungskosten bis zum Empfangshafen)
eG	Eingetragene Genossenschaft
ErbStG	Erbschaftssteuer- und Schenkungssteuergesetz
EStDV	Einkommensteuerdurchführungsverordnung
EStG	Einkommensteuergesetz
EURATOM	Europäische Atomgemeinschaft
EWG	Europäische Wirtschaftsgemeinschaft
FGO	Finanzgerichtsordnung
FKP	Föderales Konsolidierungsprogramm (Solidaritätszuschlag)
fob	free on board (frei Schiff)
GebrMG	Gebrauchsmustergesetz
GeschmMG	Geschmacksmustergesetz
GewO	Gewerbeordnung
GewStG	Gewerbesteuergesetz
GG	Grundgesetz für die Bundesrepublik Deutschland
GmbH	Gesellschaft mit beschränkter Haftung
GrEStG	Grunderwerbssteuergesetz
GrStG	Grundsteuergesetz
GWB	Gesetz gegen Wettbewerbsbeschränkungen
HandwO	Handwerksordnung
HGB	Handelsgesetzbuch
JASchG	Gesetz zum Schutz der arbeitenden Jugend (Jugendarbeitsschutzgesetz)
KG	Kommanditgesellschaft
KGaA	Kommanditgesellschaft auf Aktien
KO	Konkursordnung
KSchG	Kündigungsschutzgesetz
KStG	Körperschaftssteuergesetz
KVStG	Kapitalverkehrsteuergesetz
KraftStG	Kraftfahrzeugsteuergesetz
MSchG	Mutterschutzgesetz
OEEC	Organisation für europäische Zusammenarbeit
OHG	Offene Handelsgesellschaft
PatGes	Patentgesetz
ProdHaftG	Produkthaftungsgesetz
REFA	Verband für Arbeitsstudien und Betriebsorganisation – REFA – e.V. (früher: Reichsausschuß für Arbeitsstudien)

RKW	Rationalisierungskuratorium der deutschen Wirtschaft (früher: Reichskuratorium für Wirtschaftlichkeit)
RVO	Reichsversicherungsordnung
StGB	Strafgesetzbuch
StPO	Strafprozeßordnung
UStG	Umsatzsteuergesetz
UWG	Gesetz gegen den unlauteren Wettbewerb
VerglO	Vergleichsordnung
VermBG	Vermögensbildungsgesetz
VStG	Vermögensteuergesetz
VVG	Versicherungsvertragsgesetz
VZ	Veranlagungszeitraum
WoBauG	Wohnungsbaugesetz
WoPG	Wohnungsbau-Prämiengesetz
WZG	Warenzeichengesetz
ZPO	Zivilprozeßordnung

Teil I
Wirtschaftskunde

A. Einführung in die Wirtschaft

1. Wesen der Wirtschaft

Der Mensch hat zahlreiche *Bedürfnisse,* die er befriedigen möchte. Solche Bedürfnisse sind seine Existenzbedürfnisse, Kulturbedürfnisse und Luxusbedürfnisse. Die Bedürfnisse sind bei den einzelnen Menschen unterschiedlich, je nach Alter, Geschlecht, Herkunft, Beruf, Ort, Zeit und Veranlagung. *Bedarf* ist der Teil der Bedürfnisse, der mit verfügbaren Mitteln befriedigt werden kann, für den also Kaufkraft vorhanden ist.

Dinge, die zur Bedarfsdeckung geeignet („gut") erscheinen, nennt man *Güter.* Die allermeisten Güter sind nicht im Überfluß vorhanden (freie Güter, z.B. Atemluft), sondern sind knapp und müssen irgendwie beschafft werden (wirtschaftliche Güter).

Fast alles, was der menschlichen Bedürfnisbefriedigung dient, wodurch also der Bedarf vielfältigster Art gedeckt werden kann, bezeichnet man als *Wirtschaft* bzw. als *wirtschaftliche Tätigkeit.* Die Wirtschaft steht somit zwischen der Natur mit ihren Naturkräften auf der einen Seite und dem Menschen mit seinen Bedürfnissen auf der anderen Seite.

Wenn man von gewerblicher Wirtschaft spricht, denkt man an die Betriebe der Industrie, des Handwerks, des Handels, des Verkehrs sowie an sonstige Dienstleistungen verschiedenster Art (Güterbereitstellung und Dienstleistungen). Der Mensch will mit Hilfe der Wirtschaft materielle und ideele Bedürfnisse befriedigen und dabei normalerweise möglichst viel verdienen.

Unter *Wirtschaftlichkeit* versteht man das Verhältnis von Leistung (Ergebnis) zu den eingesetzten Mitteln (Kosten). Das wirtschaftliche Prinzip (ökonomisches Prinzip, Rationalprinzip) fordert, mit gegebenen Mitteln einen möglichst großen Erfolg (Wirkungsgrad) zu erzielen (Maximalprinzip) bzw. einen bestimmten Erfolg mit dem geringsten Aufwand zu erreichen (Minimalprinzip, Sparprinzip).

2. Arten der wirtschaftlichen Tätigkeit

Man gliedert die Arten der wirtschaftlichen Tätigkeit in folgende Hauptzweige:

    1. Urerzeugung   3. Verteilung
    2. Weiterverarbeitung   4. Dienstleistungen

a) Urerzeugung

Unter Urerzeugung oder Urproduktion versteht man alle Tätigkeiten, bei denen der Mensch der Natur erstmalig Güter abringt. Dazu zählen die *Landwirtschaft* (einschl. Gartenbau, Seidenraupenzucht usw.), die *Forstwirtschaft*, die *Fischerei* (See- und Binnenfischerei) und der *Bergbau* (einschließlich Wasserversorgung, Erdölgewinnung Erdgasgewinnung, Abbau von Sand, Steinen usw.).

Man kann auch noch die Energieerzeugung aus Wasserkraft, Wind- und direkter Sonnenkraft zur Urproduktion rechnen.

Die Urerzeugung ist die Grundlage für jede weitere wirtschaftliche Tätigkeit und das menschliche Leben überhaupt. Es ist daher verständlich, daß der Staat, also die Allgemeinheit, um die Förderung der Urproduktion bemüht ist („Grüner Plan", Rauchverbot in Wäldern, Maßnahmen für den Bergbau usw.). Natur- und Umweltschutz sind vordringliche Aufgaben.

b) Weiterverarbeitung

Nur ein kleiner Teil der Erzeugnisse der Urproduktion kann unverändert den Weg zum Verbraucher finden, z.B. Kartoffeln, Obst, Fische. Der größte Teil der Urprodukte muß weiterverarbeitet (veredelt) werden. Diese Weiterverarbeitung nennt man auch *abgeleitete Produktion*.

Die beiden großen Zweige der Weiterverarbeitung zu Gebrauchs- und Verbrauchsgütern sowie zu Produktivgütern sind das *Handwerk* und die *Industrie*.

Die ursprüngliche handwerkliche Form ist das Hauswerk (Heimwerk), das nur dem eigenen Bedarf dient. Beim Lohnwerk werden fremde Rohstoffe entweder in der eigenen Werkstatt oder im Hause des Auftraggebers verarbeitet. Die Hauptform des Handwerks ist das Preiswerk. Hier stellt der Handwerker in eigener Werkstatt aus eigenen Rohstoffen Waren her, die er zu einem bestimmten Preis verkauft.

Bei der Industrie unterscheiden wir das Verlagssystem, die Manufaktur und den Fabrikbetrieb. Im Verlagssystem, auch Heimindustrie genannt, gibt der Unternehmer die Rohstoffe an die Arbeiter aus, die sie in ihrer Wohnung verarbeiten. Diese Form war besonders im 17. Jahrhundert ausgeprägt.

Die nächste industrielle Stufe ist die Manufaktur[1]. Bei dieser Form arbeitet eine größere Anzahl von Arbeitskräften vorwiegend mit der Hand in den Räumen des Unternehmers, z.B. Porzellanmanufaktur. Dieses Betriebssystem war besonders im 18. Jahrhundert bedeutend.

Aus der Manufaktur entwickelte sich der Fabrikbetrieb. Weitgehende Ausstattung mit Maschinen, Arbeitsteilung und Massenfertigung kennzeichnen den heutigen industriellen Fertigungsbetrieb.

Die Industrie hat auf vielen Gebieten das Handwerk aus der Fertigung verdrängt. Der Uhrmacher stellt heutzutage keine Uhren her, sondern repariert oder verkauft sie. Ähnlich ist es mit dem Schuhmacher, sofern es sich nicht um einen orthopädischen Schuhmacher handelt. Behaupten kann sich das Handwerk noch auf dem Gebiet der Einzelanfertigung. Der Maßanzug wird vom Handwerker gefertigt, ebenso das Qualitätsmöbelstück für einen besonderen Zweck. Auch das Kunsthandwerk kann nicht so leicht durch die Industrie verdrängt werden. Im Nahrungsgewerbe (z.B. Bäcker und

---

1   Lat. manus ≙ Hand, facere ≙ machen.

A. Einführung in die Wirtschaft 3

Fleischer) und im Baugewerbe behauptet sich ebenfalls noch das Handwerk, auch wenn es sich schon erheblicher Konkurrenz durch die Industrie gegenüber sieht.

Die Industrie verdrängte aber nicht nur Handwerkszweige, sondern brachte auch neue hervor, z.B. das Reparaturhandwerk.

Die Herstellerbetriebe, insbesondere die Industrie, kann man nach verschiedenen Gesichtspunkten unterteilen (s. I.C.I).

c) Verteilung

Die Erzeugnisse der produzierenden Betriebe, insbesondere der arbeitsteiligen Industrie, müssen zum Verbraucher oder zum Weiterverarbeiter gelangen, die Verteilung muß organisiert werden.

Die Verteilung durch selbständige Betriebe, die die Ware kaufen, sie evtl. lagern und dann ohne Verarbeitung oder wesentliche Bearbeitung weiterverkaufen, bezeichnet man als *Handel* im engeren Sinne. Der *Großhandel* verkauft an andere Betriebe, z.B. an Einzelhandlungen, andere Großhandlungen, Handwerks- und Industriebetriebe. Der *Einzelhandel* verkauft an den letzten Verbraucher. Großhandel und Einzelhandel können auch kombiniert sein. Die Größe des Betriebes spielt hierbei keine Rolle.

Ebenfalls können Handel und Produktion kombiniert sein. In Bäckereien werden allgemein Handelswaren geführt. Die Apotheker stellen heute die wenigsten Arzneimittel selbst her.

Die wichtigsten Betriebsformen des Einzelhandels sind Fachgeschäft, Gemischtwarenhandlung, Filialgeschäft, Kaufhaus, Warenhaus, Supermarkt, Verbrauchermarkt, Discountgeschäft, Versandhandel, Hausierhandel und Warenautomaten.

Man kann auf den selbständigen Handel als Einrichtung (Institution) verzichten. So gibt es z.B. Industriebetriebe, die in Fabrikläden oder auf dem Versandwege direkt an die Verbraucher verkaufen. In diesen Fällen muß der Hersteller die Aufgaben des Handels übernehmen. Die Funktionen des Handels müssen auf jeden Fall erfüllt werden, auch wenn er als Institution nicht in Erscheinung tritt.

Die Bedeutung des Großhandels soll anhand des Bildes I/1 erläutert werden. Das linke Schaubild zeigt die Situation ohne Großhandel. Jeder Einzelhändler, der ja die Erzeugnisse vieler Hersteller in seinem Laden führt, muß mit jedem Hersteller Kontakt haben.

Jeder Hersteller muß wiederum mit all den vielen Einzelhändlern in Verbindung stehen. Jeder Strich bedeutet solch eine Verbindung, nämlich Anfrage, Angebot, Bestellung, Auftragsbestätigung, Lieferung, Rechnungstellung, evtl. Mahnung, Beanstandung usw. So würde von allen Beteiligten recht viel Zeit und Geld aufgewandt.

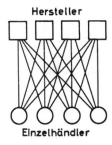
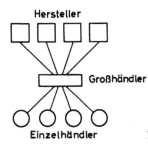

Bild I/1. Funktion des Großhandels

Das rechte Schaubild zeigt die Funktion eines Großhändlers. Er kauft bei den verschiedenen Fabriken die Waren in größeren Mengen ein und beliefert seine Kunden gleichzeitig mit den Erzeugnissen verschiedener Hersteller. Man sieht, daß durch die Sammelfunktion des Großhändlers die Kosten nicht erhöht, sondern gesenkt werden.

Es kann natürlich auch sein, daß die absatzwirtschaftliche Leistung des Großhändlers nur sehr gering ist, z.B. bei ungenügender Lagerhaltung, und daß er daher eigentlich überflüssig ist.

d) Dienstleistungen

Für das einwandfreie Funktionieren einer gegliederten Wirtschaft, also zur ausreichenden Befriedigung der verschiedenen menschlichen Bedürfnisse, genügen Produktion und Verteilung allein nicht. Es sind vielerlei Dienstleistungen notwendig. Zu den dienstleistenden Einrichtungen gehören Banken, Versicherungen, Verkehrsbetriebe, Beherbergungsbetriebe, öffentliche Verwaltungen usw.

So sorgen die *Banken, Postgiroämter* und *Sparkassen* für den Geld- und Kreditverkehr.

Aufgabe der *Versicherungen* ist es, gegen Entgelt für den einzelnen Risiken (Wagnisse) zu übernehmen, also praktisch auf Versichertengemeinschaften zu verteilen.

Die *Verkehrsbetriebe* befördern Personen, Güter und Nachrichten. Mit ihren verschiedenartigen Verkehrsmitteln, z.B. Seeschiffen, Binnenschiffen, Eisenbahnen, Kraftwagen, Flugzeugen, Rohrleitungen, Draht- und Funkverbindungen, Nachrichtensateliten, helfen sie, Raum und Zeit zu überwinden.

Es gibt aber noch eine Reihe *sonstiger Dienstleistungsbetriebe*. Das Beherbergungsgewerbe leistet hauptsächlich Dienste und hat in geringem Maße Verteilungsaufgaben. Manche Handwerker gehören auch zu den Dienstleistenden (z.B. Friseure).

Auch die *freien Berufe*, wie z.B. Rechtsanwälte, Steuerberater, Ärzte und Architekten, leisten Dienste, obwohl sie nicht zur gewerblichen Wirtschaft gehören.

Die *Vermittler*, nämlich Handelsvertreter, Kommissionäre und Makler, vermitteln den Abschluß von Geschäften.

Schließlich sollen noch die Dienste der *öffentlichen Verwaltungen* (Bund, Länder, Gemeinden) erwähnt werden; Behörden, Schulen, Krankenhäuser usw. sind zwar keine Dienstleistungsbetriebe, dienen jedoch der Allgemeinheit.

Tabelle 1: Arten der wirtschaftlichen Tätigkeit

Urerzeugung	Weiterverarbeitung	Verteilung	Dienstleistungen
Landwirtschaft Forstwirtschaft Fischerei Bergbau u.ä.	Handwerk (Haus-, Lohn-, Preiswerk) Industrie (Verlag, Manufaktur, Fabrik)	als Institution Handel Groß- Einzel- handel handel	Banken, Versicherungen, Verkehr, Sonstige Dienstleistungsbetriebe (z.B. Beherbergung, Vergnügung, Friseure), Vermittler, Freie Berufe, Öffentlicher Dienst

Die Urerzeugung wird auch als primäre Produktion, Weiterverarbeitung als sekundäre und Verteilung sowie Dienstleistungen als tertiäre „Produktion" bezeichnet.

A. Einführung in die Wirtschaft

Tabelle 2: *Anteil der Wirtschaftsbereiche an der Gesamtwirtschaft in v.H.[1] in den alten Bundesländern*

Jahr	Land- und Forstwirtschaft		Produzierendes Gewerbe		Handel und Verkehr		Sonstige Wirtschaftsbereiche	
	I	II	I	II	I	II	I	II
1950	24,6	10,2	42,6	49,6	14,3	20,4	18,4	19,8
1960	13,8	5,7	47,7	54,4	17,2	19,6	21,3	20,3
1970	8,5	3,1	48,8	54,1	17,5	18,0	25,2	24,8
1980	5,5	2,1	44,1	47,4	18,5	15,9	31,9	37,6
1989	3,8	1,7	38,7	41,4	19,2	14,8	38,3	42,2

I = Erwerbstätige (Jahresdurchschnitt)
II = Bruttoinlandsprodukt (s. I.A.4) (1980 und 1989 Bruttowertschöpfung, d.h. Bruttoinlandsprodukt abzügl. Einfuhrabgaben, Anteil der Wirtschaftsbereiche in Gesamtdeutschland 1992 s. S. 7)

3. Einzelwirtschaft – Volkswirtschaft – Weltwirtschaft

„Der Prozeß der Leistungserstellung und der Leistungsverwertung erfolgt in organisierten Wirtschaftseinheiten, die man als Betriebe bezeichnet. Ein *Betrieb* ist eine planvoll organisierte Wirtschaftseinheit, in der eine Kombination von Produktionsfaktoren mit dem Ziel erfolgt, Sachgüter zu produzieren und Dienstleistungen bereitzustellen."[2]

Die Betriebe, sowohl der Ein-Mann-Betrieb als auch das industrielle Großunternehmen, befriedigen Bedürfnisse, sie erzeugen Güter, verteilen sie oder leisten Dienste. Betriebe und Konsumtionswirtschaften (Verbrauchswirtschaften, also private und öffentliche Haushalte) sind *Einzelwirtschaften*[3].

Die Lehre von der Wirtschaft des Betriebes heißt *Betriebswirtschaftslehre*. Die *allgemeine* Betriebswirtschaftslehre befaßt sich mit den Erscheinungen, die allen Betrieben gemeinsam sind. Die *besonderen* (speziellen) Betriebswirtschaftslehren, z.B. Industriebetriebslehre, Handelsbetriebslehre, Bankbetriebslehre, befassen sich mit den betriebswirtschaftlichen Problemen nur bestimmter Wirtschaftszweige (Wirtschaftszweiglehre). Zur *betriebswirtschaftlichen Verfahrenstechnik* gehören das Rechnungswesen (Buchhaltung, Bilanz, Kostenrechnung, Statistik, Planungsrechnung), Wirtschaftsrechnen, Finanzmathematik, Büro- und Organisationstechnik.

Der Fachmann für Betriebswirtschaftslehre ist der *Betriebswirt*. Der Diplom-Kaufmann studierte an einer wissenschaftlichen Hochschule, der Diplom-Betriebswirt (FH) an einer Fachhochschule und der praktische oder staatlich geprüfte Betriebswirt an einer Fachschule oder Fachakademie.

Die Wirtschaft eines staatlich organisierten Volkes bezeichnet man als *Volkswirtschaft*. Sie ist nicht nur ein Nebeneinander der Einzelwirtschaften des betreffenden Staates, sondern eine neue wirtschaftliche Einheit, ein Organismus mit wechselseitigen Beziehungen und Verflechtungen der Einzelwirtschaften. Eine einheitliche Währung, eigene Gesetze, Anschauungen, Sitten und Gebräuche verdichten die Einheit einer Volkswirtschaft.

---

1 Quelle: Bundesministerium für Wirtschaft und Finanzen, „Leistung in Zahlen" 25. Auflage 1976, S. 15 und 44 und 39. Auflage 1990, S. 12 und 35.
2 *Günter Wöhe*, Einführung in die Allgemeine Betriebswirtschaftslehre, Verlag Franz Vahlen GmbH, Berlin und Frankfurt a.M. 1967, S. 4.
3 Eine Anzahl von Autoren setzt die Begriffe „Betrieb" und „Einzelwirtschaft" gleich (vgl. *Wöhe*, a.a.O., S. 5).

Die *Volkswirtschaftslehre* (Nationalökonomie) befaßt sich mit der Volkswirtschaft. Zur Volkswirtschaftslehre gehören die allgemeine Volkswirtschaftslehre, die besondere Volkswirtschaftslehre und die Finanzwissenschaft.

Die Aufgabe der *allgemeinen Volkswirtschaftslehre* (Volkswirtschaftstheorie) ist, „den volkswirtschaftlichen Ablauf (Prozeß) darzustellen und Zusammenhänge aufzuzeigen."[1] Die Teilgebiete befassen sich mit Gütererzeugung, Güteraustausch, Güterverteilung, Güterverbrauch und Güterbewegung.

Die *besondere Volkswirtschaftslehre* (Volkswirtschaftspolitik, praktische Volkswirtschaftslehre) befaßt sich mit der Einwirkung auf die Volkswirtschaft. Hauptträger der Volkswirtschaftspolitik ist der Staat. Wichtige Teilgebiete sind die Geld- und Kreditpolitik, die Industrie- und Handwerkspolitik, die Landwirtschaftspolitik (Agrarpolitik) sowie die Konjunkturpolitik. Ziel der Volkswirtschaftspolitik sollten

1. Vollbeschäftigung (keine Arbeitslosigkeit),
2. Wirtschaftswachstum (Steigerung des realen Bruttosozialproduktes),
3. Preisstabilität,
4. außenwirtschaftliches Gleichgewicht (ausgeglichene Zahlungsbilanz)

sein. Man spricht hierbei vom „magischen Viereck" der Volkswirtschaftspolitik. Nach dem Gesetz zur Förderung der Stabilität und des Wachstums der Wirtschaft (StabG) vom 8.6.1967 haben Bund und Länder diese Ziele gleichzeitig zu fördern.

Die *Finanzwissenschaft* ist die Lehre von der Finanzwirtschaft, also von der Beschaffung, Verwaltung und Verwendung der öffentlichen Mittel. Es geht hierbei hauptsächlich um die Steuern (s. II.I.), die zur Bestreitung der Ausgaben öffentlicher Gemeinwesen dienen.

Betriebswirtschaftslehre und Volkswirtschaftslehre sind *Wirtschaftswissenschaften* und gehören zu den Geisteswissenschaften.

Unter *Weltwirtschaft* versteht man die Beziehungen und Verflechtungen durch den internationalen Handel sowie die internationalen Bewegungen von Kapital und Arbeitern zwischen den einzelnen Volkswirtschaften und den internationalen Tourismus. Das Wesen der Weltwirtschaft beruht auf allseitiger Ergänzungsbedürftigkeit der beteiligten Volkswirtschaften (internationale Arbeitsteilung). Die Weltwirtschaft kann durch fördernde oder hemmende Maßnahmen (Handelsverträge bzw. Schutzzölle) der einzelnen Staaten beeinflußt werden.

Vereinbarungen mehrerer Staaten, insbesondere die Europäische Gemeinschaft (EG) haben übervolkswirtschaftliche Einheiten zur Folge (s. S. 216).

Bei weltwirtschaftlichen Betrachtungen spielt insbesondere die *Zahlungsbilanz* eine Rolle. Die Zahlungsbilanz eines Staates gibt Aufschluß über den Zahlungsverkehr mit dem Ausland innerhalb eines Jahres. Sie untergliedert[2] sich in

1. Handelsbilanz (Einfuhrüberschuß = passiv, Ausfuhrüberschuß = aktiv),
2. Dienstleistungsbilanz (betrifft Austausch von Dienstleistungen mit dem Ausland einschl. internationaler Reiseverkehr),
3. Übertragungsbilanz (z.B. Überweisungen der ausländischen Arbeitskräfte, Wiedergutmachungen, internationale Organisationen),
4. Kapitalbilanz (betrifft Ein- und Ausfuhr von Kapital),
5. Devisenbilanz (Veränderungen der Währungsreserven der deutschen Bundesbank).

1991 war die Handelsbilanz aktiv (Ausfuhrüberschuß West 14,1, Ost 6,7 Mrd. DM)[3].

---

1 *Waldemar Siekaup*, Volkswirtschaftlehre, Heckners Verlag, Wolfenbüttel, 1972, S. 23.
2 In den Monatsberichten der Deutschen Bundesbank werden Zi. 1 ... 3 als Leistungsbilanz zusammengefaßt, Zi. 5 wird als „Veränderung der Netto-Auslandsaktiva der Bundesbank" bezeichnet.
3 Quelle: Jahrbuch der Bundesrepublik Deutschland 1992/93 dtv, S. 194.

4. Sozialprodukt[1]

Bruttoinlandsprodukt ist der Geldwert aller erzeugten Güter und geleisteten Dienste eines Landes in einer Zeiteinheit (meist Jahr). Bei Zurechnung der Einkommen, die im Ausland erzielt wurden, und Abzug der Einkommen von Ausländern im Inland kommt man zum *Bruttosozialprodukt*. Bei Abzug der Abschreibungen (wertmäßiger Ausdruck der Abnutzung von Anlagegütern) erhält man das *Nettosozialprodukt* (Nettosozialprodukt zu Marktpreisen). Wenn davon die indirekten Steuern (Steuern, die über den Kaufpreis bezahlt werden, z.B. Umsatzsteuer) abzieht und die Subventionen (Hilfen des Staates) dazurechnet, kommt man zum Volkseinkommen (Nettosozialprodukt zu Faktorkosten, Nationaleinkommen). Das Volkseinkommen besteht aus Bruttoeinkommen aus unselbständiger Arbeit und Bruttoeinkommen aus Unternehmertätigkeit und Vermögen.

Tabelle 3: Bruttoinlandsprodukt 1992 Gesamtdeutschland

	Betrag (Mrd. DM)		
Entstehung	insgesamt	West	Ost
Land-, Forstwirtschaft, Fischerei	36,4	32,8	3,6
Produktion (Versorgung, Bergbau, Industrie, Handwerk, Bau)	1.102,6	1.019,4	83,2
Handel, Verkehr	422,0	383,8	38,2
Dienstleistungen (Banken usw.)	947,8	884,3	63,5
Staat, private Haushalte u.a.	417,7	359,0	58,7
Bruttowertschöpfung	2.926,4	2.679,2	247,2
Bruttoinlandsprodukt	3.007,3	2.772,0 (92,2 %)	253,3 (7,8 %)
Einkommen aus Ausland – Ausländereinkommen im Inland	14,5	2,9	11,6
Bruttosozialprodukt	3.021,8	2.774,9	246,9
Verwendung			
Privater Verbrauch	1.708,8	1.492,7	216,1
Staatsverbrauch	605,0	499,1	105,9
Investitionen in Ausrüstungen	304,8	258,7	46,1
Investitionen in Bauten	400,4	337,6	62,8
Ausfuhr minus Einfuhr (Ostdeutschland einschl. innerdeutscher Handel) = Außenbeitrag	– 6,3	189,7	– 196,0
Verteilung			
Bruttosozialprodukt	3.021,8	2.774,9	246,9
– Abschreibungen – indirekte Steuern + Subventionen	– 326,9	323,3	3,7
Bruttovolkseinkommen	2.694,9	2.451,7	243,2
Einkommen aus unselbständiger Arbeit	1.728,3	1.506,1	222,2
Einkommen aus Unternehmertätigkeit und Vermögen (1992 35,9 %)	966,6	945,5	21,0
Angabe je Einwohner in DM			
Bruttoinlandsprodukt	37.400,–	42.900,–	14.900,–
Bruttosozialprodukt	37.600,–	42.900,–	15.700,–

---

[1] Quelle: Aktuell '94, Das Lexikon der Gegenwart, Harenberg Lexikon-Verlag 1993, S. 124 ff.

Zum Bruttoeinkommen aus unselbständiger Arbeit gehören die Bruttolohn- und -gehaltssumme sowie die Arbeitgeberbeiträge zur Sozialversicherung und zusätzliche Sozialaufwendungen. Das Bruttoeinkommen aus Unternehmertätigkeit und Vermögen enthält Einkommen aus Gewinnen, Zinsen, Nettomieten und -pachten sowie die nicht ausgeschütteten Gewinne der Unternehmen mit eigener Rechtspersönlichkeit. Ein nicht genau zu ermittelnder Betrag dieses Einkommens fällt auch bei Arbeitnehmern in Form von Zinserträgen aus Sparkonten, Bausparverträgen und Wertpapierbesitz sowie Erträgen aus Wohnungseigentum an.

Diese Werte berücksichtigen nicht die Leistungen durch unbezahlte Hausarbeit, Nachbarschaftshilfe und Schwarzarbeit. Ebensowenig werden Lasten sichtbar, die der Natur durch Umweltschäden entstehen.

5. Organisationsformen der Volkswirtschaft

Jede Volkswirtschaft besitzt eine bestimmte Organisationsform. Bei dieser kann entweder das Prinzip der staatlichen Lenkung oder das der freien Unternehmerinitiative überwiegen. Extreme Formen sind die von zentraler Stelle geleitete Planwirtschaft und die absolut freie Marktwirtschaft. Die Jahre 1989 und 1990 brachten in der bisherigen DDR, der bisherigen CSSR (jetzt tschechische und slowakische Republik), Ungarn und Polen nicht nur politische Änderungen, sondern auch solche der Wirtschaftsverfassung.

a) Zentralgeleitete Planwirtschaft

Bei der Planwirtschaft (Kommandowirtschaft, zentrale Verwaltungswirtschaft) ist der Volkswirtschaftsplan die Grundlage für Verbrauch, Investition, Produktion, Materialbeschaffung, Arbeitseinsatz und Einkommenszuweisung (s. Bild I/2). Nach *Siekaup*[1] sind folgende Merkmale für die Planwirtschaft in reiner Form typisch: einheitlicher Gesamtwille, Überführung des Eigentums an den Produktionsmitteln in Staatshand, strenge Einhaltung aller Anweisungen des Planungsministeriums, keine Märkte mit Angebot und Nachfrage, kein Wettbewerb, staatliche Festsetzung der Preise, kein besonderer Gewinnreiz für die Produzenten, keine Gewerbefreiheit (kein Recht zur selbständigen Ausübung eines Gewerbes) alle Einzelpersonen sind praktisch Lohnempfänger des Staates, vereinheitlichter ... Bedarf, staatlich geregelter Außenhandel.

Diese zentralistischen Wirtschaftsformen waren für die frühere Sowjetunion und die anderen Ostblockländer kennzeichnend, auch wenn in manchen dieser Länder noch kleinere Privatbetriebe bestanden. Vorteilhaft kann sich in dieser Wirtschaftsform z.B die größere Preisstabilität und die kurzfristige Steuerung der wirtschaftlichen Vorgänge auswirken, nachteilig sind u.a. die Bürokratisierung des Wirtschaftslebens und die Lähmung der Unternehmerinitiative. Die Umstellung der Wirtschaft von der Planwirtschaft zur Marktwirtschaft bereitet in den ehemals sozialistischen Ländern erhebliche Schwierigkeiten.

b) Freie Marktwirtschaft

Bei der völlig freien und uneingeschränkten Marktwirtschaft verbleiben dem Staat nur beschränkte Funktionen, wie etwa der persönliche Schutz des einzelnen, die Rechtspflege und die Volksbildung. Das Wirtschaftsgeschehen wird sich selbst und vorwiegend

---

1 *W. Siekaup*, Volkswirtschaftslehre, Heckners Verlag, Wolfenbüttel, 1972, S. 19.
2 *W. Siekaup*, a.a.O., S. 20.

A. Einführung in die Wirtschaft

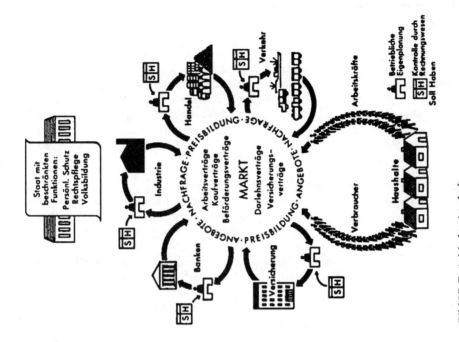

Bild I/3. Freie Marktwirtschaft
(aus „Staatsbürgerkundliche Arbeitsmappe", Erich Schmidt Verlag)

Bild I/2. Zentralgeleitete Planwirtschaft
(aus „Staatsbürgerkundliche Arbeitsmappe", Erich Schmidt Verlag)

der Entscheidung der einzelnen Unternehmer überlassen. Der Markt (s. S. 15) soll für den Ausgleich sorgen (s. Bild I/3). *Siekaup*[2] nennt folgende typische Merkmale: „viele Einzelwillen, Privateigentum, keine Eingriffe des Staates in die Wirtschaft ..., Märkte mit Angebot und Nachfrage, freier Wettbewerb mit Unter- und Überbieten, freie Preisbildung, Gewinnerzielung als starker Anreiz für die Unternehmer, Gewerbefreiheit, Unternehmer und Arbeiter machen unter sich die Lohnhöhe aus, unterschiedlicher Bedarf, freier Außenhandel". Die Vorteile dieser liberalistischen[1] Wirtschaftsform beruhen vor allem auf der persönlichen Freiheit und auf dem Privateigentum. Hierdurch wird die Initiative der Unternehmer wesentlich gefördert und somit der wirtschaftliche Fortschritt begünstigt. Erhebliche Nachteile liegen in der Möglichkeit, den wirtschaftlich Schwachen zu unterdrücken.

c) Soziale Marktwirtschaft der Bundesrepublik

Als soziale Marktwirtschaft[2] wird die volkswirtschaftliche Organisationsform der Bundesrepublik und künftig von Gesamtdeutschland gekennzeichnet. Grundsätzlich soll auch der Markt, also Angebot und Nachfrage, für den Ausgleich sorgen. Der Staat überläßt aber die Wirtschaft nicht sich selbst, sondern greift durch Wirtschafts- und Steuerpolitik, Wirtschaftsförderung, Wettbewerbsordnung, Wirtschafts- und Gewerbekontrolle schützend in den Wettbewerb ein (s. Bild I/4). Besonders die Unterdrückung des wirtschaftlich Schwachen soll dadurch verhindert werden. Nach *Siekaup*[3] seien folgende Merkmale der sozialen Marktwirtschaft genannt: „Bejahung des Privateigentums und der persönlichen Freiheit, wie freie Berufswahl, im allgemeinen Gewerbefreiheit und Konsumfreiheit; im wesentlichen freie Preisbildung und freier Markt bei geordnetem Wettbewerb, z.B. durch Monopolkontrolle; Lenkung des Geldwesens, staatliche Beeinflussung anderer Wirtschaftszweige, Unterstützung der Bedürftigen durch das Wohlfahrtswesen und ausgebaute Sozialversicherung; Mitbestimmung der Arbeitnehmer im Betrieb."

Der Bundesregierung stehen gesetzliche und verwaltungsmäßige Maßnahmen zur Verfügung: Sperrung von Ausgabemitteln, Beschränkung der Kreditaufnahme durch die öffentliche Hand (bei Hochkonjunktur) bzw. Ausgabensteigerung, Subventionen (bei Konjunkturabschwächung). Für die Währungspolitik ist die Deutsche Bundesbank zuständig (S. 17 f.).

6. Produktionsfaktoren

Für die Produktion von Gütern sind, volkswirtschaftlich gesehen, drei Faktoren bestimmend: der Boden (die Natur), die menschliche Arbeit und das Kapital. Bei den einzelnen Arten der Fertigung mag der Anteil dieser Faktoren unterschiedlich sein, immer werden aber alle drei benötigt.

a) Produktionsfaktor Boden (Natur)

Unter dem Produktionsfaktor Boden versteht man die Naturgaben, die der Mensch wirtschaftlich nutzt, z.B. Fruchtbarkeit des Ackerbodens, Bodenschätze, Sonnenenergie,

---

[1] Liberalismus, Inbegriff für freiheitliche und freisinnige Betätigung der am Wirtschafts- und Gesellschaftsleben Beteiligten, dem Individualismus entwachsene Geisteshaltung.
[2] Der Begriff wurde von dem deutschen Nationalökonomen *Müller-Armack* (1901-1978) geprägt.
[3] W. *Siekaup*, a.a.O., S. 22.

A. Einführung in die Wirtschaft 11

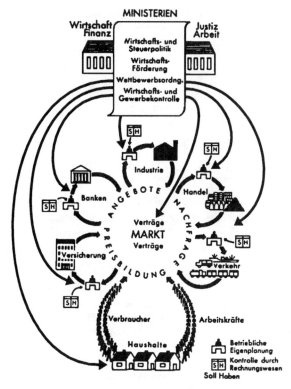

Bild I/4. Soziale Marktwirtschaft
(aus „Staatsbürgerkundliche Arbeitsmappe", Erich Schmidt Verlag)

Wind-, Wasser- und Kernkraft. Für die gesamte Urproduktion hat dieser Produktionsfaktor besondere Bedeutung.

Besonderes Kennzeichen des Bodens und aller Naturgaben ist die Unvermehrbarkeit. Eine relative Vermehrung ist jedoch in gewissem Rahmen möglich, z.B. Trockenlegung von Sümpfen, Auffindung neuer Bodenschätze.

Für den Industriebetrieb ist der Boden in erster Linie Standort für die Erzeugung, soweit die Rohstofforientierung für eine Wahl entscheidend ist (s. I.C.2).

b) Produktionsfaktor Arbeit

Arbeit im wirtschaftlichen Sinne ist jede geistige oder körperliche menschliche Leistung zum Zwecke der Güterbeschaffung (Bedarfsdeckung) im weitesten Sinne. Abzugrenzen ist die Arbeit vom Sport, nicht aber vom Berufssport.

Die gleiche Tätigkeit kann für den einen Arbeit, für den anderen Sport sein, z.B. ist Bergsteigen für den Bergführer Arbeit, während es sonst Sport ist.

Arbeit kann selbständig oder unselbständig, geistig oder körperlich, leitend oder ausführend sein.

Heute sind die meisten Arbeitenden unselbständig als Arbeiter, Angestellte oder Beamte tätig (s. Tabelle 4).

Tabelle 4: Bevölkerung (Quelle: Jahrbuch der Bundesrepublik Deutschland)

	West	Ost
Bevölkerung Ende 1989 (in 1.000)	62.679	16.434
davon männlich (%)	48,2	47,9
weiblich (%)	51,8	52,1
Ausländer (%)	7,8	1,2
Erwerbstätige	27.742	8.547
Stellung im Beruch 1990 (%)		
Selbständige	9	4
Angestellte	47	47
Arbeiter	35	39
Sonstige (z.B. mithelfende Familienangehörige)	9	10

Die Arbeit als der menschliche Produktionsfaktor genießt den besonderen Schutz des Staates (s. II.G). Kennzeichen der Industrialisierung ist eine immer weitergehende Arbeitsteilung (s. S. 34), durch die die Ergiebigkeit der menschlichen Arbeit sehr gesteigert werden konnte.

Arbeitslosigkeit besteht, wenn ein Teil der arbeitsfähigen und arbeitswilligen Arbeitnehmer ohne Beschäftigung ist.

Eine friktionelle Arbeitslosigkeit ist die Folge von Umstellungen im Betrieb, eine konjunkturelle Arbeitslosigkeit ist Folge eines Rückganges der allgemeinen Wirtschaftstätigkeit, eine saisonale Arbeitslosigkeit ist jahreszeitlich bedingt und eine strukturelle Arbeitslosigkeit kann sich aufgrund tiefgreifender wirtschaftlicher Veränderungen ergeben. Von Fluktuationsarbeitslosigkeit spricht man, wenn bei einem Arbeitsplatzwechsel eine kurzfristige Arbeitslosigkeit eintritt.

1991 waren in Westdeutschland 1.899.000 ausländische Arbeitnehmer tätig (8,2 % der abhängig Beschäftigten), darunter jeweils in 1.000
- Jugoslawen 325
- Türken 632
- Italiener 172
- Griechen 105
- Spanier 61

Tabelle 5: Kurzarbeit[2], Arbeitslosigkeit, offene Stellen[1]
(Kurzarbeiter Stichtag Mitte September, sonst Jahresdurchschnitt)

Jahr	1950	1960	1970	1975	1980	1985	März 1992	
							West	Ost
Kurzarbeiter in 1.000		3,3	9,6	773,3	136,6	234,5	266	494
Arbeitslose in 1.000	1.868,5	270,7	148,8	1.074,4	888,9	2.304,0	1.768	1.220
Arbeitslosenquote	11,0	1,3	0,7	4,7	3,8	9,3	6,5	15,5
Offene Stellen in 1.000	118,5	465,1	794,8	236,2	308,3	110,0	357	33

Anmerkung: Arbeitslosenquote = $\dfrac{\text{Arbeitslosenquote} \cdot 100}{\text{unselbständige Erwerbspersonen (ohne Soldaten)}}$ i.v.H.

---

[1] Quelle: Bundesministerium für Wirtschaft und Finanzen, a.a.O., S.10 ... 12 jeweils 1950 ohne Westberlin, 1992 Jahrbuch der Bundesrepublik Deutschland 1992/93, a.a.O., S. 160 für Gesamtdeutschland.

[2] Verkürzte Arbeitszeit unter entsprechender Kürzung des Arbeitslohnes – zum Kurzarbeitergeld s. S. 182.

A. Einführung in die Wirtschaft

Nach den Richtlinien der Vereinten Nationen liegt *Vollbeschäftigung* vor, wenn die Arbeitslosenquote höchstens 4 % beträgt. Die Quote sollte aber erheblich niedriger liegen.

c) Produktionsfaktor Kapital

Über den Begriff Kapital herrscht im allgemeinen Sprachgebrauch weitgehend Unklarheit. Im volkstümlichen Sinne wird hierunter einfach Geld verstanden.

In der Betriebswirtschaftslehre versteht man unter Kapital den auf der Passivseite (rechten Seite) der Bilanz ausgewiesenen Wert des Gesamtvermögens, also Eigenkapital und Fremdkapital (Schulden).

Als Produktionsfaktor ist das Kapital im volkswirtschaftlichen Sinne gemeint, also das sogenannte Sach- oder Produktivkapital (produzierte Produktionsmittel)[1].

Beispiel: A. hat einen großen Obstgarten mit Obstbäumen, die abgeerntet werden müssen. Er kann mühsam jeden Baum erklettern oder sich erst eine Leiter bauen (Kapitalbildung), um mit Hilfe dieser Leiter die Früchte besser ernten zu können.

Kapital in diesem Sinne ist also „vorgetane" Arbeit, die sich in Maschinen und Werkzeugen aller Art, Rohstoffen, unfertige Erzeugnisse und Kraftstoffen, die der Gütererzeugung dienen, zeigt. Auch die Steinzeitmenschen, die sich Steinwerkzeuge anfertigten, um Tiere besser erlegen zu können, bedienten sich also bereits des Produktionsfaktors Kapital und waren demnach „Kapitalisten" (Besitzer von Produktionsmitteln). Im neuzeitlichen Industriebetrieb spielt das Sach- oder Produktionskapital eine sehr große Rolle; seinen Wert messen wir in Geld.

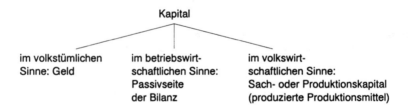

Unter *Kapitalbildung* versteht man die Schaffung von Sachkapital. Es wird Geld in Sachkapital angelegt, investiert (lat. investare = anlegen). Die angelegten Gelder sind die Investitionen. Die *Finanzierung der Kapitalbildung* (lat. financia = Zahlung) erfolgt bei den Ersatzinvestitionen (Ersatz von alten Produktionsgütern) allgemein mit Hilfe der Abschreibungen, bei den Neuinvestitionen allgemein mit Hilfe des Sparens. Unter Sparen versteht man Konsumverzicht, freiwilliger oder zwangsweiser Verzicht, einen Teil des Einkommens zu verbrauchen. *Siekaup*[2] gibt folgenden Überblick über die Kapitalbildung:

---

1 Den Begriff „produzierte Produktionsmittel" prägte der Österreicher *Böhm-Bawerk* (1851 bis 1914), der in diesem Sinne von einer „Umwegproduktion" sprach.
2 W. *Siekaup*, a.a.O., S. 54.

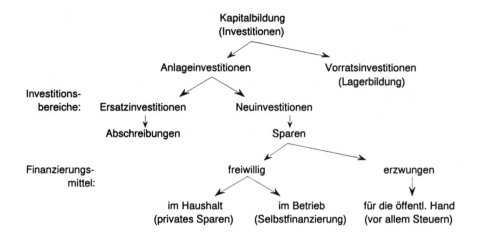

d) Betriebliche Produktionsfaktoren

In der Betriebswirtschaftslehre[1] spricht man allgemein von vier betrieblichen Produktionsfaktoren:

Arbeit
Betriebsmittel
Werkstoffe
Betriebsführung (Leitung, Planung, Organisation, Kontrolle)

Unter *Arbeit* wird der Einsatz der physischen und psychischen Fähigkeiten eines Menschen zur Realisierung betrieblicher Zielsetzungen verstanden. *Betriebsmittel* sind Maschinen, maschinelle Anlagen, Werkzeuge, Grundstücke, Gebäude, Verkehrsmittel, Transport- und Büroeinrichtungen. „Unter dem Begriff *Werkstoffe* faßt man alle Güter zusammen, aus denen durch Umformung, Substanzänderung oder Einbau neue Fertigprodukte hergestellt werden."[2] „Oberste Aufgabe der *Betriebsführung* ist die Fixierung der konkreten betrieblichen Zielsetzungen, mit denen das Endziel, die langfristige Gewinnmaximierung, erreicht werden soll, und die Festlegung der Betriebspolitik, ..., die der Betrieb einhalten muß, um die gesteckten Ziele auf wirtschaftlichste Weise zu erreichen."[3]

Bei der Planung spielt heute „Operations Research" (abgekürzt „OR") eine größere Rolle. Die OR-Methoden wurden im 2. Weltkrieg von den Alliierten für militärische Zwecke entwickelt. Heute zielt Operations Research „auf Erforschung und Anwendung wissenschaftlicher Methoden zur Beschaffung quantitativer Unterlagen für die von Leitern größerer Organisationen zu treffenden optimalen Entscheidungen über die Durchführung bestimmter Maßnahmen und Operationen sowie deren Kontrolle."[4]

---

1 Z.B. *G. Wöhe*, a.a.O., S. 57 ff.
2 *G. Wöhe*, a.a.O., S. 91.
3 *G. Wöhe*, a.a.O., S. 93.
4 *Werner Zimmermann*, Planungsrechnung, Friedr. Vieweg & Sohn, Braunschweig, 1968, S. 55.

A. Einführung in die Wirtschaft

7. Wert – Preis – Geld – Kredit

a) Wert

Unter Wert versteht man die Bedeutung, die Gütern beigemessen wird. Die jeweiligen Güter (und Dienstleistungen) werden dabei im Hinblick auf ihre Fähigkeit beurteilt, als Mittel der Bedürfnisbefriedigung zu dienen. Eignet sich ein Gut für einen bestimmten Zweck (Nützlichkeit), so spricht man vom *Gebrauchswert*[1].

Siekaup[2] führt noch folgende Wertarten auf: *Produktivwert* (Wert eines Produktivgutes, z.B. einer Maschine), *Konsumtivwert* (Wert eines Konsumgutes, z.B. eines Kleidungsstückes), *Affektionswert* (richtet sich nach dem Gefühl, z.B. Wert des Briefes eines Gefallenen), *Putativwert* (beruht auf dem Glauben an die Bedeutung des Gegenstandes, z.B. Talismann) und *technischer Wert* (z.B. Heizwert).

Der *Einheitswert* ist die einheitliche *Besteuerungsgrundlage* für wirtschaftliche Einheiten.

Bei verschiedenen Steuern für die wirtschaftlichen Einheiten des land- und forstwirtschaftlichen Vermögens, Grund- und Betriebsvermögens soll mit der Einheitsbewertung der steuerlich maßgebliche Wert ermittelt werden mit Wirkung für Vermögen-, Grund-, Gewerbekapital-, Grunderwerb- und Erbschaftsteuer.

Der Einheitswert kommt unter Verwendung anderer steuerlicher Wertbegriffe (z.B. gemeiner Wert, Teilwert, Steuerkurswert, Ertragswert) zustande.

„Der *gemeine Wert* wird durch den Preis bestimmt, der im gewöhnlichen Geschäftsverkehr nach der Beschaffenheit des Wirtschaftsgutes bei einer Veräußerung zu erzielen wäre. Dabei sind alle Umstände, die den Preis beeinflussen, zu berücksichtigen. Ungewöhnliche und persönliche Verhältnisse sind nicht zu berücksichtigen." (§ 9 BewG)

„*Teilwert* ist der Betrag, den ein Erwerber des ganzen Betriebs im Rahmen des Gesamtkaufpreises für das einzelne Wirtschaftsgut ansetzen würde. Dabei ist davon auszugehen, daß der Erwerber den Betrieb fortführt." (§ 10 BewG)

b) Preis

Unter Preis versteht man den im Austausch erzielten und allgemein in Geld ausgedrückten *Gegenwert eines Gutes*.

Allgemein denkt man bei dem Begriff Preis an den Warenpreis, d.h. den Kaufpreis, der vom Käufer zu entrichten ist. Preis im weiteren Sinne ist aber auch der Lohn, nämlich der Preis für eine Arbeit. Ebenfalls ist der Zins ein Preis, nämlich für die Zurverfügungstellung von Kapital. Man unterscheidet:

1. den *Wettbewerbspreis*, der durch Angebot und Nachfrage auf dem sogenannten Markt (tatsächlicher oder gedachter Ort, an dem Angebot und Nachfrage zusammentreffen) gebildet wird;
2. den *Monopolpreis*, der vom konkurrenzlosen Alleinbeherrscher des Marktes diktiert wird;
3. den *gebundenen Preis* (Festpreis, Höchst- oder Mindestpreis).

---

1 Der Gebrauchswert eines Gutes ist individuell verschieden. Für den Hungrigen bedeutet jedes weitere zu essende Stück Brot einen geringeren Nutzen bis eine Sättigung eintritt (Gossensches Sättigungsgesetz nach *Heinrich Gossen* 1854). Unter „Grenznutzen" versteht man den Nutzen, den die letzte Teilmenge eines Gutes noch stiftet.
2 *W. Siekaup*, a.a.O., S. 84.

Es soll nun die Bildung des Wettbewerbspreises untersucht werden. Die Preisbildung folgt im allgemeinen dem *Gesetz von Angebot und Nachfrage,* nach dem ein im Verhältnis zur Nachfrage steigendes Angebot den Preis senkt, während ein sinkendes Angebot im Verhältnis zur Nachfrage den Preis steigert (Bild I/5).

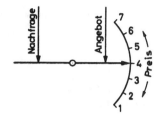

Bild I/5. Wirkung von Angebot und Nachfrage auf den Preis

Man darf dieses „Gesetz" natürlich nicht als ein Naturgesetz auffassen, sondern nur als eine Regel. Bei leichtverderblichen Gütern wird wohl ein Überangebot den Preis mehr senken, als bei solchen, die lagerfähig sind. Eine Angebotsminderung wird lebenswichtige Güter stärker im Preise steigen lassen. (Die Schwarzmarktpreise für Lebensmittel nach dem zweiten Weltkrieg waren unverhältnismäßig höher als z.B. für Fotoapparate.)

Der Preis ist aber nicht nur von Angebot und Nachfrage abhängig, sondern Angebot und Nachfrage sind umgekehrt auch vom Preis abhängig: Sinkender Preis senkt das Angebot und erhöht die Nachfrage, steigender Preis erhöht das Angebot und senkt die Nachfrage („Umkehrung des Gesetzes von Angebot und Nachfrage"). Wenn etwas billig ist, wird es mehr gekauft, wenn etwas teurer wird, halten sich die Käufer zurück. Ein hoher Preis wird neue Anbieter auf den Plan rufen, die auch gut verdienen wollen. Allerdings werden Angebot und Nachfrage bei den verschiedenen Gütern ganz unterschiedlich auf eine Preisänderung reagieren. Eine Brotpreiserhöhung wird weit weniger die Nachfrage drücken als die Preiserhöhung von Luxusgütern. Eine Brotpreissenkung wird den Brotverbrauch kaum stark erhöhen. Preisänderungen bestimmter Medikamente ändern die Nachfrage überhaupt nicht (Preiselastizität 0).

Das Angebot der vermehrbaren Güter ist allgemein von den Produktionskosten, die Nachfrage von der Zahlungsfähigkeit der Nachfragenden abhängig.

Zusammenfassend kann gesagt werden, daß sich grundsätzlich Angebot, Nachfrage und Preis gegenseitig beeinflussen, wobei der Preis ein Gleichgewicht zwischen Angebot und Nachfrage herbeizuführen sucht.

c) Geld

Geld ist allgemeines *Tauschmittel.* Ursprünglich wurden Güter gegen Güter direkt getauscht, z.B. Vieh gegen Getreide, Tierfelle gegen Salz. Die Arbeitsteilung in immer mehr Berufe machte es dem Hersteller immer schwieriger, jeweils den richtigen Tauschpartner zu finden, der das brauchte, was er bieten konnte, und das bot, was er selbst brauchte. Man benötigte Tauschgüter, die von jedem angenommen wurden und wieder weitergegeben werden konnten, sogenannte *Zwischentauschgüter* (Warengeld), z.B. Vieh, Muscheln, Felle, ungemünzte Edelmetalle. Das Warengeld wurde im Laufe der Zeit durch das Metallgeld verdrängt. Der leichteren Verwendung wegen prägte man aus Edelmetallen *Münzen* gleichen Gewichts und gleichen Feingehalts. Eine weitere Vereinfachung bestand darin, die Goldbarren oder Münzen bei Banken zu hinterlegen und mit den Hinterlegungsscheinen, sogenannten *Banknoten,* zu zahlen. Heute steht der bargeldlose Geldverkehr von Konto zu Konto, das sogenannte *Buchgeld* (Giralgeld), im Vordergrund.

A. Einführung in die Wirtschaft 17

Das Geld ist nicht nur allgemeines *Tauschmittel*, sondern auch allgemeines *Wertausdrucksmittel* und *Sparmittel*. Den Wert der Güter drückt man z.B. in Mark und Pfennig aus.

Im rechtlichen Sinne ist Geld das vom Staat mit Annahmezwang ausgestattete *gesetzliche Zahlungsmittel*.

Unter der *Währung* versteht man die Geldverfassung eines Staates. Während es bis zum Ersten Weltkrieg hauptsächlich Goldwährungen gab, haben wir heute allgemein Papierwährungen. Seit dem 21. Juni 1948 ist in der Bundesrepublik die Deutsche Mark die Währungseinheit. Verantwortlich für unsere Währung ist die Deutsche Bundesbank, die auch die Banknoten ausgibt. Die Münzen werden dagegen vom Bund ausgegeben. Ende Mai 1981 war der Bargeldumlauf 74,8 Mrd. DM.

Der *Wert des Geldes* entspricht der Gütermenge, die man sich für eine bestimmte Geldeinheit kaufen kann. Die *Kaufkraft* bestimmt also den Geldwert.

Da die Preise der Güter sich unterschiedlich entwickeln, geht man von Durchschnittswerten aus. Üblich ist die Beobachtung des Lebenshaltungskostenindex. Der Preisindex für die Lebenshaltung eines Vier-Personen-Arbeitnehmer-Haushaltes mit mittlerem Einkommen des Haushaltungsvorstandes zeigt von 1975 bis 1992 folgende Entwicklung[1]:

Jahres-durchschnitt	Veränd. gegen Vorjahr						
1975	+ 6,1	1979	+ 3,9	1983	+ 3,2	1988	+ 1,3
1976	+ 4,4	1980	+ 5,3	1984	+ 2,4	1989	+ 2,8
1977	+ 3,5	1981	+ 6,3	1985	+ 2,1	1990	+ 2,7
1978	+ 2,5	1982	+ 5,4	1986	− 0,1	1991	+ 3,5
				1987	+ 0,2	1992	+ 4,0

Tabelle 6: Devisenkurse am 24.9.1993

Land	für Einheiten	Ankauf DM	Verkauf DM	eigene Eintragungen
USA	1 $ (Dollar)	1,58	1,70	
Großbritanien	1 £ (Pfund)	2,38	2,58	
Niederlande	100 hfl (Gulden)	87,80	90,30	
Schweiz	100 Fr (Franken)	113,25	116,25	
Belgien	100 bfrs (Franken)	4,53	4,83	
Frankreich	100 F (Franken)	27,80	29,80	
Dänemark	100 dkr (Kronen)	23,55	25,80	
Italien	1.000 Lire	0,98	1,10	
Österreich	100 öS (Schilling)	14,04	14,38	
Spanien	100 Pts	1,19	1,32	
Türkei	100 Lbqu	0,009	0,019	
Tschech. Rep.	100 Kčs	4,80	6,20	

---

1 Quelle: Bundesministerium für Wirtschaft a.a.O., S. 19, ab 1989 Lexikon der Gegenwart a.a.O., S. 287.
2 Quelle: Nürnberger Nachrichten vom 25.9.1992 (mitgeteilt von Deutsche Verkehrs-Kredit-Bank, Nürnberg).

Der *Außenwert des Geldes* wird durch die Devisenkurse ausgedrückt, die angeben, in welchem Verhältnis das Geld in fremde Währungen umgetauscht wird.

Störungen im Geldverkehr sind Inflation und Deflation. In beiden Fällen ist das Verhältnis von Geldmenge und Gütermenge gestört.

Bei der *Inflation* (lat. inflare ≙ aufblähen) wird die Geldmenge im Verhältnis zur Warenmenge übermäßig stark vermehrt. Die Preise steigen stark an; Preissteigerungen bedeuten Geldentwertung. Durch eine Flucht in die Sachwerte (Warenhamsterei) werden die Preissteigerungen noch stärker. Benachteiligt ist insbesondere der Sparer (Gläubiger) und der Festbesoldete. Schuldner sind im Vorteil. Bis 1923 hatten wir in Deutschland eine offene Inflation (die Preise stiegen erkennbar), bis 1948 eine verdeckte, da damals die Preise der wichtigsten Güter gebunden und somit offizielle Preissteigerungen verhindert waren. Die Schwarzmarktpreise waren entsprechend höher (z.B. eine Zigarette 5,– RM und mehr).

Bei einer *Deflation* (lat. deflare ≙ schrumpfen) ist die Situation umgekehrt. Die Geldmenge ist im Verhältnis zur Gütermenge zu klein (Unterversorgung der Wirtschaft mit Geld). Die Preise sinken zwar stark, aber Absatzschwierigkeiten, Produktionseinschränkungen und Arbeitslosigkeit sind die Folgen. Die große Weltwirtschaftskrise 1930/1931 beruhte zum Teil auf einer derartigen Deflation.

Sowohl Inflation wie Deflation sind für die Wirtschaft sehr schädlich. Es ist daher Aufgabe der Währungspolitik, deren Trägerin in der Bundesrepublik die Deutsche Bundesbank ist, solche Störungen zu verhindern. Maßnahmen zur Verminderung der Geldmenge, also zur Verhinderung einer Inflation, können sein: Heraufsetzung des Wechseldiskont- und des Lombardsatzes, Einführung von Kreditbeschränkungen, Erhöhung der Mindestreserven der Banken, Verkauf von Wertpapieren. Maßnahmen zur Vermehrung der Geldmenge (Deflationsbekämpfung) sind: Herabsetzung des Diskont- und des Lombardsatzes, Aufhebung von Kreditbeschränkungen, Herabsetzung der Mindestreserven, Ankauf von Wertpapieren.

d) Kredit

Das Wort Kredit kommt aus dem Lateinischen (credere ≙ glauben, vertrauen) und hat eine doppelte Bedeutung. Einerseits versteht man darunter im eigentlichen Sinn des Wortes das Vertrauen, das ein Gläubiger einem Schuldner gegenüber hat, daß dieser seinen Schuldverpflichtungen ordnungs- und termingemäß nachkommt („er hat überall Kredit"). Andererseits versteht man hauptsächlich unter Kredit das Zurverfügungstellen von insbesondere Geld durch den Kreditgeber (Gläubiger) bei späterer Rückzahlung durch den Kreditnehmer (Schuldner). Bei gewerblicher Kreditgewährung an Verbraucher ist das Verbraucherkreditgesetz vom 17.12.1990 zu beachten (z.B. Schriftform, Angabe des effektiven Jahreszinses, eine Woche Widerrufsrecht).

Besonders bei Geldkrediten treten Kreditinstitute als Kreditgeber auf. Neben den allgemeinen Banken und Sparkassen gibt es Kreditinstitute, deren Aufgaben auf ein bestimmtes Arbeitsgebiet beschränkt sind, z.B. Hypothekenbanken, Bausparkassen, öffentliche und private Pfandkreditanstalten (Leihhäuser) und Einkaufskreditinstitute. Größere Unternehmen mit Verkauf an Privatpersonen (z.B. Warenhäuser, Versandgeschäfte) haben oft angegliederte Kreditinstitute.

A. Einführung in die Wirtschaft

Tabelle 7: Kreditarten

Einteilungs-merkmal	Bezeichnung des Kredits	Bemerkungen
Kreditgeber	private Kredite Arbeitgeberdarlehen Lieferantenkredite Bankkredite a) Kontokorrentkredit b) Diskontkredit c) Lombardkredit d) Akzeptkredit e) Avalkredit f) Konsortialkredit öffentliche Kredite	Kreditgeber ist Privatperson (z.B. Verwandter) an Beschäftigte insbes. Warenkredite eine Bank ist Kreditgeber Kredit in laufender Rechnung Bank diskontiert Kundenwechsel meist kurzfristig gegen Faustpfand Bank akzeptiert Wechsel Bank bürgt für Kunden Bankenkonsortium ist Kreditgeber die öffentliche Hand (z.B. Staat) gewährt Kredit
Art der Leistung	Geldkredit Warenkredit Leistungskredit Kreditleihe	Hingabe von Geld Lieferung von Waren auf Ziel Bereitstellung einer Leistung gegen spätere Gegenleistung Kreditgeber stellt seinen Ruf zur Verfügung (Aval-, Akzept-, Rembourskredit)
Dauer	kurzfristig mittelfristig langfristig	bis 12 Monate Laufzeit bis 4 Jahre Laufzeit über 4 Jahre Laufzeit (Grenzen sind flüssig)
Verwendungs-zweck	Konsumtivkredit Produktivkredit a) Anlagekredit (Investitions- kredit) b) Betriebsmittelkredit c) Saisonkredit	Verbrauchsfinanzierung Kredit, um zu verdienen z.B. zum Kauf von Maschinen z.B. zum Kauf von Werkstoffen Überbrückung einer Saison
Sicherung	Personalkredite verstärkte Personalkredite a) Bürgschaftskredit b) Wechseldiskontkredit c) Zessionskredit Realkredite a) Hypothek, Grundschuld b) Lombardkredit c) Sicherungsübereignung d) Eigentumsvorbehalt	nur Vertrauen in die Person des Kreditnehmers mehrere Personen haften Bürge haftet Haftung aller Wechselverpflichteten Haftung einer abgetretenen Forderung sachenrechtliche Sicherung Grund und Boden als Pfand bewegliche Sachen oder Wertpapiere als Pfand pfandrechtsähnl. Vertrag beim Kreditkauf

Für die Kreditgewährung ist der Kredit des Schuldners im ursprünglichen Sinne, also das Vertrauen des Gläubigers, Voraussetzung. Die Prüfung der Kreditwürdigkeit erfolgt teilweise durch Selbstauskunft des Schuldners (Formular, eingereichte Bilanz), teilweise durch Einholung einer Auskunft bei einer Auskunftei (gegen Gebühr) oder bei angegebenen Referenzen (meist andere Lieferanten).

8. Konjunkturzyklus

Unter Konjunktur versteht man allgemein das Auf und Ab in der Wirtschaft, also die Wirtschaftslage. Folgende vier Abschnitte einer Sinuskurve kann man sich vorstellen:
a) Tiefstand (Depression)
b) Aufschwung (Expansion)
c) Hochkonjunktur (Boom)
d) Abschwung (Rezession)
Unter dem *Trend* versteht man die langfristige Entwicklung.

B. Die Unternehmung als finanziell-rechtliche Einheit

Im Abschnitt A wurde über die Wirtschaft im allgemeinen gesprochen; nun soll die Unternehmung als finanziell-rechtliche Wirtschaftseinheit betrachtet werden.

1. Betrieb – Unternehmung – Firma

Die drei Begriffe Betrieb, Unternehmung und Firma werden recht häufig verwechselt und sind deshalb streng voneinander zu unterscheiden.

Der *Betrieb* (s. I.A.3) ist die technisch-organisatorische Wirtschaftseinheit. Im Betrieb wird irgendeine Art der Güterbereitstellung, z.B. Produktion, Verteilung, Dienstleistung, „betrieben". Darüber hinaus ist der Betrieb eine soziale Einheit, in der Menschen gemeinsam dem Broterwerb nachgehen.

Die *Unternehmung* ist die finanziell-rechtliche Wirtschaftseinheit. Zu ihrer Kennzeichnung dient nicht die Art der Produktion, sondern die Unternehmungsform (z.B. Aktiengesellschaft, Kommanditgesellschaft usw.). Zu einem Unternehmen können auch mehrere Betriebe gehören.

Beispiel: Die Maschinenfabrik Augsburg-Nürnberg AG (MAN), Augsburg, ist eine Unternehmung. Sie hat aber Betriebe (Werke) in München, Augsburg, Nürnberg, Gustavsburg, Hamburg und Penzberg.

Die *Firma* ist der Name der Unternehmung (§§ 17 ... 37 HGB). Diese Firma wird im Handelsregister eingetragen und genießt einen besonderen Schutz (s. II.D).

Betrieb	Unternehmung	Firma
Technisch-organisatorische Wirtschaftseinheit	Finanziell-rechtliche Wirtschaftseinheit	Name der Unternehmung

2. Gründung der Unternehmung

Beim Gründen einer Unternehmung sind sowohl verschiedene wirtschaftliche als auch rechtliche Voraussetzungen zu beachten.

a) Wirtschaftliche Voraussetzungen

Zu diesen Voraussetzungen gehören Überlegungen über die Wahl des Wirtschaftszweiges (der Branche), über den künftigen Standort, die Beschaffung der erforderlichen Mittel (die Finanzierung) und deren Anlegung, über die Wahl der Unternehmungsform und der Firma sowie über die Auswahl der künftigen Mitarbeiter.

Wahl des Wirtschaftszweiges

Es gilt der allgemeine wirtschaftliche Grundsatz, daß der, der am meisten dient, auch am meisten verdient. Die größten Ertragsaussichten werden sich demnach in einem Wirtschaftszweig ergeben, in dem ein spürbarer Angebotsmangel herrscht. Es kann sich hierbei um völliges Neuland handeln, das der unternehmerische Spürsinn ausfindig macht. Die vorhandenen Bedürfnisse haben Grundlage für die Produktionswahl zu sein. Dies ist zumindest der Grundsatz für marktwirtschaftlich orientierte Wirtschaftsordnungen im Gegensatz zu Planwirtschaften.

Zur Festellung der Verbraucherwünsche kann sich der Unternehmer die Hilfe von eigens für diesen Zweck vorhandenen Instituten für Marktforschung und Marktanalyse sichern.

Natürlich spielt bei der Wahl des Wirtschaftszweiges auch die Kapitalkraft und die persönliche Erfahrung und Ausbildung des Unternehmers eine wesentliche Rolle.

Standortwahl

Die Wahl des richtigen Standortes, also des Ortes, an dem das Unternehmen seinen Sitz haben soll, ist vielfach für das Wohl und Wehe des Unternehmens entscheidend. Über den industriellen Standort soll in I.C.2 noch ausführlicher gesprochen werden.

Finanzierung

Die Beschaffung der betriebsnotwendigen Mittel, sowohl für das Anlagevermögen als auch für das Umlaufvermögen, ist eine wichtige unternehmerische Aufgabe. Über die Finanzierung gibt es umfangreiche Abhandlungen[1]. Sie soll hier nur kurz behandelt werden.

Außer der *Gründungsfinanzierung*, also der ersten Kapitalausstattung der Unternehmung, spricht man von der *laufenden Finanzierung* (Bereitstellung der Mittel für den ordnungsmäßigen Geschäftsablauf) und von *besonderen Finanzierungen* (Kapitaldispositionen für gelegentliche Bedarfsfälle).

Der Gegenwert des gesamten Betriebsvermögens kann sowohl Eigenkapital als auch Fremdkapital sein (Bild I/6).

Eigenkapital stammt aus Mitteln, die Eigentümern einer Unternehmung gehören. Eine genügend starke Eigenkapitaldecke ist Voraussetzung für Krisensicherheit.

---

1 Z.B. *Krause/Bantleon*, Organisation und Finanzierung von Industrieunternehmen – Das moderne Industrieunternehmen – Betriebswirtschaft für Ingenieure, Friedr. Vieweg & Sohn, Braunschweig 1971.

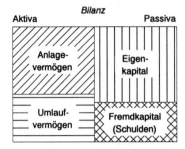

Bild I/6. Bilanz

Wird das Eigenkapital dadurch vergrößert, daß Teile des Gewinns nicht entnommen bzw. ausgeschüttet werden, so spricht man von *Selbstfinanzierung*. Bei Einzelunternehmen und Personengesellschaften wird dabei der Kapitalbetrag in der Bilanz größer, bei Kapitalgesellschaften (mit starrem Grund- bzw. Stammkapital) werden Rücklagen gebildet. Dadurch, daß z.B. eine stärkere Abschreibung der Anlagen vorgenommen wird, als sie der Wertminderung durch die Abnützung entspricht, wächst das Eigenkapital stärker als dies die Bilanz ausdrückt. Man spricht von sogenannten „stillen Reserven".

Fremdkapital stammt von Unternehmensfremden, es handelt sich also um Schulden (Kredite) (s. I.A.7d). Allgemein verursacht die Beschaffung von Fremdkapital Kosten, hauptsächlich Zinsen. Diese Zinsen sind natürlich auch zu zahlen, wenn das Geschäft schlecht geht. In Krisen ist demnach ein starker Fremdkapitalanteil besonders gefährlich, während in Zeiten guter Geschäftslage die Rentabilität des Eigenkapitals durch einen starken Fremdkapitalanteil steigt.

Kurzfristige Kredite sollten nur zur Finanzierung von Umlaufvermögen (z.B. Beschaffung von Roh-, Hilfs- und Betriebsstoffen) dienen, und hier auch nur, wenn wirklich bald mit einer Umwandlung in Geld zu rechnen ist. Langfristige Kredite, z.B. Hypothekendarlehen, können natürlich auch zur Finanzierung von Anlagevermögen, z.B. Gebäuden verwendet werden.

Folgendes Schema soll die Finanzierungsarten veranschaulichen[1]:

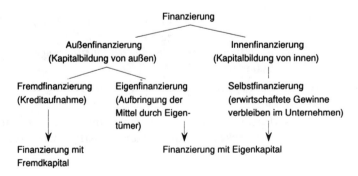

---

1 *Krause/Bantleon*, a.a.O., S. 107.

Eine besondere Form der Investitionsfinanzierung ist das Leasing[1]. Der Leasinggeber überläßt dem Leasingnehmer miet- oder pachtweise Wirtschaftsgüter, z.B. Maschinen. Vertraglich können Leasingverträge recht unterschiedlich gestaltet werden.

Anlage der Mittel

Die zweckmäßige Anlage der Mittel (Investierung) kann für den Unternehmenserfolg entscheidend sein. Der Kauf einer wertvollen Maschine, der für ein größeres Unternehmen vielleicht durchaus zweckmäßig ist, kann für ein kleines Unternehmen eine Fehlinvestition darstellen, z.B. dann, wenn die Maschine nur wenige Stunden im Monat ausgenützt werden kann.

Beim Vermögen eines Betriebes unterscheidet man Anlage- und Umlaufvermögen (Bild I/6).

Das *Anlagevermögen* verbleibt längere Zeit im Betrieb. Zum Anlagevermögen zählen z.B. Grundstücke, Gebäude, Maschinen, Werkzeuge, Fahrzeuge, Geschäftsausstattung, also die Teile des Vermögens einer Unternehmung, die nicht zur Veräußerung oder Verarbeitung bestimmt sind.

Das *Umlaufvermögen* verbleibt nicht lange im Betrieb, es ändert sich ständig. Hierzu zählen z.B. Bargeld, Kontenguthaben, Forderungen gegenüber Kunden, Roh-, Hilfs- und Betriebsstoffe sowie Halb- und Fertigerzeugnisse. Das Umlaufvermögen ist also zum Umsatz bestimmt.

Betriebe, bei denen das Anlagevermögen größer als das Umlaufvermögen ist, nennt man anlageintensiv. Am anlageintensivsten sind Verkehrsbetriebe (z.B. Bundesbahn). Bei Handel, Banken und Versicherungen ist dagegen das Anlagevermögen geringer als das Umlaufvermögen.

b) Rechtliche Voraussetzungen

Grundsätzlich herrscht in der Bundesrepublik Gewerbefreiheit (§ 1 GewO[2]). Das bedeutet, daß der Betrieb eines Gewerbes jedem gestattet ist. Eine Genehmigungspflicht besteht also grundsätzlich nicht. Im Interesse der Allgemeinheit hat die Gewerbefreiheit aber auch ihre Grenzen. Für die Errichtung eines Handwerksbetriebes ist, von Ausnahmen abgesehen der große Befähigungsnachweis (Meisterprüfung in dem betreffenden oder einem verwandten Handwerk) erforderlich (§§ 1 ... 20 HandwO[3]).

Eine Genehmigung wird immer verlangt, wenn die öffentliche Sicherheit oder die Sittlichkeit gefährdet ist oder wenn eine Belästigung durch den Betrieb eintreten könnte. Genehmigt werden müssen auf jeden Fall alle Bauvorhaben. Sogar das Anbringen eines Schaukastens zur Straße hin bedarf der Genehmigung.

Jeder Betrieb muß bei verschiedenen Stellen angemeldet werden:

1. Der Gewerbebetrieb ist bei der Gemeindebehörde (dem Gewerbeamt) anzumelden, die einen Gewerbeanmeldeschein ausstellt (§ 14 GewO).
2. Die Gründung ist dem Finanzamt zu melden.

---

1 S. auch *Krause/Bantleon*, a.a O., S. 194 ff.
2 Gewerbeordnung i.d.F. v. 26.7.1900.
3 Gesetz zur Ordnung des Handwerks (Handwerksordnung) v. 17.9.1953 i.d.F. v. 28.12.1965.

3. Vollkaufleute im Sinne des HGB, also grundsätzlich alle Unternehmen, die über den Rahmen des Kleingewerbes hinausgehen, sind beim Registergericht (Amtsgericht) zur Eintragung in das Handelsregister anzumelden. Das Handelsregister besteht aus zwei Abteilungen: Abteilung A für Einzelunternehmen und Personengesellschaften, Abteilung B für Kapitalgesellschaften. Es ist öffentlich, so daß jeder Einblick nehmen kann. Die Eintragungen werden in der Zeitung veröffentlicht.
4. Da die Arbeitnehmer des Betriebes im allgemeinen sozialversichert sind, ist innerhalb von drei Tagen Anmeldung bei den Krankenkassen erforderlich. Der Betrieb ist auch bei der zuständigen Berufsgenossenschaft als der gesetzlichen Unfallversicherung (z.B. Berufsgenossenschaft der Feinmechanik und Elektrotechnik) anzumelden.
5. Der Industriebetrieb wird bei der zuständigen Industrie- und Handelskammer angemeldet. Diese Kammern sind im gesamten Bundesgebiet Körperschaften des öffentlichen Rechts. Ein Handwerksbetrieb wird dagegen bei der Handwerkskammer angemeldet und in die Handwerksrolle eingetragen.

C. Der industrielle Fertigungsbetrieb

1. Wesen des Industriebetriebes

Die Wirtschaft dient der Bedürfnisbefriedigung. Zur Bewältigung dieser Aufgaben bedarf die Wirtschaft der Hilfe der Technik. Die Technik ermöglicht der Wirtschaft erst, den Bedarf zu decken. Unter Technik im engeren Sinne versteht man die angewandte Naturwissenschaft.

Im Industriebetrieb wirken mehr als in jedem anderen Betrieb Technik und Wirtschaft zusammen. Sie können nicht voneinander getrennt werden. Ohne die gewaltige Entwicklung der Technik wären manche Aufgaben der Wirtschaft nicht zu erfüllen. Aber auch die Technik hat sich nach wirtschaftlichen Gegebenheiten zu richten.

Der Industriebetrieb ist nicht nur eine technische und wirtschaftlich-organisatorische, sondern auch eine soziale Einheit. Zum Industriebetrieb gehören nicht nur viele moderne Maschinen, sondern besonders die arbeitenden Menschen.

Technik, Wirtschaft und die Kunst der Menschenführung vereinigen sich also im Industriebetrieb. Technik und Wirtschaft dürfen niemals die Menschen beherrschen, sondern haben dem Menschen zu dienen.

Unter Industrie versteht man allgemein die Gesamtheit der Betriebe, deren Zweck es ist, Rohstoffe zu gewinnen, zu veredeln oder zu verarbeiten. Landwirtschaft, Forstwirtschaft, Handwerk und Fischerei gehören nicht zur Industrie. Das gilt, obwohl sich die Verhältnisse in diesen Betrieben z.T. mehr und mehr denen der Industrie angleichen.

Folgende Merkmale kann man zur Unterscheidung von Industrie und Handwerk heranziehen, obwohl beide nicht immer streng gegeneinander abgegrenzt werden können:

1. *Art der Produktion* (Handwerk vorwiegend Einzelfertigung, Industrie vorwiegend Massen- oder Serienfertigung)

C. Der industrielle Fertigungsbetrieb

2. *Abnehmerkreis* (Handwerksbetrieb meist persönlich bekannt, Abnehmer wohnen in der Nähe des Betriebes; Industriebetrieb produziert für den anonymen Markt ohne Beschränkung auf den lokalen oder auch nationalen Markt)
3. *Kapitaleinsatz, Technik und Betriebsorganisation* (Handwerk verfügt meist über weniger Maschinen, daher geringerer Kapitaleinsatz, geringe Arbeitsteilung; Industriebetrieb hat allgemein größere Kapitalausstattung, moderne Maschinen, größere Ausnutzung der Technik, weitgehende Arbeitsteilung)
4. *Stellung des Unternehmers* (Handwerksunternehmer ist in der Regel Handwerksmeister und arbeitet praktisch mit, er ist also gleichzeitig Kapitalgeber, Unternehmensleiter und Arbeiter; bei Industriebetrieben sind Eigentum und Leitung meist getrennt, kaum wird aber der Unternehmer praktisch mitarbeiten)
5. *Kostengestaltung* (beim Handwerk herrschen die Arbeitskosten vor; bei der Industrie treten die Kosten des Anlagevermögens hervor, daher ist das Handwerk Beschäftigungsschwankungen gegenüber anpassungsfähiger)
6. *Soziale Einheiten* (im Handwerk: Meister – Geselle – Lehrling, mehr familiäres Verhältnis, noch gewisse aus dem Mittelalter stammende patriarchalische Wesenszüge, Hoffnung des Arbeitnehmers, sich eines Tages selbständig zu machen; Industriebetrieb: Ausdruck der Massengesellschaft)
7. *Organisation* (Handwerk bei der Handwerkskammer, Eintragung in der Handwerksrolle; Industriebetrieb bei der Industrie- und Handelskammer)

Die Betriebsformen der Industrie, nämlich Verlag, Manufaktur und Fabrik, wurden in A. 2 bereits behandelt. Heute denkt man grundsätzlich bei dem Begriff „Industrie" an die Fabrik. Nach *Mellerowicz*[1] ist die Fabrik „...gekennzeichnet durch eine vorwiegend für den anonymen Markt erfolgende Produktion bei starker Mechanisierung des Arbeitsprozesses, gegenüber dem Verlag und der Manufaktur durch starke Kapitalintensität, durch eine große, oft in riesigen Produktions-, Lager- und Verwaltungsräumen zusammengeballte Belegschaft. Die weitgehende Arbeitsteilung und die Gleichförmigkeit der Arbeitsverrichtung bei der Erzeugung häufig großer, gleichartiger Produktmengen ermöglichen den Einsatz ungelernter oder nur angelernter Arbeitskräfte. Der Produktionsablauf ist kompliziert, seine technische Gestaltung und Überwachung sind verwissenschaftlicht".

Bei der Einteilung der Industriebetriebe kann nach verschiedenen Gesichtspunkten vorgegangen werden.

Mellerowicz[2] nennt folgende Typen:

1. *nach der Stufe im volkswirtschaftlichen Produktionsprozeß*:
    a) Gewinnungsbetriebe (z.B. Bergbau, Erdölförderung)
    b) Veredelungsbetriebe (z.B. Hochofenwerk, Walzwerk, Holzschleiferei, Sägewerk, Spinnerei)
    c) Verarbeitungsbetriebe (z.B. Metallwarenfabriken, holzverarbeitende Betriebe, Schuhfabriken, Linoleumfabriken, chemische Fabriken, Webereien)
2. *nach der Kapitalstruktur*:
    a) anlageintensive Betriebe (Anlagevermögen größer als Umlaufvermögen)
    b) vorratsintensive Betriebe (Anteil der Vorräte am Gesamtvermögen erheblich)
    c) forderungsintensive Betriebe (Anteil der Forderungen am Gesamtvermögen erheblich, also wenn Kundenfinanzierung übernommen werden muß)

---

1 Konrad Mellerowicz, Betriebswirtschaftslehre der Industrie, Bd. I, 3. Aufl., Freiburg i.Br., 1958, S. 17-18.
2 K. Mellerowicz, a.a.O., S. 42-46.

3. *nach der Kostenstruktur:*
   a) arbeitskostenintensive Betriebe (z.B. optische Industrie)
   b) stoffkostenintensive Betriebe (z.B. Schuhindustrie)
   c) kapitalkostenintensive Betriebe (z.B. Wasserwerke)
4. *nach der Zahl der Produkte:*
   a) Ein-Produkt-Betriebe (selten)
   b) Mehr-Produkt-Betriebe
5. *nach Art und Umfang der Leistungswiederholung:*
   a) Massenfertigung
   b) Sortenfertigung
   c) Partie- und Chargenfertigung (z.B. Beschickung eines Hochofens)
   d) Serien- und Reihenfertigung
   e) Einzelfertigung
   f) Kuppelproduktion (z.B. werden bei der Gasherstellung Koks und chemische Produkte als Kuppelprodukte gewonnen)
6. *nach der Zahl der Erzeugungsstufen:*
   a) einstufige Betriebe (z.B. Papierfabrik)
   b) mehrstufige Betriebe mit vertikaler Gliederung (z.B. Holzschleiferei und Papierfabrik)
   c) mehrstufige Betriebe mit horizontaler Gliederung (z.B. Fahrrad- und Schreibmaschinenfabrik)
7. *nach der Organisation der Fertigung:*
   a) Werkstattfertigung
   b) Fließfertigung
      aa) Straßenfertigung
      bb) Bandfertigung
   c) Gruppen- oder Gemischtfertigung (Kombination von a und b)
8. *nach der Betriebsgröße:*
   a) Kleinbetriebe
   b) Mittelbetriebe
   c) Großbetriebe (die Abgrenzung kann nach Belegschaftsstärke oder nach dem investierten Kapital vorgenommen werden)

2. Standort des Industriebetriebes

Der Standort eines Industriebetriebes ist von vielen Faktoren abhängig. Natürlich kann ein Kohlenbergwerk nur dort entstehen, wo ein ausreichendes Kohlevorkommen ist. Aber auch die Unternehmer eines veredelnden und verarbeitenden Industrieunternehmens werden sich über die Wahl des Ortes Gedanken machen, an dem mit möglichst wenig Kosten ein möglichst großer Erfolg erzielt werden kann. Vielfach spielen bei der Ortswahl Zufälle mit hinein (z.B. Erbschaft eines Grundstückes, Ansiedelung von Flüchtlingen in einem bestimmten Gebiet der Bundesrepublik nach dem Kriege).

Der Standort eines Betriebes wird äußerer (externer) Standort im Gegensatz zum innerbetrieblichen Standort (Betriebsorganisation) genannt.

a) Rohstofflage

Die Frage nach der Rohstofflage wird für viele Industriebetriebe eine große Rolle spielen. Wenn verderbliche Rohstoffe (z.B. Obst, Zuckerrüben, Fische) verarbeitet werden sollen, muß der verarbeitende Betrieb in der Nähe der Rohstoffquelle sein (z.B. Obstkonservenfabrik in Obstanbaugebieten). Darüber hinaus wird wegen der Rohstoffbeförderungskosten jeder Betrieb, der schwere Rohstoffe bzw. solche, die schwerer als die Erzeugnisse sind (Gewichtsverlustmaterialien), verarbeitet, einen Ort in der Nähe der Rohstoffquellen bevorzugen.

Im erweiterten Sinne kann auch das Wasser (z.B. aus Flüssen) als Rohstoff bezeichnet werden, das man z.B. in der chemischen Industrie in großen Mengen benötigt. Für den Standort der Bierbrauereien ist die Qualität des Wassers entscheidend.

b) Menschliche Arbeitskräfte

Das Vorhandensein der notwendigen Arbeitskräfte bestimmt für viele Betriebe ausschließlich die Wahl ihres Standortes. Die Gründung manch eines Betriebes, z.B. im Ausland, ist Folge der Standortwahl nach diesem Gesichtspunkt. In Deutschland sind die Arbeitskosten besonders hoch.

Mancher Betrieb braucht aber nicht nur Arbeitskräfte schlechthin, sondern besonders qualifizierte. Dann müssen wieder andere Überlegungen angestellt werden. In bestimmten Gegenden besitzen die Arbeitskräfte für bestimmte Arbeiten seit Generationen ein besonderes Geschick (z.B. Puppenherstellung in Neustadt bei Coburg).

c) Energiequellen

Ein Kennzeichen des modernen Industriebetriebes ist der hohe Energiebedarf. Menschliche und tierische Muskelkraft wurde weitgehend durch die Arbeit von Maschinen ersetzt, die aber angetrieben werden müssen. Eine günstige Versorgung mit Strom (z.B. durch Wasserkraft, wie etwa in den Alpenländern), Kohle, Gas (auch Erdgas) oder Heizöl kann entscheidend für die Wettbewerbsfähigkeit sein.

d) Absatzlage

Während es bei der Verarbeitung sogenannter Gewichtsverlustmaterialien zweckmäßig ist, die Rohstoffquellen in der Nähe des Betriebes zu haben, wird man dann, wenn die Rohstoffe ziemlich vollständig in das Erzeugnis übergehen, aus Gründen der Transportkostenersparnis den Betrieb möglichst in der Nähe der Abnehmer gründen. Besonders Lebens- und Genußmittelhersteller (z.B. Brot-, Wurst-, Zigarettenfabriken) sind häufig absatzorientiert. Auch der Standort der Zuliefererbetriebe für andere Industrien wird möglichst von der Nähe ihrer Kunden bestimmt.

Beispiel: Für eine Metallwarenfabrik, die hauptsächlich Ösen für Lederwaren herstellen will, wäre wohl Offenbach der zweckmäßige Standort.

e) Verkehrsverhältnisse

Jeder Industriebetrieb ist von der Lage der Verkehrswege abhängig, sowohl hinsichtlich des Antransports von Rohstoffen als auch des Abtransports der Erzeugnisse und selbstverständlich auch der An- und Abfahrt der auswärts wohnenden Arbeitskräfte. Durch günstige Verkehrsverbindungen kann eventuell die Ungunst eines die Rohstoffe oder die Absatzlage betreffenden Standortes wieder ausgeglichen werden.

Auch innerhalb eines Ortes spielt die verkehrsgünstige Lage eine Rolle. Für einen Betrieb, der beispielsweise häufig Waggons erhält oder fortschickt, ist ein Gleisanschluß zweckmäßig.

f) Grundstücksverhältnisse

Auch die Wahl eines preisgünstigen und für die Bebauung vorgesehenen Grundstücks, das für Industriebetriebe geeignet ist und später eventuell eine Erweiterung des Betriebes zuläßt, ist bedeutsam.

g) Steuerliche Gesichtspunkte

Bei der Wahl eines Ortes wird man denjenigen bevorzugen, in dem die Gewerbesteuern gering sind und die Ansiedlung von Industriebetrieben durch günstige Darlehen gefördert wird.

h) Tradition und werbepsychologische Gründe

Derjenige, der eine Fabrik gründen will und zwei sonst gleich günstige Angebote hat, wird denjenigen Ort wählen, dessen Tradition bereits für entsprechende Güte wirbt. So gibt es z.B. in Nürnberg eine Tradition für Spielwaren, Lebkuchen und Bleistifte, im Schwarzwald für Uhren, in Pforzheim für Schmuck, in Dortmund, München und Kulmbach für Bier, Solingen für Schneidwaren usw.

i) Sonstige Gesichtspunkte

Es können noch weitere Gesichtspunkte für die Wahl des Standortes bestimmend sein, z.B. Klima, Heimatverbundenheit des Unternehmers u.a. Soll ein bereits bestehender Betrieb verlegt werden, so spielt der Gesichtspunkt der Trägheit eine entscheidende Rolle. Es müßte schon der neue Standort ganz wesentlich günstiger liegen, damit sich eine kostspielige Standortveränderung lohnt.

Der tatsächliche Standort eines Industriebetriebes wird meist das Ergebnis eines Kompromisses verschiedener Gesichtspunkte sein.

Je hochwertiger das Erzeugnis und je geringer die Transportkosten der Rohstoffe im Verhältnis zum Wert des Fertigerzeugnisses sind, um so unabhängiger ist der Standort von den Roh- und Hilfsstoffen und um so mehr können andere Überlegungen für die Wahl des Standortes Platz greifen.

3. Die im Industriebetrieb arbeitenden Menschen

Der Industriebetrieb ist nicht nur eine technisch-wirtschaftliche, sondern auch eine soziale Einheit. Eine fortschreitende Rationalisierung und Automation macht den Menschen nicht überflüssig. Ihm muß das besondere Augenmerk gelten.

a) Unternehmer

Unternehmer[1] ist, wer eine Unternehmung plant, gründet und (oder) selbständig und verantwortlich mit Initiative leitet, wobei er ein persönliches oder Kapital-Risiko übernimmt.

---

1 Der hier aufgeführte Unternehmerbegriff ist nicht identisch mit dem Unternehmerbegriff beim Werkvertrag (§§ 631 ff. BGB) oder im Umsatzsteuerrecht (§ 2 UStG).

… C. Der industrielle Fertigungsbetrieb

Ein Teil der das Unternehmen bedrohenden Risiken, z.B. Verluste durch Feuer, Haftpflichtansprüche, kann durch den Abschluß von Versicherungsverträgen auf die Versichertengemeinschaft abgewälzt werden. Das eigentliche unternehmerische Risiko, z.B. Unsicherheit in der Entwicklung der Verbraucherwünsche, muß auf jeden Fall vom Unternehmer getragen werden.

Der gerechte Unternehmergewinn sollte sich aus drei Bestandteilen zusammensetzen:

1. Unternehmerlohn (nur wenn der Unternehmer mitarbeitet, also nicht bei Kapitalgesellschaften),
2. angemessene Verzinsung des eingesetzten Kapitals,
3. Risikoprämie (je nach der zu tragenden Gefahr, nach dem sogenannten Unternehmerrisiko).

Der tatsächliche Gewinn wird von so errechneten Werten natürlich meist abweichen und entweder höher oder niedriger sein. Er hängt weitgehend vom Markt (Angebot und Nachfrage) ab.

b) Mitarbeiter der Unternehmung[1]

Eine Einteilung der Mitarbeiter kann nach verschiedenen Gesichtspunkten vorgenommen werden. Die Unterscheidung in männliche und in weibliche Arbeitskräfte oder in Erwachsene und Jugendliche ist besonders im Arbeitsschutzrecht bedeutend. Häufig findet man eine Einteilung in leitende und ausführende Mitarbeiter oder auch eine Dreiteilung, bei der noch die sogenannten mittleren Führungskräfte herausgestellt werden. Arbeitsrechtlich ist besonders die Einteilung in Angestellte und Arbeiter (s. II.G.1) üblich. Wir wollen in technische (gewerbliche), kaufmännische und sonstige Mitarbeiter unterteilen. Die Grenzen zwischen diesen Gruppen können allerdings nicht scharf gezogen werden. Es gibt vielfach Arbeitskräfte, die sowohl kaufmännisch als auch technisch tätig sind. Alle Angehörigen dieser Gruppen arbeiten an dem gemeinsamen Unternehmungszweck mit, der eine ist auf den anderen angewiesen. Es ist daher falsch, von produktiven und unproduktiven Arbeitskräften zu sprechen. Letztere wären demnach unnütz und gehörten dann gar nicht in den Betrieb.

Technische Mitarbeiter

Ungelernte Arbeiter

Ungelernte Arbeiter (Hilfsarbeiter) benötigen für ihre Tätigkeit keine Anlernung oder Berufserfahrung. Bei der tariflichen Entlohnung rangieren sie allgemein an letzter Stelle. Sie werden im Betrieb für rein mechanische Tätigkeiten, z.B. Hofkehren, Transportarbeiten, eingesetzt.

Angelernte Arbeiter

Angelernte Arbeiter erhielten eine kurzfristige Ausbildung für ein spezielles Arbeitsgebiet. Diese Ausbildung kann einige Wochen oder auch länger dauern.

Die Tarifverträge unterscheiden vielfach zwischen angelernten und qualifizierten angelernten Arbeitern. Der Manteltarifvertrag für die gewerblichen Arbeitnehmer der bayerischen Metallindustrie rechnet zu den angelernten Arbeitnehmern außer den an Metall- und Holzbearbeitungsmaschinen Tätigen z.B. auch Maschinenformer, Gußputzer, Maschinisten, Heizer, Schaltbrett-, Motoren und Turbinenwärter, Zuschläger, Hammerführer, Kran-, Aufzug- und Schiebebühnenführer, Beizer, Glüher und Elektrokarrenführer.

---

[1] S. auch Hilfspersonen des Kaufmannes II.D.1.c (S. 102 f.).

Facharbeiter

Facharbeiter legen nach einer Ausbildungszeit (meist 3 Jahre) eine Abschlußprüfung ab und sind in ihrem erlernten oder einem verwandten Beruf tätig bzw. benötigen die Berufsausbildung für ihre Tätigkeit. Auch Arbeiter, die eine Gesellenprüfung im Handwerk abgelegt haben, zählen in der Industrie zu den Facharbeitern. Die Tarifverträge unterscheiden allgemein bei den Facharbeiterlohngruppen nach der Qualifikation.

Vorarbeiter

Vorarbeiter sind meist Facharbeiter mit gewissen Führungsaufgaben (Vorgesetzte der unteren Stufe). Ihnen untersteht meist eine kleinere Gruppe, beispielsweise kann ein Vorarbeiter für eine Reihe von angelernten Arbeitskräften und deren Maschinen verantwortlich sein. Der Vorarbeiter ist Verbindungsmann zwischen Arbeiter und Meister.

Meister

Meister sind mittlere Führungskräfte im Angestelltenverhältnis. Manche Tarifverträge sehen eine Untergliederung vom Hilfsmeister bis zum Obermeister vor. Die Aufgaben des Meisters in einem Industriebetrieb sind oft vielseitig. Allgemein steht ein Meister einer größeren Gruppe von Arbeitskräften vor. Seine Aufgaben sind daher besonders Führungsaufgaben.

Grundsätzlich sollte der Meister im Industriebetrieb geprüfter Industriemeister sein (Facharbeiterprüfung, mehrere Jahre Praxis, Lehrgang, Mindestalter 25 Jahre, Prüfung durch die Industrie- und Handelskammer). Es gibt aber auch Meister in Industriebetrieben, die eine Handwerksmeisterprüfung oder überhaupt keine Prüfung abgelegt haben, sondern nach langer Tätigkeit im Betrieb wegen ihrer Tüchtigkeit zum Meister ernannt wurden. Für die Berufsausbildung sind nicht nur die entsprechenden beruflichen Fertigkeiten und Kenntnisse, sondern auch berufs- und arbeitspädagogische Kenntnisse erforderlich.

Techniker

Unter Technikern im weiten Sinne versteht man alle technisch tätigen Mitarbeiter, vom technischen Zeichner bis zum Diplom-Ingenieur als technischem Direktor. Unter Technikern im engen Sinne versteht man allgemein mittlere Führungskräfte ohne ingenieurmäßige Ausbildung. „Der Techniker muß die Arbeitsverfahren seines erlernten Berufes beherrschen und in der Lage sein, sich in neue Techniken einzuarbeiten. Seine praktische Berufserfahrung und die auf der Technikerschule erworbenen Kenntnisse und Fertigkeiten sollen den Techniker befähigen, innerhalb bestimmter Arbeitsbereiche mit abgegrenzter Verantwortlichkeit technische Aufgaben zu lösen."[1]

Für Techniker bestehen z.B. Einsatzmöglichkeiten in Entwicklung und Konstruktion als Konstruktionstechniker (Zeit- und Betriebsmittelkonstruktion), Normentechniker, Versuchstechniker u.a. in Fertigungsplanung und Arbeitsvorbereitung, Zeitnehmer, Terminplaner u.a., in Fertigungsdurchführung als

---

1 Aus § 1 der Rahmenordnung für die Ausbildung von Technikern und Ordnung für die Technikerprüfung vom 9.3.1971 (Bayerisches Gesetz- und Verordnungsblatt Nr. 8/1971). Obwohl diese Rechtsnorm inzwischen durch andere Rechtsverordnungen abgelöst wurde, kann die Technikerdefinition als allgemein betrachtet werden.

C. Der industrielle Fertigungsbetrieb

Betriebsassistent u.a., in Kontrolle und Betriebsüberwachung als Inspektions-, Kontrolltechniker u.a., in Materialprüfung und Laboratorien als Materialprüfer, Metallograph u.a., in Einkauf, Verkauf und Kundendienst als Techniker in der Projektierung, im Angebotswesen, Sachbearbeiter u.a. außerdem als Techniker in der Energieversorgung, bei Behörden im technischen Dienst u.a.

Die Ausbildung der Techniker erfolgt regelmäßig in viersemestrigem Unterricht an einer Technikerschule (Aufnahmebedingung allg. zwei Jahre Praxis nach der einschlägigen Berufsausbildung) oder in einem entsprechend längerem berufsbegleitenden Studium.

Ingenieure

Allgemein erhält ein Ingenieur eine achtsemestrige Ausbildung (davon zwei Semester Praktikum) an einer Fachhochschule – Fachbereich Technik – (früher Ingenieurschule). Das Studium schließt jetzt mit der Diplomierung zum Diplom-Ingenieur (FH) ab.

Aufnahmevoraussetzung für die Fachhochschule ist allgemein die Fachhochschulreife, die regelmäßig nach Besuch der 12. Klasse der Fachoberschule erworben wird. Bewerber mit Fachschulreife (mittlerer Bildungsabschluß + Beruf) können in die 12. Klasse der Fachoberschule eintreten, Bewerber mit nur mittlerem Bildungsabschluß (z.B. Realschulabschluß, Oberstufenreife) müssen auch die 11. Klasse der Fachoberschule (Berufspraktikum + theoretischer Unterricht) besuchen. Staatlich geprüfte Techniker mit mittlerem Bildungsabschluß können allgemein nach einem Zusatzunterricht die Fachhochschulreife erwerben. Beim Fachbereich Technik der verschiedenen Fachhochschulen gibt es unterschiedliche Ausbildungsrichtungen, z.B. allg. Maschinenbau, Feinwerktechnik, Elektrotechnik (mit Untergliederungen), Hochbau, Ingenierbau (Tiefbau), Chemie usw.

Der Diplom-Ingenieur studiert an einer wissenschaftlichen Hochschule (Technische Hochschule, Technische Universität, Technische Fakultät einer Universität) mindestens acht Semester. Diese Ausbildung ist Voraussetzung für höhere technische Berufe in der freien Wirtschaft und im Behördendienst sowie für die Lehrtätigkeit im wissenschaftlich-technischen Schuldienst. Voraussetzung zum Beginn des Studiums ist grundsätzlich die im ersten oder zweiten Bildungsweg erworbene Hochschulreife (Abitur) und mindestens ein einjähriges Praktikum. Besonders befähigte Absolventen von Fachhochschulen können an einer Technischen Universität weiterstudieren. Nach der Diplomprüfung besteht für den Diplom-Ingenieur die Möglichkeit zu promovieren.

Im Betrieb kann keine klare Abgrenzung zwischen den Aufgaben eines Diplom-Ingenieurs der Universität, der Fachhochschule oder denen eines Technikers getroffen werden. In der Regel wird wohl die mehr planende und forschende Tätigkeit den Diplom-Ingenieuren, die mehr ausführende den Technikern obliegen. Die technische Leitung eines Betriebes wird wohl meist ein Diplom-Ingenieur innehaben. Die Praxis zeigt, daß in manchem Kleinbetrieb auch ein Meister an der technischen Spitze stehen kann.

In manchem Großbetrieb sind nicht nur Diplom-Ingenieure, sondern auch Diplom-Physiker, Diplom-Chemiker u.a. technische Führungskräfte tätig.

Kaufmännische Mitarbeiter

Jeder, der zur Leistung kaufmännischer Dienste in einem Handelsgewerbe (Betrieb, s. II.D.1) gegen Entgelt angestellt ist, ist nach dem HGB *Handlungsgehilfe* (heute übliche Bezeichnung *kaufmännischer Angestellter*). Über Art und Umfang der Ausbildung oder über die Stellung im Betrieb sagt der Begriff nichts aus. Auch ein Techniker, Ingenieur,

Wirtschaftswissenschaftler oder Jurist, der kaufmännisch tätig ist, ist demnach kaufmännischer Angestellter ebenso wie die kaufmännische Hilfskraft ohne jegliche Ausbildung.

Kräfte ohne Ausbildung werden für einfachste Arbeiten, z.B. Führen einer Kartei, verwendet. Für Bürogehilfen gibt es eine zweijährige Ausbildung mit Schwerpunkt auf der Erlernung von Büroarbeiten, Kurzschrift und Maschinenschreiben. Die reguläre Ausbildung zum Ausbildungsberuf „Industriekaufmann" dauert drei Jahre, sie kann aber bei entsprechender Schulbildung verkürzt werden. Während dieser Zeit lernt der Auszubildende alle kaufmännischen Arbeiten im Betrieb kennen. Erst nach der Abschlußprüfung vor der Industrie- und Handelskammer erfolgt eine Spezialisierung (etwa nur Buchhaltung). Während der Ausbildung besucht der Auszubildende eine kaufmännische Berufsschule.

Mehr als bei den gewerblichen Mitarbeitern spielt bei qualifizierten kaufmännischen Mitarbeitern der Besuch einer Schule vor Eintritt in das Berufsleben eine Rolle (Berufsfachschule, Wirtschaftsschule). Es gibt Industrieunternehmen, die von einem Teil ihrer Auszubildenden die Reifeprüfung fordern.

Entsprechend dem technischen Studium auf verschiedenen Ebenen gibt es auch ein kaufmännisch-betriebswirtschaftliches Studium. Der praktische Betriebswirt besuchte eine Fachschule, der staatlich geprüfte Betriebswirt eine Fachakademie für Wirtschaft, der Diplom-Betriebswirt (FH) eine Fachhochschule – Fachbereich Wirtschaft (früher Höhere Wirtschaftsfachschule HWF). Der akademische Betriebswirt (Diplom-Kaufmann) studierte an einer wissenschaftlichen Hochschule (Universität).

Im Betrieb werden die verschiedenen kaufmännischen Mitarbeiter nach ihrer Tätigkeit bezeichnet, z.B. Kontoristen, Stenotypisten, Fakturisten (Rechnungsschreiber), Inlands- und Auslandskorrespondenten, Buchhalter, Kassierer, Expedienten (Mitarbeiter einer Versandabteilung), Lageristen (Lagerverwalter), Einkäufer, Verkäufer, Reisende (Angestellte im Außendienst), Abteilungsleiter usw.

Sonstige Mitarbeiter

Besonders in Großbetrieben findet man Mitarbeiter, die weder kaufmännisch noch technisch tätig sind. Die geleisteten Dienste können einfacherer (z.B. Betriebsgärtner) oder höherer Art (z.B. Betriebsarzt) sein.

Außerdem gibt es Mitarbeiter des Unternehmens, die keine Arbeitnehmer, sondern freiberuflich tätige Kräfte (z.B. Rechtsanwälte, Steuerberater, Werbefachleute) oder Vermittler (Vertreter, Kommissionäre, Makler) sind.

4. Organisation des Industriebetriebes[1] – Rationalisierung

Jeder Betrieb bedarf einer gewissen Organisation, um seine Aufgaben erfüllen zu können. *Mellerowicz*[2] definiert Organisationen als „systematische, planvolle Zuordnung

---

[1] S. auch *Krause/Bantleon*, a.a O., Teil A und *Degering/Rackwitz* in *Alfred Böge* (Hrsg.), Das Techniker-Handbuch, Vieweg, Braunschweig/Wiesbaden, 13. Aufl. 1992, S. 963 ff.
[2] *K. Mellerowicz*, a.a.O., S. 297.

C. Der industrielle Fertigungsbetrieb

von Menschen und Sachen zum zwecke geregelten Arbeitsablaufs, die Summe der Regelungen, durch die der Betriebsvollzug gestaltet wird". Bei fortschreitender industrieller Entwicklung, also mit zunehmender Arbeitsteilung, gewinnen die Organisationsprobleme immer mehr Bedeutung.

Die Organisation eines Industriebetriebes wird sich von der eines anderen Betriebes vielfach stark unterscheiden. Sie hängt weitgehend von den Produktionsaufgaben, die der Betrieb erfüllen soll, sowie von der Zahl der notwendigen technischen Prozesse ab. Auch die Art des Einkaufs, der Lagerung und des Vertriebs sind für die Organisation bestimmend.

Im folgenden Schema zeigt *Sonnenberg*[1] die organisatorische Gliederung eines Produktionsbetriebes (Bild I/7).

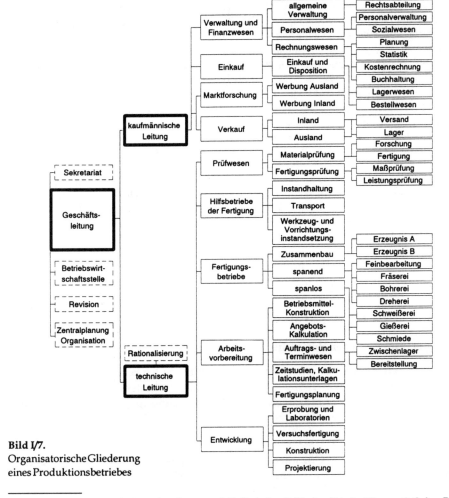

Bild I/7.
Organisatorische Gliederung eines Produktionsbetriebes

---

[1] *Hugo Sonnenberg*, Arbeitsvorbereitung und Kalkulation I, Verlag Friedr. Vieweg & Sohn, Braunschweig, 4. Aufl. 1973, S. 93.

Ein Kennzeichen des modernen Industriebetriebes ist die ständig fortschreitende Rationalisierung (lat. ratio = Vernunft). Sie kann als das „zusammengefaßte Bemühen angesehen werden, das die Steigerung der Produktion zum Ziele hat". Sie soll „vor allem dem Menschen nutzen, seine Lebensbedingungen verbessern und seine körperliche und geistige Belastung vermindern. Schließlich sollen Wirtschaftlichkeit und Rentabilität gesichert und die Wettbewerbsfähigkeit erhalten bleiben".[1]

Mittel der Rationalisierung sind besonders Arbeitsteilung, Arbeitsverbindung, Normung und Typung, Taylorismus, Mechanisierung, Fließfertigung und Automation.

Unter vertikaler *Arbeitsteilung* versteht man die Zerlegung einer Arbeitsaufgabe in verschiedenartige Teilaufgaben und deren Zuweisung an einzelne Arbeitsausführende. Die auf verschiedene Arbeiter verteilten Unteraufgaben müssen durch entsprechende Organisation ständig aufeinander abgestimmt werden (*Arbeitsverbindung*). Unter Normung versteht man die Vereinheitlichung von stets wiederkehrenden Teilen (z.B. Schrauben), wobei von den jeweils Beteiligten die Begriffe, Arten, Größen Formen, Farben, Abmessungen, Kennzeichnungen, Stoffe und dgl. anerkannt und festgelegt werden. Mit *Typung* bezeichnet man die Vereinheitlichung des ganzen Endprodukts.

Der *Taylorismus* (Taylorsystem, wissenschaftliche Betriebsführung) mit dem Ziel der Hebung der Produktivität menschlicher Arbeit wird nach dem amerikanischen Ingenieur und Betriebswissenschaftler Frederic Winslow Taylor (1865 bis 1915) benannt. Taylor nahm genaue Untersuchungen der Arbeit (*Arbeitsstudien*) vor. Deren Auswertungen bildeten die Grundlage für Verbesserungen.

Unter *Mechanisierung* versteht man den Ersatz der Handarbeit durch Maschinenarbeit. Durch die Organisation der Reihenfertigung, bei der das Prinzip der Arbeitszerlegung bis in die äußersten Möglichkeiten durchgeführt ist, können mittels organisatorischer Maßnahmen die Durchlaufzeiten wesentlich verkürzt werden (*Fließprinzip*). Herzustellende Produkte werden von Hand zu Hand bewegt. Das laufende Band steht im Dienste dieser Fließarbeit.

Die *Automation* ist die weitgehendste Form der Mechanisierung. Sie führt zum selbständigen Ablauf von Arbeitsvorgängen. Von einer vollautomatischen Fertigung kann gesprochen werden, wenn folgende Arbeitsvorgänge in einem mechanischen Prozeß ohne menschliche Beteiligung ablaufen: Lieferung der Arbeitsenergie, Materialanlieferung, Materialbearbeitung, Materialtransport, Überwachung der Fertigung und Kontrolle der Produkte.

Durch Maßnahmen der Rationalisierung können durchaus Arbeitsplätze gefährdet werden. Andrerseits werden aber auch wieder neue Arbeitsplätze geschaffen. Trotz weitgehender Rationalisierung herrscht heute Vollbeschäftigung. Durch die Hebung des Lebensstandards stieg auch die Kaufkraft, so daß dem stärkeren Angebot auch eine größere Nachfrage gegenübersteht.

5. Das Rechnungswesen des Industriebetriebes

Für jedes Unternehmen, besonders aber für den industriellen Fertigungsbetrieb, ist das betriebliche Rechnungswesen von großer Bedeutung. Es besteht aus den vier Grundformen Buchhaltung (Zeitraumrechnung), Kostenrechnung (Selbstkostenrechnung, Kalkulation), Statistik (Vergleichsrechnung) und Planung (Vorschaurechnung).

a) Buchhaltung

Die Buchhaltung bildet die Grundlage des Rechnungswesens. Ohne sie ist ein geordneter Betrieb nicht denkbar. Ihre wichtigsten Aufgaben sind:

---

1 *Hugo Sonnenberg*, a.a.O., S. 59.

C. Der industrielle Fertigungsbetrieb

1. Feststellung des Standes von Vermögen und Schulden
2. Aufzeichnung der Veränderung der Werte
3. Ermittlung des Unternehmenserfolges
4. Überwachung aller betrieblicher Vorgänge, sofern sie sich in Geldwert ausdrücken lassen
5. Lieferung von Werten für die anderen Zweige des Rechnungswesen
6. Lieferung von beweiskräftigen Unterlagen gegenüber Gerichten, Finanzämtern, Banken usw.

Die *gesetzlichen Buchführungsvorschriften* des Handelsrechts (insbesondere 3. Buch des HGB, eingefügt durch Bilanzrichtliniengesetz) sollen besonders den Gläubiger und evtl. auch den Gesellschafter (z.B. Aktionär) schützen, während die Vorschriften des Steuerrechts dem Fiskus die Steuereinnahmen sichern sollen.[1] Durch das Finanzamt erfolgen in regelmäßigen Abständen Betriebsprüfungen. Bei einer nicht ordnungsmäßigen Buchführung kann der Steuerpflichtige aufgrund einer Schätzung besteuert werden.

Das Fehlen einer ordnungsmäßigen Buchführung kann mit Freiheitsstrafe bis zu zwei Jahren geahndet werden, wenn der Buchführungspflichtige seine Zahlungen eingestellt hat oder über sein Vermögen das Konkursverfahren eröffnet wurde (§ 283b StGB).

Begriffe der Buchhaltung:

Inventar. Bei der Gründung der Unternehmung und zum Schluß eines jeden Geschäftsjahres muß eine Bestandsaufnahme vorgenommen werden. Die Tätigkeit des Messens, Zählens, Wiegens usw. nennt man Inventur, das Verzeichnis, das als Ergebnis der Inventur aufgestellt wird, heißt Inventar. Es wird gegliedert in A. Vermögen (Anlage- und Umlaufvermögen, s. I.B.2), B. Verbindlichkeiten (Schuldern, Fremdkapital) und C. Reinvermögen (Eigenkapital) (A minus B).

Bilanz. Verkürzte Form des Inventars in Kontenform, d.h. in Gegenüberstellung (s. Bild I/6). Die Bilanz kann wichtige Aussagen über die Lage einer Unternehmung zum Bilanzstichtag machen[2].

Gewinn- und Verlustrechnung. Abschluß der Erfolgskonten (Aufwands- und Ertragskonten) mit dem Ergebnis (Gewinn bzw. Verlust) eines Abrechnungszeitraumes. Wenn in manchen gesetzlichen Vorschriften von der Bilanz gesprochen wird, ist hierunter der gesamte Abschluß (Bilanz und die Gewinn- und Verlustrechnung) zu verstehen.

Abschreibungen. Wertmäßiger Ausdruck der Abnutzung der Anlagegüter (steuerlich: Absetzung für Abnutzung = AfA). Grundsätzlich bemißt sich die Höhe der Abschreibungen nach der betriebsgewöhnlichen Nutzungsdauer. Man unterscheidet lineare Abschreibung (Abschreibung mit gleichbleibenden Quoten), degressive Abschreibung (in fallenden Quoten), progressive Abschreibung (mit steigenden Quoten), digitale Abschreibung (mit schwach fallenden Quoten), Abschreibung nach Maschinenstunden usw.

Es gibt nicht nur Abschreibungen der Anlagegüter. Auch voraussichtlich nicht einbringbare Forderungen werden abgeschrieben (Delkredere-Abschreibungen). Handelsrechtlich muß auch ein erworbener Geschäfts- oder Firmenwert innerhalb von fünf Jahren abgeschrieben werden.

Kontenrahmen. Für die zweckmäßige Anlage der Konten wurden für die einzelnen Wirtschaftszweige empfehlenderweise Kontenrahmen aufgestellt. System ist die Dezimalklassifikation (das Zehnersystem). Konten, die mit der gleichen Ziffer anfangen, gehören der gleichen Kontenklasse an. Der neue Industrie-Kontenrahmen (IKR) sieht folgende Einteilung vor: Klasse 0 Sachanlagen und immaterielle Anlagewerte; Klasse 1 Finanzanlagen und Geldkonten; Klasse 2 Vorräte, Forderungen und aktive Rechnungsabgrenzungsposten; Klasse 3 Eigenkapital, Wertberichtigungen und Rückstellungen; Klasse 4 Verbindlichkeiten und passive Rechnungsabgrenzungsposten; Klasse 5 Erträge; Klasse 6

---

1 S. „Die Abhängigkeit der Steuerbilanz von der Handelsbilanz" in *Ott/Wendlandt*, Grundzüge des Wirtschaftsrechts, Verlag Friedr. Vieweg & Sohn, 2. Aufl., Braunschweig, 1972, S. 187 ff.

2 S. *Werner Zimmermann* (Hrsg.), Bilanzen lesen und verstehen (Lernprogramm), Verlag Friedr. Vieweg & Sohn, Braunschweig, 1972.

Material- und Personalaufwendungen, Abschreibungen und Wertberichtigungen; Klasse 7 Zinsen, Steuern und sonstige Aufwendungen; Klasse 8 Eröffnung und Abschluß; Klasse 9 Kosten- und Leistungsrechnung. Jede Kontenklasse läßt sich durch Anfügen einer zweiten Ziffer in zehn Kontengruppen (z.B. 13 = Besitzwechsel), jede Kontengruppe in zehn Kontenarten unterteilen usw. Die Kontenklassen 0 ... 4 enthalten Bestandskonten (0 ... 2 Aktivkonten, 3 ... 4 Passivkonten), die Klassen 5 ... 7 Erfolgskonten (5 Erträge, 6 und 7 Aufwendungen).

Finanz- und Betriebsbuchhaltung. Die gesamte Buchführung eines Industriebetriebes wird in Finanzbuchhaltung (Geschäftsbuchhaltung) und Betriebsbuchhaltung unterteilt. Die Finanzbuchhaltung betrifft das Verhältnis des Unternehmens mit der Außenwelt, die Betriebsbuchhaltung die Innenrechnung. Letztere ist eng mit der Kostenrechnung (Kalkulation) verbunden.

b) Kostenrechnung[1]

Während die Finanzbuchhaltung zur Ermittlung des Gesamtergebnisses auf den Zeitraum abgestellt ist, ist die Betriebsbuchhaltung und Kostenrechnung (Kalkulation, Selbstkostenrechnung, Leistungseinheitsrechnung) im Endergebnis auf die Leistungseinheit (Stück usw.) abgestellt. Sie hat zwei Hauptaufgaben:

1. exakte Ermittlung der Selbstkosten in allen Phasen, Stufen und Leistungsgruppen der Werterzeugung für eine interne Kontrolle der Leistungserstellung (Kontrolle der Wirtschaftlichkeit der Betriebsgebarung);
2. kurzfristige Ermittlung des Arbeitserfolges.

Unter *Kosten* versteht man den wertmäßigen (also in DM ausgedrückten) zweckbestimmten Güter- und Dienstverzehr zur Erstellung von Leistungen. Der Kostenbegriff muß von den Begriffen Ausgaben und Aufwand unterschieden werden.

Unter Ausgaben versteht man die Bezahlung von Gütern und Leistungen ohne Rücksicht darauf, wann diese verbraucht wurden. Daraus ermittelt man durch zeitliche Verteilung und Abgrenzung die Aufwendungen. Aufwendungen können gleichzeitig Kosten sein. Es gibt aber auch Aufwendungen (betriebsfremde und außerordentliche), die keine Kosten sind (Neutralaufwand, z.B. Spende, Aufwendungen für betriebsfremde Grundstücke, Verluste aus Wertpapieren). Kosten, die keine Aufwendungen sind, nennt man Zusatzkosten (z.B. kalkulatorischer Unternehmerlohn, Wagniszuschlag, kalkulatorische Verzinsung des betriebsnotwendigen Kapitals).

Die *Vorkalkulation* hat vor der Leistungserstellung die voraussichtlichen Kosten zu ermitteln, die *Nachkalkulation* dient der Nachprüfung, d.h. dem Vergleich der Zahlenwerte aufgrund der nach der Leistungserstellung tatsächlichen entstandenen Kosten.

c) Statistik

Unter Statistik versteht man die zahlenmäßige Erfassung, Gliederung, Auswertung und Darstellung von Massenerscheinungen. Für den Industriebetrieb stellen Kostenrechnung und besonders Buchhaltung bereits eine derartige Statistik dar. Darüber hinaus hat der größere Industriebetrieb aber noch eine eigene statistische Abteilung, um viele wichtige Erscheinungen festzuhalten und zu vergleichen. Wie auch bei staatlichen Statistiken ist die betriebliche Statistik nicht Selbstzweck, sondern dient der Unternehmungsleitung zur Erfüllung ihrer Aufgaben, wie z.B. der Betriebskontrolle. Aus der Auswertung statistischen Materials kann man ggf. die Grundrichtung einer Entwicklung (den Trend) erkennen und sich darauf einstellen.

---

1 Literatur zur Kostenrechnung z.B. *Hugo Sonnenberg*, a.a.O., Bd. I und II und *Werner Zimmermann*, Erfolg und Kostenrechnung, Verlag Friedr. Vieweg & Sohn, Braunschweig, 1971.

C. Der industrielle Fertigungsbetrieb

d) Planung[1]

Die Planung (Vorschaurechnung, Etatrechnung, Planungsrechnung) hat die Sollzahlen für Produktion, Kostenrechnung und Finanzierung zu ermitteln. Im Gegensatz zu Buchhaltung und Statistik beschäftigt sie sich mit der Zukunft, z.B. der Aufstellung eines Wirtschaftsplanes für die zukünftige Betriebsarbeit.

In den beiden letzten Jahrzehnten gewann das *Operations Research* (abgekürzt „OR") eine immer größere Bedeutung. Die OR-Methoden wurden in größerem Umfang erstmals während des 2. Weltkrieges für militärische Zwecke entwickelt. Nach dem Kriege befaßten sich insbesondere amerikanische Wirtschaftler mit OR, um nunmehr auch „ökonomische Auswahlprobleme, die herkömmlicherweise der Geschäftserfahrung und dem Fingerspitzengefühl des Kaufmannes vorbehalten sind, dem formal-logischen (rationalen) Kalkül der OR-Methoden zu unterwerfen".[2]

6. Betriebliche Meßziffern

Der Betriebswirt kann aus bestimmten statistischen Zahlenwerten Schlußfolgerungen über den Zustand eines Betriebes ziehen. Derartige Zahlenwerte werden Meßziffern oder Richtzahlen genannt. Mit Hilfe von Meßziffern läßt sich beispielsweise die Rentabilität des letzten Jahres mit der vorangegangener Jahre vergleichen.

Mittelwerte der Meßziffern verschiedener Betriebe der gleichen Branche können die Grundlage einer Bewertung des eigenen Betriebes sein. Mit Hilfe der Meßziffern kann man also den eigenen Betrieb überwachen und besser als ohne solche Werte optimale Leistungen erreichen.

a) Rentabilität

Rentabilität ist das Verhältnis von Erfolg zu Kapitaleinsatz. So rentiert sich ein Kapital, das einen angemessenen Gewinn, also eine entsprechende Rente (Verzinsung, Rendite) einbringt. Die Rentabilität eines Unternehmens ist die Höhe der Verzinsung des Kapitals. Je nach den Ausgangswerten erhält man die Rentabilität des Eigenkapitals oder die des Gesamtkapitals (Eigenkapital + Fremdkapital).

Die Rentabilität ist der Maßstab für den Nutzeffekt der Betriebstätigkeit, der in erster Linie in der Wirtschaft für die Kapitalversorgung entscheidend ist.

Beispiel:
Der Abschluß einer Unternehmung zeigt folgende Werte:

Eigenkapital	500.000,-
Fremdkapital (Schulden)	300.000,-
Jahresgewinn	60.000,-
gezahlte Schuldzinsen	20.000,-

Rentabilität für den Unternehmer (Verzinsung des Eigenkapitals):

$$\frac{\text{Gewinn} \cdot 100}{\text{Eigenkapital}} = \frac{60.000 \cdot 100}{500.000} = 12\,\%$$

---

1 Ausführliche Literatur: *Werner Zimmermann*, Planungsrechnung, Verlag Friedr. Vieweg & Sohn, Braunschweig, 1968.
2 *W. Wetzel*, Rationalisierung betriebswirtschaftlicher Entscheidungen, in der Zeitschrift Unternehmensforschung 1956/57, Heft 3, S. 123.

Rentabilität für die Unternehmung (Verzinsung des Gesamtkapitals):

$$\frac{(\text{Gewinn} + \text{Schuldzinsen}) \cdot 100}{\text{Eigenkapital} + \text{Fremdkapital}} = \frac{80.000 \cdot 100}{800.000} = 10\,\%$$

Wichtig ist natürlich, daß die Werte für Eigenkapital und Reingewinn in der Berechnung richtig angesetzt sind.

Eine aus steuer- oder handelsrechtlichen Gründen zu hohe Abschreibung wird anfangs einen niedrigeren Gewinn und damit eine geringere Rentabilität zeigen als eigentlich vorhanden ist. Es wäre auch falsch, beim Einzelunternehmen oder bei Personengesellschaften den Unternehmerlohn, der den steuerlichen Gewinn nicht beeinträchtigt, unberücksichtigt zu lassen.

b) Wirtschaftlichkeit

Unter Wirtschaftlichkeit versteht man das Verhältnis von Leistung zu Kosten (s. I.A.1). Der ganze Betrieb, die Fertigung einzelner Erzeugnisse oder bestimmte Verfahren können Gegenstand von Wirtschaftlichkeitsberechnungen[1] sein.

Beispiel:

	Verfahren A	Verfahren B
Verkaufserlös für 1.000 Stück	12.000,-	12.000,-
Gesamtkosten für 1.000 Stück	10.000,-	12.000,-
Wirtschaftlichkeit	$\frac{12.000}{10.000} = 1{,}2$	$\frac{12.000}{12.000} = 1$
Verkaufserlös für 2.000 Stück	24.000,-	24.000,-
Gesamtkosten für 2.000 Stück	19.000,-	18.000,-
Wirtschaftlichkeit	$\frac{24.000}{19.000} = 1{,}263$	$\frac{24.000}{18.000} = 1{,}333$

Bei einer Stückzahl von 1.000 Stück ist demnach das erste, bei 2.000 Stück das zweite Verfahren wirtschaftlicher.

c) Produktivität

Im volkswirtschaftlichen Sinne versteht man unter Produktivität die Nützlichkeit einer einzelwirtschaftlichen Tätigkeit für das Volksganze.

Den Techniker und Betriebswirt interessiert jedoch die Produktivität im technischen Sinne. Man versteht darunter das mengen- und wertmäßige Ergebnis der Fertigung. Die *physische Produktivität* ist das Verhältnis von Zahl der Fertigerzeugnisse zu Arbeitstagen, Stunden oder Arbeitskräften (z.B. Stück Fahrräder je Arbeitsstunde). Bei der *wertmäßigen Produktivität* wird die Menge der Fertigerzeugnisse in Geld ausgedrückt.

Bei Zeitvergleichen derartiger gesamter Wertproduktivitäten sind etwaige Preisveränderungen zu besichtigen (Preisindex-Ziffern).

Durch Rationalisierungsmaßnahmen ist die Produktivität allgemein in den letzten Jahrzehnten ganz gewaltig erhöht worden. Zur Hebung der Produktivität wurden besondere Organisationen gegründet, z.B. die Europäische Produktivitätszentrale in Paris, der Deutsche Produktivitätsrat in Bonn und das Institut zur Förderung der Produktivität in Frankfurt (Main).

---

[1] Vgl. *Werner Zimmermann*, Planungsrechnung, a.a.O., Abschnitt A.

C. Der industrielle Fertigungsbetrieb 39

Meist wird eine Steigerung der Produktivität für den Betrieb auch eine Erhöhung der Wirtschaftlichkeit und eine Erhöhung der Rentabilität bringen. Wenn aber die Mehrproduktion durch unverhältnismäßig mehr Kosten erkauft wird, sinkt die Wirtschaftlichkeit. Wird die Mehrproduktion durch unverhältnismäßig höheren Kapitaleinsatz erkauft, sinkt die Rentabilität.

d) Kapazität

Die Kapazität ist die Erzeugungsmöglichkeit eines Betriebes. Sie sagt also aus, was innerhalb einer bestimmten Zeit geleistet werden kann. (Die Produktivität gibt dagegen an, was geleistet wird.) Die Kapazität ist hauptsächlich von den vorhandenen Maschinen und sonstigen Anlagen und von den im Betrieb tätigen Menschen abhängig.

Unter *maximaler Kapazität* versteht man die Leistungskraft eines Betriebes ohne Rücksicht auf Überbeanspruchung von Mensch und Maschine.

Die *normale (optimale) Kapazität* gibt an, was der Betrieb bei Vollbeschäftigung ohne Überstunden und übermäßige Beanspruchung der Anlagen zu leisten vermag. Nur mit ihr wird man auf die Dauer rechnen können.

Die *Mindestkapazität* nennt die Leistungsmenge, die mindestens in Anspruch genommen werden muß, wenn die Anlage, z.B. ein Hochofen, funktionsfähig sein soll.

e) Beschäftigungsgrad

Unter dem Beschäftigungsgrad (Ausnutzungsgrad) versteht man das Verhältnis der tatsächlichen Leistung eines Betriebes zu seiner Leistungsfähigkeit (Kapazität) in einem Prozentsatz ausgedrückt.

Beispiel:

Tatsächliche Produktion   400 Stück täglich
normale Kapazität   500 Stück täglich

Beschäftigungsgrad = $400 \cdot \frac{100}{500}$ = 80 % der normalen Kapazität.

Tabelle 8: Kosten bei Ansteigen des Beschäftigungsgrades

Arten der Kosten	Auswirkung auf den Betrieb	Auswirkung auf das einzelne Stück
1. fixe Kosten, z.B. Mieten	gleichbleibend	stark sinkend
2. variable Kosten a) proportionale Kosten, z.B. Werkstoffe, Fertigungslohn	verändern sich proportional zum Beschäftigungsgrad	gleichbleibend
b) unterproportionale (degressive) Kosten, z.B. Hilfslöhne, Angestelltengehälter	steigen schwächer als Beschäftigungsgrad	schwach sinkend
c) überproportionale (progressive) Kosten, z.B. Überstundenlöhne	steigen stärker als Beschäftigungsgrad	steigend

Interessant ist für den Betriebswirt die Untersuchung des Beschäftigungsgrades und dessen Einfluß auf die verschiedenen Kosten. Man kann dabei zu der Tabelle 8, S. 39 kommen (s. auch Bild I/8).

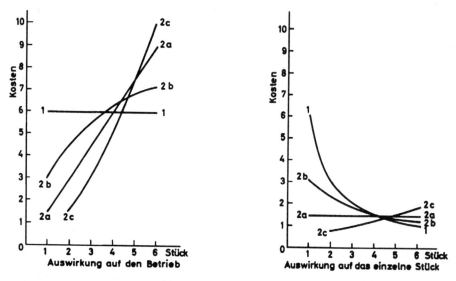

Bild I/8. Abhängigkeit der Kosten vom Beschäftigungsgrad

Anmerkung: In der betrieblichen Wirklichkeit verlaufen die Kurven für die variablen Kosten nicht so ideal, sondern vielfach stufenförmig.

Beispiel: Anhand eines Zahlenbeispiels soll untersucht werden, wie sich die Gesamtkosten und die Kosten des einzelnen Stückes bei einem Ansteigen des Beschäftigungsgrades entwickeln. Gegeben sind die festgestellten Gesamtkosten bei unterschiedlicher Stückzahl und der gleichbleibende Nettoerlöspreis von 1,40 DM je Stück.

Menge	Gesamtkosten in DM	Gesamterlös bei 1,40 DM je Stück	Gesamtergebnis in DM	Stückkosten in DM	Stückergebnis in DM
150	300,-	210,-	- 90,-	2,-	- -,60
200	350,-	280,-	- 70,-	1,75	- -,35
250	390,-	350,-	- 40,-	1,56	- -,16
300	420,-	420,-	+ 40,-	1,40	-,-
350	450,-	490,-	-,-	1,29	+ -,11
400	490,-	560,-	+ 70,-	1,23	+ -,17
450	540,-	630,-	+ 90,-	1,20	+ -,20
500	595,-	700,-	+ 105,-	1,19	+ -,21
550	660,-	770,-	+ 110,-	1,20	+ -,20
600	760,-	840,-	+ 80,-	1,27	+ -,13
650	870,-	910,-	+ 40,-	1,34	+ -,06
700	1.000,-	980,-	- 20,-	1,43	- -,03

Bild I/9. soll diese Zahlen verdeutlichen.

C. Der industrielle Fertigungsbetrieb

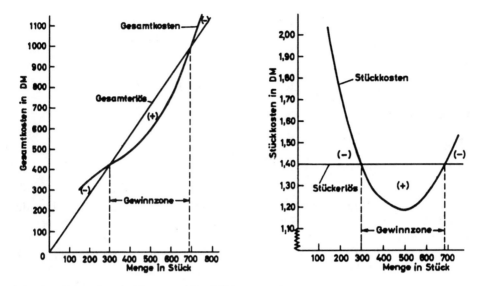

Bild I/9. Abhängigkeit der Kosten vom Beschäftigungsgrad

Auswertung: Zwischen einer Stückzahl von 300 und etwas unter 700 wird mit Gewinn gearbeitet (Gewinnzone). Bei 550 Stück wird das günstigste Gesamtergebnis erreicht (Gewinnmaximum). Bei 500 Stück sind die Kosten für das einzelne Stück am niedrigsten (optimaler Kostenpunkt).

f) Liquidität

Die Liquidität (Flüssigkeit, Zahlungsbereitschaft) gibt an, in welchem Maße ein Unternehmen mit seinen „flüssigen Mitteln", d.h. Zahlungsmitteln die entsprechenden Verpflichtungen erfüllen kann.

Zur Liquiditätsberechnung teilt man das Vermögen folgendermaßen ein:
1. Liquide Mittel 1. Ordnung (Bargeld, Postscheck-, Bankguthaben),
2. Liquide Mittel 2. Ordnung (Vermögensteile, die innerhalb dreier Monate flüssig gemacht werden können, z.B. Wertpapiere, Kundenforderungen, Besitzwechsel),
3. Liquide Mittel 3. Ordnung (stehen erst nach längerer Zeit als flüssige Mittel zur Verfügung, z.B. Werkstoffe, Fertig- und Halberzeugnisse),
4. Illiquide Mittel (Werte, die sich nur schwer in Bargeld verwandeln lassen, z.B. Grundstücke, Werkzeuge, Maschinen).

Dementsprechend ist die Barliquidität (in %) der Quotient aus den liquiden Mitteln 1. Ordnung und 1 % der sofort fälligen Verbindlichkeiten, die Dreimonats-Liquidität der Quotient aus den liquiden Mitteln 1. und 2. Ordnung und den innerhalb von 3 Monaten fälligen Verbindlichkeiten usw.

Bilanzen können nur begrenzte Auskünfte über die Liquidität von Unternehmen geben. Einerseits liegt der Bilanzstichtag meist schon etliche Zeit zurück, andererseits macht die Bilanz nur Aussagen über die am Bilanzstichtag vorhandenen Vermögens- und Schuldenwerte (*Stichtagsliquidität*). Die *Periodenliquidität* berücksichtigt dagegen die innerhalb eines Zeitraumes eingehenden Beträge und fällig werdenden Verpflichtungen (z.B. Löhne, Versicherungen usw.).

Durchschnittlicher Finanzbedarf:
a) Flüssige Mittel _____ DM
b) Tagesaufwand lt. Betriebskostenrechnung
    Materialkosten _____ DM
    Löhne und Gehälter _____ DM
    Soziale Aufwendungen _____ DM
    Zinsen _____ DM
    Besitzsteuern _____ DM
    Beiträge _____ DM
    Übrige Aufwendungen _____ DM _____ DM

Der Zahlungsmittelbestand reicht für a : b = _____ Tage.

Jeder Betrieb muß auf eine genügend große Liquidität bedacht sein, damit er rechtzeitig seine Zahlungsverpflichtungen erfüllen kann. Die Ausnutzung der Skontofrist bei der Bezahlung von Lieferantenrechnungen bringt eine erhebliche Verzinsung ein. Eine übermäßig große Liquidität ist aber unwirtschaftlich und senkt die Rentabilität, da z.B. Bargeld und Postscheckguthaben keine Zinsen tragen.

g) Cash Flow[1]

Der in den USA entwickelte Begriff des Cash Flow ist nicht ins Deutsche übersetzbar. Auch ist die Definition in der Literatur nicht einheitlich. Der Cash Flow gibt Auskunft über die Finanzierungs- und Investitionskraft des Unternehmens. „Am weitesten verbreitet dürfte der Cash-flow-Begriff des US-Instituts der Wirtschaftsprüfer (AICPA) sein. Danach ist Cash Flow der Reingewinn der Unternehmung, vermindert um abgegrenzte Zinsen und Dividenden. Volkswirtschaftlich ist der Cash Flow die Summe, die zur Finanzierung der Erhaltungs- und Erweiterungsinvestitionen bereitsteht: Cash Flow = Abschreibungen und nichtentnommene Gewinne."[2]

D. Der betriebliche Umsatzprozeß

Aufgabe eines jeden Betriebes ist die Bedürfnisbefriedigung bzw. Bedarfsdeckung. Um dieser Aufgabe nachkommen zu können, findet im Industriebetrieb ein Umsatzprozeß statt. Hierzu gehören

1. Beschaffung (insbesondere der Roh-, Hilfs- und Betriebsstoffe)
2. Lagerung (der Roh-, Hilfs- und Betriebsstoffe)
3. Fertigung
4. Fertigwarenlager
5. Vertrieb (einschließlich Versand, Werbung)

---

1 *Werner Zimmermann*, Erfolgs- und Kostenrechnung, a.a.O., S. 70.
2 Unternehmerbrief des Deutschen Industrieinstituts, Jg. 22, Nr. 28 vom 13.7.1972, S. 7.

D. Der betriebliche Umsatzprozeß

1. Beschaffung

Fertigung und Vertrieb werden allgemein als wesentlichste Aufgaben des Industriebetriebes angesehen. Aber auch von der Beschaffung der richtigen Menge und Qualität der richtigen Güter zur rechten Zeit und zum vergleichsweise niedrigsten Preis hängt der Erfolg des Betriebes mit ab. Durch vorteilhaften Einkauf kann oft mehr verdient werden als durch Rationalisierung der Fertigung. Fehler und Verzögerungen im Einkauf können zu Stockungen führen, die erhebliche Verluste verursachen.

a) Einkaufsabteilung

Der Einkauf des Industriebetriebes hat die Güter zu beschaffen, die für die *Aufnahme der Produktion* und für die *laufende Produktion* notwendig sind. Um die Produktion aufnehmen zu können, sind beispielsweise Maschinen, Werkzeuge, Transporteinrichtungen, aber auch Gegenstände der Geschäftsausstattung, anzuschaffen. Zu den Gütern der laufenden Produktion gehören hauptsächlich die Werkstoffe, nämlich Rohstoffe (sie gehen als Hauptbestandteil in das Erzeugnis ein), Hilfsstoffe (sie erfüllen im fertigen Erzeugnis Hilfsfunktion, z.B. Lack, Leim) und die Betriebsstoffe (z.B. Antriebstoffe, Schmiermittel, Reparaturmaterial, Putzwolle usw.). Der Einkauf steht nicht isoliert vom sonstigen Betriebsgeschehen.

Neben den eigentlichen Beschaffungsaufgaben übernimmt die Einkaufsabteilung in manchen Betrieben auch noch den Vertrieb der Abfälle.

Die Organisation des Einkaufs hängt weitgehend von Art und Umfang des Betriebes ab. *Mellerowicz*[1] spricht von einer äußeren und einer inneren Organisation des Einkaufs.

Die *äußere Organisation des Einkaufs* beschäftigt sich mit der Einordnung des Einkaufs in den Rahmen der Gesamtorganisation der Unternehmung. Man unterscheidet hierbei Zentralisation (gemeinsamer Einkauf für das gesamte Unternehmen), Dezentralisation (die einzelnen Betriebe oder Betriebsteile kaufen für sich ein) und Kombinationen von Zentralisation und Dezentralisation. Für die Zentralisation sprechen bessere Überwachung, Preisvorteile (durch größere Mengen), besserer Überblick über Beschaffungsmarkt und Gelddisposition. Für die Dezentralisation spricht die engere Verbindung des Einkaufs mit der Stelle, an der der Bedarf auftritt.

Die *innere Organisation des Einkaufs* betrifft den Aufbau des Einkaufs und die Durchführung seiner Funktionen bis in alle Einzelheiten. Die Untergliederung des Einkaufs eines größeren Unternehmens kann hierbei nach den zu leistenden Aufgaben (Funktionsprinzip) oder nach den einzukaufenden Gütergruppen (Objektprinzip) erfolgen. Eine Kombination beider Arten ist möglich.

Die in der Einkaufsabteilung arbeitenden Mitarbeiter brauchen keine Arbeitskräfte mit rein kaufmännischer Vorbildung zu sein. Auch Ingenieure oder Techniker können hier ihr Arbeitsfeld haben, da beim Einkauf auch technische Aufgaben zu bewältigen sind, zu deren Lösung ein reiner Kaufmann nicht in der Lage ist.

---

1   K. *Mellerowicz*, a.a.O., S. 357 ff.

b) Durchführung der Beschaffung

Die Durchführung der Beschaffung kann in folgende Tätigkeiten eingeteilt werden:
1. Feststellung des Bedarfs nach Art und Menge
2. Feststellung der Bezugsquellen
3. Einholung von Angeboten (Anfragen)
4. Bestellung
5. Terminüberwachung
6. Warenannahme und -prüfung
7. Rechnungsprüfung

Feststellung des Bedarfs

Es hängt weitgehend von der Art des Betriebes und der Fertigung ab, welche Stellen bei der Einkaufsabteilung zur Anforderung, insbesondere von Werkstoffen, berechtigt sind. Bei Massen- oder Serienanfertigung mit ziemlich gleichbleibendem Materialbedarf ist die Situation verhältnismäßig einfach. Hier wird die Lagerverwaltung anfordern. Die Festlegung der Einkaufsmengen ist von einem Kostenvergleich abhängig. Preisvorteile durch größere Mengen müssen mit den Lagerkosten verglichen werden.

Bei Einzel- oder Kleinserienfertigung ist die Situation schwieriger, weil nicht von vornherein feststeht, was benötigt wird. Die Materialanforderung wird dabei allgemein von der Arbeitsvorbereitung vorgenommen.

Feststellen der Bezugsquellen

Zur Ermittlung der Bezugsquellen gibt es vielerlei Hilfsmittel. Lieferanten- oder Branchenadreßbücher, Anzeigen in Fachzeitschriften und Bezugsquellennachweise der Industrie- und Handelskammern sowie Fachverbände unterrichten über die Anschriften von Lieferanten. Im Außenhandel geben auch die diplomatisch und konsularischen Vertretungen über Bezugsquellen Auskunft. Vielfach rühren sich aber künftige Lieferanten von selbst und schicken Prospekte oder allgemein gehaltene Angebote oder lassen Vertreter bzw. Reisende vorsprechen. Auch auf Messen und Märkten besteht die Möglichkeit, mit Lieferanten Kontakt aufzunehmen. Zweckmäßigerweise wird man die gewonnenen Anschriften in einer Lieferantenkartei festhalten.

Einholen von Angeboten

Wenn der Bedarf feststeht, wird man bei mehreren in Frage kommenden Lieferanten ein Angebot einholen. Je exakter und ausführlicher die Anfragen sind, desto genauere Angebote kann man erwarten.

Die Prüfung der eingehenden Angebote wird nach folgenden Gesichtspunkten vorgenommen:
1. *Beschaffenheit und Güte der Ware (Qualität):* Hierzu gehört auch die Prüfung auf normgerechte Ausführung.
2. *Preis:* Im Angebot wird der Einkaufspreis genannt. Vielfach muß aber erst der Einstandspreis unter Berücksichtigung von Abzügen, Zuschlägen, Transport- und Verpackungskosten berechnet werden (Einkaufskalkulation).

D. Der betriebliche Umsatzprozeß

3. *Menge:* Die Menge kann in Verbindung mit dem Preis eine Rolle spielen (Mengenrabatt bzw. Mindermengenzuschlag). Es kann aber auch sein, daß ein kleiner Lieferant wegen zu geringer Kapazität gar nicht die benötigte Menge liefern kann.
4. *Lieferzeit:* Ein preislich günstigeres Angebot kann eventuell an einer zu langen Lieferzeit sche ern.
5. *Beförderung:* Für den Käufer am günstigsten wäre eine Lieferung frei Haus, am ungünstigsten ab Werk. Außerdem ist noch eine Lieferung frei Abgangsbahnhof oder frei Empfangsbahnhof möglich. Wenn der Käufer die Frachtkosten zu tragen hat, spielt die Entfernung zum Lieferanten eine große Rolle. Im Außenhandel sind noch andere Bedingungen bezüglich der Beförderungskosten üblich, z.B. frei Grenze, fob (free on board = frei Schiff), cif (cost, insurance, freight = Verkäufer trägt die Beförderungs- und Versicherungskosten bis zum Empfangshafen).
6. *Verpackungskosten:* Es sind beispielsweise die Bedingungen Preis einschließlich Verpackung, Leihverpackung (eventuell werden bei der Rücksendung der Verpackung die Hälfte oder zwei Drittel der Verpackungskosten gutgeschrieben) möglich.
7. *Zahlungsbedingungen:* Für den Käufer am günstigsten ist hierbei ein langes Zahlungsziel, am ungünstigsten ist Vorauszahlung. Bei unsicheren Kunden verlangt der Lieferant im Angebot Vorauszahlungen bzw. Nachnahme. Bei Bestellungen von Maschinen ist es auch üblich, daß ein Teil des Kaufpreises sogleich als Anzahlung, der Rest bei der Lieferung zu zahlen ist. Ohne weitere Vereinbarung müßte sogleich nach Erhalt der Ware (netto Kasse) gezahlt werden. Es gibt auch in vielen Angeboten Kombinationsmöglichkeiten für den Käufer, z.B. Zahlung innerhalb 10 Tagen mit 2 % Skonto oder innerhalb 30 Tagen ohne Abzug (dann darf der Käufer, wenn er innerhalb von 10 Tagen zahlt, 2 % vom Rechnungsbetrag kürzen; die Nichtinanspruchnahme eines Kredites von 20 Tagen entspricht praktisch einem Jahreszinsfuß von $\frac{2 \cdot 360}{20}$ = 30 %).
8. *Erfüllungsort und Gerichtsstand:* Meist schreibt der Lieferant im Angebot seinen Wohnsitz als Erfüllungsort und Gerichtsstand vor, da ohne besondere Vereinbarung der Wohnsitz des Schuldners (für Lieferung Verkäufer, für Zahlung Käufer) gelten würde.
9. *Verbindlichkeit und Gültigkeitsdauer des Angebotes:* Ein verbindliches Angebot ist natürlich wertvoller als ein sogenanntes freibleibendes.

Bei der tatsächlichen Entscheidung, welches Angebot ausgewählt wird, können aber noch andere Gesichtspunkte, wie langjährige Geschäftsbeziehungen, Heimattreue (gegenüber ausländischer Ware), Gegengeschäfte (Lieferant ist gleichzeitig Kunde) eine Rolle spielen. Man wird wohl nicht wegen eines ganz geringfügigen Preisunterschiedes den Lieferanten wechseln, wenn man vom bisherigen Lieferanten immer gut bedient wurde.

Als Hilfsmittel bei der Prüfung der Angebote können Angebotsvergleichskarten, die für jede Anfrage angelegt werden, dienen. Auch wird man evtl. auf einer Lieferantenkartei die Angebote vermerken, um auch noch später greifbare Unterlagen zu haben.

Bestellung

Die Bestellung wird dort vorgenommen, wo man nach Prüfung der Angebote glaubt, am günstigsten bedient zu werden. Die rechtliche Seite des Kaufvertrages ist im II. Teil dieses Buches behandelt. So wie die Lieferanten bei ihren Angeboten vielfach teilweise Vordrucke verwenden (z.B. Lieferungs- und Zahlungsbedingungen), so wird der gesamte Umsatzprozeß durch zweckmäßig ausgestattete Formulare erleichtert.

Terminüberwachung

Die Einhaltung der vereinbarten Liefertermine kann mit verschiedenen Hilfsmitteln überwacht werden. Terminkalender, Terminordner (in die die Bestelldurchschläge in zeitlicher Reihenfolge kommen), Terminkarteien oder Reiter auf Lieferantenkarteien erleichtern die notwendige Terminüberwachung.

Warenannahme und -prüfung

Die Annahme der gelieferten Waren erfolgt in größeren Betrieben durch die Abteilung Warenannahme. Sogleich bei der Anlieferung ist festzustellen, ob die Sendung rein äußerlich hinsichtlich Zahl und Beschaffenheit in Ordnung ist. Alsbald ist auch die Ware selbst unter Vergleich mit dem Lieferschein, Packzettel usw. zu prüfen. Die rein technische Prüfung (Werkstoffprüfung) ist Sache des Technikers. Terminüberwachung und Warenprüfung sind auch aus rechtlichen Erwägungen notwendig (s. Lieferungsverzug und Mängelrüge II.B.3, S. 80).

Rechnungsprüfung

Die eingegangenen Rechnungen sind auf ihre sachliche und rechnerische Richtigkeit hin zu prüfen und mit einem Prüfungsvermerk zu versehen. Sie sind allgemein mit Angebot, Bestellung bzw. Auftragsbestätigung und Lieferschein zu vergleichen. Insbesondere ist zu beachten, ob die berechnete Menge tatsächlich bestellt und geliefert wurde und ob die Preise, Lieferungs- und Zahlungsbedingungen der Vereinbarung entsprechen. Dann erst kann die Bezahlung (s. Zahlungsverkehr II.E) vorgenommen werden, falls nicht in Ausnahmefällen vorausgezahlt oder unter Nachnahme geliefert wurde.

2. Lagerung

Unter Lager versteht man sowohl die Räume, in denen Lagergüter gelagert werden, als auch die Vorratshaltung selbst.

a) Das Lager

Die zweckmäßige Gestaltung von Lagerräumen und Lagereinrichtungen hängt weitgehend von der Art der zu lagernden Güter ab. Bestimmte Güter, z.B. manche Baustoffe, können sogar im Freien gelagert werden, andere müssen sorgsam untergebracht werden. Trotz der Verschiedenartigkeit der Anforderungen an die Lagerhaltung bei den verschiedenen Gütern können einige allgemeine Grundsätze aufgestellt werden:

1. Die Lagerräume sollen übersichtlich, geräumig und hell sein.
2. Die örtliche Lage soll zweckmäßig sein. Zwischen den Lagern und der Fertigung sollen günstige Transportmöglichkeiten bestehen.
3. Ausreichender Schutz gegen Diebstahl und Brand (Schlösser, Alarmeinrichtung, Thermoelemente usw.) soll vorhanden sein.
4. Die Lagereinrichtung soll zweckmäßig und den zu lagernden Gütern angepaßt sein.

Nach der Organisation des Betriebes unterscheidet man *Hauptlager (Zentrallager)* und *Zweigläger*.

Es gibt folgende Lagerarten:
1. *Roh-, Hilfs- und Betriebsstoffläger*
    a) Eingangslager, b) Hauptlager, c) selbständiges Nebenlager, d) Handlager oder Werkstofflager, e) Hilfslager, f) Konsignationslager, g) Lager für Investitionsbedarf.

2. *Umlaufläger*
   a) Zwischenlager, b) Überflußlager.
3. *Fertigläger*
   a) Fertiglager im üblichen Sinne, b) Bereitstellungslager, c) Lager für Handelswaren.

b) Lagerarbeiten

Als Lagerarbeiten können alle Arbeiten bezeichnet werden, die im Lager und an den zu lagernden Gütern vom Eintreffen bis zur Ausgabe erforderlich sind, z.B. Übernahme, Prüfung, Einordnung, Pflege, Abgabe, Bestandskontrolle, Lagerschriftgut (insbesondere Lagerbuchführung). Sie können verwaltender Art oder ausführender Art sein.

Oberster Grundsatz für jede Lagerhaltung ist peinlichste Ordnung, sonst könnte der Hauptteil der Lagerarbeiten im Suchen bestehen.

Für die Ausgabe von Material u.ä. hat der Grundsatz „keine Entnahme ohne Schein" zu gelten. Auf der anderen Seite soll das Ausgabeverfahren natürlich nicht bürokratisch und damit kostenerhöhend sein. In den einzelnen Betrieben ist die Organisation von Materialanforderung, Materialausgabe und Gestaltung der erforderlichen Formulare unterschiedlich.

Aus der Lagerbuchführung haben für jede einzelne Stoffart und Dimension Zugänge, Abgänge und jeweiliger Bestand hervorzugehen.

Die Lagerkarte enthält allgemein Spalten für Datum, Beleg, Zugang, Abgang, Bestand und eventuell weitere Spalten für die wertmäßige Erfassung der Bestände. Die Bezeichnung des Materials, die der Mengenrechnung zugrunde liegenden Maße, Lagernummer, Nummer des zugehörigen Kontos der Geschäftsbuchhaltung, Angabe über den erforderlichen Mindestbestand u.ä. werden meist im Kopf der Lagerkarte festgehalten.

Es muß von Zeit zu Zeit überprüft werden, ob die Bestände auf den Karteikarten mit den tatsächlichen Beständen im Lager übereinstimmen. Besser als die einmalige Inventur am Schluß des Geschäftsjahres ist eine laufende Bestandsaufnahme, bei der jede Lagergutart mindestens einmal im Jahr körperlich aufgenommen und mit den Sollbeständen verglichen wird (permanente Inventur). Die regelmäßige Überprüfung sollte durch unregelmäßige Stichproben ergänzt werden. Die Prüfung darf sich nicht nur auf die Menge, sondern soll sich auch auf die Güte wegen einer möglichen Verschlechterung während der Lagerung erstrecken, falls dies nach dem Wesen des Lagergutes möglich sein kann.

Mellerowicz[1] stellt folgende Grundsätze für die Materialverwaltung auf:

„1. Trennung zwischen Warenannahme und Lagerhaltung" (Verhinderung unerwünschter Beziehungen zwischen Lagerhalter und Lieferant).

„2. Trennung von Lagerverwaltung und Lagerbuchhaltung" (zentrale Karteiführung, damit dem Lager die Soll-Bestände unbekannt sind und einer Beiseiteschaffung von Plusbeständen vorgebeugt wird).

„3. Alle Eingänge sind möglichst an eine neutrale Stelle zu leiten und dort (also möglichst nicht im Lager) auf Menge und Güte zu prüfen.

4. Vorkehrungen sind zu treffen, daß die Lagerbestände nicht nur gegen Diebstahl, sondern auch gegen Feuer, Witterungs-, Licht-, Temperatur- sowie sonstige Einflüsse geschützt sind.

5. Das wichtigste ist aber die innerbetriebliche Revision..." (permanente Inventur).

---

1 K. *Mellerowicz*, a.a.O., Bd. II, S. 12.

c) Die Lagergröße

Die Gesichtspunkte der Fertigung sprechen für einen möglichst großen Lagerbestand, damit kein Ausfall an Werkstoffen eintreten kann. Aus Gründen der Rentabilität sollte aber der Lagerbestand möglichst gering sein, weil die zu lagernden Güter totes Kapital darstellen und somit die Rentabilität mindern.

Der Lagerbestand muß um so größer sein, je größer der Verbrauch und je länger und unsicherer die Beschaffungszeit ist. Er kann um so kleiner sein, je kleiner und regelmäßiger der Verbrauch und je kürzer und sicherer die Beschaffungszeit ist. Idealfall wäre, wenn der Lieferant die betreffende Ware am Ort vorrätig hätte. Natürlich spielen Preisvorteile beim Einkauf (Mengenrabatt) eine Rolle.

Den langfristig gleichbleibenden Bestand an Roh-, Hilfs- und Betriebsstoffen, der unter gleichbleibenden Produktionsbedingungen zur Aufrechterhaltung der Produktion von der Aufgabe der Bestellung bis zum Eintreffen der Stoffe vorrätig sein muß, nennt man eisernen Bestand.

Beispiel: Wochenbedarf 2.000 Stück, Zeit von Aufgabe der Bestellung bis zum Eintreffen 6 Wochen, eiserner Bestand mindestens 2000 · 6 = 12.000 Stück, besser etwas mehr.

Die Begriffe *Durchschnittsbestand, Umsatzgeschwindigkeit* und durchschnittliche *Lagerdauer* betreffen die Größe des Bestandes der einzelnen Lagergüter und können für Kostenuntersuchungen und Statistik interessant sein.

Den Durchschnittsbestand errechnet man, indem man den Bestand an einer Reihe von Stichtagen zusammenzählt und durch die Zahl der Stichtage teilt, z.B.:

$$\text{Dauerdurchschnittsbestand} = \frac{\text{Anfangsbestand} + 12 \text{ Monatsschlußbestände}}{13}$$

oder

$$\frac{\text{Anfangsbestand} + 52 \text{ Wochenabschlußbestände}}{53}$$

Die *Umsatzgeschwindigkeit* (Umschlagshäufigkeit) gibt an, wie oft im Jahr ein bestimmter Lagerbestand umgesetzt worden ist:

$$\text{Umsatzgeschwindigkeit} = \frac{\text{Jahresumsatz}}{\text{Durchschnittsbestand}}$$

Die durchschnittliche *Lagerdauer* ist zur Umsatzgeschwindigkeit umgekehrt proportional (umgekehrt verhältnisgleich):

$$\text{durchschnittl. Lagerdauer} = \frac{360 \text{ Tage (bzw. 12 Monate usw.)}}{\text{Umsatzgeschwindigkeit}}$$

Bei einer Umsatzgeschwindigkeit von 6 ist demnach die durchschnittliche Lagerdauer 60 Tage = 2 Monate.

d) Lagerkosten

Mellerowicz[1] teilt die Kosten der Lagerhaltung in vier große Gruppen ein:

1. *Raumkosten*
   a) Abschreibungen auf Gebäude und Inventar
   b) Verzinsung von Kapital, das in Gebäude und Inventar investiert ist
   c) Versicherung (Feuer, Diebstahl usw.)
   d) Anteilige Vermögensteuer
   e) Beleuchtung
   f) Heizung
   g) Instandhaltung

2. *Kosten aus den Lagerbeständen selbst*
   a) Verzinsung des in den Beständen gebundenen Kapitals
   b) Versicherung der Bestände
   c) Verderb
   d) Schwund
   e) sonstige Mengen- oder Güteminderung
   f) verschiedene anteilige Steuern

3. *Kosten für eventuelle Behandlung der Güter*
   (Kosten für den Gütertransport, die mengen- und gütemäßige Erhaltung, gütemäßige Veränderung und andere Behandlung)

4. *Kosten für die Lagerverwaltung*
   (vor allem Personalkosten, alle sonstigen Kosten der Erfassung und Überwachung einschließlich der dafür im Rechnungswesen anfallenden Aufwendungen)

Außer diesen vier Kostengruppen ist noch das Risiko der Lagerhaltung zu beachten, das durch eine mögliche Änderung der Verbraucherwünsche oder einer Änderung der Fertigung gegeben ist.

Eine Preiserhöhung während der Lagerung kann auf der anderen Seite zu einem außergewöhnlichen Ertrag führen.

3. Fertigung

Die Fertigung ist die eigentliche Aufgabe des Industriebetriebes. Der Techniker, für den dieses Buch in erster Linie bestimmt ist, kennt den Herstellungsprozeß so hinreichend, so daß hier nur auf die einschlägige Literatur hingewiesen sei.

Für die industrielle Fertigung gilt wie für jede Arbeit die Dreiteilung in Planung, Ausführung und Kontrolle, hier also in *Fertigungsplanung, Fertigungsausführung, Fertigungskontrolle.*

Nach der Art der Fertigung kann man unterscheiden: Werkstattfertigung, Gruppen- oder Gemischtfertigung, Straßen- oder Linienfertigung, Fließfertigung (bis zur Automation).

Über die Entlohnung der Arbeit im industriellen Fertigungsbetrieb soll im Teil Arbeitsrecht (II.G.2.b) gesprochen werden.

---

1 K. *Mellerowicz*, a.a.O., Bd. II., S. 17.

4. Fertigwarenlager

Nach der Fertigung und der Fertigungskontrolle gelangen die fertigen Erzeugnisse in das Fertigwarenlager. Bei Betrieben, die einen hohen Auftragsbestand haben, kann es vorkommen, daß die Lagerzeit im Fertigwarenlager praktisch keine Rolle spielt, während andere Betriebe auf Vorrat arbeiten müssen.

Für die Lagerung der Fertigwaren gelten sinngemäß die gleichen Regeln, die auch für die Lagerung von Werkstoffen gelten.

Die Kosten des Fertigwarenlagers sind Vertriebskosten.

5. Vertrieb

Der Vertrieb ist das letzte Glied in der Kette des betrieblichen Umsatzprozesses. Zum Vertrieb wird nicht nur der Verkauf, sondern auch die Werbung, der Versand und der Geldeinzug (Inkasso) gerechnet, also alles, was zur Erfüllung der Vertriebsaufgaben erforderlich ist. Hierzu bedient sich der Betrieb vielfach auch außerbetrieblicher Einrichtungen.

a) Werbung
Allgemeines

Im Gegensatz zur staatlich gelenkten Planwirtschaft muß der Unternehmer in der Marktwirtschaft eine Reihe von Maßnahmen ergreifen, um seine Ware absetzen zu können. Alle Maßnahmen mit dem Ziel, den Konsumenten durch Anbieten der Güter oder Dienstleistungen auf den Lieferanten und sein Angebot aufmerksam zu machen, um den Bedarf zu wecken und somit den Absatz zu erhöhen, nennt man Werbung.

Unter Werbung soll hier nur die Wirtschaftswerbung, nicht dagegen die Werbung für politische Zwecke verstanden werden, obwohl für diese ähnliche Grundsätze gelten.

Mit der Werbung befaßt sich nicht nur der Wirtschaftler, sondern vor allem auch der Psychologe[1]. Erfolgreiche Werbung spricht nicht nur den Verstand, sondern auch das Gefühl an. Der Mensch faßt seine Kaufentschlüsse vielfach rein gefühlsmäßig; erst nachträglich versucht er, die gefühlsmäßige Entscheidung logisch zu begründen.

Beispiel: „Eine amerikanische Strumpffabrik legte einer Anzahl von Frauen vier Paar Strümpfe, die qualitativ völlig gleichwertig waren, zur Auswahl vor. Drei Paar Strümpfe waren leicht parfümiert, ein Paar jedoch nicht. Das Ergebnis: 8 % der Frauen entschieden sich für die unparfümierten Strümpfe, die restlichen 92 % jedoch für die parfümierten. Keine der Frauen gab bei ihrer Wahl den Geruchsunterschied an; ja es wurde von keiner der Frauen der Geruchsunterschied überhaupt wahrgenommen. Sie hatten nur geglaubt, daß bei der ihnen vorgelegten Auswahl Qualitätsunterschiede bestehen müßten, da man von ihnen ja eine Auswahl erwartete. Die feine Parfümierung hatte ihnen die ausgewählten Strümpfe sympathisch gemacht, das Gefühl hatte den Verstand gelenkt. Die Entscheidung war aus dem Unterbewußtsein heraus gefällt worden, obwohl die Frauen glaubten, sich rein verstandesmäßig für ein Paar der vorgelegten Strümpfe entschieden zu haben[2]".

---

1 Psychologie, Wissenschaft von den Tatbeständen und Gesetzen seelischen Lebens, d.h. von den bewußten und unbewußten Vorgängen und Zuständen, ihren Ursachen und Wirkungen.
2 *Alfred Lösel*, Verstand und Gefühl, Nordbayerisches Wirtschaftsjahrbuch 1955, Nürnberg, S. 15.

D. Der betriebliche Umsatzprozeß

Geringfügige Änderungen am Erzeugnis, z.B. roter statt grauer Anstrich oder farbige Verpackung, können u.U. die Verkäuflichkeit wesentlich erhöhen.

Vor der eigentlichen Werbung muß der Absatzmarkt erkundet werden. Man muß über Art und Umfang des Bedarfs, über Einstellung und Gewohnheit der Kunden und über die vorhandene Konkurrenz Bescheid wissen, damit nicht etwa die Werbung wirkungslos ist. Für die Markterkundung können Unterlagen aus dem eigenen Betrieb, z.b. aus der Buchhaltung, Befragungen von Verbrauchern, Händlern, Vertretern oder fremdes Quellenmaterial dienen. Man kann sich auch an das Statistische Bundesamt in Wiesbaden, an die Gesellschaft für Konsumforschung in Nürnberg, an das Institut für Demoskopie in Allensbach usw. wenden. Eine Werbung muß planvoll sein. Je nach Art der Fertigung und nach der Organisation des Verkaufs ist unterschiedlich vorzugehen. Ein Hersteller von Markenartikeln[1] wird sich mit der Werbung besonders an die Verbraucher wenden, auch wenn keiner der Verbraucher direkt bei diesem Hersteller, sondern vom Handel kauft. Die Werbekosten[2] sind bei manchen Markenartikelherstellern außerordentlich hoch. Ein Hersteller, der dagegen markenfreie Erzeugnisse herstellt, wird sich mit der Werbung ausschließlich an seine direkten Abnehmer, z.B. an den Handel, an andere Hersteller bei Lieferung von Teilen, wenden.

Wie der ganze Industriebetrieb wirtschaftlich arbeiten soll, so soll natürlich auch die Werbung im Verhältnis zum Werbeaufwand einen möglichst großen Werbeerfolg erzielen. Allerdings kann dieser nicht einfach gemessen werden, weil er außer von den eigenen Werbeanstrengungen auch von anderen Gesichtspunkten, z.B. von plötzlicher Wandlung der Verbraucherwünsche, Werbung der Konkurrenz, abhängig ist. Außerdem muß zwischen Augenblickserfolg und dauerhafter Wirkung der Werbung unterschieden werden.

Die Werbemittel

Besonders für den Fertigungsbetrieb ist die Güte der Erzeugnisse ein Werbemittel ersten Ranges. Dies gilt besonders im Hinblick auf den Dauererfolg. Mit geschickter Werbung läßt sich vielleicht auch einmal schlechte Ware zu einem hohen Preis verkaufen. Aber der Käufer, der erst einmal enttäuscht wurde, wird für alle Zeiten als Abnehmer verloren sein. Vielfach wird er auch noch andere veranlassen, nicht Kunde zu werden. Minderwertige Ware und auch schlechte Kundenbehandlung könnte somit als Werbung mit negativen Vorzeichen bezeichnet werden. Bei den eigentlichen Werbemitteln kann man sachliche und persönliche Werbemittel unterscheiden.

Das meistgebrauchte *sachliche Werbemittel* ist die *Anzeige* in Zeitungen, Zeitschriften, Theaterprogrammen usw. Einzelhändler und Markenartikelhersteller bevorzugen Anzeigen in Tageszeitungen. Diese geben auch Anzeigen in allgemeinen Zeitschriften, z.B. Illustrierten, auf. In Fachzeitschriften erscheinen Anzeigen, die sich an den speziellen Fachabnehmerkreis, der diese Zeitschrift liest, wenden.

---

1 Nach dem Gesetz gegen Wettbewerbsbeschränkungen (Kartellgesetz) sind Markenartikel Erzeugnisse, deren Lieferung in gleichbleibender oder verbesserter Güte von dem Lieferanten gewährleistet wird und die selbst oder deren für die Abgabe an die Verbraucher bestimmte Umhüllung oder Ausstattung oder deren Behältnisse, aus denen sie verkauft werden, mit einem ihre Herkunft kennzeichnenden Merkmal (Firmen-, Wort- oder Bildzeichen) versehen sind.
2 Nicht zu verwechseln mit den „Werbungskosten" im steuerlichen Sinne.

Werbebriefe können verschiedener Art sein. So können sie sich persönlich an einen bestimmten Kunden richten. Häufig sind sie vervielfältigte Schreiben, die eine persönliche Note haben. Diese Schreiben können in Auswertung eines bestimmten Anschriftenmaterials versandt werden. Eine sehr breite Streuung mit gezielter Werbung auf einen bestimmten Kreis erfolgt durch Postwurfsendungen, z.B. an alle Bäcker. Vielfach liegen den Werbeschreiben *Prospekte, Preislisten* oder sogar *Kataloge* bei.

Weitere sachliche Werbemittel sind *Plakate* (Innen- und Außenplakate), *Rundfunk- und Fernsehwerbung, Leuchtreklame, Kinowerbung, Schaufenster, Hauszeitschriften, Werbeverpackung, Preisausschreiben, Handzettel* und *Zugaben*.

Für die Ausstattung der sachlichen Werbemittel werden vielfach entsprechende Fachleute, z.B. Werbegraphiker, herangezogen.

Persönliche Werbung kann durch den Unternehmer bzw. leitende Angestellte persönlich, durch Angestellte im Außendienst (Reisende) oder durch selbständige Vertreter erfolgen. Persönliche Werbemittel sind z.B. Werberede, Werbevorführung und Modenschau. Darüber hinaus kann das Verhalten jedes Mitarbeiters, der irgendwie mit den Abnehmern in Berührung kommt, werbewirksam sein.

Der Leiter des Unternehmens kann natürlich nur einen Teil seiner ihm zur Verfügung stehenden Zeit zur Kontaktpflege verwenden. Die Wirkung dieser Art von Werbung kann aber recht groß sein.

Jeder, der beim Verkauf im Kontakt mit Kunden steht, auch der den Kunden beratende Ingenieur oder Techniker, soll eine gute Menschenkenntnis besitzen. Er sollte sich immer in die Lage der Kunden hineinversetzen können. Nicht jeder Mensch will gleich behandelt werden. Die Erfolge sogenannter „Verkaufskanonen" beruhen zumeist auf harter Arbeit.

Außer durch Besuche werden auch auf allgemeinen Messen und *Fachmessen* sowie Ausstellungen Kontakte mit den Kunden hergestellt.

Unter *Gemeinschaftswerbung* versteht man die gemeinschaftliche Werbung einer Unternehmergruppe bzw. eines ganzen Wirtschaftszweiges für ihre gemeinsamen Ziele ohne Nennung einzelner Unternehmungen. Bei der Gemeinschaftswerbung soll zunächst ein bestimmter Bedarf ohne Rücksicht auf die Frage, wer die Hersteller sind, geweckt werden. Nachfolgende Einzelwerbung soll dann den Absatz steigern.

b) Verkauf

Unter Verkauf versteht man den Vertrieb im engeren Sinne. Die rechtliche Seite des Verkaufs wird im Teil II dieses Buches behandelt.

Der Absatz des industriellen Herstellers kann in verschiedenen Formen erfolgen.

Mellerowicz[1] unterscheidet folgende industrielle Vertriebsformen:

„I. Direkter Vertrieb
   A. Binnenhandel
      1. Versandgeschäft
      2. Eigene Reisende

---

1   K. *Mellerowicz*, a.a.O., Bd. I, S. 388, 389.

D. Der betriebliche Umsatzprozeß

      3. Eigene Absatzstellen
         a) Fabrikfilialen
         b) Verkaufsbüro
         c) Werkhandelsgesellschaften
         d) Automaten
         e) Kartelle – Syndikate
  B. Export
      1. Einkaufsreisende und Importfilialen des Auslandes
      2. Verkaufsreisende und Filialen des Fabrikbetriebes (Technisches Büro)
      3. Gemeinschaftsvertrieb und Syndikate
II. Indirekter Vertrieb
    1. Selbständige Absatzmittler
        a) Handelsvertreter (Platz-, Bezirks-, Generalvertreter)
        b) Kommissionär
        c) Exportvertreter
        d) Exportkommissionär
    2. Selbständige Absatzbetriebe
        a) Großhandel
           aa) Produktionszwischenhandel
           bb) Absatzgroßhandel...
           cc) Händler-Einkaufsgenossenschaften
        b) Einzelhandel...
        c) Exporthandel"

Es hängt ganz von der Art des Betriebes und dessen Erzeugnissen ab, welche Vertriebsform für ihn am günstigsten ist.

Für den Direktvertrieb sprechen größere Beweglichkeit, Unabhängigkeit und das Einbehalten des Handelserfolges. Gegen ihn sprechen der größere Kapitalbedarf für eine Vertriebsorganisation, für Lagerhaltung, Kreditgewährung, Transportmittel und Risiken.

Handelsvertreter sind selbständige Kaufleute, die ständig damit beauftragt sind, entweder nur Abschlüsse zu vermitteln oder auch selbst Verträge im Namen und auf Rechnung der Unternehmung, die sie vertreten, abzuschließen. Für ihre Tätigkeit bekommen sie allgemein eine Provision, die sich in einem Prozentsatz des von ihnen erzielten Umsatzes bemißt. Ein für einen bestimmten Bezirk zuständiger Vertreter bekommt allgemein auch dann seine Provision, wenn er an dem betreffenden Geschäftsabschluß nicht mitgewirkt hat.

Kommissionäre treten als selbständige Kaufleute im Gegensatz zu Vertretern im eigenen Namen auf, schließen aber Geschäfte auf fremde Rechnung ab. Es gibt Einkaufs- und Verkaufskommissionäre.

Der *Ausfuhrhandel* (Export) bereitet besondere Probleme. Die Anforderungen sind nach Käuferländern unterschiedlich. Es kann daher hier nicht auf die einzelnen Bestimmungen eingegangen werden. Auskünfte erteilen die Industrie- und Handelskammern (allgemein), die Banken (besonders über den Zahlungsverkehr) und die Spediteure (besonders über den Transport).

Interessant ist die steuerliche Seite des Exports. Es entsteht dem Exporteur durch den Ausfuhrumsatz nicht nur keine Umsatzsteuerpflicht, sondern er hat noch einen Vergütungsanspruch gegenüber dem Finanzamt (Vorsteuer).

Die hauptsächlichen *Arbeiten der Verkaufsabteilung* sind die Bearbeitung der eingegangenen Anfragen (hierbei sind häufig auch technische Fragen zu klären), die Abgabe von Angeboten (möglichst mit Kontrolle der ausgegangenen Angebote), Bearbeitung der eingegangenen Aufträge[1], Auftragsbestätigung (rechtlich zwar oft nicht notwendig, jedoch üblich, wenn nicht sogleich geliefert wird), Auslieferung der bestellten Erzeugnisse und Einzug des Kaufpreises (Rechnungsstellung, Überwachung des Geldeinganges, evtl. Maßnahmen, um Außenstände einzuziehen). Eine zweckmäßige Organisation kann auch hier Kosten sparen. Außer normalen Rechnungsdurchschlägen (z.B. für Registratur und Buchhaltung) können besonders gestaltete Durchschläge (ohne Betragsteil) gleichzeitig als Lieferschein verwendet werden.

c) Versand

Der Versand der Erzeugnisse kann mit der Eisenbahn, dem Kraftwagen, dem Binnenschiff oder dem Flugzeug erfolgen.

Durchgeführt wird der Transport durch die Bahn, die Post, durch sonstige Transportunternehmer (Frachtführer) ohne oder mit Einschaltung eines Spediteurs[2] oder durch werkseigene Verkehrsmittel (Werkverkehr).

Bei der Bahn unterscheidet man nach der Schnelligkeit des Transports der Einzelsendungen Frachtgut, Eilgut, beschleunigtes Eilgut und Expreßgut. Außer Einzelsendungen (Stückgütern) befördert die Bahn auch Wagenladungen. Spediteure stellen häufig zur Verringerung der Frachttarife Sammelladungen von Einzelgütern zu Wagenladungen nach bestimmten Zielen zusammen. Die Bundesbahn vermietet gegen eine mäßige Gebühr Behälter. Man spart so Verpackung und Fracht (vom Gewicht des vollen Behälters wird bei der Frachtberechnung das Leergewicht abgezogen).

Der Transport durch Lastwagen-Frachtführer oder durch Schiffahrtsunternehmer ist dem Bahnversand ähnlich. Es ist selbstverständlich, daß die Verpackung für den Versand auf dem Seeweg entsprechend gut sein muß (z.B. Ölpapier).

Sendungen, bei denen das Transportunternehmen, z.B. Bahn oder Post, die Auslieferung nur gegen Bezahlung des Rechnungsbetrages vornehmen darf, nennt man Nachnahmesendungen. Sie sind vielfach bei Direktversand an Verbraucher üblich.

d) Geldeinzug

Der Geldeinzug wird unter besonderer Berücksichtigung der rechtlichen Fragen im zweiten Teil dieses Buches (II.F.2) behandelt. Aus den Bilanzen vieler Unternehmen geht hervor, daß der Bestand an Forderungen für Lieferungen und Leistungen (Außen-

---

1 Der wirtschaftliche Begriff „Auftrag" bedeutet erhaltene Bestellung und darf nicht mit dem Begriff Auftrag im rechtlichen Sinne (§ 662 BGB, unentgeltliche Geschäftsbesorgung) verwechselt werden.
2 Ein Spediteur ist an und für sich nur Frachten-Kommissionär (er läßt Güter im eigenen Namen auf fremde Rechnung transportieren). Häufig ist er aber gleichzeitig auch noch Frachtführer, also transportiert auch selbst Güter mindestens zum und vom Bahnhof.

stände) erheblich ist. Eine geordnete Überwachung des Geldeinganges ist daher dringend erforderlich.

Wenn fällige Rechnungen von den Kunden nicht bezahlt werden, muß gemahnt werden. Da diese Mahnungen einerseits zum Geldeingang führen, andererseits den Kunden aber nicht verletzen sollen, müssen sie geschickt abgefaßt werden.

Als *Factoring*[1] bezeichnet man allgemein ein Finanzierungsgeschäft, bei dem ein Finanzierungsinstitut (Factoring-Bank) die laufenden Forderungen gegen einen prozentualen Abzug aufkauft. Leistungen des Factoring-Institutes sind nicht nur Finanzierung und Geldeinzug mit den damit verbundenen Arbeiten (praktisch gesamte Kundenkonten-Buchhaltung), sondern auch allgemeine Übernahme des Ausfallrisikos (echtes Factoring).

---

[1] S. auch *Krause/Bantleon*, a.a.O., S. 197 f.

Teil II
Rechtskunde

A. Einführung

1. Rechtsbegriff

Als *Recht im objektiven Sinne* bezeichnet man die Gesamtheit aller Vorschriften, die auf bestimmten Rechtsgebieten (z.B. „Recht des Bürgerlichen Gesetzbuches", „Arbeitsrecht") gelten und die das Zusammenleben der Menschen regeln.

Ein Mensch, der allein eine Insel bewohnt, braucht kein Recht. Erst das Zusammenleben der Menschen macht das Vorhandensein einer Rechtsordnung, an die sich alle zu halten haben, notwendig.

Außer den Rechtsvorschriften, deren Beachtung allgemein erzwungen werden kann, gibt es noch andere Normen, d.h. Grundlagen für das menschliche Zusammenleben. Religiöse Vorschriften, z.B. die Zehn Gebote, sind im säkularisierten (verweltlichten) Staat kein Recht im objektiven Sinne, sondern moralische Verpflichtungen[1], d.h. Moralgebote des einzelnen Bürgers. Für den einzelnen gelten vielfach unterschiedliche Grundsätze der Sittlichkeit[1]. Beispielsweise hält mancher Einbrecher den Einbruchdiebstahl nicht für unmoralisch. Wenn bei allen Staatsbürgern die Moralgebote gleich verpflichtend stark wären, könnte auf viele Rechtsvorschriften verzichtet werden. Allgemein stimmen aber Recht und Sittlichkeit überein.

Beispiel: Von den meisten Menschen wird ein Diebstahl fremden Gutes als unmoralisch angesehen, auch wenn sie gar nicht wissen, daß gerade im § 242 des Strafgesetzbuches für denjenigen, der „eine fremde bewegliche Sache einem anderen in der Absicht wegnimmt, dieselbe sich rechtswidrig zuzueignen" eine Freiheitsstrafe angedroht ist.

Es gibt aber auch Fälle, bei denen Recht und die allgemeine Moralauffassung nicht übereinstimmen.

Unter *Recht im subjektiven Sinne* versteht man die Befugnis, die man hat und die sich aus dem objektiven Recht ergibt. Man hat das Recht, etwas zu tun, zu unterlassen, zu verbieten oder zu fordern.

Jeder Staatsbürger hat bestimmte Rechte, z.B. Grundrechte gem. Art. 1 ... 19 des Grundgesetzes, wie Schutz der Menschenwürde, persönliche Freiheit, Gleichheit vor dem Gesetz, Glaubens-, Gewissens- und Bekenntnisfreiheit, Recht auf freie Meinungsäußerung, Versammlungsfreiheit, Vereinsfreiheit, Freizügigkeit, freie Berufswahl, Unverletzlichkeit der Wohnung, Schutz des Eigentums, Eingabe- und Beschwerderecht. Darüber hinaus kann man noch besondere Rechte haben, z.B. als Käufer beim Kaufvertrag Recht auf Übergabe der Kaufsache, als Verkäufer auf Bezahlung.

Man sagt, die Gerichte *sprechen Recht* und versteht unter Rechtsprechung die Auslegung des vorhandenen objektiven Rechts auf den konkreten Fall.

---

1 Unter Sittlichkeit (Moral) versteht man die Gesinnung, die innere Einstellung des Menschen zu den Erscheinungen des Lebens.

A. Einführung   57

2. Gliederung des Rechts

Das gesamte Recht im objektiven Sinne kann man in Privatrecht und öffentliches Recht einteilen.

Das *Privatrecht* beruht auf der Gleichberechtigung aller Rechtsträger. Es regelt die Rechtsbeziehungen zwischen diesen, d.h. die privaten Angelegenheiten des einzelnen. Natürlich kann auch der Staat privatrechtlich tätig werden, z.B. beim Verkauf eines Grundstückes, bei der Einstellung eines Arbeiters oder Angestellten.

Das *öffentliche Recht* beruht auf der Über- und Unterordnung. Es regelt die Rechtsverhältnisse zwischen Staat, Gemeinden, Gemeindeverbänden usw. untereinander und zum einzelnen Bürger.

```
                                    Recht
                    ┌─────────────────┴─────────────────┐
                Privatrecht                    öffentliches Recht
        (regelt Rechtsbeziehungen        (regelt öffentliche Angelegenheiten)
            der Rechtsträger)
                                        ┌──────────────┴──────────────┐
                                   materielles öffentliches      Verfahrensrecht
                                           Recht

        bürgerliches Recht              Staatsrecht              Zivilprozeßrecht
        (z.B. BGB, Eheges.)             (z.B. Grundgesetz)       (z.B. ZPO, Konkursordnung)

        Wirtschaftsrecht                Verwaltungsrecht         Strafprozeßrecht
        (z.B. HGB, AktG,
        GmbHG, Wechselg,                Steuerrecht              Arbeitsgerichtsbarkeit
        Scheckges.)
                                        Strafrecht
        Arbeitsrecht (z.T.)                                      Freiwillige Gerichtsbarkeit
                                        Arbeitsrecht (z.T.)
        Versicherungsrecht                                       Verwaltungsgerichtsbarkeit
                                        Völkerrecht
        Urheberrecht
        (z.B. Patentges.)               Kirchenrecht

        u.a.                            u.a.                     u.a.
```

Eine andere Einteilung des Rechts ist die in *zwingendes Recht* und *nachgiebiges* Recht. Beim Vorliegen zwingender Rechtsvorschriften (z.B. Recht der Eheschließung) ist eine andere Gestaltung durch Vereinbarung nicht möglich. Nachgiebige Rechtsnormen (z.B. Kaufvertragsrecht) gelten nur für den Fall, daß keine andere Vereinbarung getroffen wurde.

3. Rechtsnormen

Die geltenden Rechtsvorschriften können eine verschiedene Form haben. Man unterscheidet das geschriebene Recht (Satzungsrecht) und das Gewohnheitsrecht.

a) Satzungsrecht

Der weitaus größte Teil des Rechts ist Satzungsrecht (gesetztes Recht), also geschriebenes Recht bzw. Gesetz im weiteren Sinne. Man unterscheidet hierbei:
1. Gesetze
2. Rechtsverordnungen
3. Autonome Satzungen

Gesetze

Gesetze werden grundsätzlich durch die gesetzgebende Körperschaft (Legislative) erlassen (Bundestag, Landtag).

Bundesgesetze werden allgemein vom Bundestag beschlossen, dem Bundesrat zugeleitet, nach dessen Zustimmung vom Bundespräsidenten unterschrieben und im Bundesgesetzblatt veröffentlicht (vgl. Art. 70 ... 82 GG).

Die beiden wichtigsten Gesetze des Privatrechts, das Bürgerliche Gesetzbuch (BGB) und das Handelsgesetzbuch (HGB, Sonderrecht des Kaufmannes) sind folgendermaßen gegliedert:

Bürgerliches Gesetzbuch vom 18.8.1896 (oft geändert)

Erstes Buch:	Allgemeiner Teil (§§ 1 ... 240)
Zweites Buch:	Recht der Schuldverhältnisse (§§ 241 ... 853)
Drittes Buch:	Sachenrecht (§§ 854 ... 1 296)
Viertes Buch:	Familienrecht (§§ 1297 ... 1921)
Fünftes Buch:	Erbrecht (§§ 1922 ... 2385)

Handelsgesetzbuch vom 10.5.1897 (oft geändert)

Erstes Buch:	Handelsstand (§§ 1 ... 104)
Zweites Buch:	Handelsgesellschaften und stille Gesellschaft (§§ 105 ... 237)
Drittes Buch:	Handelsbücher (§§ 238 ... 339), eingefügt durch Bilanzrichtliniengesetz
Viertes Buch:	Handelsgeschäfte (§§ 343 ... 460)
Fünftes Buch:	Seehandel (§§ 474 ... 905)

Rechtsverordnungen

Rechtsverordnungen stehen im Rang unter den Gesetzen. Sie werden allgemein durch die Regierung erlassen (vgl. Art. 80 GG), sofern ein Gesetz eine ausdrückliche Ermächtigung hierzu gibt. Rechtsverordnungen enthalten z.B. die Regelung von Einzelheiten, während im Gesetz nur die Grundzüge festgehalten werden.

Beispiel: Das Straßenverkehrsgesetz ist ein Gesetz, die Straßenverkehrsordnung und die Straßenverkehrszulassungsordnung sind Rechtsverordnungen, die die Einzelheiten regeln.

A. Einführung 59

Autonome Satzungen

Unter autonomen Satzungen versteht man die Selbstgesetzgebung der Körperschaften des öffentlichen Rechts.

Beispiel: Eine Stadtgemeinde erläßt eine Schulordnung für ihre kommunalen beruflichen Schulen, die Berufsgenossenschaft der Feinmechanik und Elektrotechnik erläßt eine Unfallverhütungsvorschrift.

Für die Beteiligten sind autonome Satzungen wie Gesetze oder Rechtsverordnungen geltendes Recht.

b) Gewohnheitsrecht

Auch das nichtgeschriebene, also nichtgesetzte Recht, ist geltendes Recht. Zur Bildung von Gewohnheitsrecht kommt es, wenn während eines längeren Zeitraumes ein bestimmtes Verhalten von den beteiligten Volkskreisen als Recht empfunden wird. Das Gewohnheitsrecht spielt heute lediglich bei der Rechtsbildung durch Gerichtsgebrauch eine Rolle.

Beispiele: Ein Kraftfahrer gilt bei einem Blutalkoholgehalt von 1,1 v.T. nach der Rechtsprechung des Bundesgerichtshofes als absolut fahruntauglich. – Die Bestimmung des § 31 BGB, nach der eine juristische Person für den Schaden haftet, den ein Organ in Ausübung seiner Verrichtungen einem Dritten zufügt, ist gewohnheitsrechtlich dahin erweitert, daß auch die OHG, obwohl keine juristische Person, für den durch ihre Gesellschafter verursachten Schaden haftet.

Keine Rechtsnormen sind Verkehrssitte und Handelsbräuche, sie können aber für die Rechtsauslegung bedeutsam sein. Auch Allgemeine Geschäftsbedingungen[1], wie sie in vielen Branchen bestehen und sonstige Vertragsgrundlagen, wie die „Verdingungsordnung für Bauleistungen" (VOB), sind keine Rechtsnormen, haben aber in ihrer praktischen Anwendung gesetzesähnliche Bedeutung. Auch Verwaltungsverordnungen (Verwaltungsvorschriften), z.B. Lohnsteuerrichtlinien, sind keine für den Staatsbürger bindenden Rechtsnormen. Sie binden nur die Behörden, an die sie gerichtet sind.

4. Personen des Rechts – Rechtsfähigkeit (§§ 1 ... 89 BGB)

Im allgemeinen Sprachgebrauch versteht man unter Personen nur Menschen. Aber nicht nur Menschen können Eigentum haben oder steuerpflichtig sein, sondern auch Vermögensmassen (sog. Stiftungen) oder Aktiengesellschaften. Daher faßt das Recht den Begriff der Person weiter und versteht darunter alle *Träger von Rechten und Pflichten*. Sie sind alle rechtsfähig. Bei den Personen unterscheidet man deshalb natürliche und juristische Personen.

Natürliche Personen sind alle lebenden Menschen von der Vollendung der Geburt bis zum Tode. Sie sind rechtsfähig und können daher Träger von Rechten und Pflichten sein.

Beispiel: Ein Säugling erbt das Unternehmen des Vaters. Er ist Eigentümer und muß auch Steuern zahlen. Natürlich kann er nicht selbständig die Rechte und Pflichten ausüben, sondern bedarf eines Vertreters.

---

1 „Allgemeine Geschäftsbedingungen sind alle für eine Vielzahl von Verträgen vorformulierten Vertragsbedingungen, die eine Vertragspartei (Verwender) der anderen Vertragspartei stellt" (§ 1 AGB-Gesetz).

Ein noch nicht geborenes Kind (Leibesfrucht) ist noch nicht rechtsfähig. In bestimmten Fällen kann aber eine der Rechtsfähigkeit ähnliche Stellung eintreten.

Beispiel: „Wer zur Zeit des Erbfalles noch nicht lebte, aber bereits erzeugt war, gilt als vor dem Erbfall geboren" (§ 1923, II BGB).

Juristische Personen – sie werden auch als Körperschaften und Anstalten[1] bezeichnet – sind im Gegensatz zu den natürlichen Personen keine Lebewesen. Auch sie sind rechtsfähig und können daher Träger von Rechten und Pflichten sein.

Man unterscheidet juristische Personen des öffentlichen und solche des privaten Rechts. Die Rechtsverhältnisse der *Körperschaften* bzw. *Anstalten des öffentlichen Rechts* werden nach dem öffentlichen Recht geregelt. Sie haben gewisse Macht- oder Hoheitsbefugnisse (z.B. können die Industrie- und Handelskammern bestimmte Prüfungen abnehmen). *Körperschaften des privaten Rechts* haben keine Hoheitsbefugnisse.

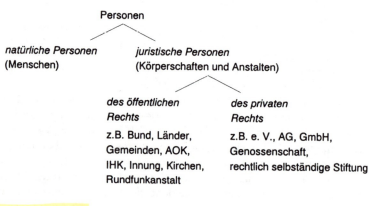

5. Geschäftsfähigkeit

Während jeder lebende Mensch rechtsfähig ist, also Träger von Rechten und Pflichten sein kann, ist durchaus nicht jeder Mensch in der Lage, selbständig seine Angelegenheiten zu regeln. Nur derjenige, der sich durch Verträge rechtswirksam binden kann, ist auch geschäftsfähig.

Bezüglich der Geschäftsfähigkeit teilt das deutsche Recht die Menschen in drei Gruppen ein:

1. geschäftsunfähige Personen
2. beschränkt geschäftsfähige Personen
3. voll geschäftsfähige Personen

---

[1] Körperschaft ist die Zusammenfassung von Personen oder Mitgliedern zu einer Gemeinschaft. Anstalten beruhen auf der Selbständigkeit eines einem bestimmten Zweck gewidmeten Vermögens, z.B. einer Universität.

A. Einführung

Geschäftsunfähig sind gem. § 104 BGB:
1. Kinder unter 7 Jahren
2. dauernd geisteskranke Personen.

Alle Willenserklärungen, die geschäftsunfähige Personen abgeben, sind nichtig.

Beispiel: Zwei sechsjährige Kinder tauschen Spielzeug. Der Tausch ist vollkommen ungültig.

Beschränkt geschäftsfähig sind:

Personen zwischen 7 und 18 Jahren (Minderjährige) (§ 106 BGB).

Das Gesetz zur Reform des Rechts der Vormundschaft und Pflegschaft für Volljährige (Betreuungsgesetz – BtG) vom 12.9.1990 schaffte seit 1.1.1992 die frühere Entmündigung ab. Es gibt die Betreuung gem. §§ 1896-1908 i BGB.

Beschränkt geschäftsfähige Personen können alleine solche Geschäfte tätigen, die ihnen nur rechtliche Vorteile bringen, also allgemein Geschenke annehmen.

Für die sonstigen Rechtsgeschäfte ist grundsätzlich die Einwilligung (vorherige Zustimmung) des gesetzlichen Vertreters (wenn beide Elternteile leben, allgemein Mutter und Vater) erforderlich (§ 107 BGB).

Für bestimmte schwerwiegende Rechtsgeschäfte (z.B. Verfügungen über Grundstücke, Eingehung von Wechselverbindlichkeiten, Kreditaufnahme, Übernahme einer Bürgschaft) ist außerdem die Genehmigung des Vormundschaftsgerichts erforderlich (§§ 1643, 1821, 1822 BGB). Wenn der gesetzliche Vertreter ein Vormund ist, bedürfen zusätzlich noch weitere Rechtsgeschäfte der Genehmigung des Vormundschaftsgerichts, z.B. der Abschluß eines Berufsausbildungsvertrages.

Ohne Einwilligung des gesetzlichen Vertreters geschlossene Verträge sind schwebend unwirksam, d.h. genehmigt nachträglich der gesetzliche Vertreter den Vertrag, ist dieser von Anfang an wirksam, genehmigt er ihn nicht, ist er von Anfang an unwirksam (§ 108 BGB).

Beispiel: Der 17jährige A kaufte sich ohne Wissen seiner Eltern auf Teilzahlung ein Moped. Die Wirksamkeit des Vertrages hängt von der Genehmigung der Eltern (des gesetzlichen Vertreters) ab.

Wenn ein Minderjähriger ohne Einwilligung des gesetzlichen Vertreters einen Vertrag schließt und „die vertragsmäßige Leistung mit Mitteln bewirkt, die ihm vom gesetzlichen Vertreter zu diesem Zweck oder zur freien Verfügung" überlassen wurden, ist der Vertrag gültig (Taschengeldparagraph, § 110 BGB).

Beispiel: Ein 17jähriger Auszubildender kauft sich von dem Teil seiner Ausbildungsvergütung, den die Eltern ihm zur freien Verfügung überlassen, ein Fahrrad und bezahlt es bar. Der Vertrag ist gültig.

Der Taschengeldparagraph stellt keine Ausnahme von der Regel dar, daß Minderjährige die Zustimmung des gesetzlichen Vertreters für Rechtsgeschäfte benötigen. Eine ähnliche „Pauschalzustimmung" ist die Ermächtigung für den Minderjährigen, in Dienst oder in Arbeit zu treten (§ 113 BGB). Der Minderjährige darf dann selbständig das Arbeitsverhältnis eingehen, den Lohn in Empfang nehmen, ja erforderlichenfalls einklagen, kündigen, einen neuen Arbeitsvertrag schließen usw. Die Ermächtigung kann wieder zurückgenommen oder eingeschränkt werden. Falls eine Arbeitsaufnahmeermächtigung nur für einen einzelnen Fall erteilt wurde, gilt sie im Zweifel als allgemeine Ermächtigung von Arbeitsverhältnissen derselben Art.

Auch kann der gesetzliche Vertreter mit Genehmigung des Vormundschaftsgerichts den Minderjährigen zum selbständigen Betrieb eines Erwerbsgeschäftes ermächtigen. Dann darf der Minderjährige die üblichen Rechtsgeschäfte im Rahmen des Betriebes tätigen (§ 112 BGB).

Voll *geschäftsfähig* sind:
Volljährige (ab 18 Jahre).

6. Sachen

Sachen sind *körperliche Gegenstände* (§ 90 BGB), also begrenzte oder begrenzbare Stücke der den Menschen umgebenden Natur.

Keine Sachen sind unkörperliche Gegenstände wie Forderungen, sonstige Rechte, Energieformen (z.B. elektrischer Strom). Natürlich sind auch lebende Menschen und ungetrennte Teile von ihnen keine Sachen. Tiere sind keine Sachen (§ 90a BGB), aber für sie gelten allgemein die für Sachen geltenden Vorschriften (Eigentumserwerb usw.). Sie werden durch besondere Gesetze geschützt.

Bei den Sachen unterscheidet man *Grundstücke* (Immobilien, das sind Teile der Erdoberfläche mit allem, was mit dem Boden fest verbunden ist) und *bewegliche Sachen* (Mobilien, das sind alle sonstigen Sachen).

Die beweglichen Sachen kann man in *vertretbare Sachen* – sie lassen sich nach Zahl, Maß oder Gewicht bestimmen (§ 91 BGB) – und *nicht vertretbare Sachen* einteilen.

Beispiel: Schrauben und Geld sind vertretbare Sachen, ein bestimmtes Rennpferd ist eine nicht vertretbare Sache.

Wesentliche Bestandteile einer Sache können nicht voneinander getrennt werden, ohne daß der eine oder andere zerstört oder in seinem Wesen verändert wird. Sie gehören rechtlich zusammen (§ 93 BGB), d.h. wem die Hauptsache gehört, gehören auch die wesentlichen Bestandteile.

Beispiel: Klinge des Taschenmessers, Absätze der Schuhe.

Zu den wesentlichen Bestandteilen eines Grundstücks gehören alle mit dem Grund und Boden fest verbundenen Sachen, insbesondere Gebäude (einschließlich allem, was zur Herstellung des Gebäudes eingefügt wurde) und Pflanzen (z.B. Obstbäume) (§ 94 BGB).

Ein Zirkuszelt ist natürlich kein wesentlicher Bestandteil des Grundstücks.

Zubehör sind bewegliche Sachen, die dem wirtschaftlichen Zweck der Hauptsache dienen (§§ 97, 98 BGB).

Beispiel: Werkzeuge und Maschinen einer Fabrik (falls nicht fest eingebaut); Vieh eines Bauernhofes; Ersatzrad und Feuerlöscher beim Kraftwagen.

Früchte sind die Erzeugnisse (Nutzungen) einer Sache und die bestimmungsmäßige Ausbeute (§ 99 BGB).

Beispiel: Ei des Huhnes, Milch der Kuh, Getreide des Ackers; nicht jedoch planloser Kahlschlag des Jungwaldes.

A. Einführung 63

Wesentliche Bestandteile: lassen sich nicht trennen,
Zubehör: dient dem wirtschaftlichen Zweck der Hauptsache,
Früchte: Erzeugnisse der Sache

7. Fristen, Termine, Verjährung

Die Rechtssicherheit verlangt klare Regeln bezüglich der Zeit. Dabei unterscheidet man Zeitpunkt (Termine) und Zeiträume (Fristen). Die Regeln gelten auch im Steuerrecht (§ 108 AO).

a) Fristen, Termine

Unter einer *Frist* versteht man einen rechtlich bedeutsamen Zeitraum. „Ist für den Anfang einer Frist ein Ereignis oder ein in den Lauf eines Tages fallender Zeitpunkt maßgebend, so wird bei der Berechnung der Frist der Tag nicht mitgerechnet, in welchen das Ereignis oder der Zeitpunkt fällt" (§ 187 BGB).

Beispiel: Dem verurteilten Angeklagten wird an einem Freitag nach der Urteilsverkündung erklärt, er könne innerhalb einer Woche gegen das Urteil Berufung einlegen. Ohne Rücksicht auf die Uhrzeit der Urteilsverkündung kann er dann noch am Abend des nächsten Freitags Berufung einlegen. Es werden also nur volle Tage gerechnet.

Bei der Berechnung des Lebensalters wird dagegen der Tag der Geburt mitgerechnet.

Bei einer Kündigung muß die erforderliche Kündigungsfrist voll zwischen Kündigung und wirksamen Zeitpunkt liegen.

Beispiel: Das Arbeitsverhältnis eines Angestellten kann, sofern nichts anderes vereinbart wurde (gesetzliche Kündigung), spätestens am 17. (Schaltjahr 18.) Februar, 19. Mai, 19. August und 19. November auf Schluß des laufenden Vierteljahres gekündigt werden (Sechswochenfrist – Neuregelung wird erwartet, s. S. 152, 153).

Ein *Termin* ist ein Zeitpunkt, an dem etwas geschehen soll. Fällt ein Termin auf einen Samstag oder auf einen gesetzlichen Feiertag, so tritt an dessen Stelle der nächstfolgende Werktag (§ 193 BGB).

Beispiel: Ein Wechsel wird an einem gesetzlichen Feiertag fällig (Art. 72 Wechselgesetz).

b) Verjährung

Allgemein unterliegt ein Anspruch – das ist das Recht, von einem anderen ein Tun oder Unterlassen zu verlangen – der Verjährung (§ 194 BGB). Dies bedeutet, daß der Verpflichtete nach Ablauf einer bestimmten Frist die Erfüllung des Anspruches verweigern kann (Einrede der Verjährung).

```
                    Anspruch
        Gläubiger  ─────────→  Schuldner
                  ←─────────
              Einrede der Verjährung
```

Nach Ablauf der Verjährungsfrist ist der Anspruch nicht erloschen, er kann aber nicht mehr realisiert werden, falls der Verpflichtete von seinem Recht der Einrede der Verjährung Gebrauch macht.

Sinn der Verjährung ist die Rechtssicherheit. Wenn heute ein Kaufmann käme und würde behaupten, der Käufer hätte vor zehn Jahren eine bestimmte Ware nicht bezahlt, würde ihm der Beweis des Gegenteiles sehr schwer fallen. Die Gerichte sollen nicht mit uralten Angelegenheiten behelligt werden.

Die wichtigsten *Verjährungsfristen* sind:

- **30 Jahre:** regelmäßige Verjährungsfrist (§ 195 BGB), insbesondere Darlehensforderungen, ausgeklagte Forderungen (rechtskräftige Ansprüche § 218 BGB)
- **5 Jahre:** Mängelhaftung bei Bauwerken (§ 638 BGB) (nach VOB zwei Jahre)
- **4 Jahre:** regelmäßig wiederkehrende Leistungen, z.B. Zinsen, Mietzins, Renten, Beamtenbesoldung (§ 197 BGB); Ansprüche von Geschäftsleuten untereinander, falls Lieferung oder Leistung für den Gewerbebetrieb des Schuldners erfolgte (§ 196 BGB)
- **3 Jahre:** Ansprüche des Wechselinhabers gegen den Annehmer (Art. 70 Wechselges.), Ansprüche des Geschädigten gegenüber dem Schädiger bei Vorliegen unerlaubter Handlung (§ 852 BGB) (Zeit zählt ab Kenntnis des Schadens und Kenntnis der Personen des Ersatzpflichtigen)
- **2 Jahre:** die meisten Forderungen des täglichen Lebens, insbesondere die Forderungen der Geschäftsleute u.a. gegenüber Privatleuten, auch Lohnforderungen (§ 196 BGB)
- **1 Jahr:** Ansprüche des Wechselinhabers gegen die Indossanten und gegen den Aussteller (Art. 70 Wechselges.), Mängelhaftung bei Arbeiten an einem Grundstück (§ 638 BGB)
- **6 Monate:** Ansprüche eines Wechselindossanten gegen andere Wechselindossanten und gegen den Aussteller (Art. 70 Wechselges.), Mängelhaftung bei beweglichen Sachen (Kaufvertrag § 477, Werkvertrag § 638 BGB).

Während allgemein die Verjährung mit dem Entstehen des Anspruches anfängt, beginnt die zwei- und vierjährige Verjährung (häufigste Verjährung) erst nach Ablauf des angebrochenen Jahres (§§ 198, 201 BGB).

Beispiel: Techniker A. schied am 31. März 1991 aus einem Betrieb aus, um eine Stelle im Ausland anzunehmen. Der Arbeitgeber verspricht, einen Gehaltsrest von 200,– DM in den nächsten Tagen zu überweisen. Falls die Angelegenheit „einschläft", verjährt die Lohnforderung am 31. Dezember 1993 um 24 Uhr.

Der *Ablauf der Verjährungsfrist* kann durch Hemmung oder durch Unterbrechung gehindert werden.

A. Einführung

Die *Hemmung der Verjährung* bewirkt, daß die Zeit der Hemmung in die Verjährungsfrist nicht eingerechnet wird (§ 205 BGB). Das Verjährungsende rückt also entsprechend der Zeit der Hemmung hinaus.

Hemmungsgründe sind: Stundung der Forderung oder sonstige Gründe, die zur Verweigerung der Leistung berechtigen (§ 202 BGB), Stillstand der Rechtspflege in den letzten sechs Monaten der Verjährungsfrist (§ 203 BGB), ebenfalls sonstige Gründe höherer Gewalt (z.B. Krieg, Überschwemmung), die die Verfolgung des Anspruches verhindern; Ansprüche zwischen Ehegatten während Bestehens der Ehe und zwischen Eltern und Kindern während deren Minderjährigkeit.

Bei einer *Unterbrechung der Verjährung* beginnt die Verjährungsfrist völlig neu zu laufen (§ 217 BGB). Allerdings erfolgt der Beginn der Frist dann nicht erst nach Ablauf des Unterbrechungsjahres, sondern auch bei der zwei- und vierjährigen Verjährung sofort nach der Unterbrechung, also auch während des Laufes des Jahres.

Unterbrechungsgründe sind: Anerkennung des Anspruches durch den Schuldner auf irgendeine Art (z.B. Stundungsgesuch, Zinszahlung, Abschlagszahlung, Sicherheitsleistung) (§ 208 BGB); gerichtlicher Schritt seitens des Gläubigers (z.B. Klageerhebung, Zustellung eines Mahnbescheides, Anmeldung des Anspruchs im Konkursverfahren, Zwangsvollstreckungsmaßnahmen).

Eine briefliche Mahnung (auch eingeschrieben) unterbricht dagegen nicht die Verjährung. Trotzdem empfiehlt es sich natürlich zu mahnen. Vielleicht reagiert der Schuldner und erkennt seine Schuld direkt oder indirekt an, falls er nicht sogar bezahlt. Falls dieser Weg keinen Erfolg bringt, wird man zweckmäßigerweise einen Mahnbescheid beim zuständigen Amtsgericht beantragen.

8. Allgemeines über Rechtsgeschäfte

a) Willenserklärung (§§ 116 ff. BGB)

Grundlage eines jeden Rechtsgeschäftes ist eine oder sind mehrere Willenserklärungen. Man versteht darunter jedes Verhalten, das auf einen Rechtserfolg gerichtet ist. Es muß also durch eine Willenserklärung eine Änderung der bisherigen Rechtslage gewollt sein. Die Willenserklärungen können *ausdrücklich* (mündlich oder schriftlich), durch *schlüssiges Verhalten* (z.B. Einwurf eines Geldstückes in einen Warenautomaten oder Einsteigen in ein öffentliches Verkehrsmittel) oder in bestimmten Fällen auch *stillschweigend* (z.B. Nichtausnutzung einer vereinbarten Rücktrittsfrist beim Kauf auf Probe) abgegeben werden. Die Wirksamkeit der Willenserklärung beginnt allgemein mit der Zustellung (empfangsbedürftige Willenserklärung, S. 66).

Bei der Auslegung von Willenserklärungen ist der wirkliche Wille zu erforschen und nicht am buchstäblichen Ausdruck zu haften (§ 133 BGB).

Beispiel: Es wird bei einer Leihbücherei von „Leihe" (rechtlich unentgeltliche Gebrauchsüberlassung) gesprochen, dabei handelt es sich aber den ganzen Umständen nach um „Miete" (entgeltliche Gebrauchsüberlassung).

b) Arten der Rechtsgeschäfte

Man unterscheidet zwei Arten von Rechtsgeschäften:
1. Einseitige Rechtsgeschäfte
2. Zweiseitige Rechtsgeschäfte (Verträge)

Einseitige Rechtsgeschäfte liegen vor, wenn bereits die Willenserklärung nur einer Person eine rechtliche Wirkung nach sich zieht.

Man kann zwei Arten unterscheiden:

1. Empfangsbedürftige Willenserklärung (z.B. Kündigung)
2. Nicht empfangsbedürftige Willenserklärungen (z.B. Testament)

Beispiele: Wenn ein Arbeitnehmer sich über seinen Chef geärgert hat und nun zu Hause mit der Faust auf den Tisch schlägt und ruft: „Ich kündige, ich kündige!", dann ist dies rechtsunerheblich; denn die Kündigung müßte, um wirksam zu sein, dem Arbeitgeber zugehen.

Ein Testament ist dagegen bereits dann ein gültiges Rechtsgeschäft, wenn es aufgestellt ist, also auch dann, wenn die Erben keine Ahnung davon haben.

Zweiseitige Rechtsgeschäfte, also Verträge, kommen durch zwei miteinander übereinstimmende Willenserklärungen zustande (z.B. Kaufvertrag, Mietvertrag, Dienstvertrag). Diese Erklärungen dürfen sich nicht nur dem Wortlaut nach decken, sondern müssen auch dem gemeinten Inhalt nach übereinstimmen (kongruieren). Die Willenserklärungen heißen allgemein Antrag und Annahme.

c) Form der Rechtsgeschäfte

Die meisten Rechtsgeschäfte sind auch *formlos*, also z.B. auch mündlich, gültig. Es empfiehlt sich, wichtige Willenserklärungen schriftlich festzulegen.

Bei Vertragsabschlüssen kann zwischen den Partnern eine bestimmte Form *vereinbart* werden. Auf vielen Bestellvordrucken findet man etwa die Klausel, daß mündliche Nebenreden ungültig seien oder der schriftlichen Bestätigung bedürfen.

In bestimmten Fällen schreibt aber der Gesetzgeber eine besondere Form vor, die für die Gültigkeit des Rechtsgeschäftes unbedingt einzuhalten ist (Formzwang). Die Form dient verschiedenen Schutzzwecken, z.B. dem Schutz vor Übereilung, der Schaffung einwandfreier Unterlagen für öffentliche Register usw.

Beispiele für gesetzlich vorgeschriebene Form:

Das Gesetz fordert die *einfache Schriftform* z.B. bei Miet- oder Pachtverträgen für länger als ein Jahr (§ 566 BGB), für Bürgschaftserklärungen (§ 766 BGB) (ausgenommen hiervon sind Vollkaufleute), Schuldversprechen und Schuldanerkenntnis (§§ 780, 781 BGB). Der Text kann geschrieben oder gedruckt sein, nur die Unterschrift muß handschriftlich erfolgen.

Handschriftlichkeit (Eigenhändigkeit) ist beim Privattestament (eigenhändiges Testament, das ist ein Testament ohne Notar) erforderlich. Es muß dabei das ganze Testament vom Anfang bis zum Ende vom Aussteller mit der Hand geschrieben sein.

Die *öffentliche Beglaubigung* der Unterschrift (allgemein durch einen Notar) ist z.B. bei der schriftlichen Anmeldung zum Vereins-, Güterrechts- oder Handelsregister (§§ 77, 1560 BGB, 12 HGB) und bei der Ausschlagung einer Erbschaft (§ 1945 BGB) erforderlich.

Eine noch weitergehende Formvorschrift ist die Notwendigkeit der *notariellen Beurkundung*. Hierbei muß das ganze Rechtsgeschäft notariell beurkundet werden, z.B. bei der Übertragung des gesamten Vermögens (§ 311), bei Grundstücksübertragung (§ 313), Schenkungsversprechen (§ 518) und Erbteilsverkauf (§ 2033 BGB).

d) Nichtigkeit von Rechtsgeschäften

Nichtigkeit heißt Ungültigkeit. Ein nichtiges Rechtsgeschäft ist rechtlich überhaupt nicht zustande gekommen, auch wenn sich kein Partner auf die Nichtigkeit beruft. Eventuelle Leistungen sind zurückzuerstatten.

1. *Mangel der Geschäftsfähigkeit oder Bewußtlosigkeit (§ 105 BGB)*
   Beispiel: Ein völlig Betrunkener verkauft im Rausch sein Auto für eine Runde Bier.

2. *Scheingeschäft (§ 117).* Das Geschäft ist in Wirklichkeit von beiden Partnern nicht gewollt. Die Willenserklärung ist nur zum Schein abgegeben.
   Beispiel: A. überträgt dem B. einen wertvollen Gegenstand, damit dieser vom Gerichtsvollzieher nicht gepfändet werden kann.

3. *Scherzgeschäft (§ 118).* Bei ihm fehlt die Ernsthaftigkeit. Die nicht ernsthafte Willenserklärung ist nichtig, wenn sie in der Erwartung abgegeben wird, daß das Scherzhafte erkannt werde.
   Beispiel: C. macht dem D. am 1. April ein sensationelles Angebot, um ihn „in den April zu schicken", z.B. den Verkauf eines wertvollen Ringes zu 10 Pfennig.

4. *Verstoß gegen die vorgeschriebene Form (§ 125)*
   Beispiel: E. verbürgt sich mündlich unter Zeugen für den F. Da für die Bürgschaft die Schriftform vorgeschrieben ist, braucht E. nicht zu seinem Wort zu stehen.

5. *Verstoß gegen ein gesetzliches Verbot (§ 134)*
   Beispiel: Es wird trotz Verbot durch das Jugendarbeitsschutzgesetz mit einem 15jährigen Jugendlichen eine wöchentliche Arbeitszeit von 41 Stunden (einschl. Berufsschule) oder Akkordarbeit vereinbart. Derartige Vereinbarungen sind nichtig.

6. *Verstoß gegen die guten Sitten (§ 138 BGB).* Hierunter versteht man besonders Wuchergeschäfte (krasses Mißverhältnis zwischen Leistung und Gegenleistung und zusätzlich Ausbeutung der Zwangslage, der Unerfahrenheit, des Mangels an Urteilsvermögen oder der erheblichen Willensschwäche eines anderen).
   Beispiel: In einem Überschwemmungsgebiet verkauft der einzige Bäcker des Ortes die Brötchen zu 3,- DM je Stück, weil er weiß, daß die Menschen in ihrem Hunger auf ihn angewiesen sind.

e) Anfechtbarkeit von Rechtsgeschäften

Anfechtbare Rechtsgeschäfte sind im Gegensatz zu nichtigen erst einmal voll gültig. Sie können aber angefochten werden und werden nur in diesem Falle von Anfang an ungültig. Wenn sie nicht angefochten werden, bleiben sie gültig.

Für die Anfechtung ist allgemein keine besondere Form vorgeschrieben; es empfiehlt sich aber bei größeren Geschäften, einen eingeschriebenen Brief zu wählen und auch die Gründe darzulegen. Anfechtungsgründe sind:

1. Irrtum[1]. „Wer bei der Abgabe einer Willenserklärung über deren Inhalt im Irrtum war oder eine Erklärung dieses Inhalts überhaupt nicht abgeben wollte, kann die Erklärung anfechten, wenn anzunehmen ist, daß er sie bei Kenntnis der Sachlage

---

1 Eine Unterschrift kann man nicht deshalb anfechten, weil man das, was man unterschrieben hat, nicht gelesen hat. In einem solchen Falle liegt kein Irrtum, sondern Nachlässigkeit vor.

und bei verständiger Würdigung des Falles nicht abgegeben haben würde" (§ 119 BGB). Unter Irren versteht man das unbewußte Auseinanderfallen von Wille und Erklärung (sich verschreiben, versprechen).

Beispiel: Ein Privatmann will 500 g Kaffee bestellen und schreibt versehentlich 500 kg.

Auch eine falsche Übermittlung (z.B. Bote richtet etwas falsch aus) berechtigt zur Anfechtung (§ 120 BGB). Nicht zur Anfechtung berechtigt ein Irrtum im Beweggrund (z.B. Aktienkauf in der irrigen Erwartung einer Kurssteigerung).

2. *Arglistige Täuschung (§ 123).* Dazu gehört insbesondere die Vorspiegelung falscher oder Unterdrückung wahrer Tatsachen (das kann gleichzeitig strafrechtlich ein Betrug sein).

Beispiel: Ein Bewerber um eine Technikerstelle legt ein gefälschtes Zeugnis vor und wird daraufhin eingestellt. – Stoffhändler verkauft minderwertigen Zellwollstoff, dem er ein falsches Kennzeichen einbügelte, als englischen Wollstoff.

3. *Widerrechtliche Drohung (§ 123 BGB)*

Beispiel: Ein Handelsvertreter droht mit Verleumdungen für den Fall, daß keine Bestellung erteilt wird. Daraufhin bestellt der Bedrohte.

Die Drohung ist nicht widerrechtlich, wenn mit einem verkehrsmäßigen (einem von der Rechtsordnung gebilligten) Mittel gedroht wird, z.B. der Gläubiger droht mit der Zwangsvollstreckung, falls der Schuldner nicht zahlt.

Die Anfechtung wegen Irrtums oder falscher Übermittlung muß unverzüglich nach Erkennen des Irrtums bzw. des Übermittlungsfehlers erfolgen (§ 121 BGB). Der Anfechtende ist dem anderen gegenüber für den Vertrauensschaden schadenersatzpflichtig (z.B. für Portokosten), falls diesem der Anfechtungsgrund (z.B. offensichtlicher Irrtum) nicht ersichtlich war.

Bei arglistiger Täuschung und widerrechtlicher Drohung beträgt die Anfechtungsfrist ein Jahr ab Erkennen der Täuschung bzw. ab Wegfall der Zwangslage. Eine Anfechtung ist immer ausgeschlossen, wenn seit Abgabe der Willenserklärung 30 Jahre verstrichen sind.

Fehlerhafte Rechtsgeschäfte

Nichtigkeit (von Anfang an ungültig)	*Anfechtbarkeit* (Möglichkeit der nachträglichen Ungültigmachung)
1. Geschäftsunfähigkeit und Bewußtlosigkeit (§ 105 BGB)	1. Irrtum (§ 119 BGB) und falsche Übermittlung (§ 120 BGB)
2. Scheingeschäft (§ 117 BGB)	2. Arglistige Täuschung (§ 123 BGB)
3. Scherzgeschäft (§ 118 BGB)	3. Widerrechtliche Drohung (§ 123 BGB)
4. Formverstoß (§ 125 BGB)	
5. Gesetzwidrigkeit (§ 134 BGB)	
6. Sittenwidrigkeit (insbes. Wucher) (§ 138 BGB)	

A. Einführung 69

18.10.95

f) Bedingung

Die Wirksamkeit eines Rechtsgeschäftes kann von einem künftigen ungewissen Ereignis, einer sogenannten Bedingung (§ 158 BGB), abhängig gemacht werden. Das Ereignis kann von den Parteien beeinflußbar oder zufälliger Art sein.
Man unterscheidet zwei Arten von Bedingungen:

1. *Aufschiebende Bedingung.* Die Wirksamkeit des Rechtsgeschäftes tritt erst mit dem Eintritt der Bedingung ein.
   Beispiel: Bei einem Ratenkauf wird vereinbart, daß das Eigentum erst mit Zahlung der letzten Kaufpreisrate auf den Käufer übergeht (= Eigentumsvorbehalt).

2. *Auflösende Bedingung.* Die Wirkung des Rechtsgeschäftes endigt mit dem Eintritt der Bedingung.
   Beispiel: Ein Tierfreund verkauft einen Hund mit der Bestimmung, daß der Vertrag hinfällig sei, wenn der Hund an die Kette gelegt wird.

Bei vielen Rechtsgeschäften ist die Abgabe der Willenserklärung unter Bedingungen möglich. Es gibt aber auch *bedingungsfeindliche Rechtsgeschäfte*. Das sind Rechtsgeschäfte, bei deren Abschluß keine Bedingung gestellt werden kann, z.B. Eheschließung und Kündigung.

g) Vertretung – Vollmacht

Bei der Vertretung handelt jemand innerhalb der ihm zustehenden Vertretungsmacht im Namen eines anderen. Die Wirkung ist dabei so, als hätte der Vertretene selbst entsprechend gehandelt, z.B. A. kauft von C. ein Auto namens des B. (§ 164 BGB). Bei den meisten Rechtsgeschäften ist eine Vertretung möglich. Unzulässig ist sie bei höchstpersönlichen Rechtsgeschäften, z.B. bei Eheschließungen. Ein Vertreter kann allgemein nicht für den Vertretenen mit sich selbst ein Rechtsgeschäft abschließen (§ 181 BGB).

Die Vertretungsmacht beruht entweder auf einer Gesetzesvorschrift – sie erfolgt dann durch einen gesetzlichen Vertreter – oder auf einem Rechtsgeschäft (Vollmacht). *Gesetzliche Vertreter* sind z.B. allgemein die Eltern oder der Vormund eines minderjährigen Kindes.

Beispiel: Die Eltern schließen mit dem Ausbildenden ihres Kindes einen Berufsausbildungsvertrag ab.

Die gesetzlichen Vertreter eines Vereins oder einer Aktiengesellschaft sind die Vorstandsmitglieder.

Eine *Vollmacht* wird durch die „Erklärung gegenüber dem zu Bevollmächtigenden oder dem Dritten, dem gegenüber die Vertretung stattfinden soll", erteilt (§ 167 BGB).

Beispiel: A. erteilt dem Rechtsanwalt B. eine Vollmacht zur Vertretung seiner Angelegenheit in einem Prozeß.

Meist liegt einer Vollmacht ein Vertrag, z.B. ein Dienstvertrag (entgeltliche Tätigkeit) oder ein Auftrag (unentgeltliche Geschäftsbesorgung) zugrunde. Innerhalb der Vollmacht unterscheidet man:

1. Einzelvollmacht (Sondervollmacht, gilt nur für ein Rechtsgeschäft),
2. Artvollmacht (gilt ständig für eine bestimmte Art von Geschäften),
3. Generalvollmacht (gilt ständig für alle gewöhnlich vorkommenden Rechtsgeschäfte).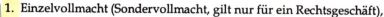

Schließt jemand ohne Vertretungsmacht im Namen eines anderen einen Vertrag, ab so hängt die Wirksamkeit von der Genehmigung des Vertretenen ab (§ 177 BGB). Genehmigt der unberechtigt Vertretene nicht, so ist der unberechtigte Vertreter dem Vertragspartner gegenüber haftbar (§ 179 BGB). Vom Vertreter ist der *Bote* zu unterscheiden, der keine eigene Willensfreiheit hat, sondern nur den Willen eines anderen überbringt.

Beispiel: Die Mutter schickt ihr Kind zum Bäcker, damit es zehn Brötchen hole. Ein gut dressierter Hund würde mit einem Korb und einem Zettel ebenfalls die Brötchen holen.

Eine ganz besondere Bedeutung hat die Vollmachtserteilung im Handelsrecht (Sonderrecht des Kaufmanns). Man kennt dort die Prokura (§§ 48 ... 53 HGB) und die Handlungsvollmacht (§ 54 HGB) (s. S. 103).

h) Zustimmung – Einwilligung – Genehmigung

Unter *Zustimmung* (§ 182 BGB) versteht man die privatrechtliche Zustimmung eines Dritten zu einem fremden Rechtsgeschäft. Von Bedeutung ist sie, wenn beschränkt geschäftsfähige Personen Rechtsgeschäfte tätigen, weil hier die Zustimmung des gesetzlichen Vertreters für die Gültigkeit erforderlich ist.

Eine *Einwilligung* ist die vorherige Zustimmung zu einem Rechtsgeschäft. Sie ist bis zur Vornahme des Rechtsgeschäfts widerrufbar (§ 183 BGB).

Beispiel: Der minderjährige H. will sein Fahrrad verkaufen und fragt vorher seine Eltern (gesetzliche Vertreter). Stimmen diese zu, liegt eine Einwilligung vor, die aber bis zum Verkauf des Fahrrades widerrufen werden kann.

Eine *Genehmigung* ist die nachträgliche Zustimmung zu einem Rechtsgeschäft. Sie ist nicht mehr widerrufbar.

Beispiel: Wenn H. das Fahrrad bereits verkauft hat, so ist die nachträgliche Zustimmung der Eltern die unwiderrufliche Genehmigung des Rechtsgeschäfts.

```
                    Zustimmung
                   /          \
           Einwilligung     Genehmigung
            (vorher)         (nachher)
```

B. Schuldverhältnisse

1. Allgemeine Bestimmungen

„Kraft des Schuldverhältnisses ist der *Gläubiger* berechtigt, von dem *Schuldner* eine Leistung zu fordern. Die Leistung kann auch in einem Unterlassen bestehen" (§ 241 BGB). Es liegt demnach ein Schuldverhältnis vor, wenn jemand (der Schuldner) einem anderen (dem Gläubiger) ein Tätigwerden oder Unterlassen schuldet.

Schuldverhältnisse können durch Rechtsgeschäfte entstehen, z.B. entsteht durch den Kaufvertrag für den Verkäufer die Verpflichtung zur Lieferung und Eigentumsübertragung, für den Käufer zur Abnahme und Bezahlung. Schuldverhältnisse kommen aber auch ohne Rechtsgeschäfte zustande, z.B. jemand verletzt fahrlässig einen anderen und ist ihm daher zum Schadenersatz verpflichtet.

„Der Schuldner ist verpflichtet, die Leistung so zu bewirken, wie *Treu und Glauben* mit Rücksicht auf die *Verkehrssitte* es erfordern" (§ 242 BGB). Die Rechtsprechung erweiterte diesen fundamentalen Rechtsgrundsatz von Treu und Glauben, um das Gesetz zu ergänzen, Lücken zu schließen und Härten auszugleichen. Jedes Recht kann nur im Rahmen von Treu und Glauben ausgeübt, jede Pflicht nur im Rahmen von Treu und Glauben erfüllt werden. Es ist unzulässig, ein Recht auszuüben, wenn der Zweck nur darin besteht, einem anderen Schaden zuzufügen (§ 226 BGB *Schikaneverbot*). Auf den Grundsatz von Treu und Glauben gründet sich die Einrede der Arglist.

In bestimmten Fällen kann sich durch *Wegfall oder Änderung der Geschäftsgrundlage* der Inhalt eines Schuldverhältnisses ändern.

Beispiel: Ein leitender Angestellter erhielt von seinem Arbeitgeber ein zinsloses Darlehen zum Hausbau mit einer Laufzeit von 20 Jahren. Einige Jahre später stellte sich heraus, daß der Angestellte seit langem seinen Arbeitgeber hinterging und erhebliche Geldbeträge unterschlug. Der Arbeitgeber kündigte nicht nur das Arbeitsverhältnis fristlos, sondern verlangte auch die vorzeitige Rückzahlung des Darlehens. Der Angestellte wurde rechtskräftig zur sofortigen Rückzahlung verurteilt, weil die Geschäftsgrundlage für die Kreditgewährung weggefallen ist. Es ist keinem Arbeitgeber zuzumuten, Arbeitnehmer mit längerfristigen unverzinslichen Geldmitteln zu unterstützen, wenn diese ihn betrügen. Der Angestellte hätte auch erkennen müssen, daß die Straftat früher oder später entdeckt werde, und er hätte sich daher auch klar sein müssen, daß sein Arbeitgeber das Darlehen vorzeitig zurückverlangen würde. (OLG Braunschweig v. 1.9.1965-2 U 13/65)

Der Leistungsgegenstand kann eine *Gattungsschuld* (nur eine nach der Gattung bestimmte Sache) oder eine *Stückschuld* (z.B. ein bestimmter Hund) sein. Bei einer Gattungsschuld ist im Zweifelsfall eine Sache von mittlerer Art und Güte zu leisten (§ 243 BGB).

Beispiel: Ein Weintrinker bestellt 50 Flaschen Moselwein. Es sind ihm nicht die teuersten und auch nicht die billigsten Sorten zu liefern.

Wenn eine in ausländischer Währung ausgedrückte Geldschuld im Inland zu zahlen ist, so kann im Zweifelsfall die Zahlung in Inlandswährung erfolgen. Die Umrechnung erfolgt zu dem Kurs, der zur Zeit der Zahlung gilt (§ 244 BGB). Wenn eine Schuld zu verzinsen ist, sind im Zweifelsfall (d.h. wenn nicht durch Gesetz oder Vertrag ein anderer Zinsfuß vorgesehen ist) 4 %, unter Kaufleuten 5 %, zu bezahlen. Zinseszinsen sind außer bei Banken allgemein verboten (§§ 246, 248, 288 ff. BGB, 352 ff. HGB).

Der besondere Fall der *Schadenersatzpflicht* wird im Kapitel über die Haftpflicht behandelt.

Der *Erfüllungsort (Leistungsort)* zur Erfüllung einer Verpflichtung ist, sofern nichts anderes vereinbart wurde, der Wohnsitz bzw. der Sitz der gewerblichen Niederlassung des Schuldners (§ 269 BGB). Auch wenn der Schuldner, z.B. der Verkäufer als Schuldner der Kaufsache, die Kosten des Versands übernimmt, bleibt trotzdem allgemein der Sitz des Schuldners Erfüllungsort. „Geld hat der Schuldner im Zweifel auf seine Gefahr und seine Kosten dem Gläubiger ... zu übermitteln" (Geldschuld ist gem. § 270 BGB Bringschuld).

Beispiel: Wer eine Geldschuld mittels Zahlkarte bei der Post bezahlt, darf nicht etwa das Zahlkartenporto abziehen.

Falls keine andere *Leistungszeit* vereinbart wurde, hat der Schuldner die Leistung sofort zu bewirken (§ 271 BGB). Wird die Leistung nicht erbracht, spricht man von *Leistungsstörungen*. „Der Schuldner wird von der Verpflichtung zur Leistung frei, soweit die Leistung infolge eines nach der Entstehung des Schuldverhältnisses eintretenden Umstandes, den er nicht zu vertreten hat, unmöglich wird" (§ 275 BGB).

Beispiel: Ein Hundehalter verkauft einen bestimmten Hund. Vor der Übergabe verendet das Tier.

Eine Gattungsschuld muß dagegen in der Regel geleistet werden (§ 279). Wer z.B. Geldschulden hat, kann sich nicht darauf berufen, daß er plötzlich verarmt sei.

Wird dagegen die Leistung infolge eines vom Schuldner zu vertretenden[1] Umstandes unmöglich, hat der Schuldner dem Gläubiger den dadurch entstehenden Schaden zu ersetzen (§ 280 BGB).

Leistet der Schuldner nicht und besteht für ihn auch kein rechtlicher Grund, die Leistung zu verweigern, gerät er in *Schuldnerverzug*. Allgemein ist allerdings auch noch die Mahnung des Gläubigers für den Verzug erforderlich (Ausnahme: Leistungszeit ist kalendermäßig bestimmt, § 284 BGB).

Der Gläubiger kommt in Verzug *(Gläubigerverzug)*, wenn er die ihm angebotene Leistung nicht annimmt (§ 293 BGB).

Schuldnerverzug und Gläubigerverzug werden am Beispiel des Kaufvertrages (S. 76 ff.) behandelt. Beide gibt es natürlich auch bei den anderen Schuldverhältnissen, wie z.B. Reparaturvertrag (Werkvertrag), Transportvertrag, Dienstvertrag. Jeder Verzug bringt für den, der in Verzug geraten ist, rechtliche Nachteile mit sich.

Beispiele: Schadenersatzpflicht, erweiterte Haftung, Verzinsungspflicht des Schuldners und Rücktrittsrecht des Gläubigers bei Schuldnerverzug (§§ 286 ... 292 BGB); nur noch eingeschränkte Haftung des Schuldners, Entfallen einer Verzinsungspflicht und evtl. eine Ersatzpflicht des Gläubigers beim Gläubigerverzug (§§ 300 ... 304 BGB).

---

[1] „Zu vertreten" heißt soviel, wie hierfür einstehen müssen. Bei einer Vertragsverletzung muß man z.B. nicht nur für eigenes Verschulden, sondern auch für das eines Arbeitnehmers haften (Haftung für den Erfüllungsgehilfen § 278 BGB, s. S. 89). Die Beweislast bei der Frage, ob die Unmöglichkeit zu vertreten ist, trägt der Schuldner (§ 282 BGB).

2. Verträge

a) Allgemeines über Verträge

Verträge sind zweiseitige Rechtsgeschäfte, die durch zwei übereinstimmende Willenserklärungen, genannt Antrag und Annahme, zustande kommen.

„Wer einem anderen die Schließung eines Vertrages anträgt, ist an den Antrag gebunden, es sei denn, daß er die Gebundenheit ausgeschlossen hat" (§ 145 BGB). Falls aus dem Antrag nichts anderes hervorgeht, kann er nur sofort angenommen werden. Eine verspätete Annahme gilt als neuer Antrag.

Beispiel: A. bietet in einem Brief dem B. eine gebrauchte Maschine zu einem Kaufpreis von 1.200,- DM an. B. schreibt erst in drei Wochen, daß er die Maschine zu dem Preis nehme. Das Schreiben des B. ist als neuer Antrag zu werten; der Vertrag ist also noch nicht zustande gekommen, sondern es liegt an A., ob er mit der verspäteten Bestellung des B. einverstanden ist oder nicht.

Grundsätzlich ist für die Gültigkeit eines Vertrages die Einigkeit der Partner in allen wesentlichen Punkten erforderlich (§ 154). „Verträge sind so auszulegen, wie Treu und Glauben mit Rücksicht auf die Verkehrssitte es erfordern" (§ 157 BGB). Abgesehen von den Fällen in II.A.8.d (Nichtigkeit von Rechtsgeschäften) ist ein Vertrag nichtig, bei dem von vornherein die zu erbringende Leistung dauernd unmöglich ist (§ 306 BGB).

Beispiel: Ein Betrüger vermietet eine nicht vorhandene Wohnung. In einem solchen Fall hat allgemein der, der sich auf die Gültigkeit eines solchen Vertrages verläßt, einen Schadenersatzanspruch gegenüber dem anderen, der die Unmöglichkeit der Leistung kannte (§ 307 BGB).

Ein *Rücktritt vom Vertrage* ist nur in Ausnahmefällen möglich, nämlich dann, wenn der Rücktritt im Vertrag vorgesehen ist (z.B. bei einem Kauf auf Probe) oder wenn das Gesetz den Rücktritt ausdrücklich gestattet (z.B. teilweise bei Verzug). Es sind in diesem Falle die Leistungen zurückzugewähren.

Oft wird die Meinung vertreten, man könnte innerhalb einer bestimmten Zeit allgemein von einem Vertrage zurücktreten. Diese Ansicht ist falsch. Man soll sich deshalb vorher genau überlegen, ob man einen Vertrag schließt oder nicht. Seit 1.10.1974 hat der Privatmann als Käufer bei Abzahlungsgeschäften und ähnlichen Verträgen eine Woche Widerrufsmöglichkeit. Nach dem Gesetz über den Widerruf von Haustürgeschäften und ähnlichen Geschäften v. 16. Jan. 1986 gibt es unter gewissen Voraussetzungen auch bei Bargeschäften eine Woche Widerrufsrecht.

Grundsätzlich müssen die Vertragspartner ihre Verpflichtungen aus dem gegenseitigen Vertrag[1] Zug um Zug erfüllen. Falls keine Vorleistung vereinbart wurde, kann allgemein die Leistung bis zur Bewirkung der Gegenleistung verweigert werden (Einrede des nichterfüllten Vertrags § 320). Wenn jemand aus einem Vertrage zur Vorleistung verpflichtet ist, und es tritt nach Vertragsschluß eine wesentliche Verschlechterung in den Vermögensverhältnissen des anderen Teiles ein, durch die der Anspruch auf Gegenleistung gefährdet wird, kann die Leistung verweigert werden, bis die Gegenleistung bewirkt oder Sicherheit[2] für sie geleistet wird (§ 321 BGB).

---
1 Ein gegenseitiger Vertrag ist ein Vertrag, der beide Partner verpflichtet (z.B. Kauf-, Werk-, Dienstvertrag), während ein einseitiger Vertrag nur einen Teil belastet (z.B. Schenkung).
2 Sicherheitsstellung (Kaution) erfolgt allgemein durch Hinterlegung von Geld oder Wertpapieren, z.B. bei Gerichten.

Beispiel: Lieferant macht Lieferung nachträglich von Vorauszahlung oder Sicherheitsstellung abhängig, weil der Abnehmer inzwischen einen größeren Wechsel nicht einlöste.

„Ist bei einem gegenseitigen Vertrag der eine Teil mit der ihm obliegenden Leistung im Verzuge, so kann ihm der andere Teil zur Bewirkung der Leistung eine angemessene Frist mit der Erklärung bestimmen, daß er die Annahme der Leistung nach dem Ablaufe der Frist ablehne. Nach dem Ablauf der Frist ist er berechtigt, Schadenersatz wegen Nichterfüllung zu verlangen oder von dem Vertrage zurückzutreten..." (§ 326 BGB). In bestimmten Fällen bedarf es keiner Fristsetzung (s. Lieferungsverzug beim Kaufvertrag II.B.3).

Ein Vertrag kann auch zugunsten Dritter geschlossen werden (§ 328 BGB). In manchen Fällen wird für den Fall, daß der Schuldner seine Verpflichtungen nicht oder nicht richtig erfüllt, eine Vertragsstrafe (Konventionalstrafe) vereinbart (§ 339 BGB).

Beispiele: Vertragsstrafen bei verspäteter Lieferung, verspäteter Fertigstellung einer Bauleistung, Nichtabnahme der Kaufsache durch den Käufer. In Allgemeinen Geschäftsbedingungen dürfen mit Nichtkaufleuten keine Vertragsstrafen vereinbart werden (§ 11 Zi. 6 AGB-Gesetz).

Ist eine verwirkte Vertragsstrafe unverhältnismäßig hoch, so kann sie auf Antrag des Schuldners durch ein Gerichtsurteil angemessen herabgesetzt werden (§ 343 BGB). Dies gilt aber nicht, wenn ein Kaufmann diese Vertragsstrafe schuldet (§ 348 HGB).

Das Gesetz zur Regelung des Rechts der Allgemeinen Geschäftsbedingungen (AGB-Gesetz) v. 9.12.1976 schränkt im Geschäftsverkehr mit Nichtkaufleuten die Möglichkeit der Vereinbarung von ungünstigen Geschäftsbedingungen für den Nichtkaufmann ein.

b) Übersicht über die wichtigsten Verträge

Tabelle 9: Die wichtigsten Verträge

Bezeichnung	BGB §§	Kennzeichnung	Partner	Beispiele
Kaufvertrag	433 ... 514	Veräußerung von Gegenständen des wirtschaftlichen Tauschverkehrs (Sachen und Rechte)	Verkäufer und Käufer	Kauf von Werkstoffen, Maschinen, Grundstücken, Patenten
Tausch	515	wie Kauf, jedoch ohne Zwischentauschgut Geld	Tauschpartner	Briefmarkentausch
Schenkung	516 ... 534	unentgeltliche Zuwendung	Schenker und Beschenkter	Schenkung von Geld, Zigaretten, Blumen
Mietvertrag	535 ... 580	entgeltliche Gebrauchsüberlassung von Sachen	Vermieter und Mieter	Wohnung, Geschäftsräume, Fahrzeuge
Pachtvertrag	581 ... 597	wie Miete, jedoch mit Fruchtgenuß	Verpächter und Pächter	Garten, eingerichteter Betrieb, Fischereirecht

Tabelle 9 Fortsetzung

Bezeichnung	BGB §§	Kennzeichnung	Partner	Beispiele
Leihvertrag	598 ... 606	unentgeltliche Gebrauchsüberlassung	Verleiher und Entleiher	Buch an Freund, Kaffeemühle an Nachbarin, Leihverpackung
Darlehen	607 ... 610	Überlassung von Geld oder anderen vertretbaren Sachen zum Verbrauch bei späterer Rückgabe von Sachen gleicher Art, Güte und Menge	Darlehensgeber und Darlehensnehmer	Bankkredit, Baudarlehen, Kaffee an Nachbarin
Dienstvertrag	611 ... 630	entgeltliche Leistung von Diensten	Dienstberechtigter (z.B. Arbeitgeber) und Dienstverpflichteter (z.B. Arbeitnehmer)	Einstellung eines Arbeitnehmers, Inanspruchnahme eines Rechtsanwaltes o.ä.
Werkvertrag	631 ... 650	Herstellung eines Werkes gegen Vergütung (Herstellung oder Veränderung einer Sache oder ein anderer durch Arbeit oder Dienstleistung herbeizuführender Erfolg)	Unternehmer und Besteller	Bauvertrag, Schuhreparatur, Beförderung mit einem öffentlichen Verkehrsmittel
Werklieferungsvertrag	651	wie Werkvertrag, Unternehmer stellt den Stoff	Unternehmer und Besteller	Herstellung eines Anzuges, wenn Schneider den Stoff stellt
Auftrag[1]	662 ... 676	unentgeltliche Geschäftsbesorgung	Auftraggeber und Beauftragter	Besorgung für einen Bekannten
Verwahrungsvertrag	688 ... 700	Aufbewahrung beweglicher Sachen	Verwahrer und Hinterleger	Aufbewahrung des Koffers durch die Bahn, Garderobe
Gesellschaftsvertrag	705 ... 740	Förderung der Erreichung eines gemeinsamen Zweckes	Gesellschafter	Tippgemeinschaft im Lotto
Spiel, Wette	762 ... 764	nicht einklagbare Verbindlichkeiten		
Bürgschaftsvertrag	765 ... 778	Verpflichtung zum Einstehen für die Verbindlichkeit eines Dritten	Bürge und Gläubiger eines anderen	A. bürgt für die Schuld des B. gegenüber der C.-Bank

1 Wirtschaftlich bedeutet dagegen der Begriff „Auftrag" allgemein erhaltene Bestellung.

Tabelle 9 Fortsetzung

Bezeichnung	BGB §§	Kennzeichnung	Partner	Beispiele
Vergleich	779	gegenseitiges Nachgeben zur Beilegung eines Streites, dessen Ausgang ungewiß ist	Vergleichsparteien	D. verlangt von E. 400,- DM, E. bestreitet den Anspruch. Durch Zahlung von 200,- DM wird die Angelegenheit „aus der Welt geschafft"
Verlöbnis	1297 ... 1302	Vertrag zwischen zwei Personen verschiedenen Geschlechts auf künftige Eingehung der Ehe	Verlobte	
Abtretungsvertrag	398 ... 413	Abtretung einer Forderung an einen anderen	zwei Gläubiger	Übertragung einer Forderung zur Kreditsicherung
Versicherungsvertrag	VVG 1 ... 80	Gewährung von Versicherungsschutz gegen Prämie oder Beitrag	Versicherer und Versicherungsnehmer	Personen-, Sach- und Vermögensversicherungen

Die Bezeichnung der einzelnen Verträge deckt sich nicht immer mit dem volkstümlichen Sprachgebrauch. Insbesondere werden vielfach die Begriffe Miete, Leihe und Darlehen verwechselt.

Beispiel: Eine Hausfrau bekommt unerwarteten Besuch. Sie geht zur Nachbarin und bittet diese, ihr 125 g Kaffee zu leihen. In Wirklichkeit handelt es sich um ein „Kaffeedarlehen". Die Leihbüchereien, Autoverleihunternehmen usw. verlangen für die gewährte Gebrauchsüberlassung Geld. Infolgedessen handelt es sich nicht um Leih-, sondern um Mietverträge.

3. Kaufvertrag

a) Wesen des Kaufs

Der am häufigsten geschlossene Vertrag ist der Kaufvertrag. Dabei spielen Größe oder Wert des Objektes, auf das sich der Vertrag bezieht, keine Rolle. Der Kauf einer Schachtel Streichhölzer ist also ebenso ein Kaufvertrag wie der Kauf eines großen Unternehmens.

Ein Kaufvertrag befaßt sich mit der entgeltlichen Veräußerung von Sachen (bewegliche Sachen oder Grundstücke), Rechten (z.B. Patentrechten, Bezugsrechten bei Ausgabe neuer Aktien) oder sonstigen wirtschaftlichen Gütern (z.B. Arztpraxen, Reklameideen, Energie). Es gibt natürlich auch Sachen, z.B. Leichen, und höchstpersönliche Rechte, z.B. Ehre, die nicht verkauft werden können.

Der bürgerliche Name kann ebenfalls nicht Gegenstand eines Kaufvertrages sein. Eine Eheschließung, die ausschließlich oder vorwiegend dem Zwecke dient, der Frau die Führung des Familiennamens des Mannes zu ermöglichen, ist nichtig (§ 19 Ehegesetz). – Die Firma (Name der Unternehmung) kann zusammen mit dem Unternehmen, jedoch nicht allein, verkauft werden.

b) Zustandekommen des Kaufvertrages

Ein Kaufvertrag kommt, wie jeder andere Vertrag, durch zwei übereinstimmende Willenserklärungen, genannt Antrag und Annahme, zustande. Es gibt hierbei zwei Möglichkeiten:

1. Der Verkäufer macht den Antrag und der Käufer nimmt an.

   Ein Verkäufer macht ein verbindliches Angebot; der Käufer bestellt sogleich entsprechend (ohne Abänderung des Angebotes).

2. Der Käufer macht den Antrag und der Verkäufer nimmt an.

   Der Käufer bestellt ohne Vorliegen eines verbindlichen Angebotes oder in Abänderung eines solchen, der Verkäufer ist einverstanden, indem er eine Auftragsbestätigung (Bestellungsannahme) schickt oder sogleich liefert.

In beiden Fällen ist der Vertrag geschlossen und die Partner sind zur Erfüllung verpflichtet. In diesem Falle hat gem. § 433 BGB der Verkäufer die Kaufsache zu übergeben und dem Käufer das Eigentum an der Sache zu verschaffen, der Käufer muß die Sache abnehmen und bezahlen. Eine dem Angebot etwa vorausgehende mündliche oder schriftliche Anfrage ist ohne Bedeutung.

Die Form des Angebotes kann unterschiedlich sein. Die Übersendung nichtbestellter Waren, z.B. von Rasierklingen, ist auch ein Angebot.

Der Empfänger zugesandter, nicht bestellter Ware ist rechtlich nur zur Aufbewahrung mit der gleichen Sorgfalt, die er in eigenen Angelegenheiten walten läßt, nicht jedoch zur Rücksendung, verpflichtet. Wenn dagegen bereits ein Vertragsverhältnis anzunehmen ist, weil etwa ein Versandgeschäft jedes Jahr eine Auswahlsendung übermittelt, muß auch eine Rücksendungspflicht nicht bestellter Ware angenommen werden.

Ein Angebot, das an die Allgemeinheit gerichtet ist, z.B. in Form von Prospekten, Zeitungsanzeigen, ist kein bindender Vertragsantrag. Es könnte ja sein, daß viel mehr bestellt wird, als geliefert werden kann. Allerdings wäre es unlauterer Wettbewerb und damit unzulässig, derartig angebotene Ware, insbesondere auch aus dem Schaufenster, überhaupt nicht zu verkaufen, Barzahlung des Käufers (beim Verkauf aus dem Schaufenster auch Warten auf Dekorationswechsel) vorausgesetzt.

Normalerweise ist für den Kaufvertrag keine bestimmte Form vorgeschrieben, er kann also z.B. mündlich, schriftlich, telefonisch, durch Handschlag (z.B. beim Viehkauf) usw. abgeschlossen werden. Ein Grundstückskauf bedarf jedoch der notariellen Beurkundung. Das gleiche gilt u.a. für den Erbschaftskauf oder für die Veräußerung von Geschäftsanteilen an Gesellschaften mit beschränkter Haftung.

Bei Angeboten mit teilweise vorgedrucktem Text oder bei Verwendung von Bestellvordrucken des Verkäufers sind die gedruckten Kaufvertragsbedingungen vom Verkäufer meist für ihn sehr günstig abgefaßt. Der Käufer sollte daher genau lesen, was er unterschreibt. Wenn dieser Nichtkaufmann ist, gelten jedoch die Einschränkungen der §§ 10 und 11 AGB-Gesetz.

c) Besondere Arten des Kaufvertrages

Kauf unter Eigentumsvorbehalt (§ 455 BGB), Abzahlungskauf

Bei Kreditkäufen ist der Eigentumsvorbehalt des Verkäufers weitgehend üblich, d.h. die Übertragung des Eigentums erfolgt unter der aufschiebenden Bedingung vollständiger Bezahlung des Kaufpreises. Bei Ratenzahlung wird der Käufer also erst mit der letzten Rate Eigentümer. Vorher darf er nicht ohne Zustimmung des Verkäufers über die Kaufsache verfügen. Er darf sie also weder verkaufen, verschenken oder verpfänden. Der Eigentumsvorbehalt muß aber vereinbart oder spätestens bei der Übergabe der Kaufsache einseitig vom Verkäufer erklärt werden.

Sinnvoll ist ein Eigentumsvorbehalt vor allem bei Sachen, die bestimmungsgemäß unverändert im Besitz des Käufers bleiben, z.B. Haushaltsgegenstände bei Verkauf an Privatpersonen, Maschinen bei Verkauf an Unternehmen. Bei Sachen, die bestimmungsgemäß weiterzuveräußern sind (Handelsware) oder die verarbeitet werden (Werkstoffe), reicht der Eigentumsvorbehalt nur bis zur bestimmungsmäßigen Verwendung. Es ist hierbei jedoch auch ein erweiterter (verlängerter) Eigentumsvorbehalt an den Forderungen (Forderungsabtretung) bzw. an den Erzeugnissen möglich. Er müßte besonders vereinbart werden.

Ein Eigentumsvorbehalt an Sachen, die fest mit einem Grundstück verbunden werden, z.B. den Kacheln im Bad eines Hauses, ist sinnlos, weil das Eigentum auf den Grundstückseigentümer übergeht.

Dem Schutz des wirtschaftlich meist schwächeren Nichtkaufmannes bei Abzahlungsgeschäften dient das „Gesetz betreffend die Abzahlungsgeschäfte" vom 16. Mai 1894 in der Fassung vom 15.5.1974.

Bei Rücktritt von einem Kaufvertrag ist auch der bereits gezahlte Kaufpreis, vermindert um Aufwendungen des Verkäufers und Ersatz für Beschädigungen durch den Käufer und Vergütung für Überlassung und Wertminderung, zurückzuerstatten. Eine unverhältnismäßig hohe Vertragsstrafe wegen Nichterfüllung durch den Käufer kann durch Urteil herabgesetzt werden. Vereinbarungen, nach denen die Restschuld sofort fällig wird, sind nur für den Fall zulässig, daß der Käufer mit mindestens zwei Raten, die zusammen mindestens 10 % des Kaufpreises ausmachen, in Verzug gekommen ist. Der Vertrag ist schriftlich abzuschließen. Bar- und Teilzahlungspreis müssen hervorgehen. Der Gerichtsstand hängt grundsätzlich vom Wohnort des Käufers ab. Der Käufer kann innerhalb einer Woche den Abzahlungskauf widerrufen. Dies gilt auch bei Bestellung des Bezuges wiederkehrender Leistungen (z.B. Zeitschriften).

Kauf nach Probe

„Bei einem Kauf nach Probe oder nach Muster sind die Eigenschaften der Probe oder des Musters als zugesichert anzusehen" (§ 494 BGB).

Kauf auf Probe

Bei einem Kauf auf Probe (§ 495 BGB) kann der Käufer innerhalb einer vereinbarten Probezeit die Kaufsache zurückgeben und erhält das Geld zurück.

Insbesondere die Versandgeschäfte bieten vielfach ihren Kunden einen Kauf auf Probe an und haben dadurch ein starkes Werbeargument.

Der Kauf auf Probe darf nicht mit dem Umtauschrecht verwechselt werden, bei dem der Käufer innerhalb einer bestimmten Frist die Sache zwar zurückgeben darf, aber dafür eine andere Ware des Verkäufers nehmen muß.

B. Schuldverhältnisse

Kauf zur Probe

Ein Kauf zur Probe ist ein fester Kauf einer kleinen Menge. Bei Gefallen wird Abnahme einer größeren Menge in Aussicht gestellt.

Beispiel: Ein Weinliebhaber möchte sich einige Kisten einer bestimmten Weinsorte kaufen. Vorher kauft er nur eine Flasche, um den Wein prüfen zu können.

Wiederkauf (§§ 497 ... 503 BGB)

Beim Wiederkauf hat der Verkäufer das Recht, die Kaufsache zurückzukaufen

Vorkauf (§§ 504 ... 514 BGB)

Der Vorkaufsberechtigte hat das Recht, eine Sache zu den gleichen Bedingungen zu kaufen, wie der Verkäufer sie an einen anderen verkaufen will.

Der Verkäufer hat in diesem Falle dem Vorkaufsberechtigten von dem mit dem anderen geschlossenen Kaufvertrag unverzüglich Mitteilung zu machen. Innerhalb einer Woche (bei Grundstücken innerhalb zweier Monate) nach Erhalt der Mitteilung kann der Vorkaufsberechtigte erklären, daß er sein Vorkaufsrecht ausübe. Er wird dann der Käufer. Insbesondere kommt das Vorkaufsrecht als dingliche Belastung eines Grundstückes (§§ 1094 ... 1104 BGB) vor und wird dann im Grundbuch eingetragen. Die Miterben haben ein gesetzliches Vorkaufsrecht an den Erbteilen der anderen Miterben (§ 2034 BGB).

Handelskauf (§§ 373 ... 382 HGB)

Wenn bei einem Kaufvertrag einer der beiden Partner Kaufmann[1] ist, handelt es sich um einen einseitigen Handelskauf; wenn beide Partner Kaufleute sind, ist es ein zweiseitiger Handelskauf. Gegenstand des Kaufvertrages müßten Waren oder Wertpapiere (also nicht etwa Grundstücke) sein. Es gelten dann außer den Bestimmungen des BGB auch die des HGB. Sinn der Sonderbestimmungen ist die raschere Geschäftsabwicklung im Wirtschaftsleben, wie sie unter Kaufleuten erforderlich ist.

Folgende Besonderheiten kennzeichnen den Handelskauf gegenüber dem sonstigen Kauf:

1. Der Verkäufer hat bei *Annahmeverzug* des Käufers erweiterte Rechte (Hinterlegung, Selbsthilfeverkauf § 373 HGB).
2. Der *Spezifikationskauf* ist geregelt, bei dem der Käufer sich die nähere Bestimmung über Form, Maß oder ähnliches noch vorbehält (§ 375 HGB).
3. Besondere Bestimmungen bestehen für den *Verzug beim Fixgeschäft* (§ 376 HGB).
4. *Unverzügliche Untersuchungs- und Mängelrügepflicht* beim zweiseitigen Handelskauf (§ 377 ... 379 HGB). Der Nichtkaufmann braucht dagegen auch erkennbare Mängel erst innerhalb von sechs Monaten zu beanstanden.

---

[1] Kaufmannseigenschaft II.D.1.a (S. 99 ff.).

d) Verpflichtungen aus dem Kaufvertrag

Die Hauptpflichten des Verkäufers einer Sache sind die *Übergabe* der Kaufsache und die *Verschaffung des Eigentums*, die des Käufers die *Abnahme* und *Bezahlung*[1] der Kaufsache (§ 433 BGB). Darüber hinaus hat der Verkäufer den Kaufgegenstand frei von Rechtsmängeln und von Sachmängeln dem Käufer zu verschaffen.

Rechtsmängel hat eine Sache, wenn ein anderer Rechte an diese Sache (Eigentum oder andere Rechte) hat. *Sachmängel* liegen vor, wenn die Kaufsache zu der Zeit, zu der die Gefahr auf den Käufer übergeht, mit Fehlern behaftet ist, die den Wert oder die Tauglichkeit zu dem gewöhnlichen oder nach dem Vertrag vorausgesetzten Gebrauch aufheben oder mindern. Eine unerhebliche Minderung kommt nicht in Betracht (§ 459 BGB).

Der *Gefahrübergang* vom Verkäufer auf den Käufer erfolgt mit Übergabe an den Käufer, oder beim Versendungskauf an den Spediteur, Frachtführer oder die sonst zur Ausführung der Versendung bestimmte Person oder Anstalt (§§ 446, 447 BGB). Die Haftung entfällt bei Kenntnis des Mangels durch den Käufer und bei Versteigerungen.

Wenn nichts anderes vereinbart wurde, trägt der Verkäufer die *Kosten* der Übergabe, „insbesondere die Kosten des Messens und Wägens", dagegen trägt der Käufer die Kosten der Abnahme und Versendung (§ 448 BGB). Beim Grundstückskauf trägt der Käufer die Notariats- und Grundbuchkosten (§ 449 BGB).

e) Störungen bei der Erfüllung des Kaufvertrages

Bei der Erfüllung des Kaufvertrages kann es zu Störungen kommen, die durch den Verkäufer oder den Käufer verursacht werden können:
1. Störungen durch den Verkäufer: Lieferungsverzug, Mängel der Sache
2. Störungen durch den Käufer: Annahmeverzug, Zahlungsverzug

Lieferungsverzug

Der Verkäufer gerät allgemein in Lieferungsverzug (Schuldnerverzug), wenn er nicht rechtzeitig liefert und außerdem mit Setzung einer angemessenen Nachfrist erfolglos gemahnt wurde (§§ 284, 326 BGB).

Keiner Mahnung bedarf es beim sog. Fixgeschäft (fix = fest), d.h. wenn der Liefertermin kalendermäßig genau bestimmt ist (§§ 284, 361 BGB, 376 HGB) (Vertrag steht oder fällt mit dem Liefertermin). Ebenfalls bedarf es keiner Mahnung, wenn der Verkäufer zu verstehen gibt, daß er nicht liefere oder den ganzen Umständen nach eine spätere Lieferung sinnlos ist, z.B. Lieferung eines Christbaumes im Januar, eines Brautkleides nach der Hochzeit (§ 326 Abs. 2 BGB).

Gerät der Verkäufer in Lieferungsverzug, hat der Käufer folgende Rechte:
1. Er kann auf der Lieferung bestehen und Schadenersatz (bei entstandenem Schaden) wegen verspäteter Lieferung verlangen. Ein Kaufmann muß aber beim Fixgeschäft sofort dem Verkäufer mitteilen, daß er auf Erfüllung bestehe.

---

1 Bei der Finanzierung von Kreditkäufen durch selbständige Kreditinstitute ist streng zwischen Kaufvertrag einerseits und Finanzierungsvertrag andererseits zu unterscheiden. Einwendungen aus dem Kaufvertrag können also nicht gegenüber dem Kreditinstitut erhoben werden.

2. Er kann vom Vertrage zurücktreten und auf Schadenersatz verzichten, z.B. dann, wenn er an anderer Stelle günstiger einkaufen kann.
3. Er kann die verspätete Lieferung ablehnen und Schadenersatz wegen Nichterfüllung verlangen, z.B. dann, wenn er die Ware an anderer Stelle teurer einkaufen mußte (Deckungskauf).

Voraussetzung für einen Rücktritt oder für die Schadenersatzforderung wegen Nichterfüllung ist aber – außer beim Fixgeschäft und in den anderen Fällen, bei denen keine Nachfrist gesetzt zu werden braucht –, daß in der Mahnung ausdrücklich die Ablehnung der Lieferung angedroht wurde (§ 326 BGB).

Es empfiehlt sich also, insbesondere, wenn man an der Lieferung nicht mehr interessiert ist, möglichst in einem Einschreibbrief dem säumigen Verkäufer zu erklären, daß man, falls die Kaufsache nicht bis zum ... geliefert würde, die Annahme ablehnen würde.

Auch beim Fixgeschäft bedarf es einer Fristsetzung mit Ablehnungsandrohung, wenn der Käufer nicht nur zurücktreten, sondern auch Schadenersatz wegen Nichterfüllung verlangen will. Dies gilt jedoch nicht für das Fixgeschäft beim Handelskauf.

Um keinen Lieferungsverzug handelt es sich, wenn der Verkäufer die Nichtlieferung nicht zu vertreten hat, also bei Vorliegen höherer Gewalt. Aber auch dann hat der Käufer beim Fixgeschäft ein Rücktrittsrecht, natürlich ohne Schadenersatzanspruch.

Um schwierige Schadenersatzberechnungen zu vermeiden, wird manchmal bereits bei Vertragsschluß zwischen Verkäufer und Käufer für den Fall einer verspäteten Lieferung die Zahlung einer Vertragsstrafe (Konventionalstrafe, s. II.B.2.a, S. 74) vereinbart.

Mängel der Sache

Wenn die Kaufsache mit Fehlern behaftet ist, die den Wert oder die Tauglichkeit zu dem nach dem Vertrage vorausgesetzten Gebrauch aufheben oder mindern, muß der Kaufmann als Käufer den Mangel unverzüglich[1] dem Verkäufer anzeigen (Mängelrüge, Beanstandung, Reklamation). Voraussetzung ist dabei, daß der Mangel bei der Untersuchung der Ware erkennbar war, sonst ist der Mangel nach dem Erkennen anzuzeigen (§ 377 HGB).

Der Nichtkaufmann als Käufer braucht auch erkennbare (offene) Mängel nur innerhalb eines halben Jahres anzuzeigen (§ 477 BGB).

Der Käufer mangelhafter Ware hat sodann folgende Rechte:
1. Rückgängigmachung des Vertrages (Wandlung) (§ 462 BGB)
2. Preisnachlaß (Minderung) (§ 462 BGB)
3. Lieferung einwandfreier Ware (Umtausch); nur bei Gattungsware möglich (§ 480 BGB)
4. Schadenersatz für weiteren Schaden, jedoch nur, wenn der Verkäufer eine bestimmte Eigenschaft zugesichert hat oder wenn der Mangel arglistig verschwiegen wurde (§ 463 BGB).

Beispiel: A. kauft in einem Textilgeschäft einen Schal. Er kommt damit in den Regen, die Farbe geht aus und verfärbt den Anzug. A. kann ohne weiteres Wandlung, Minderung oder Umtausch verlangen, Schadenersatz (Reinigung des Anzuges) jedoch nur, wenn der Verkäufer die Farbechtheit zusicherte oder wenn er den Mangel arglistig verschwieg, er also wußte, daß der Schal die Farbe ausläßt.

---

[1] Unverzüglich, das ist ohne schuldhafte Verzögerung.

In den durch Vereinbarung zum Bestandteil des Kaufvertrages gewordenen Geschäftsbedingungen[1] des Verkäufers werden die gesetzlichen Bestimmungen über die Mängelhaftung teilweise ganz erheblich zu ungunsten des Käufers abgeändert. Dies betrifft sowohl die Mängelrügefrist wie auch die für den Käufer erwachsenden Rechte. Man sollte daher die Vereinbarung nicht genehmer Bedingungen ablehnen.

Bei Beschränkung der Gewährleistung auf Nachbesserung darf gegenüber Nichtkaufleuten für den Fall des Fehlschlagens der Nachbesserung Wandlung oder Minderung nicht ausgeschlossen werden. Auch dürfen dem Käufer nicht Material- und Wegekosten berechnet werden (§ 11 Zi. 10 AGB-Gesetz).

Selbst sog. Garantievereinbarungen stellen z.T. den Käufer schlechter als die Rechtslage wäre, wenn keine Vereinbarungen getroffen wären, weil meist während der Garantiezeit nur kostenlose Reparatur und Teileaustausch erfolgt. Insbesondere durch Geschäftsbedingungen werden in der Praxis des Verkaufs technischer Erzeugnisse BGB-Bestimmungen modifiziert. Auch die Rechtsprechung spielt hierbei eine Rolle.

Auf der anderen Seite sind allerdings viele Unternehmen den Käufern gegenüber im Einzelfall viel entgegenkommender (kulanter), weil sie natürlich ihre Kunden erhalten wollen.

Annahmeverzug

Der Annahmeverzug durch den Käufer, also die Nichtannahme der bestellten und ordnungsgemäß gelieferten Kaufsache, ist ein Gläubigerverzug.

Der Verkäufer kann auf der Abnahme bestehen, z.B. auch auf Abnahme klagen, und auch die Mehraufwendungen durch die Aufbewahrung vom säumigen Käufer verlangen.

Auch geht die Gefahr mit dem Annahmeverzug auf den Käufer über (§ 300 BGB). Beim Handelskauf (S. 79) hat der Verkäufer erweiterte Rechte gem. § 373 HGB (Hinterlegung, Selbsthilfeverkauf).

Zahlungsverzug

Der Käufer gerät in Zahlungsverzug, wenn er nicht zahlt und gemahnt wurde. Einer Mahnung bedarf es rechtlich nicht, wenn der Zahlungstermin vertraglich vereinbart war oder wenn der Schuldner erklärte, daß er nicht zahlen werde.

Der Verkäufer kann vom Käufer Verzugszinsen, 4 % im Jahr, unter Kaufleuten 5 %, bei nachgewiesenem höheren Schaden auch mehr, und die Mahnkosten verlangen.

Über die Durchsetzung von Ansprüchen siehe II.F.2 (S. 136 ff.).

4. Werk- und Werklieferungsvertrag

a) Werkvertrag

„Durch den Werkvertrag wird der Unternehmer zur Herstellung des versprochenen Werkes, der Besteller zur Entrichtung der vereinbarten Vergütung verpflichtet. Gegenstand des Werkvertrages kann sowohl die Herstellung oder Veränderung einer Sache als ein anderer durch Arbeit oder Dienstleistung herbeizuführender Erfolg sein" (§ 631 BGB).

Beispiele: Bau eines Hauses, Besohlung von Schuhen, Schreiben eines Manuskriptes für ein Lehrbuch, Haarschneiden durch den Friseur, Beförderung mit einem Taxi.

---

1 Zum Begriff „Allgemeine Geschäftsbedingungen" s. S. 59.

B. Schuldverhältnisse

Bei Werkverträgen handelt es sich um die typische Vertragsform, die Handwerker als Unternehmer mit ihren Kunden als Besteller abschließen.

„Der Unternehmer ist verpflichtet, das Werk so herzustellen, daß es die zugesicherten Eigenschaften hat und nicht mit Fehlern behaftet ist, die den Wert oder die Tauglichkeit zu dem gewöhnlichen oder dem nach dem Vertrage vorausgesetzten Gebrauch aufheben oder mindern" (§ 633 BGB). Ist das Werk nicht von dieser Beschaffenheit, so kann der Besteller die Beseitigung des Mangels (Nachbesserung) verlangen. Der Besteller kann hierfür dem Unternehmer eine Frist setzen und nach deren Ablauf den Mangel selbst auf Rechnung des Unternehmens beseitigen lassen.

Beispiel: Die durch den Handwerker A. durchgeführte Wasserinstallation ist nicht in Ordnung. Der Auftraggeber B. fordert in einem eingeschriebenen Brief A. auf, bis zu einem bestimmten Termin den Mangel zu beheben. Erst nach Ablauf der Frist kann B. einen anderen Handwerker kommen lassen. Die Rechnung des anderen Handwerkers kann sich B. von A. erstatten lassen.

Die gesetzte Frist muß natürlich angemessen sein und ist mit der Erklärung zu verbinden, daß nach deren Ablauf die Beseitigung des Mangels abgelehnt werde. Der Besteller kann dann auch Rückgängigmachung des Vertrages (Wandlung) oder Herabsetzung der Vergütung (Minderung) und, falls der Unternehmer den Mangel zu vertreten hat, statt dessen Schadenersatz wegen Nichterfüllung verlangen. Einer Fristsetzung bedarf es nicht, wenn die Beseitigung des Mangels unmöglich ist, vom Unternehmer verweigert wird (er ist dazu berechtigt, wenn die Beseitigung einen unverhältnismäßigen Aufwand erfordern würde) oder wenn die sofortige Geltendmachung des Anspruches auf Wandlung oder Minderung durch ein besonderes Interesse des Bestellers gerechtfertigt wird. Bei nur geringfügigen Mängeln ist die Wandlung (nicht jedoch die Minderung) ausgeschlossen.

Der Besteller ist verpflichtet, das vertragsgemäß hergestellte Werk abzunehmen (§ 640 BGB) und die Vergütung zu entrichten (§ 641 BGB). Die Gefahr des zufälligen Untergangs oder der zufälligen Verschlechterung trägt am Werk (z.B. an der Arbeitsleistung) der Unternehmer bis zur Übergabe, am Stoff (z.B. Material) trägt sie der Besteller (§ 644 BGB). Liegt die Verschlechterung jedoch an dem vom Besteller gelieferten Stoff, trägt der Besteller den Schaden.

Der Unternehmer hat an den hergestellten oder ausgebesserten Sachen ein gesetzliches Pfandrecht (§ 647 BGB).

Beispiel: A. läßt in der Werkstatt des B. seinen Wagen reparieren. Als er ihn abholen will, kann er die Reparatur nicht bezahlen. B. kann den Wagen bis zur Bezahlung zurückbehalten.

„Der Unternehmer eines Bauwerkes oder eines einzelnen Teiles eines Bauwerkes kann für seine Forderungen aus dem Vertrag die Einräumung einer Sicherungshypothek an dem Baugrundstück des Bestellers verlangen" (§ 648 BGB) (über Pfandrecht und Sicherungshypothek s. II.C.2).

Bis zur Vollendung des Werkes kann der Besteller jederzeit den Vertrag kündigen, muß dann aber dem Unternehmer die Vergütung, vermindert um das, was der Unternehmer durch die Nichtvollendung erspart oder zu ersparen böswillig unterläßt, zahlen (§ 649 BGB). Bei Vorliegen eines unverbindlichen Kostenvoranschlages des Unternehmers kann der Besteller kündigen, wenn das Werk nicht ohne wesentliche Überschreitung des Anschlags ausführbar ist. Es braucht dann nur die der bisher geleisteten Arbeit entsprechende Vergütung gezahlt werden. Ist eine solche Überschreitung des Anschlages zu erwarten, so hat der Unternehmer dem Besteller unverzüglich Anzeige zu machen (§ 650 BGB).

b) Werklieferungsvertrag

Bei einem Werklieferungsvertrag verpflichtet sich der Unternehmer, das Werk aus einem von ihm zu beschaffenden Stoffe herzustellen. Der Werklieferungsvertrag ist also eine Kombination von Kaufvertrag und Werkvertrag. Bei einem Werklieferungsvertrag kommt es auf den Hauptstoff und nicht auf Zutaten an. Ein Bauvertrag ist ein reiner Werkvertrag, weil die Hauptsache dabei das Grundstück ist.

Für den Werklieferungsvertrag gelten bei vertretbaren Sachen (s. II.A.6) die Vorschriften über den Kaufvertrag, bei nicht vertretbaren die des Werkvertrages (§ 651 BGB).

5. Darlehen, Bürgschaft

a) Darlehen

Beim Darlehen übergibt der Darlehensgläubiger dem Darlehensschuldner Geld oder andere vertretbare Sachen (s. II.A.6) zum Verbrauch. Der Darlehensschuldner ist verpflichtet, zur gegebenen Zeit die entsprechende Geldmenge oder bei Sachen solche gleicher Art, Güte und Menge zurückzuerstatten. Wenn aus einem anderen Grunde Geld oder andere vertretbare Sachen geschuldet werden, kann das Schuldverhältnis in ein Darlehen umgewandelt werden (§ 607 BGB).

Diese Vorschrift ist wegen der langen Verjährungsfrist für Darlehen (30 Jahre) interessant. Es kann für einen Geschäftsmann zweckmäßig sein, eine Kaufpreisforderung gegenüber einem tatsächlich zahlungsunfähigen Käufer vertraglich in eine Darlehensforderung umzuwandeln. Es wird dann die kürzere Verjährungsfrist verhindert, ohne daß ein gerichtlicher Vollstreckungstitel, der natürlich Kosten verursacht, erwirkt werden müßte.

Ein Darlehen kann demnach ein *Gelddarlehen* oder ein *Sachdarlehen* sein (s. Beispiel in II.B.3.b). Besonders das Gelddarlehen, bei dem der Darlehensschuldner also Geld schuldet, ist wirtschaftlich sehr bedeutend (s. „Kredit" I.A.6.c).

Darlehenszinsen können unter Nichtkaufleuten nur gefordert werden, wenn sie ausdrücklich vereinbart wurden. Sie sind mangels anderer Vereinbarung jährlich nachträglich bzw. bei kurzen Darlehen zusammen mit der Rückzahlung zu entrichten (§ 608 BGB). Kaufleute, z.B. Banken, können grundsätzlich Zinsen verlangen (§ 354 HGB). Falls keine bestimmte Laufzeit des Darlehens oder eine Kündigungsfrist vereinbart wurde, kann ein Darlehen über 300,- DM mit einer Frist von drei Monaten, ein geringeres Darlehen mit einmonatiger Frist gekündigt werden. Zinslose Darlehen darf der Schuldner auch ohne Kündigung zurückerstatten (§ 609 BGB). Der neue § 609a BGB gibt dem Schuldner besondere Kündigungsrechte. Ein Darlehen mit veränderlichem Zinssatz kann er z.B. jederzeit mit einer Frist von drei Monaten kündigen.

Ein Darlehensversprechen kann im Zweifelsfalle dann widerrufen werden, wenn in den Vermögensverhältnissen des künftigen Darlehensnehmers eine wesentliche Verschlechterung eintritt, durch die der Anspruch auf Rückerstattung gefährdet wird (§ 610 BGB).

Eine bestimmte Form ist für ein gewöhnliches Darlehen nicht vorgeschrieben. Um aber seinen Anspruch beweisen zu können, sollte sich auch der Privatmann, der etwa einem Freunde ein Darlehen gewährt, vom Schuldner einen einfachen Schuldschein unterschreiben lassen. Korrektheit hierbei kann einen späteren Streit verhindern.

B. Schuldverhältnisse

Beispiel: Schuldschein

Ich, Fritz Meier, Neustadt, Rosenweg 13, erhielt heute von Herrn Hans Müller, Neustadt, Tulpenweg 14

    400,- DM (i.W. vierhundert Deutsche Mark)

als zinsloses Darlehen zur Rückzahlung am ...

Neustadt, den ...   Unterschrift

b) Bürgschaft

Eine der Möglichkeiten, einen Kredit abzusichern, ist die Haftung eines zahlungskräftigen Bürgen. „Durch den Bürgschaftsvertrag verpflichtet sich der Bürge gegenüber dem Gläubiger eines Dritten, für die Erfüllung der Verbindlichkeit des Dritten einzustehen. Die Bürgschaft kann auch für eine künftige oder eine bedingte Verbindlichkeit übernommen werden" (§ 765 BGB).

Beispiel: A. (Hauptschuldner) nimmt bei B. (Gläubiger) ein Darlehen über 2.000,- DM auf, für das sich C. (Bürge) verbürgt. Kann A. nicht zahlen, muß C. dem B. das Geld zurückzahlen. Wenn A. später einmal wieder zu Geld kommt, kann natürlich C. ihm gegenüber den Anspruch geltend machen.

Das Bürgschaftsversprechen muß schriftlich abgegeben sein, sonst ist es ungültig (§ 766 BGB). (Ausnahme: geschäftliche Bürgschaft des Vollkaufmannes).

Es kann sein, daß für eine Forderung mehrere Personen (z.B. Eheleute) als Bürgen auftreten. In diesem Falle haften alle Bürgen gesamtschuldnerisch, d.h. der Gläubiger kann sich im Ernstfall aussuchen, an welchen Bürgen er sich halten will (§ 769 BGB).

Wenn der Hauptschuldner aus irgendeinem Grunde berechtigt ist, die Leistung ganz oder teilweise zu verweigern, dann kann auch der Bürge dieses Recht bei Inanspruchnahme geltend machen (§§ 768, 770 BGB).

Beispiel: Die Bürgschaft des C. für A. gegenüber B. bezieht sich auf die Erfüllung einer Kaufpreisforderung. Wenn nun A. wegen einer Mängelrüge das Recht auf Herabsetzung des Kaufpreises (Minderung) hat, dann braucht auch im Ernstfalle C. nur den herabgesetzten Kaufpreis als Bürge zu entrichten.

Bei einer gewöhnlichen Bürgschaft hat der Bürge gemäß § 771 BGB die sogenannte *Einrede der Vorausklage*, d.h. er kann verlangen, daß der Gläubiger erst einmal alles versucht hat (Zwangsvollstreckung), um beim Hauptschuldner seinen Anspruch zu befriedigen. Erst wenn dies ohne Erfolg geblieben ist, kann der Gläubiger den Anspruch gegenüber dem Bürgen geltend machen. Die Einrede der Vorausklage ist jedoch ausgeschlossen, wenn der Bürge auf sie verzichtet hat, wenn er sich also selbstschuldnerisch verbürgt hat (selbstschuldnerische Bürgschaft).

Die Banken verlangen bei der Kreditgewährung statt einer gewöhnlichen Bürgschaft allgemein eine selbstschuldnerische Bürgschaft, weil diese den Gläubiger bei Nichtzahlung durch den Schuldner viel rascher zu seinem Geld kommen läßt.

Eine Einrede der Vorausklage ist ebenfalls ausgeschlossen, wenn es sich um eine kaufmännische Bürgschaft, gegeben durch einen Vollkaufmann, handelt (§§ 349, 351 HGB) bzw. wenn der Hauptschuldner seinen Wohnsitz veränderte und dadurch eine wesentliche Erschwerung der Rechtsverfolgung eintrat oder wenn über sein Vermögen der Konkurs eröffnet wurde (§ 773 BGB).

6. Ungerechtfertigte Bereicherung

„Wer durch die Leistung eines anderen oder in sonstiger Weise auf dessen Kosten etwas ohne rechtlichen Grund erlangt, ist ihm zur Herausgabe verpflichtet. Diese Verpflichtung besteht auch dann, wenn der rechtliche Grund später wegfällt oder der mit einer Leistung nach dem Inhalt des Rechtsgeschäfts bezweckte Erfolg nicht eintritt" (§ 812 BGB).

Beispiel: A. hat zwei Lieferanten mit dem Namen Müller. Versehentlich wird der Betrag einer Rechnung von Müller I an Müller II überwiesen.

„Die Verpflichtung zur Herausgabe oder zum Ersatz des Wertes ist ausgeschlossen, soweit der Empfänger nicht mehr bereichert ist" (§ 818 Abs. 3 BGB). Das gilt aber nicht, wenn der Empfänger den Mangel des rechtlichen Grundes kennt oder erfährt (§ 819 BGB).

Beispiel: Ein Arbeiter erhielt infolge eines Fehlers der Lohnbuchhaltung zu viel Lohn ausgezahlt. Diesen Mehrlohn verbrauchte er restlos bei einer teuren Urlaubsreise, die er ohne Mehrlohnzahlung nicht angetreten hätte. Obwohl keine Bereicherung mehr vorliegt, muß er die Lohnüberzahlung zurückzahlen, *wenn* er den Fehler der Lohnbuchhaltung erkannte.

Auch bei der Lösung eines Verlöbnisses können die Geschenke (z.B. Ring) zurückverlangt werden.

7. Haftpflicht

Unter Haftpflicht versteht man allgemein die Verpflichtung zur Leistung von Schadenersatz. Täglich entstehen z.B. in Haushalten, in Betrieben und im Straßenverkehr erhebliche Schäden. Die Entschädigung ist in diesen Fällen von großer Wichtigkeit.

a) Schaden

Schaden im Rechtssinn ist Verlust von Rechtsgütern, wie Leben, Gesundheit, Freiheit Ehre, Vermögen. Die Höhe des Schadens ist nach dem Unterschied zwischen der Lage des Betroffenen ohne das Schadensereignis und der Lage nach dem Schadensereignis zu berechnen. Auch ein entgangener Gewinn ist ein Schaden.

Beispiel: A. stiehlt dem Vertreter B. den Kraftwagen und beschädigt ihn dabei schwer. Der Schaden besteht nicht nur im Verlust des Wagens, sondern auch im Provisionsverlust entgangener Geschäfte.

Man unterscheidet zwischen *materiellem Schaden* (Vermögensschaden) und *immateriellem Schaden* (Nichtvermögensschaden, ideeller Schaden).

Der materielle Schaden läßt sich manchmal leicht, manchmal schwer in Geld ausdrücken, beim Nichtvermögensschaden ist dies unmöglich. Dieser wird auch nur in den vom Gesetz besonders bestimmten Fällen ersetzt.

Gemäß § 847 BGB hat der Geschädigte im Falle „der Verletzung des Körpers oder der Gesundheit sowie im Falle der Freiheitsentziehung ... wegen des Schadens, der nicht Vermögensschaden ist, einen Anspruch auf eine billige Entschädigung in Geld...". Dieser sogenannte Schmerzensgeldanspruch besteht auch nur bei einem Verschulden des Schädigers und nicht bei einer reinen Gefährdungshaftung z.B. des Kraftfahrzeughalters. Ähnliches gilt bei der Vergewaltigung einer Frau oder eines Mädchens.

Ein Liebhaberwert, z.B. ein Andenken an die verstorbene Mutter, wird nicht ersetzt.

Man unterscheidet *unmittelbaren* und *mittelbaren Schaden*.

Beispiel: Unmittelbarer Schaden ist eine Körperverletzung und die damit verbundene Erwerbsunfähigkeit. Wenn sich der Verletzte einer Operation unterziehen mußte und in der Narkose stirbt, ist dies ein mittelbarer Schaden.

B. Schuldverhältnisse

Versicherungsrechtlich wird zwischen *Personenschaden* (Tod, Verletzung oder Gesundheitsschädigung von Menschen), *Sachschaden* (Beschädigung oder Vernichtung von Sachen) und Vermögensschaden (Vermögenseinbuße, die weder durch eine Personen- noch durch eine Sachbeschädigung herbeigeführt ist), unterschieden.

Der enge versicherungsrechtliche Begriff des Vermögensschadens ist also nicht zu verwechseln mit dem weiten Begriff des Vermögensschadens (materieller Schaden überhaupt) im Sinne des BGB.

Über die Höhe des Schadens kann es leicht zu langwierigen Auseinandersetzungen kommen. Der Schädiger versucht, den Schaden möglichst niedrig, der Geschädigte, ihn möglichst hoch darzustellen.

Der Schadenersatz soll den Geschädigten so stellen, als wäre der Schaden nicht eingetreten (§ 249 BGB). Grundsätzlich muß dabei der Schaden in natura ersetzt werden. Praktisch findet aber in den meisten Fällen eine Entschädigung in Geld statt (§§ 250, 251 BGB). Im Gegensatz z.B. zur Reparatur eines Kraftwagens sind die aus der Heilbehandlung eines verletzten Tieres entstandenen Aufwendungen nicht bereits, dann unverhältnismäßig, wenn sie den Wert des Tieres erheblich übersteigen.

Würde durch eine Schadenersatzleistung der Wert des beschädigten Gegenstandes erhöht, dann ist der zu ersetzende Schaden natürlich um die Werterhöhung zu mindern.

Beispiel: Wird nach einem Autounfall der beschädigte Motor eines Kraftfahrzeuges, der schon 80.000 km gelaufen ist, ersetzt, so muß sich der Geschädigte einen angemessenen Abzug gefallen lassen (neu für alt). Andererseits sollte aber der Geschädigte nach einem Kfz-Unfall an den verminderten Wiederverkaufswert denken. Auch der Nutzungsausfall während der Reparaturzeit stellt einen Schaden dar, falls kein Mietwagen genommen wird.

b) Ersatzpflicht

Die Verpflichtung, einen entstandenen Schaden zu ersetzen, kann auf verschiedenen Rechtsgrundlagen *(Anspruchsgrundlagen)* beruhen. So kann z.B. zwischen Ersatzpflichtigem und Geschädigten ein *Vertragsverhältnis* bestehen, aufgrund dessen ein Schadenersatz verlangt werden kann (zu vertretende Unmöglichkeit, Verzug, positive Vertragsverletzung = positive Forderungsverletzung).

Zu vertretende Unmöglichkeit läge z.B. vor, wenn in dem Beispiel auf Seite 72 (II.B.1) der Hundeverkäufer dem verkauften Hund Rattengift zu fressen gegeben hätte.

Verzug liegt z.B. vor, wenn ein Arbeitnehmer nicht zur Arbeit erscheint, obwohl er einen Dienstvertrag abgeschlossen hat. Der Arbeitgeber macht ihn für den Schaden (z.B. erneute Inseratkosten) ersatzpflichtig.

Positive Vertragsverletzung ist jede auf Verschulden beruhende Leistungsstörung, die nicht in Unmöglichkeit oder Verzug besteht.

Beispiele: Gastwirt setzt einem Gast ein Fleischgericht vor, von dem er weiß, daß es verdorben ist; Gast wird darauf krank. – Zahnarzt zieht gesunden statt kranken Zahn. – Rechtsanwalt gibt vorsätzlich oder fahrlässig falsche Auskunft, dadurch wird hohe Forderung wegen Verjährung verloren. – Werkstatt zieht Radschrauben nicht fest an. Häufig liegt gleichzeitig eine unerlaubte Handlung vor.

Auch ein Verschulden bei Vertragsschluß (culpa in contrahendo) macht haftbar, selbst wenn es gar nicht zum Abschluß kommt.

Beispiel: Ein Kaufinteressent rutscht auf übermäßig gewachstem Boden eines Ladens aus und bricht sich den Arm.

Besonders interessant ist die Schadenersatzpflicht bei einer unerlaubten Handlung des Schädigers. Wer schuldhaft, also „... vorsätzlich[1] oder fahrlässig[2] das Leben, den Körper, die Gesundheit ... oder ein sonstiges Recht eines anderen widerrechtlich[3] verletzt, ist dem anderen zum Ersatz des daraus entstehenden Schadens verpflichtet" (§ 823 Abs. 1 BGB).

Laut Absatz 2 von § 823 BGB wird derjenige, der gegen ein dem Schutz eines anderen dienendes Gesetz verstößt (z.B. Strafgesetzbuch, Arbeitsschutzbestimmungen, Gesetz gegen den unlauteren Wettbewerb, Lebensmittelgesetz usw.) noch besonders haftbar gemacht.

Auch bei Kreditgefährdung (wahrheitswidrige Behauptungen über jemanden), bei Bestimmung einer Frauensperson zur außerehelichen Beiwohnung durch Hinterlist, Drohung oder unter Mißbrauch eines Abhängigkeitsverhältnisses und bei vorsätzlicher sittenwidriger Schädigung sieht das Gesetz (§§ 824 ... 826 BGB) nochmals ausdrücklich einen Schadenersatzanspruch vor.

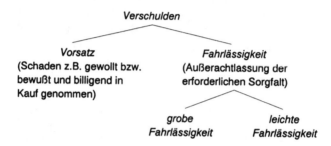

In folgenden Fällen haftet jedoch der Schädiger nicht (Ausschluß der Verantwortlichkeit, §§ 827, 828 BGB):

1. Bewußtlosigkeit oder ein die freie Willensbestimmung ausschließender Zustand krankhafter Störung der Geistestätigkeit[4]

    Wer sich durch geistige Getränke oder ähnliche Mittel in einen vorübergehenden Zustand dieser Art versetzt hat, ist für einen Schaden, den er in diesem Zustande widerrechtlich verursacht, in gleicher Weise verantwortlich, wie wenn ihm Fahrlässigkeit zur Last fiele (parallel dazu im Strafrecht Rauschtat gemäß § 330a StGB); die Verantwortlichkeit tritt nicht ein, wenn er ohne Verschulden in den Zustand geraten ist (§ 827 BGB).

2. Deliktsunfähigkeit (Alter unter sieben Jahren)

3. eventuell beschränkte Deliktsfähigkeit

    Zwischen 7 und 18 Jahren haftet man für einen einem anderen zugefügten Schaden nicht, wenn man „bei der Begehung der schädigenden Handlung nicht die zur Erkenntnis der Verantwortlichkeit erforderliche Einsicht hat. Das gleiche gilt von einem Taubstummen" (§ 828 BGB).

---

1 Vorsatz ist gegeben, wenn z.B. der Schaden vom Schädiger absichtlich gewollt wird, aber auch bereits, wenn der Schaden bewußt in Kauf genommen wird (bedingter Vorsatz).
2 Fahrlässigkeit ist die Außerachtlassung der erforderlichen Sorgfalt.
3 Widerrechtlich handelt, wer gegen gesetzliche Bestimmungen verstößt, es sei denn, er handelt aus einem Rechtfertigungsgrund, z.B. aus Notwehr. Notwehr ist eine Verteidigung, die erforderlich ist, um einen gegenwärtigen, rechtswidrigen Angriff von sich selbst oder einem anderen abzuwenden (§ 227 BGB).
4 Vergleiche parallel hierzu die Schuldunfähigkeit im Strafrecht gemäß § 20 StGB.

B. Schuldverhältnisse

Aber auch bei den aufgeführten Fällen des Ausschlusses der Verantwortlichkeit kann Haftung aus Billigkeitsgründen gegeben sein.

Wenn in den aufgezeichneten Fällen Ersatz des Schadens nicht von einem aufsichtspflichtigen Dritten verlangt werden kann, ist der „... Schaden insoweit zu ersetzen, als die Billigkeit nach den Umständen, insbesondere nach den Verhältnissen der Beteiligten, eine Schadloshaltung erfordert und ihm nicht die Mittel entzogen werden, deren er zum angemessenen Unterhalte sowie zur Erfüllung seiner gesetzlichen Unterhaltspflicht bedarf" (§ 829 BGB).

Beispiel: Ein Millionär erschlägt einen Familienvater. Es stellt sich heraus, daß der Millionär zum Zeitpunkt der Tat geisteskrank war. Hier könnte man wohl trotz Ausschluß der Verantwortlichkeit eine Haftung aus Billigkeitsgründen annehmen.

„Haben mehrere durch eine gemeinschaftlich begangene unerlaubte Handlung einen Schaden verursacht, so ist jeder für den Schaden verantwortlich. Das gleiche gilt, wenn sich nicht ermitteln läßt, wer von mehreren Beteiligten den Schaden durch seine Handlung verursacht hat. Anstifter und Gehilfen stehen Mittätern gleich" (§ 830 BGB).

Beispiel: Mehrere Burschen veranstalten ein Zielwerfen auf Fensterscheiben, bei dem Schaden verursacht wird. Wenn nur ein Teil der Täter festgestellt wird, kann man sich an diese halten.

Wer einen anderen zu einer Verrichtung, also einen Verrichtungsgehilfen, bestellt, ist zum Ersatz des Schadens verpflichtet, den der andere in Ausführung der Verrichtung einem Dritten widerrechtlich zufügt. Die Ersatzpflicht tritt nicht ein, wenn der Geschäftsherr, also der Arbeitgeber, bei der Auswahl der bestellten Person, also des Arbeitnehmers, die erforderliche Sorgfalt beobachtet oder wenn der Schaden auch bei Anwendung dieser Sorgfalt entstanden sein würde (§ 831 BGB).

Beispiel: Infolge Fahrlässigkeit läßt ein Bauarbeiter von einem Gerüst ein Werkzeug fallen und verletzt dadurch einen Passanten. Außer dem Bauarbeiter haftet auch der Bauunternehmer, es sei denn, er kann nachweisen, daß er bei der Auswahl und Beaufsichtigung des Arbeiters und auch sonst (z.B. Absperrung) die im Verkehr erforderliche Sorgfalt beobachtet hat (Entlastungsbeweis).

Keine Möglichkeit des Entlastungsbeweises hat der Arbeitgeber, wenn der Schadenersatzanspruch auf ein Vertragsverhältnis gestützt wird (z.B. mangelhafte Erfüllung eines Werkvertrages) und der Arbeitgeber sich eines Arbeitnehmers zur Erfüllung der Vertragspflicht bedient hat *(Erfüllungsgehilfe* § 278 BGB). Es muß dann der Unternehmer so haften, als wenn er selbst den Vertrag schlecht erfüllt hätte.

Beispiel: Infolge schlechter Arbeit des Bauarbeiters im vorigen Beispiel entstehen Baumängel. Der Bauunternehmer kann sich gegenüber dem Bauherrn (Vertragspartner) keineswegs damit herausreden, daß er den Arbeiter richtig ausgesucht und beaufsichtigt habe. – Auf einer anderen Ebene liegt natürlich die Frage, ob der Arbeitgeber den Arbeitnehmer wiederum regreßpflichtig machen könne. Bei Vorsatz oder grober Fahrlässigkeit müßte diese Frage bejaht werden.

Aufsichtspflichtige Eltern, Erzieher, Lehrer usw. haften bei Vernachlässigung der Aufsichtspflicht für Schäden, die durch ihre Kinder, Pflegebefohlenen usw. verursacht wurden (§ 832 BGB).

Wenn einem von einem mindestens sieben Jahre alten Kind ein Schaden zugefügt wurde, wird man sowohl die Haftpflicht des Kindes selbst, also die Frage, ob die nötige Einsicht vorhanden war, wie die Haftpflicht der Eltern, also die Frage, ob diese die Aufsichtspflicht vernachlässigten, prüfen. Eventuell wird die Schadenersatzklage sowohl gegen die Eltern als auch gegen das Kind, das natürlich auch wieder durch die Eltern als gesetzliche Vertreter vertreten wird, gerichtet.

Der Tierhalter haftet für seine Tiere (§ 833 BGB).

Diese Vorschrift gilt für Luxustiere immer. Bei Tieren, die dem Beruf, der Erwerbstätigkeit oder dem Unterhalt des Tierhalters zu dienen bestimmt sind, z.B. bei Wachhunden, Blindenhunden, Kühen, Schafen usw., besteht Haftpflicht nur bei Vernachlässigung der Aufsichtspflicht.

Bei Einsturz eines Gebäudes oder Ablösung von Teilen des Gebäudes (z.B. ein Balkon bricht herunter) haften Besitzer oder sonstige Verantwortliche, wenn sie nicht die erforderliche Sorgfalt beachtet haben (z.B. regelmäßiges Überprüfenlassen der Balkone).

Bei einer Amtspflichtverletzung durch einen Beamten haftet der Dienstherr (Staat bzw. Gemeinde). Bei Vorsatz oder grober Fahrlässigkeit bleibt dem Dienstherrn natürlich ein Rückgriff auf den Beamten vorbehalten (Art. 34 GG).

Trifft in einem Haftpflichtfall den Geschädigten ein Mitverschulden, ist der Schaden entsprechend zu teilen (§§ 846, 254 BGB).

Eine Haftpflicht ohne jegliches Verschulden kann auch durch die sogenannte Gefährdungshaftung beim Betrieb von Eisenbahnen, Straßenbahnen, Bergwerken, Elektrizitäts- und Gasanlagen usw. entstehen. Am bedeutsamsten ist hierbei die Haftung des Kraftfahrzeughalters gemäß §§ 7 ... 20 Straßenverkehrsgesetz. Außer bei einem unabwendbaren Ereignis, das weder auf einen Fehler in der Beschaffenheit des Fahrzeuges noch auf einem Versagen seiner Verrichtungen beruht, haftet der Kraftfahrzeughalter auch ohne Verschulden.

Beispiel: Trotz vorheriger Überprüfung der Bremsen versagen diese plötzlich und ein Unfall wird durch das Fahrzeug verursacht. Obwohl den Halter oder Fahrer des Fahrzeugs wirklich keine Schuld trifft, muß der Halter nach dem Straßenverkehrsgesetz haften.

Diese Haftung ist allerdings im Gegensatz zur Verschuldenshaftung in der Höhe begrenzt (Personenschaden höchstens 500.000,- DM bzw. 30.000,- DM Jahresrente, bei Tötung oder Verletzung mehrerer Personen 750.000,- DM bzw. 45.000,- DM Rente, Sachschaden höchstens 100.000,- DM, auch besteht kein Anspruch auf Schmerzensgeld bei einer Körperverletzung. Es ist daher für den Geschädigten günstiger, wenn den Schädiger auch ein Verschulden trifft, weil nach dem BGB keine Begrenzung der Haftung nach oben stattfindet.

Gegen die eigene Inanspruchnahme in Haftpflichtfällen (sowohl bei Gefährdungs- wie bei Verschuldenshaftung), natürlich nicht bei eigenem Vorsatz, kann man sich durch den Abschluß einer Haftpflichtversicherung schützen. Für Kraftfahrzeughalter ist diese sogar Pflicht. Allerdings ist eine ausreichende Höhe wichtig. Für Unternehmer, Hauseigentümer, Hundehalter und auch Privatpersonen ist eine Haftpflichtversicherung sehr zu empfehlen. Bei einer Privathaftpflichtversicherung ist z.B. die Haftung auch der Ehefrau und der Kinder mit eingeschlossen.

Beispiel: Die Hausfrau läßt versehentlich einen Blumentopf aus dem Fenster fallen, er fällt einem Passanten auf den Kopf. Dieser wird erwerbsunfähig. Es muß eine lebenslängliche Rente gezahlt werden. Ohne Haftpflichtversicherung ist die Hausfrau wirtschaftlich ruiniert.

Die eigene Haftpflichtversicherung wehrt auch unberechtigte Haftpflichtansprüche anderer ab, deren Abwehr einem Privatmann sicherlich schwieriger fallen würde. Zur Durchsetzung eigener Rechtsansprüche kann man eine Rechtsschutzversicherung abschließen (natürlich vor dem Entstehen des Anspruchs).

In manchen Schadenersatzfällen kann auch vertraglich ein Haftungsausschluß vereinbart werden. Dies muß aber ausdrücklich erfolgen. Ein Schild im Wagen „Sie fahren auf eigene Gefahr" reicht hierzu nicht aus. Auch kann mit beschränkt geschäftsfähigen Personen, z.B. Minderjährigen, kein Haftungsausschluß vereinbart werden.

Der Arbeitgeber haftet nicht gegenüber dem Arbeitnehmer, der im Betrieb durch die Fahrlässigkeit des Arbeitgebers (z.B. Nichtbereitstellen von Schutzvorrichtungen) einen Unfall erlitt. In diesem Fall erbringt die Berufsgenossenschaft (gesetzliche Unfallversicherung) die Leistung für den verletzten Arbeitnehmer (§ 636 RVO). Entsprechendes gilt für die Ansprüche von Studierenden, Schülern, Kindern gegenüber der Hoch- oder Fachschule, Schule bzw. dem Kindergarten. (Zur gesetzl. Unfallversicherung s. II.H.3.e).

Seit 01.01.1990 muß der Hersteller eines fehlerhaften Produktes nach dem Produkthaftungsgesetz (ProdhaftG) vom 15. Dezember 1989 auch ohne Verschulden für durch dieses Produkt entstandenen Schaden haften.

Bei Personenschäden ist die Haftung auf insgesamt 160 Millionen DM begrenzt, bei Sachbeschädigung besteht eine Selbstbeteiligung von 1.125,- DM (§§ 10 und 11 ProdhaftG). Auf landwirtschaftliche Produkte und Arzneimittel ist das Gesetz nicht anzuwenden.

C. Aus dem Sachenrecht

Während es sich beim Recht der Schuldverhältnisse (II. Buch des BGB) um die Rechtsbeziehungen der Personen zueinander handelt, legt das Sachenrecht (III. Buch des BGB, §§ 854 ... 1296) die Rechtsbeziehungen der Personen zu den Sachen fest. In diesem Rechtsabschnitt werden die dinglichen Rechte (Rechte an einer Sache, Herrschaftsbefugnisse über eine Sache), z.B. Eigentum, Nießbrauch, Pfandrecht usw., geregelt.

Durch einen Kaufvertrag bekommt der Käufer einen Anspruch gegen den Verkäufer auf Übergabe der Sache und auf Eigentumsübertragung (Schuldverhältnisse), an der Sache selbst hat er vorerst noch keinerlei Recht. Erst durch die Eigentumsübertragung (Einigung und Übergabe) bekommt der Käufer ein Recht an der Sache und kann allgemein als Eigentümer mit der Sache tun, was er will.

Das Sachenrecht zeichnet sich gegenüber dem Recht der Schuldverhältnisse durch seine größere Strenge aus. Die Rechtsvorschriften können nicht durch Abmachungen ersetzt werden.

1. Eigentum

a) Besitz – Eigentum

Besitz ist die tatsächliche Herrschaft über eine Sache, Eigentum dagegen die rechtliche Herrschaft.

Wer eine Sache tatsächlich in Händen hat, ganz gleich, ob berechtigt, z.B. als Eigentümer, Mieter, Pächter, Entleiher, oder unberechtigt, z.B. als Dieb, ist Besitzer. Dem Eigentümer gehört dagegen die Sache.

Beispiel: A. vermietet dem B. ein Auto. Mit der Übergabe bleibt A. weiterhin Eigentümer des Wagens, B. wird aber Besitzer (unmittelbarer Besitzer). Man spricht in diesem Falle auch noch von einem mittelbaren Besitz des A. (§ 868 BGB)

„Der Eigentümer einer Sache kann, soweit nicht das Gesetz oder Rechte Dritter entgegenstehen, mit der Sache nach Belieben verfahren und andere von jeder Einwirkung ausschließen" (§ 903 BGB). Grundsätzlich kann also der Eigentümer mit seinen Sachen machen, was er will. Es gibt aber von diesem Grundsatz viele Ausnahmen.

Beispiele für gesetzliche Einschränkungen: Art. 14 Abs. 2 des Grundgesetzes[1], Wohnraumbewirtschaftung, Baubeschränkungen, Naturschutzbestimmungen, Tierschutz, Bewirtschaftung von Lebensmitteln und sonstigen Gütern in Krisenzeiten usw.

Beispiele für Rechte Dritter: Pfandrecht eines Gläubigers, Besitzrecht des Mieters oder Pächters.

Bei Grundstücken erstreckt sich das Eigentum auf den Raum über der Erdoberfläche und auf den Erdkörper unter der Oberfläche. Der Eigentümer kann jedoch solche Einwirkungen nicht verbieten, die in solcher Höhe oder Tiefe vorgenommen werden, daß er an der Ausschließung kein Interesse hat (§ 905 BGB). Auch Einwirkungen auf ein Grundstück, die die Benutzung nicht oder nicht wesentlich beeinträchtigen, können nicht verboten werden (§ 906). Eine Gefährdung braucht jedoch nicht geduldet werden.

Wenn Wurzeln eines Baumes in das Nachbargrundstück eindringen, darf der Nachbar diese abschneiden und behalten. Das gleiche gilt für herüberragende Zweige, wenn eine angemessene Frist zur Entfernung gesetzt wurde und verstrichen ist (§ 910). Früchte, die auf das Nachbargrundstück fallen, gehören zum Nachbargrundstück (§ 911).

Wenn bei der Errichtung eines Gebäudes ohne Vorsatz oder grobe Fahrlässigkeit über die Grenze gebaut wurde, muß der Nachbar allgemein den Überbau dulden, kann aber als Entschädigung eine Geldrente verlangen (§ 912). Grenzanlagen (Zaun, Mauern, Hecken, Planken usw.) sind allgemein von den Nachbarn zu gleichen Teilen zu unterhalten (§ 922). Ein Grenzbaum gehört beiden Nachbarn (§ 923 BGB).

b) Eigentumserwerb an beweglichen Sachen

Entgegen der vielfach vertretenen Auffassung geht das Eigentum durch einen Kaufvertrag nicht automatisch auf den Käufer über, sondern es besteht für den Verkäufer nur die Pflicht der Eigentumsübertragung. Die Eigentumsübertragung stellt also etwas besonderes dar.

Das BGB führt sechs Arten der Eigentumsübertragung an beweglichen Sachen auf:
1. Rechtsgeschäftliche Übertragung (§§ 929 ... 936 BGB)
2. Ersitzung (§§ 937 ... 945)
3. Verbindung, Vermischung, Verarbeitung (§§ 946 ... 952)
4. Erwerb von Erzeugnissen und sonstigen Bestandteilen (§§ 953 bis 957)
5. Aneignung (§§ 958 ... 964)
6. Fund und Schatz (§§ 965 ... 984 BGB)

Rechtsgeschäftliche Übertragung

Grundsätzlich erfolgt die Eigentumsübertragung an beweglichen Sachen durch Einigung und Übergabe (§ 929 BGB). Erwerber und Veräußerer müssen sich also darüber einig sein, daß das Eigentum auf den Erwerber übergehen soll. Die Übergabe muß allgemein körperlich erfolgen. Die Reihenfolge ist unwesentlich. Die Übergabe kann durch Vereinbarung eines anderen Rechtsverhältnisses, z.B. durch einen Leih- oder Verwahrungsvertrag, ersetzt werden, durch das dem Erwerber der mittelbare Besitz (§ 868 BGB – S. 91) eingeräumt wird (Eigentumserwerb durch Besitzkonstitut gem. § 930 BGB). Im Kreditsicherungsrecht spielt diese Eigentumsübertragung bei der *Sicherungsübereignung* eine große Rolle.

---

[1] „Eigentum verpflichtet. Sein Gebrauch soll zugleich dem Wohl der Allgemeinheit dienen" (Art. 14 Abs. 2 GG).

C. Aus dem Sachenrecht

Beispiel: Fabrikant A. übereignet der B-Bank eine Maschine zur Kreditsicherung (Sicherungsübereignung). Die körperliche Übergabe wird durch einen Leihvertrag ersetzt.

Wenn ein Dritter im Besitz der Sache ist, kann die Übergabe durch Abtretung des Herausgabeanspruches ersetzt werden (§ 931 BGB).

Interessant ist die Frage, ob man im Falle des gutgläubigen Erwerbs vom Nichteigentümer Eigentum an der Sache erwirbt. Allgemein ist der gute Glaube[1] geschützt. Dies gilt jedoch nicht bei gestohlenen oder verlorengegangenen Sachen.

Beispiel: A. leiht sein Fahrrad an B. B. verkauft und übergibt das Rad an C., der glaubt, B. sei der rechtmäßige Eigentümer. C. wird kraft guten Glaubens Eigentümer des Rades. A. kann zwar B. schadenersatzpflichtig machen, das Rad kann er jedoch nicht verlangen. Hätte aber B. das Fahrrad gestohlen – im ersten Fall hat er es unterschlagen –, dann wäre C. trotz guten Glaubens nicht Eigentümer geworden.

Wenn eine durch Besitzkonstitut veräußerte Sache nicht dem Veräußerer gehört, wird der Erwerber erst Eigentümer, wenn ihm die Sache übergeben wird und er zu diesem Zeitpunkt noch im guten Glauben ist (§ 933 BGB).

Beispiel: Die im vorletzten Beispiel sicherungsübereignete Maschine hatte A. unter Eigentumsvorbehalt gekauft und noch nicht bezahlt, so daß er gar nicht Eigentümer war. Bankier B. erwirbt dann an dieser Maschine erst Eigentum, wenn er sie sich herausgeben läßt und dabei noch nicht weiß, daß auf ihr ein Eigentumsvorbehalt lastet. Es dürfte daher bei einer Sicherungsübereignung für den Kreditgeber zweckmäßig sein, wenn er sich einen Eigentumsnachweis erbringen läßt. Bei Sicherungsübereignung von Kraftfahrzeugen wird meist der Kfz-Brief übergeben und auch der Abschluß einer Vollkaskoversicherung verlangt.

Ersitzung

Wer eine Sache zehn Jahre im guten Glauben besitzt, erwirbt das Eigentum.

Beispiel: Wäre der Diebstahl im zweiten Fall des vorletzten Beispiels erst nach zehn Jahren herausgekommen und hätte C. während dieser ganzen Zeit gemeint, er sei rechtmäßiger Eigentümer, hätte er durch Ersitzung Eigentum an dem Fahrrad erworben.

Verbindung, Vermischung, Verarbeitung

Bei *Verbindung* beweglicher Sachen mit einem Grundstück erwirbt der Grundstückseigentümer Eigentum. Bei Verbindung beweglicher Sachen entsteht entsprechendes Miteigentum. Ist aber eine Sache Hauptsache, so erwirbt der Eigentümer Alleineigentum. Bei untrennbarer *Vermischung* gilt das gleiche.

Beispiel: A. kauft unter Eigentumsvorbehalt 500 kg Kohlen vom Kohlenhändler B. und 1.000 kg der gleichen Sorte vom Kohlenhändler C. Die Kohlen werden zusammengeschüttet. B. ist jetzt Eigentümer von 1/3, C. von 2/3 der Gesamtkohlenmenge.

Bei der *Verarbeitung* kommt es auf das Wertverhältnis von Verarbeitung und Stoff an (§ 950 BGB).

Beispiel: Ein Holzschnitzer stiehlt ein Stück Holz und schnitzt eine Figur daraus. Er wird Eigentümer, da seine Arbeit wertvoller als das Holz ist. Das ändert natürlich nichts an der Tatsache, daß er wegen Diebstahls bestraft werden kann und dem ehemaligen Holzeigentümer gegenüber ersatzpflichtig ist.

---

1 Der Erwerber ist nicht im guten Glauben, wenn ihm bekannt oder infolge grober Fahrlässigkeit unbekannt ist (z.B. Kauf eines Gebrauchtwagens ohne Kfz-Brief), daß die Sache nicht dem Veräußerer gehört. Bei Veräußerung durch einen Kaufmann ist auch der gute Glaube an die Verfügungsmacht des Veräußerers ausgedehnt (§ 366 HGB – s. S. 124).

Erwerb von Erzeugnissen und sonstigen Bestandteilen

Grundsätzlich gehören auch Erzeugnisse und sonstige Bestandteile einer Sache nach der Trennung dem Eigentümer der Sache.

Ausnahme: Beispielsweise gehören bei einer Pacht die Früchte dem Pächter.

Aneignung

Wer eine herrenlose Sache, also eine Sache, die niemanden gehört, auch eine weggeworfene Sache, in Besitz nimmt, wird Eigentümer.

Auch wilde Tiere sind herrenlose Sachen. Bei jagdbaren Tieren ist aber nur dem Jagdberechtigten die Aneignung unter Beachtung des Jagdrechts gestattet.

Fund, Schatz

Der ehrliche Finder (bei Fundanmeldung bzw. Abgabe bei zuständiger Behörde) erwirbt allgemein nach 6 Monaten Eigentum an der Fundsache, falls sich der Verlierer nicht meldet. Andernfalls hat der Finder Anspruch auf Ersatz der Aufwendungen und auf Finderlohn. Er beträgt 5 % des Wertes; von dem Wert, der 1.000,- DM übersteigt, jedoch nur noch 3 %, bei Tieren nur 3 % (§§ 970, 971 BGB).

Beispiel: Bei einem Fundwert von 1.200,- DM beträgt demnach der gesetzliche Finderlohn 5 % von 1.000,- DM und 3 % von 200,- DM = 56,- DM.

Bei einem Fund in einer Behörde oder dem öffentlichen Verkehr dienenden Verkehrsmitteln, z.B. Eisenbahn oder Straßenbahn, muß der Fund sofort abgegeben werden. Es besteht für den Finder bei einem Wert der Fundsache von mindestens 100,- DM der halbe Finderlohnanspruch, sofern er nicht ein Bediensteter der Behörde usw. ist.

Ein Schatz ist eine Sache, die so lange verborgen gelegen hat, daß der Eigentümer nicht mehr zu ermitteln ist. Wird ein Schatz entdeckt und in Besitz genommen, so wird das Eigentum zur Hälfte von dem Entdecker, zur Hälfte von dem Eigentümer der Sache erworben, in dem der Schatz verborgen war.

c) Eigentumserwerb an Grundstücken

Der Eigentumserwerb an Grundstücken erfolgt grundsätzlich durch Auflassung (Einigung bei gleichzeitiger Anwesenheit vor dem Notar oder Grundbuchamt) und Eintragung im Grundbuch (§§ 873, 925 BGB).

Die Auflassung wird meist vom Notar mit in die Kaufvertragsurkunde aufgenommen. Damit die Eintragung im Grundbuch vorgenommen werden kann, muß dem Grundbuchamt die Auflassung nachgewiesen und die Eintragung bewilligt und beantragt werden (meist ebenfalls bereits in der Kaufvertragsurkunde), außerdem können noch weitere Voraussetzungen für die Eintragung gegeben sein (z.B. Nachweis über Bezahlung oder Befreiung von der Grunderwerbsteuer, Gebührenzahlung).

Nicht nur die Eigentumsübertragung, sondern die Geltendmachung sämtlicher Rechte an Grundstücken erfolgt durch Eintragung in das Grundbuch. Maßgebend ist die inzwischen mehrfach geänderte Grundbuchordnung vom 24. März 1897. Die Grundbuchämter gehören zu den Amtsgerichten. Jedes Grundstück, auch jede Eigentumswohnung[1], bekommt ein Grundbuchblatt. Es enthält Angaben über Lage, Größe usw. des Grundstücks, über rechtliche Verhältnisse, Name des Eigentümers usw., Lasten und Beschränkungen des Eigentums (z.B. Grunddienstbarkeit, wie Geh- und Fahrrecht eines Nachbarn) sowie deren Veränderungen und Löschungen, Hypotheken, Grund- und Rentenschulden sowie deren Veränderungen und Löschungen.

2. Pfandrecht

Unter einem Pfandrecht versteht man ein dingliches Recht an einer Sache, das die Befugnis verleiht, sich durch Verwertung der Sache Befriedigung für eine Forderung zu verschaffen. Sowohl an beweglichen Sachen wie an Grundstücken können Pfandrechte geltend gemacht werden. In beiden Fällen geht es um die Sicherung des Gläubigers für Forderungen gegenüber einem Schuldner.

Gegenstand des Pfandrechts kann auch ein Recht sein. In diesem Falle finden allgemein die Vorschriften über das Pfandrecht an beweglichen Sachen Anwendung (§ 1273 BGB).

a) Pfandrecht an beweglichen Sachen (§§ 1204 ... 1258 BGB)

„Eine bewegliche Sache kann zur Sicherung einer Forderung in der Weise belastet werden, daß der Gläubiger berechtigt ist, Befriedigung aus der Sache zu suchen (Pfandrecht)" (§ 1204 BGB).

Man unterscheidet:
1. Vertragliches Pfandrecht
2. Gesetzliches Pfandrecht
3. Pfändungspfandrecht

Vertragliches Pfandrecht

Beim vertraglichen Pfandrecht „...ist es erforderlich, daß der Eigentümer die Sache" (Faustpfand) „dem Gläubiger übergibt und beide darüber einig sind, daß dem Gläubiger das Pfandrecht zustehen soll" (§ 1205 BGB).

An die Stelle der körperlichen Übergabe kann die Einräumung des Mitbesitzes (z.B. Mitverschluß bei einem Banktresorfach) treten (§ 1206 BGB). Der gute Glaube des Pfandberechtigten ist beim Pfanderwerb vom Nichteigentümer im gleichen Maße geschützt wie beim Eigentumserwerb (§ 1207 BGB).

Im Gegensatz dazu verbleibt bei der Sicherungsübereignung[2] die Sache im Besitz des Schuldners. Dem Gläubiger wird nur sicherungshalber das Eigentum an der Sache übertragen. Der Schuldner darf sie benutzen. Maschinen, Kraftfahrzeuge usw. wird man bei einer Kreditaufnahme nicht verpfänden, sondern zur Sicherung übereignen.

---

1 Eigentumswohnungen (Gesetz über das Wohnungseigentum und das Dauerwohnrecht vom 15. März 1951) gelten rechtlich wie Grundstücke. Man versteht darunter das Sondereigentum an einer Wohnung in Verbindung mit dem Miteigentumsanteil an dem gemeinschaftlichen Eigentum, zu dem es gehört (Grundstück, Treppenhaus, Waschküche, Trockenboden usw.).
2 Sicherungsübereignung II.C.1.b) – S. 92, 93.

Kommt der Schuldner seinen Verpflichtungen nicht nach, kann der Gläubiger die Pfandsache nach entsprechender Androhung öffentlich durch einen vereidigten Versteigerer versteigern lassen. Falls das Pfand einen Börsen- oder Marktpreis hat, kann freihändiger Verkauf erfolgen.

Hauptsächlich gewähren Pfandkreditanstalten (Leihhäuser) Kredite gegen Verpfändung von Sachen. Banken gewähren Kredite bei Verpfändung von Gold und insbesondere von Wertpapieren (Lombardkredit). Aber auch im allgemeinen Leben kann eine gelegentliche Verpfändung vorkommen.

Beispiel: In einer Gaststätte merkt man nach der Zeche, daß man sein Geld vergessen hat. Man hinterläßt dem Geschäftsführer der Gaststätte einen Gegenstand als Pfand zur Sicherung der Zechschuld.

Gesetzliches Pfandrecht

Beim gesetzlichen Pfandrecht wird die Pfandsache nicht erst zur Ausübung des Pfandrechts übergeben, sondern der Berechtigte hat sie bereits aufgrund eines Vertrages im Besitz oder in seinem Herrschaftsbereich. Das Recht stützt sich auf eine Gesetzesnorm (daher „gesetzliches Pfandrecht").

Ein gesetzliches Pfandrecht haben der Vermieter (§ 559 ... 563 BGB), der Verpächter (§ 585 BGB), der Pächter (§ 590 BGB), der Unternehmer beim Werkvertrag (§ 647 BGB), der Gastwirt (§ 704 BGB), der Kommissionär (§ 397 HGB), der Spediteur (§ 410 HGB), der Lagerhalter (§ 421 HGB) und der Frachtführer (§ 440 HGB).

Beispiele: A. ist seit Monaten seiner Vermieterin B. den Mietzins für sein Zimmer schuldig geblieben. Um die ständigen Mahnungen nicht anhören zu müssen, zieht er aus. Als er auch ein ihm gehörendes Gemälde mitnehmen will, hindert ihn Frau B. mit Hilfe von zwei Nachbarn daran. Sie ist gemäß § 561 BGB dazu berechtigt.

C. läßt seinen PKW in der Werkstatt des D. reparieren (Werkvertrag). Als C. das Fahrzeug abholen will, kann er den Reparaturpreis nicht bezahlen. D. darf den PKW als Pfand behalten.

Über die Pfandverwertung, das ist die Versteigerung nach entsprechender Ankündigung, gelten gemäß § 1257 BGB die gleichen Vorschriften wie beim vertraglichen Pfandrecht.

Pfändungspfandrecht

Das Pfändungspfandrecht besteht in einem behördlichen Akt, in Form der Pfändung bei der Zwangsvollstreckung (s. II.F.2.b) allgemein durch den Gerichtsvollzieher. Wenn der Gläubiger eine Körperschaft des öffentlichen Rechts ist, z.B. der Staat, eine Gemeinde oder die Allgemeine Ortskrankenkasse, kann auch gegebenenfalls ein anderer Vollstreckungsbeamter die Pfändung vornehmen.

b) Grundpfandrechte

Grundpfandrechte sind die Hypothek, die Grundschuld und (von geringerer Bedeutung als Abart der Grundschuld) die Rentenschuld. Wie alle Rechte an Grundstücken werden sie im Grundbuch (Abt. III) eingetragen. Insbesondere für die Finanzierung des Wohnungsbaus sind Hypothek und Grundschuld sehr bedeutend. Ohne sie könnte nur ein kleiner Teil der Neubauten errichtet werden.

C. Aus dem Sachenrecht

Hypothek (§§ 1113 ... 1190 BGB)

Die Hypothek ist die Belastung eines Grundstücks[1] zur Sicherung einer Forderung (§ 1113 BGB). Wird über die Hypothek eine Urkunde (ein Hypothekenbrief) ausgestellt, spricht man von *Briefhypothek,* wird sie nur im Grundbuch eingetragen, so hat man es mit einer *Buchhypothek* zu tun. Bei einer Briefhypothek erfolgt die Abtretung der Hypothek an einen anderen Gläubiger durch Übergabe des Hypothekenbriefes und schriftliche Abtretungserklärung.

Man unterscheidet außerdem zwischen *Verkehrshypothek* und *Sicherungshypothek.* Die Verkehrshypothek ist die häufigste Hypothekenform. Der Hypothekengläubiger braucht bei ihr die Entstehung der Forderung nicht nachzuweisen. Bei der Sicherungshypothek muß dagegen das Bestehen der Forderung bewiesen werden; sie ist immer Buchhypothek (§§ 1184, 1185 BGB).

Bezüglich der Tilgung einer Verkehrshypothek unterscheidet man *Kündigungs-* und *Tilgungshypothek,* eventuell auch Mischformen.

Bei einer Tilgungshypothek kann häufig eine gleichbleibende Annuität (Jahresleistung = Zins + Tilgung) vereinbart sein.

Beispiel: Zins 7 %, Tilgung 1 % der ursprünglichen Forderung bedeutet, daß im Laufe der Zeit der Tilgungsanteil immer größer und der Zinsanteil immer kleiner wird. Bei Bausparkassen allgemein 5 % Zins, 7 % Tilgung, also 12 % Annuität.

Die Eintragungen im Grundbuch erfolgen in der Reihenfolge ihrer zeitlichen Anmeldung. Die erste Anmeldung erhält damit die erste Rangstelle. Falls auf einem Grundstück mehrere Grundpfandrechte lasten, wird im Ernstfall, also bei der Zwangsversteigerung, zuerst die erste Rangstelle, dann die zweite Rangstelle usw. befriedigt.

Eine I. Hypothek ist demnach für den Gläubiger sicherer und damit allgemein auch niedriger verzinst.

Die Bausparkassen gewähren aber allgemein das mit nur 5 % (eventuell $4\frac{1}{2}$ %) verzinste Bauspardarlehen unter Sicherung mit einer II. Hypothek (bzw. Grundschuld an zweiter Rangstelle). So kann sich der Bausparer verhältnismäßig leicht noch weiteres Fremdkapital als I. Hypothek beschaffen.

Hypothekenbanken gewähren gute I. Hypotheken und geben ihrerseits an die Gläubiger der Bank Pfandbriefe aus. Wer also Pfandbriefe kauft, ist zwar nicht direkt Gläubiger an einem Grundstück, kann aber infolge der strengen Bestimmungen für die Hypothekenbanken seine Forderung gegenüber der Bank als absolut sicher betrachten („verbriefte Sicherheit").

Grundschuld

Während bei der Hypothek eine persönliche Forderung vorhanden sein muß (Schuldner haftet persönlich und mit Grundstück), ist dies bei der Grundschuld nicht erforderlich. Natürlich kann eine Grundschuld auch zur Sicherung einer schuldrechtlichen Forderung, auch eines Bauspardarlehens, dienen. Dann muß aber zusätzlich ein schuldrechtlicher Vertrag vorhanden sein. Seine Wirkung ist praktisch wie die einer Hypothek. Wie bei der Hypothek unterscheidet man auch bei der Grundschuld *Buchgrundschuld* und *Briefgrundschuld* (letztere bei Ausstellung eines Grundschuldbriefes).

---

1 Außer dem eigentlichen Grundstück haften Bestandteile (z.B. Gebäude), getrennte Früchte (z.B. geschlagenes Holz, das noch auf dem Grundstück liegt), Zubehör, Miet- und Pachtzins, Ansprüche gegen Versicherungen (z.B. bei Brand).

Da die Grundschuld nicht an das Vorhandensein einer Forderung geknüpft ist, kann der Grundstückseigentümer auch zu seinen eigenen Gunsten eine Grundschuld (Eigentümergrundschuld) bestellen und einen Grundschuldbrief ausstellen lassen. Durch Übertragung des Grundschuldbriefes hat der Eigentümer die Möglichkeit, sich rasch einen gesicherten Kredit zu verschaffen, ohne daß unbedingt Notar und Grundbuchamt eingeschaltet werden müssen.

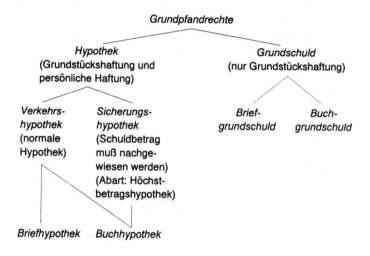

D. Aus dem Handelsrecht

Das Handelsrecht ist ein Teil des Wirtschaftsrechts und gehört somit zum Privatrecht. Es ist das besondere Recht der Kaufleute. Die wichtigsten Gesetze des Handelsrechts sind das Handelsgesetzbuch (HGB) vom 10.5.1897, das Aktiengesetz (AktG) vom 6.9.1965, das Gesetz betreffend die Gesellschaften mit beschränkter Haftung (GmbHG) vom 20.4.1892, das Gesetz betreffend die Erwerbs- und Wirtschaftsgenossenschaften (GenG) vom 1.5.1889, das Wechselgesetz (WG) vom 21.6.1933 und das Scheckgesetz (ScheckG) vom 14.8.1933.

Wenn BGB und HGB unterschiedliche Normen für den gleichen Tatbestand setzen, gehen unter Kaufleuten die HGB-Bestimmungen vor. Die besondere Rechtsvorschrift geht stets der allgemeinen Rechtsvorschrift vor.

Beispiel: Nach dem BGB kann der Käufer einen Mangel innerhalb von sechs Monaten beanstanden, nach dem HGB müssen erkennbare Mängel unverzüglich gerügt werden.

Sinn dieses Sonderrechts ist es, entsprechend den Anforderungen des Wirtschaftslebens die Geschäfte möglichst rasch und elastisch abzuwickeln. Auch die Sicherheit des Rechtsverkehrs unter Kaufleuten wird durch Bestimmungen des Handelsrechts (z.B. Handelsregister) verbessert.

D. Aus dem Handelsrecht

1. Handelsstand

a) Kaufleute

„Kaufmann im Sinne dieses Gesetzbuches ist, wer ein Handelsgewerbe betreibt", heißt es im § 1 des HGB.

Nur der Selbständige kann im rechtlichen Sinne Kaufmann sein, nicht der kaufmännische Angestellte (gelernter „Kaufmann", Diplom-Kaufmann usw.). Sowohl natürliche Personen (auch geschäftsunfähige Kinder) wie juristische Personen (z.B. Aktiengesellschaften, Staat, Gemeinden usw.) können Inhaber von handelsgewerblichen Betrieben und damit Kaufleute sein.

Unter einem *Gewerbebetrieb* versteht man eine planmäßige, dem Publikum gegenüber in Erscheinung tretende Tätigkeit, die in der Absicht erfolgt, mittels kaufmännischer oder technischer Fähigkeiten Gewinn zu erzielen. Wenn ein solcher Gewerbebetrieb bestimmte Arten von Geschäften zum Gegenstande hat, so gilt er als Handelsgewerbe und der Inhaber ist zwangsläufig Kaufmann (Kaufmann kraft Gewerbebetrieb = *Mußkaufmann*). § 1 Abs. 2 HGB führt diese sog. Grundhandelsgewerbe auf:

1. Anschaffung und Weiterveräußerung von beweglichen Sachen (Waren) oder Wertpapieren, ohne Unterschied, ob die Waren unverändert oder nach einer Bearbeitung oder Verarbeitung weiter veräußert werden (also Großhandel, Einzelhandel, Industrie und ein Teil des Handwerks);
2. Übernahme der Bearbeitung oder Verarbeitung von Waren für andere, sofern das Gewerbe nicht handwerksmäßig betrieben wird (z.B. galvanische Anstalt);
3. Übernahme von Versicherungen gegen Prämie;
4. Bankier- und Geldwechslergeschäfte;
5. Übernahme der Beförderung von Gütern oder Reisenden zur See, Geschäfte der Frachtführer oder der zur Beförderung von Personen zu Lande oder auf Binnengewässern bestimmten Anstalten sowie Geschäfte der Schleppschiffahrtsunternehmer;
6. Geschäfte der Kommissionäre, Spediteure oder Lagerhalter;
7. Geschäfte der Handelsvertreter oder Handelsmakler;
8. Verlagsgeschäfte sowie sonstige Geschäfte des Buch- oder Kunsthandels;
9. Geschäfte der Druckereien, sofern das Gewerbe nicht handwerksmäßig betrieben wird.

Diese aufgeführten Gewerbe sind immer Handelsgewerbe, ganz gleich, ob eine Eintragung im Handelsregister erfolgte oder nicht. Wenn es sich dabei aber um Kleingewerbe handelt, d.h. wenn nach Art und Umfang kein in kaufmännischer Weise eingerichteter Geschäftsbetrieb erforderlich ist, gilt der Inhaber nur als *Minderkaufmann* (§ 4 HGB), und die Vorschriften des HGB gelten für ihn nur teilweise. Ein Kaufmann, der nicht Minderkaufmann ist, ist Vollkaufmann.

Beispiel: Der Inhaber eines kleinen Gemüsegeschäftes ist zwar Kaufmann gemäß § 1 (2) HGB, aber nur Minderkaufmann. Er wird nicht im Handelsregister eingetragen, genießt keinen Firmenschutz, ist handelsrechtlich nicht zur Führung von Handelsbüchern verpflichtet, kann keine Prokura erteilen oder kann das Kleingewerbe nicht als OHG oder KG führen.

Gewerbebetriebe, die nicht in § 1 (2) HGB aufgeführt sind, gelten als Handelsgewerbe, wenn nach Art und Umfang ein in kaufmännischer Weise eingerichteter Geschäftsbetrieb erforderlich ist und die Firma des Unternehmens im Handelsregister eingetragen wird (§ 2 HGB). Da in diesem Falle der Unternehmer zur Eintragung in das Handelsregister verpflichtet ist, nennt man ihn auch *Sollkaufmann*.

Beispiel: Inhaber größerer Baugeschäfte, Theater oder Lichtspielhäuser, Bergwerksunternehmer sind nach Eintragung im Handelsregister Kaufleute.

Für große *land- oder forstwirtschaftliche Betriebe* besteht keine Eintragungspflicht, sondern eine Eintragungsberechtigung. Mit der Eintragung im Handelsregister erwirbt auch der Land- oder Forstwirt die Kaufmannseigenschaft. Falls mit dem Betrieb ein Nebenbetrieb (z.B. Molkerei, Sägewerk) verbunden ist, besteht auch die Möglichkeit, nur den Nebenbetrieb im Handelsregister eintragen zu lassen (§ 3 HGB Kannkaufmann).

Ohne Rücksicht auf die Art des Gewerbebetriebes sind Handelsgesellschaften mit eigener Rechtspersönlichkeit (AG, GmbH, KGaA) Kaufleute (*Formkaufleute* gem. § 6 HGB).

Beispiel: Ein landwirtschaftlicher Gutsbetrieb, der in der Rechtsform der Aktiengesellschaft geführt werden würde, wäre Kaufmann, obwohl Landwirte grundsätzlich keine Kaufleute sind.

Auch die eingetragene Genossenschaft ist gemäß § 17 GenG. Kaufmann kraft Rechtsform (Formkaufmann).

Die Post ist gemäß § 452 HGB ausdrücklich kein Kaufmann.

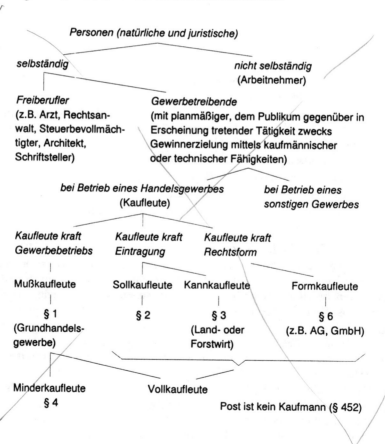

D. Aus dem Handelsrecht

Wer ein sonstiges Gewerbe betreibt, das kein Handelsgewerbe ist, aber trotzdem im Handelsregister eingetragen ist, z.B. infolge eines Versehens (*Scheinkaufmann* gem. § 5 HGB), wird so behandelt, als wenn er Vollkaufmann wäre.

b) Handelsregister, Firma

Das *Handelsregister* (§§ 8 ... 16 HGB) ist das amtliche vom Amtsgericht (Registergericht) geführte Verzeichnis der Vollkaufleute. In Abteilung A werden die Einzelunternehmen und Personengesellschaften, in Abteilung B die Kapitalgesellschaften aufgeführt. Die Eintragung kann durch Zwangsgeld bis zu 10.000,- DM erzwungen werden (§ 14 HGB). Das Register ist öffentlich, jeder kann gebührenfrei einsehen. Die Eintragungen (Neueintragungen, Veränderungen, Löschungen) werden im Bundesanzeiger und mindestens einem Blatt des Amtsgerichtsbezirkes veröffentlicht. Danach gelten sie als allgemein bekannt. Die Anmeldungen zur Eintragung ins Handelsregister haben in notariell beglaubigter Form zu erfolgen.

Die *Firma* (§§ 17 ... 37 HGB) ist der Name der Unternehmung. Sie wird im Handelsregister eingetragen und genießt besonderen Schutz. Unter ihr betreibt der Kaufmann seine Geschäfte und gibt seine Unterschrift ab. „Ein Kaufmann kann unter seiner Firma klagen und verklagt werden" (§ 17 HGB).

Über die Vorschriften für die Bildung der Firma wird bei den einzelnen Unternehmungsformen (s. C.2) gesprochen.

Da die Firma nur der offizielle Name der Unternehmung ist, wäre es falsch, sie mit den Begriffen „Betrieb" (technisch-organisatorische Wirtschaftseinheit) und „Unternehmung" (finanziell-rechtliche Wirtschaftseinheit) oder auch mit einem Werbenamen zu verwechseln.

Grundsätzlich unterscheidet man Personenfirmen (Namen des oder der Inhaber), Sachfirmen (vom Gegenstand des Unternehmens entlehnt) und gemischte Firmen. Für die Firmenbildung gelten die Grundsätze der Firmenwahrheit, Firmeneinheit und Ausschließlichkeit der Firma.

Bei Veräußerung eines Unternehmens kann mit Zustimmung des Veräußerers die Firma mit oder ohne Beifügung eines das Nachfolgeverhältnis andeutenden Zusatzes fortgeführt werden (§ 22 HGB).

Der Veräußerer eines gut eingeführten Unternehmens wird sich jedoch dieses Firmenfortführungsrecht besonders bezahlen lassen. In diesem Falle kann gem. § 255 (4) HGB der Geschäfts- oder Firmenwert als Aktivposten in die Handelsbilanz eingesetzt werden. In jedem der folgenden Geschäftsjahre ist mindestens 1/4 des Wertes durch Abschreibung zu tilgen.

Abgesehen von einer gegenteiligen Eintragung im Handelsregister haftet der Erwerber bei Firmenfortführung für bereits bestehende Geschäftsschulden neben dem früheren Inhaber, der ebenfalls noch bis zu fünf Jahre aufzukommen hat.

c) Hilfspersonen des Kaufmannes

Für den Kaufmann können selbständige und nichtselbständige Hilfspersonen tätig sein. Selbständige kaufmännische Hilfspersonen sind Handelsvertreter[1], Handelsmakler[2] und Kommissionäre[3], selbständige sonstige Hilfspersonen z.B. Rechtsanwälte, Steuerberater, Werbeberater usw. Nichtselbständige Hilfspersonen (Arbeitnehmer) sind kaufmännische Beschäftigte (Handlungsgehilfen, Handlungslehrlinge und Volontäre §§ 59 ... 82a HGB), gewerbliche Beschäftigte (technische Angestellte, Arbeiter) und sonstige Beschäftigte (z.B. Betriebsarzt, Jurist, Gärtner). Das Recht der nichtselbständig Beschäftigten gehört zum Arbeitsrecht und wird in Abschnitt G behandelt.

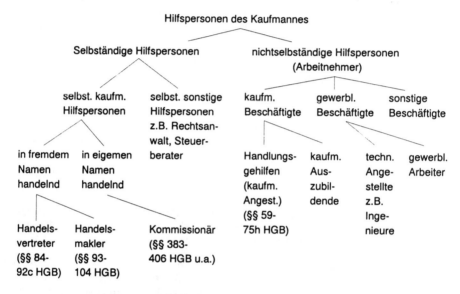

Gerade für die Tätigkeit des Handlungsgehilfen (kaufm. Angestellten) ist die *Vollmachtserteilung* von besonderer Bedeutung. Allgemeine Ausführungen über Vertretung und Vollmacht wurden in Abschnitt A.8.g gemacht. Besonderheiten sind in den Bestimmungen des Handelsrechts über die Prokura (§§ 48 ... 53 HGB) und Handlungsvollmacht (§§ 54 ... 58 HGB) festgelegt.

Die *Prokura* ist die weitestgehende Vollmacht, die in einem Unternehmen erteilt werden kann. Nur im Handelsregister[4] eingetragene Unternehmer, also Vollkaufleute, können

---

1   Handelsvertreter ist, wer als selbständiger Gewerbetreibender ständig damit betraut ist, für einen anderen Unternehmer Geschäfte zu vermitteln oder in dessen Namen abzuschließen (§ 84 HGB).
2   Der Handelsmakler übernimmt gewerbsmäßig für andere Personen, ohne von ihnen damit ständig betraut zu sein, die Vermittlung von Verträgen über Anschaffung oder Veräußerung von Waren oder Wertpapieren, über Versicherungen usw. (§ 93 HGB).
3   Kommissionär ist, wer es gewerbsmäßig übernimmt, Waren oder Wertpapiere für Rechnung eines andern (des Kommittenten) im eigenen Namen zu kaufen oder zu verkaufen (§ 383 HGB).
4   Auch Genossenschaften können Prokura erteilen. Statt Eintragung im Handelsregister erfolgt Eintragung im Genossenschaftsregister.

Prokura erteilen. Die Prokuraerteilung selbst wird ebenfalls in das Handelsregister eingetragen und veröffentlicht. Man unterscheidet Einzelprokura (der Prokurist kann das Unternehmen allein vertreten), Gesamtprokura (z.B. zwei Prokuristen zeichnen gemeinsam) und Filialprokura (sie gilt nur für eine Zweigniederlassung, zulässig nur bei gesonderter Firma, z.B. durch Zusatz der Zweigniederlassung). Die Prokura berechtigt zu allen Rechtshandlungen, die der Betrieb mit sich bringt. Der Prokurist darf allerdings weder Grundstücke belasten oder veräußern (außer er hat eine besondere Vollmacht hierfür) noch solche Handlungen vornehmen, die ausdrücklich den Inhabern oder gesetzlichen Vertretern vorbehalten bleiben müssen, z.B. Bilanzunterschriften, Anmeldungen zum Handelsregister, Prokuraerteilung. Sonstige Beschränkungen der Prokura sind nach außen unwirksam.

Beispiel: Der Prokurist verkauft während einer Geschäftsreise des Unternehmers gegen dessen Willen den ganzen Maschinenpark. Der zurückkehrende Inhaber kann zwar dem Prokuristen die Prokura entziehen und ihn schadenersatzpflichtig machen, der Maschinenverkauf bleibt aber gültig.

Die Prokura kann jederzeit widerrufen werden. Dann ist sie im Handelsregister zu löschen. Sie endet nicht mit dem Tode des Geschäftsinhabers. Der Prokurist zeichnet mit einem die Prokura andeutendem Zusatz (allgemein ppa = per procura).

Die *Handlungsvollmacht* ist in ihrer Wirkung nicht so umfangreich wie die Prokura. Sie wird nicht im Handelsregister eingetragen und erstreckt sich nur auf die gewöhnlich vorkommenden Geschäfte. Außer zur Veräußerung oder Belastung von Grundstücken bedarf der Handlungsbevollmächtigte auch zur Eingehung von Wechselverbindlichkeiten, zur Aufnahme von Darlehen und zur Prozeßführung noch einer besonderen Befugnis.

Ein Handelsvertreter gilt als befugt zur Annahme von Mängelrügen oder ähnlichen Erklärungen. Zur Annahme von Zahlungen und zur Gewährung von Zahlungsfristen bedarf er einer besonderen Vollmacht. Ladenangestellte gelten als ermächtigt zu Verkäufen und Empfangnahmen, die in einem derartigen Laden oder Warenlager gewöhnlich geschehen.

Der Handlungsbevollmächtigte zeichnet mit einem die Vollmacht andeutenden Zusatz (z.B. i.V.), hat sich aber jedes eine Prokura andeutenden Zusatzes zu enthalten.

2. Unternehmungsformen

Ein Unternehmen mit nur einem Eigentümer nennt man Einzelunternehmung, ein solches mit mehreren Eigentümern Gesellschaftsunternehmung. Den Betrachtungen über die Unternehmungsformen (Rechtsformen der Unternehmungen) soll eine Übersicht vorangestellt werden:

Nicht enthalten in dieser Übersicht sind Betriebe, die direkt von der öffentlichen Hand (Bund, Länder, Gemeinden) betrieben werden, wie z.B. Bundesbahn, Bundespost. Es gibt eine ganze Reihe von Unternehmen, die rein äußerlich die Rechtsform einer Aktiengesellschaft oder einer Gesellschaft mit beschränkter Haftung haben, aber ganz oder überwiegend der öffentlichen Hand gehören. Es handelt sich dabei vielfach um Verkehrs- oder Versorgungsbetriebe (Elektrizitäts-, Gas- und Wasserwerke).

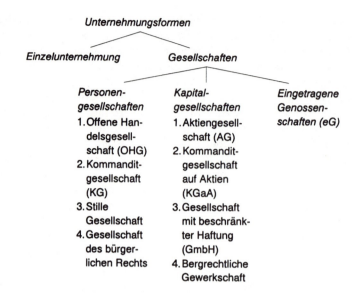

a) Einzelunternehmung

Der Inhaber einer Einzelunternehmung leitet in eigener Verantwortung das Unternehmen, trägt allein das Wagnis, ihm gehört der Gewinn allein wie er auch den Verlust alleine tragen muß. Für die Geschäftsschulden haftet er außer mit dem Geschäftsvermögen natürlich auch mit dem Privatvermögen. Meist sind Einzelunternehmen kleinere oder mittlere Betriebe.

Für die Firma eines neugegründeten Einzelunternehmens gilt die Vorschrift, daß in ihr der Familienname und mindestens ein ausgeschriebener Vorname des Inhabers enthalten sein müssen (§ 18 HGB). Zusätze aus der Branche sind gestattet, sie dürfen aber keinen Anlaß zu Täuschungen geben.

Beispiel: Herr Franz Joseph Schnell gründet eine Fahrradfabrik. Die Firma kann lauten: „Franz Joseph Schnell", „Franz Schnell", „Joseph Schnell", „Franz J. Schnell" oder „F. Joseph Schnell". Alle diese Namensverbindungen können auch mit dem Zusatz „Fahrradfabrik" versehen sein. Unzulässig wäre aber etwa „F.J. Schnell" oder „Fahrrad-Schnell" als offizielle, im Handelsregister eingetragene Firma. Auch wäre etwa ein Zusatz „Europäische Fahrzeuggesellschaft" unzulässig.

b) Personengesellschaften

Die Bildung von Gesellschaftsunternehmen kann verschiedene Gründe haben. Durch mehrere Gesellschafter kann allgemein mehr Kapital aufgebracht werden als durch einen Einzelkaufmann. Gerade der moderne Industriebetrieb bedarf einer immer größeren Kapitalausstattung. Auch die Kreditaufnahme, also die Fremdkapitalbeschaffung, wird einfacher sein, wenn zwei oder mehr Personen haften. Durch eine Gesellschaftsbildung kann auch Arbeitskraft konzentriert werden, z.B. schließen sich vielfach ein Techniker und ein Kaufmann zusammen. Bei einer Gesellschaftsbildung wird auch das Risiko (Wagnis) verteilt. Steuerliche Gründe können ebenfalls von Bedeutung sein.

Auch ein Erbfall ist oft Ursache zur Gründung einer Gesellschaft. Aus einem Einzelunternehmen wird eine Gesellschaft (insbes. Familiengesellschaft), an der die Erben beteiligt sind. Die Personengesellschaften haben die größere Ähnlichkeit mit dem Einzelunternehmen, insbesondere haben sie keine eigene Rechtspersönlichkeit, sie sind also keine juristischen Personen (s. II.A.4).

Allerdings nähert sich die Rechtsstellung der beiden wichtigen Personengesellschaften OHG und KG der einer juristischen Person. Diese Gesellschaften können unter ihrer Firma Rechte erwerben und Verbindlichkeiten eingehen (§ 124 HGB), sie können unter ihrer Firma klagen und verklagt werden (§ 124 HGB), über das Gesellschaftsvermögen findet ein selbständiger Konkurs statt (§ 209 KO).

Personengesellschaften im eigentlichen Sinne sind die Offene Handelsgesellschaft und die Kommanditgesellschaft. Es sollen aber auch die Stille Gesellschaft und die Gesellschaft des bürgerlichen Rechts behandelt werden.

Offene Handelsgesellschaft (§§ 105 ... 160 HGB)

Die Offene Handelsgesellschaft (OHG) wird durch § 105 HGB (1) definiert. „Eine Gesellschaft, deren Zweck auf den Betrieb eines Handelsgewerbes unter gemeinschaftlicher Firma gerichtet ist, ist eine offene Handelsgesellschaft, wenn bei keinem der Gesellschafter die Haftung gegenüber den Gesellschaftsgläubigern beschränkt ist".

Hieraus ergibt sich:

1. Die OHG ist eine Gesellschaft (mindestens zwei Inhaber).
2. Gesellschaftszweck ist der Betrieb eines Handelsgewerbes im Sinne des HGB, also ein geschäftlicher Zweck.
3. Gemeinschaftliche Firma (also ein einziger Name).
4. Jeder Gesellschafter haftet unbeschränkt für die Geschäftsschulden, auch mit seinem Privatvermögen.

Die *Firma* einer neugegründeten OHG soll den Familiennamen (Vorname nicht erforderlich) mindestens eines Gesellschafters enthalten, außerdem soll aus der Firma hervorgehen, daß es sich um eine Gesellschaft handelt (§ 19 HGB).

Beispiel: Die Herren Schwarz, Weiß und Blau gründen eine OHG. Die Firma kann lauten: „Schwarz, Weiß & Blau", „Schwarz & Weiß", „Schwarz & Blau", „Weiß & Blau", „Weiß & Co.", „Blau & Co.", „Schwarz OHG" usw. Selbstverständlich dürfen die Vornamen der Gesellschafter und Zusätze aus der Branche in der Firma genannt werden.

In das Handelsregister werden natürlich alle Gesellschafter eingetragen, so daß man jederzeit beim Registergericht die Gesellschafter erfahren kann.

Zur *Gründung* einer OHG kommt es durch Abschluß eines Gesellschaftsvertrages. Für diesen schreibt der Gesetzgeber keine bestimmte Form vor – es sei denn, es werden Grundstücke eingebracht. Eine schriftliche Festlegung ist aber zweckmäßig. Über das, was man vorher klar vereinbart hat, gibt es später keine Streitigkeiten.

Die Bestimmungen des Gesellschaftsvertrages gehen – jedenfalls was das Innenverhältnis der Gesellschafter betrifft – den gesetzlichen Bestimmungen vor. Es ist in der Praxis weitgehend üblich, daß im Gesellschaftsvertrag einer OHG oder KG andere Vereinbarungen z.B. über Gewinn- und Verlustverteilung, Privatentnahmen usw. getroffen werden als sie den Regelungen durch das HGB entsprechen.

Die Bindung der Gesellschafter einer OHG ist wohl die engste wirtschaftliche Bindung, insbesondere durch die persönliche Haftung jedes Gesellschafters.

Pflichten der Gesellschafter

Die Gesellschafter einer OHG haben folgende Verpflichtungen:

Einlagepflicht. Wenn nichts anderes vereinbart wurde, muß jeder Gesellschafter eine gleichgroße Einlage leisten.

Haftpflicht. Jeder Gesellschafter haftet unbeschränkt, unmittelbar (der Gläubiger kann sich direkt an einen Gesellschafter wenden) und solidarisch für die Geschäftsschulden, auch mit seinem Privatvermögen.

Ein Gläubiger einer OHG mit A., B. und C. als Gesellschafter wird zweckmäßigerweise eine Klage oder einen Mahnbescheidsantrag sowohl gegen die Gesellschaft als auch gegen A., B. und C. richten. Die Zwangsvollstreckung wird er dort veranlassen, wo die Aussichten auf eine erfolgreiche Pfändung am größten sind. Der in Anspruch genommene Gesellschafter hat natürlich gegen die anderen Gesellschafter einen Ausgleichsanspruch gemäß § 426 BGB, aber dieser ist für den Gläubiger uninteressant.

Mitarbeitspflicht. Üblicherweise wird die persönliche Mitarbeit jedes Gesellschafters vereinbart. Diese kann natürlich ganz unterschiedlich sein, z.B. als Techniker oder als Kaufmann.

Wird ein Gesellschafter von der Mitarbeit befreit, so wird den übrigen für ihre Tätigkeit eine Vergütung gezahlt.

Wettbewerbsverbot. Ohne Zustimmung der anderen Gesellschafter darf ein Gesellschafter keine Geschäfte auf eigene Rechnung machen oder sich an einer anderen Gesellschaft als persönlich haftender Gesellschafter beteiligen (§ 112 HGB). Bei Verstößen macht er sich schadenersatzpflichtig.

Zusammenfassend kann man von einer *Treuepflicht* der Gesellschafter sprechen. Sie sind verpflichtet, die Erreichung des Gesellschaftszwecks zu fördern.

Rechte der Gesellschafter

Die Gesellschafter einer OHG haben folgende Rechte:

Recht auf Geschäftsführung. Grundsätzlich sind alle Gesellschafter zur Führung der Geschäfte berechtigt und verpflichtet (§ 114 HGB). Der Gesellschaftsvertrag kann allerdings auch etwas anderes vorsehen. Für gewöhnlich vorkommende Geschäfte genügt es, falls nicht ein anderer Gesellschafter widerspricht, wenn ein Gesellschafter allein handelt. Zur Vornahme von Handlungen, die über den gewöhnlichen Geschäftsbetrieb hinausgehen, z.B. Bestellung eines Prokuristen, Kreditaufnahme, Fabrikerweiterung, ist grundsätzlich ein Beschluß sämtlicher Gesellschafter erforderlich (§ 116 HGB).

Recht auf Vertretung. Unter Vertretung versteht man das rechtswirksame Handeln für die Gesellschaft nach außen, also z.B. das Einkaufen von Werkstoffen, das Führen von Prozessen usw. Grundsätzlich haben alle Gesellschafter das Recht auf Vertretung (§§ 125, 126 HGB). Einschränkungen müssen im Handelsregister eingetragen werden (Schutz der Vertragspartner).

D. Aus dem Handelsrecht

Kontrollrecht. Jeder Gesellschafter, auch wenn er nicht an der Geschäftsführung beteiligt ist, kann sich jederzeit persönlich über die Angelegenheiten der Gesellschaft informieren, also z.B. in die Buchführung einsehen (§ 118 HGB).

Recht auf Privatentnahme. Die Gesellschafter, die ja keine Arbeitnehmer sind und somit – wenigstens rechtlich – kein Gehalt bekommen, dürfen zur Bestreitung ihrer persönlichen Ausgaben Privatentnahmen machen.

Ohne weitere Vereinbarung dürfen diese bis zu 4 % des für das letzte Geschäftsjahr festgestellten Kapitalanteils im Jahr ausmachen (§ 122 HGB). Aber insbesondere bei kleinen Einlagen und persönlicher Mitarbeit werden andere Vereinbarungen getroffen. Die Privatentnahmen werden auf den Gewinnanteil angerechnet und mindern den Kapitalanteil des betreffenden Gesellschafters, während nichtentnommene Gewinnanteile das Kapital vermehren.

Recht auf Gewinnanteil. Falls nichts anderes vereinbart wurde, erhält jeder Gesellschafter, sofern der Jahresgewinn dazu ausreicht, erst einmal 4 % seiner Kapitaleinlage als Gewinnanteil (§ 121 HGB). Der Rest wird nach „Köpfen" verteilt. Falls der Gewinn nicht 4 % des Kapitals beträgt, erfolgt nur eine anteilige Verteilung. Ein Verlust wird nur nach Köpfen verteilt.

Recht auf Kündigung. Die Gesellschaft kann, wenn sie, wie üblich, auf unbestimmte Zeit eingegangen wurde, von jedem Gesellschafter mit einer Frist von sechs Monaten auf Schluß des Geschäftsjahres gekündigt werden (§ 132 HGB). Natürlich haften alle Gesellschafter für etwa noch bestehende Schulden weiter[1]. Dies gilt auch für einen ausscheidenden Gesellschafter. Ebenso haftet auch ein neu in die Gesellschaft eintretender Gesellschafter für bereits bestehende Verbindlichkeiten.

Bedeutung

Die Bedeutung der OHG liegt hauptsächlich in der engen Zusammenarbeit ihrer Gesellschafter und in der in den scharfen Haftungsbestimmungen wurzelnden Kreditwürdigkeit. Der Erfolg wird weitgehend von der persönlichen Tüchtigkeit und Zuverlässigkeit der einzelnen Gesellschafter abhängen.

Kommanditgesellschaft (§§ 161 ... 177a HGB)   KG

Der Begriff der Kommanditgesellschaft (KG) ist durch den Gesetzestext (§ 161 HGB) festgelegt: „Eine Gesellschaft, deren Zweck auf den Betrieb eines Handelsgewerbes unter gemeinschaftlicher Firma gerichtet ist, ist eine Kommanditgesellschaft, wenn bei einem oder bei einigen von den Gesellschaften die Haftung gegenüber den Gesellschaftsgläubigern auf den Betrag einer bestimmten Vermögenseinlage beschränkt ist (Kommanditisten), während bei dem anderen Teil der Gesellschafter eine Beschränkung der Haftung nicht stattfindet (persönlich haftende Gesellschafter)".

Die Definition stimmt somit in den ersten drei Punkten mit denen der OHG überein. Im vierten Punkt unterscheidet sie sich jedoch. Während bei der OHG alle Gesellschafter unbeschränkt für die Geschäftsschulden haften, gibt es bei der KG hinsichtlich der Haftung zwei Arten von Gesellschaftern:

---

[1] Verjährung fünf Jahre, falls der Anspruch nicht einer kürzeren Verjährung unterliegt (§ 159 HGB).

1. Persönlich haftende Gesellschafter (Vollhafter, Komplementäre), wie sämtliche Gesellschafter der OHG.
2. Teilhafter (Kommanditisten), sie haften nur mit der vereinbarten und auch im Handelsregister eingetragenen Einlage.

Es muß mindestens ein Vollhafter und ein Teilhafter vorhanden sein.

Die *Firma* muß den Familiennamen mindestens eines Vollhafters enthalten, falls es sich um eine Neugründung handelt. Außerdem muß es ersichtlich sein, daß es sich um eine Gesellschaft handelt (§ 19 HGB). Das Wort Kommanditgesellschaft oder die Abkürzung KG brauchen nicht zu erscheinen.

Ursache für die *Gründung* einer KG kann sein, daß ein Einzelunternehmer oder eine OHG den Geschäftsbetrieb erweitern möchte. Einerseits soll wegen des Zinsenrisikos kein Fremdkapital (Darlehen) aufgenommen werden, andererseits sollen die neuen Gesellschafter geringen Einfluß haben. Auch der Tod eines OHG-Gesellschafters kann die Umwandlung in eine KG zur Folge haben, wenn der Erbe zwar seinen Anteil in der Gesellschaft läßt, sich aber nicht persönlich als vollhaftender Gesellschafter beteiligen möchte.

Wie bei der OHG können auch bei der KG nicht nur natürliche, sondern auch juristische Personen Gesellschafter sein. Der wirtschaftlich und steuerrechtlich bedeutende Fall, daß eine GmbH persönlich haftender Gesellschafter einer KG ist (GmbH & Co. KG), wird in Abschnitt II.D.2.c angedeutet.

Pflichten und Rechte der Vollhafter

Die Pflichten und Rechte der Vollhafter entsprechen denen der Gesellschafter einer OHG und sind umfangreicher als die der Teilhafter.

Pflichten der Teilhafter

Die Kommanditisten einer KG haben, falls der Gesellschaftsvertrag nichts anderes vorsieht, folgende Pflichten:

Einlagepflicht. Es muß die vereinbarte Einlage geleistet werden.

Beschränkte Haftpflicht. Die Haftung der Kommanditisten ist auf die vereinbarte und im Handelsregister eingetragene Einlage beschränkt. Falls diese voll geleistet ist, haftet er persönlich nicht. Bei unvollständiger Leistung der Einlage müßte der Teilhafter auch mit seinem Privatvermögen bis zur Höhe der ausstehenden Einlage haften (§ 171 HGB).

Rechte der Teilhafter

Falls der Gesellschaftsvertrag nichts anderes vorsieht, haben die Kommanditisten folgende Rechte:

Widerspruchsrecht bei außergewöhnlichen Geschäftsvorfällen (§ 164 HGB).

Zu diesen außergewöhnlichen Fällen gehört auch die Prokuraerteilung durch die Vollhafter. Von der Geschäftsführung und Vertretung ist der Kommanditist ausgeschlossen (§§ 164, 170 HGB).

Kontrollrecht. Das Informationsrecht des Kommanditisten ist geringer als das des Vollhafters. Er kann nur die Abschrift der Bilanz verlangen und ihre Richtigkeit unter Einsicht der Bücher und Papiere prüfen (§ 166 HGB).

D. Aus dem Handelsrecht

Recht auf Gewinnanteil. Das Gesetz sieht für den Fall, daß keine Vereinbarung getroffen wurde, vor, daß der Gewinn bis zu 4 % des Kapitals nach der Einlage, der Rest „angemessen" verteilt wird (§ 168 HGB).

Privatentnahmen darf der Kommanditist nicht machen, er arbeitet ja auch allgemein nicht mit. Falls er jedoch tätig ist, wird er gleichzeitig unabhängig vom Gesellschafterverhältnis ein Angestellter sein und Gehalt bekommen.

Recht auf Kündigung. Es gelten die gleichen Vorschriften wie bei der OHG.

Im folgenden Schema sind die wesentlichen Merkmale einer OHG und einer KG gegenübergestellt.

Merkmal	OHG	KG
Kapital	durch jeden Gesellschafter	durch Vollhafter und durch Teilhafter
Mitarbeit	durch jeden Gesellschafter	nur durch Vollhafter
pers. Haftung	durch jeden Gesellschafter	nur durch Vollhafter

Stille Gesellschaft (§§ 230 ... 237 HGB)

Bei der Stillen Gesellschaft beteiligt sich der stille Gesellschafter (stille Teilhaber) an dem Geschäftsunternehmen eines anderen durch Hingabe einer Einlage, mit der er am Gewinn des Unternehmens beteiligt ist. Die Beteiligung am Verlust kann vertraglich ausgeschlossen werden.

Die Stellung des stillen Gesellschafters ist ähnlich der des Kommanditisten. Jedoch tritt der stille Teilhaber nach außen überhaupt nicht in Erscheinung und wird auch nicht in das Handelsregister eingetragen. Auch hat er kein Widerspruchsrecht bei außergewöhnlichen Geschäftshandlungen. Seine Stellung ähnelt etwas der des Darlehensgebers. Jedoch wird die Einlage nicht fest verzinst, sondern der stille Gesellschafter bekommt vertraglich einen Anteil des Gewinnes. Ebenfalls hat er, wie der Kommanditist in der KG, ein beschränktes Kontrollrecht (§ 233 HGB). Den Gesellschaftsgläubigern gegenüber haftet er nicht. Wenn im Gesellschaftsvertrag eine stärkere Stellung des stillen Gesellschafters vereinbart wurde, als dies das Gesetz vorsieht (z.B. quotale Beteiligung am Geschäftsvermögen), spricht man von der sog. atypischen stillen Gesellschaft.

Die bei den einzelnen Unternehmensformen immer schwächer werdende Bindung des Kapitalgebers zum Unternehmen gibt folgendes Schema wieder:

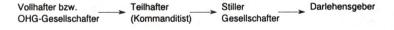

Vollhafter bzw. OHG-Gesellschafter → Teilhafter (Kommanditist) → Stiller Gesellschafter → Darlehensgeber

Gesellschaft des bürgerlichen Rechts (§§ 705 ... 740 BGB)

Ein vertraglich begründetes Zusammengehen mehrerer Personen, das auf einen gemeinsamen Zweck gerichtet ist, nennt man eine Gesellschaft des bürgerlichen Rechts oder eine Gelegenheitsgesellschaft. Für sie ist nur das BGB zuständig.

Zu solch einer Gesellschaft kommt es bereits, wenn zwei oder mehr Personen gemeinsam Lotto spielen und sich die Einsätze teilen, um auch den erhofften Gewinn zu teilen. Im Wirtschaftsleben könnte ein gemeinsamer Großeinkauf, eine gemeinschaftliche Werbung oder die gemeinsame Beschickung einer Ausstellung usw. Anlaß zur Gründung einer Gelegenheitsgesellschaft sein. Eine Arbeitsgemeinschaft von Bauunternehmen (bei einem größeren Bauvorhaben) ist eine Gesellschaft des bürgerlichen Rechts. Auch kann diese Gesellschaft eine Vorstufe zu einer anderen Gesellschaftsform sein. Die Rechtsvorschriften über die Gesellschaft des bürgerlichen Rechts gelten auch für den nicht rechtsfähigen (nicht eingetragenen) Verein.

Die Gesellschaft wird formlos gegründet, nirgends eingetragen und endigt, wenn der vereinbarte Zweck erreicht oder dessen Erreichung unmöglich geworden ist. Es müssen alle Beteiligten gemeinsam handeln, oder es wird jemand (meist einer der Beteiligten) mit der Geschäftsführung und Vertretung betraut. Alle Beteiligten haften persönlich. Die Gewinnverteilung erfolgt nach „Köpfen".

c) Kapitalgesellschaften

Die Kapitalgesellschaften haben im Gegensatz zu den Personengesellschaften eigene Rechtspersönlichkeit, sie sind also juristische Personen (s. II.A.4). Die Geldgeber als Unternehmer von Kapitalgesellschaften sind in mancher Hinsicht unabhängiger von der Gesellschaft als die Gesellschafter von Personengesellschaften. So kann bei den Kapitalgesellschaften leichter als bei OHG und KG eine größere Zahl von Gesellschaftern beteiligt werden. Dies ist vielfach Voraussetzung für die Errichtung eines modernen industriellen Fertigungsbetriebes größeren Umfanges.

Die wichtigsten Kapitalgesellschaften sind die Aktiengesellschaft (AG) und die Gesellschaft mit beschränkter Haftung (GmbH). Grundsätzlich haften die Gesellschafter nach vollständiger Leistung der Einlage nicht persönlich (Ausnahme: pers. haftender Gesellschafter bei KGaA, im Gesellschaftsvertrag vorgesehene Nachschußpflicht bei der GmbH).

Aktiengesellschaft (Aktiengesetz v. 6.9.1965 i.d.F. v. 30.11.1990

Die AG ist die typische Unternehmungsform für den industriellen Großbetrieb. Bei ihr ist es möglich, durch viele Gesellschafter ein großes Eigenkapital (hier Grundkapital genannt zuzügl. Rücklagen) aufzubringen. Die Gesellschaften mit den meisten Gesellschaftern sind z.Zt. das Volkswagenwerk und die VEBA.

Das *Wesen* der AG wird in § 1 AktG definiert: „Die Aktiengesellschaft ist eine Gesellschaft mit eigener Rechtspersönlichkeit. Für die Verbindlichkeiten der Gesellschaft haftet den Gläubigern nur das Gesellschaftsvermögen. Die Aktiengesellschaft hat ein in Aktien zerlegtes Grundkapital".

Die *Firma* der AG ist in der Regel dem Gegenstand des Unternehmens zu entnehmen (Sachfirma). Sie muß die Bezeichnung „Aktiengesellschaft" enthalten (§ 4 AktG) (z.B. Volkswagenwerk AG). Bei einer Umwandlung eines Unternehmens mit einer Personenfirma (Personenname) darf es bei einer Personenfirma bleiben, jedoch muß auch der Zusatz „Aktiengesellschaft" aufgenommen werden (z.B. Phillipp Holzmann Aktiengesellschaft).

D. Aus dem Handelsrecht

Gründung

Der Gründungsvorgang ist kompliziert und soll hier nur angedeutet werden. Er vollzieht sich in drei Stufen:

1. Mindestens fünf Personen stellen als Gründer die notariell beurkundete Satzung der künftigen AG fest (§ 23 AktG). Die Satzung muß z.B. die Firma, den Sitz der Gesellschaft, den Gegenstand des Unternehmens, die Höhe des Grundkapitals (mindestens 100.000,- DM), die Nennbeträge der einzelnen Aktien (mindestens 50,- DM), die Zusammensetzung des Vorstandes, die Form der Bekanntmachungen der Gesellschaft enthalten. Falls Aktionäre ihre Einlagen in anderer Weise als durch Geldzahlung machen, z.B. durch Einbringung eines Grundstückes oder eines vorhandenen Unternehmens (Sachgründung), gelten besondere Vorschriften (§ 27 AktG).

2. Die Gründer übernehmen sämtliche Aktien; dadurch ist die Gesellschaft errichtet (§ 29 AktG); sie ist aber noch nicht rechtsfähig. Die Gründer bestellen den ersten Aufsichtsrat und die Abschlußprüfer für das erste Voll- oder Rumpfgeschäftsjahr der künftigen AG; der Aufsichtsrat bestellt den ersten Vorstand (§ 30 AktG). Ein Gründungsbericht ist zu erstatten und eine Gründungsprüfung vorzunehmen (§§ 32 ... 35 AktG).

3. „Die Gesellschaft ist bei dem Gericht von allen Gründern und Mitgliedern des Vorstands und des Aufsichtsrats zur Eintragung in das Handelsregister anzumelden" (§ 36 AktG). Die Anmeldung darf erst erfolgen, wenn auf jede Aktie, soweit nicht Sacheinlagen vereinbart sind, mindestens 25 % des Nennbetrages zuzüglich eines etwaigen Aufgeldes eingezahlt worden ist. Nach einer Prüfung durch das Gericht erfolgt die Eintragung in das Handelsregister (jetzt erst ist die AG eine juristische Person), die Bekanntmachung der Eintragung und die Ausgabe der Aktienurkunden.

Aktien

Aktie bedeutet Bruchteil des Grundkapitals, Anteilsrecht und Urkunde. Man unterscheidet nach der Übertragbarkeit der Aktien *Inhaberaktien* (auf ihnen ist der Aktionär nicht vermerkt, und sie können formlos weitergegeben werden) und *Namensaktien* (auf ihnen steht der Name des Aktionärs), deren Weitergabe durch einen Weitergabevermerk (Indossament auf der Rückseite) erfolgt.

Aktien müssen Namensaktien sein, wenn die Einlagen noch nicht voll geleistet sind (bei Versicherungsaktiengesellschaften üblich). Die Aktionäre sind bei Namensaktien auch im Aktienbuch der Gesellschaft eingetragen. Es gibt sogar gebundene (vinculierte) Namensaktien, die nur mit Zustimmung der Gesellschaft veräußert werden dürfen (§ 68 (2) AktG).

Nach dem Umfang der Rechte (z.B. der eventuellen Ausstattung mit Vorzügen, wie höherer Gewinn) unterscheidet man *Stamm-* und *Vorzugsaktien*.

Wenn man sich an einer neu zu gründenden AG beteiligen möchte, zeichnet man eine bestimmte Anzahl Aktien, d.h. man erklärt deren Übernahme. Wenn man Aktionär, also Mitinhaber, einer bestehenden Gesellschaft werden will, kauft man Aktien dieser Gesellschaft von bisherigen Aktionären, die ihre Teilhaberschaft ganz oder teilweise aufgeben wollen.

Der Markt für Aktien und andere Wertpapiere ist die *Wertpapierbörse*. Z.Zt. gibt es Börsen in Berlin, Bremen, Düsseldorf, Frankfurt, Hamburg, Hannover, München und Stuttgart. Dort werden von Montag bis Freitag, allgemein zwischen 12 und 14 Uhr, die Aktien der bedeutenden Aktiengesellschaften nicht zum Nennwert, sondern Kurswert gehandelt. Die Kurse sind Prozentkurse (Preise für 100-DM-Aktien) oder (jetzt meist) Stücknotierungen (allg. für 50-DM-Aktien). Der Börsenkurs hängt von Angebot und

Nachfrage ab und wird weitgehend durch die wirtschaftliche Lage der betreffenden Gesellschaft, aber auch von der allgemeinen wirtschaftlichen und politischen Lage beeinflußt. Um das Bild von der Marktlage an der Börse zu verdeutlichen, fügt man den Kursen z.B. folgende erläuternde Zusätze bei:

G	≙ Geld, Nachfrage nach den Stücken war vorhanden, jedoch kamen keine Käufe zustande.
B	≙ Brief. Angebot dieser Papiere war vorhanden, jedoch kamen keine Verkäufe zustande. (Statt B evtl. P = Papier)
–	≙ gestrichen. Das Papier wurde weder angeboten noch gefragt.
b (bz., bez.)	≙ bezahlt. Angebot und Nachfrage glichen sich aus.
etwas bez.	≙ etwas bezahlt. Nur im geringen Umfang konnten Aufträge ausgeführt werden.
b.G.	≙ bezahlt Geld. Mehr Nachfrage als Angebot.
b.B.	≙ bezahlt Brief. Mehr Angebot als Nachfrage.
ex D, ex Div.	≙ ohne Dividende. An dem betreffenden Tag erfolgte erstmalig die Notierung ohne Anrecht auf Zahlung der Dividende für das vorangegangene Geschäftsjahr.

Zum Kauf der Aktien auf der Börse, ebenso zum Verkauf, beauftragt man seine Bank. Diese ist allgemein auch gut über die Kursentwicklung unterrichtet und wird nach besten Kräften beraten. Persönlich darf der Privatmann nicht an der Börse handeln. Da es sich um nur mündlich getätigte Geschäfte teilweise sehr großen Umfangs mit körperlich nicht anwesenden Papieren handelt, muß der Handel auf besonders zugelassene Personen, insbesondere Bankenvertreter, beschränkt bleiben. Als Privatmann kann man sich aber das Börsengeschehen von der Galerie aus ansehen.

Rechte der Aktionäre

Durch den Aktienbesitz ergeben sich folgende Rechte:

Anteil am Geschäftsvermögen

Beispiel: Hat eine AG ein Grundkapital von 1.000.000,– DM, so verkörpert eine 1.000,– DM Aktie einen Anteil von 1/1.000 des Unternehmenswertes. Fällig wird dieser Anspruch aber erst bei der Auflösung (Liquidation) der AG.

Recht auf Anteil am Jahresgewinn (Dividende). Die Dividende wird in einem Prozentsatz des Aktiennennwertes ausgedrückt.

Recht auf Auskunfterteilung. Jeder Aktionär kann in der Hauptversammlung Fragen stellen, die in der Regel von der Verwaltung zu beantworten sind (§§ 131, 132 AktG).

Stimmrecht in der Hauptversammlung (§§ 133 ... 137 AktG). Im Stimmrecht drückt sich die eigentliche Mitwirkung des Aktionärs am Unternehmensgeschehen aus.

Jede Aktie (außer Vorzugsaktien ohne Stimmrecht) gewährt das Stimmrecht, abgestimmt wird nach Kapitalanteilen. Wer 100 Aktien zu 1.000,– DM besitzt, hat eine hundertfache Stimme gegenüber dem, der nur eine Aktie zu 1.000,– DM besitzt.

Bezugsrecht bei Ausgabe neuer Aktien. Grundsätzlich werden neue (junge) Aktien zuerst den Aktionären angeboten.

Beispiel: Zu Beginn des Jahres 1967 erhöhte Volkswagenwerk AG das Grundkapital von 600 auf 750 Millionen DM. Die Aktionäre hatten ein Bezugsrecht im Verhältnis 4:1. Wer nominell 200,– DM Aktien hatte, konnte zum Vorzugskurs 225 (der Börsenkurs war wesentlich höher) eine 50-DM-Aktie zukaufen.

Das Bezugsrecht ist um so wertvoller, je größer der Unterschied zwischen Börsenkurs der Aktie und Ausgabekurs der jungen Aktie ist. Auch das Bezugsrecht kann gehandelt werden.

Organe

Die AG als Großunternehmen gründet sich auf das Zusammenwirken dreier Interessengruppen. Es sind dies die *Aktionäre* (Eigentümer, sie vertrauen ihr Geld der Gesellschaft an), die *Verwaltung* (Management, leitet das Unternehmen) und die *Arbeitnehmerschaft*. „Aus dieser strukturellen Zusammensetzung folgt, daß nicht eine dieser Gruppen die alleinige Herrschaft unumschränkt ausüben darf, sondern eine sinnvolle Ordnung notwendig ist, die jeder Gruppe die ihr funktionell gebührende Ordnung zuweist[1]". Diese Forderung wird bei den Vorschriften des Aktiengesetzes über die Organe der AG berücksichtigt. Die AG hat drei notwendige Organe:

Vorstand (Unternehmensleitung),
Aufsichtsrat (Überwachung des Vorstandes),
Hauptversammlung (Vertretung des Kapitalbesitzes).

Der *Vorstand* (§§ 76 ... 94 AktG) ist das leitende Organ. Er besteht aus einer[2] oder aus mehreren Personen. Weitgehend unabhängig von den anderen Organen leitet er die Gesellschaft in eigener Verantwortung und vertritt sie rechtskräftig nach außen.

Die Vorstandsmitglieder werden vom Aufsichtsrat auf höchstens fünf Jahre bestellt, eine wiederholte Bestellung ist zulässig. Intern werden die Vorstandsmitglieder vielfach Direktoren (Vorsitzer des Vorstandes: Generaldirektor) genannt. Im Bergbau und in der eisenschaffenden Industrie (Montanindustrie) werden die Arbeitnehmer im Vorstand durch einen Arbeitsdirektor, einem gleichberechtigten Vorstandsmitglied, vertreten (Gesetz über die Mitbestimmung der Arbeitnehmer in den Aufsichtsräten und Vorständen der Unternehmen des Bergbaus und der Eisen- und Stahl erzeugenden Industrie (sog. Mitbestimmungsgesetz) vom 21.5.1951). Gleiches gilt nach dem Mitbestimmungsgesetz v. 4.5.1976 für alle Aktiengesellschaften, Gesellschaften mit beschränkter Haftung, bergrechtliche Gewerkschaften und Genossenschaften mit mehr als 2.000 Arbeitnehmern (§ 33 MitbestG).

Für die Vorstandsmitglieder besteht Wettbewerbsverbot, d.h. sie dürfen ohne Einwilligung des Aufsichtsrats kein Handelsgewerbe betreiben, im Geschäftszweig der Gesellschaft Geschäfte auf eigene Rechnung betreiben oder in einer anderen Gesellschaft Vorstandsmitglied, Geschäftsführer oder persönlicher haftender Gesellschafter sein. Sie trifft eine besondere Sorgfaltspflicht, bei deren Verletzung sie der Gesellschaft gegenüber schadenersatzpflichtig gemacht werden können. Die Bezüge der Vorstandsmitglieder (Gehalt, Gewinnbeteiligungen, Aufwandsentschädigungen, Versicherungsentgelte, Provisionen und Nebenleistungen jeder Art) sollen in einem angemessenen Verhältnis zu den Aufgaben des Vorstandsmitglieds und zur Lage der Gesellschaft stehen.

---

1 *Wolfgang Hefermehl*, in: Einführung zu dtv-5010, Beck-Texte; Aktiengesetz, GmbH-Gesetz, München 1966, S. 11.
2 Bei mehr als 3.000.000,– DM Grundkapital mindestens zwei Personen.

Nur aus wichtigem Grund (z.B. bei grober Pflichtverletzung, Unfähigkeit zur ordnungsmäßigen Geschäftsführung, Vertrauensentzug durch die Hauptversammlung) kann der Aufsichtsrat vor Ablauf der Bestellungszeit die Bestellung des Vorstandes widerrufen.

Der *Aufsichtsrat* (§§ 95 ... 116 AktG) ist das Organ, das den Vorstand zu bestellen, abzuberufen und zu überwachen hat. Er besteht aus mindestens drei Mitgliedern. Diese werden allgemein zu zwei Drittel von der Hauptversammlung und zu einem Drittel von der Belegschaft[1] auf höchstens fünf Jahre gewählt. Eine Person kann durchaus in mehreren (höchstens 10 u.U. 15) Gesellschaften Aufsichtsratmitglied sein, wie dies bei Konzernen häufig der Fall ist. Mit einer Mehrheit von drei Viertel der abgegebenen Stimmen können Hauptversammlung und Arbeitnehmer jeweils ihre Vertreter im Aufsichtsrat vorzeitig abberufen.

Der Aufsichtsrat hat insbesondere den Vorstand zu überwachen. Außer der laufenden Überwachung obliegt ihm die Prüfung des Jahresabschlusses, des Vorschlages für die Gewinnverteilung und des Geschäftsberichts. Die Aufsichtsratmitglieder erhalten eine Vergütung, die auch in einer Beteiligung am Reingewinn (Tantieme) bestehen kann.

Auf den Geschäftsbriefen müssen sämtliche Vorstandsmitglieder und der Vorsitzende des Aufsichtsrates angegeben werden.

Die *Hauptversammlung* (§§ 118 ... 147 AktG) ist das Organ der Aktionäre, in der diese ihre Rechte ausüben. Alljährlich findet eine ordentliche Hauptversammlung statt, zu der die Aktionäre durch den Vorstand öffentlich eingeladen werden. Sie können sich natürlich vertreten lassen (viele kleinere Aktionäre lassen sich durch die Bank vertreten, bei der sie die Aktie deponiert haben). Die Hauptversammlung beschließt über die Entlastung von Vorstand und Aufsichtsrat, Wahl und Abberufung der Aufsichtsratmitglieder (soweit nicht die Arbeitnehmer zuständig), Gewinnverteilung, Wahl der Abschlußprüfer, Satzungsänderungen (z.B. Kapitalherauf- oder -herabsetzungen), Auflösung der Gesellschaft, Verschmelzung von Gesellschaften und Zustimmung zu Unternehmungsverträgen. Die Beschlüsse werden notariell beurkundet.

Regelmäßig bedürfen Beschlüsse der Hauptversammlung nur der einfachen Stimmenmehrheit (§ 133 AktG). Bei bestimmten lebenswichtigen Fragen verlangt das Gesetz dagegen die Dreiviertelmehrheit des vertretenen Grundkapitals (Satzungsänderung § 179, Auflösung § 262, Verschmelzung § 340, Vermögensübertragung § 360, Umwandlung § 362). Ein Aktienbesitz von über 25 % des Grundkapitals bedeutet demnach eine Sperrminorität für Satzungsänderungen und ähnliche Beschlüsse.

Jahresabschluß (HGB 3. Buch, §§ 150 ... 176 AktG)

Der Vorstand hat allgemein in den ersten drei Monaten des Geschäftsjahres den Jahresabschluß (Bilanz und Gewinn- und Verlustrechnung) sowie den Lagebericht zu erstellen. Der Jahresabschluß hat unter Beachtung der Grundsätze ordnungsgemäßer Buch-

---

[1] Bei Familiengesellschaften mit weniger als 500 Arbeitnehmern entfällt das Wahlrecht der Arbeitnehmer (§ 76 BetrVG 1952). Bei der Montanindustrie besteht paritätische Beteiligung der Arbeitnehmer im Aufsichtsrat, d.h. Hauptversammlung und Arbeitnehmer stellen je fünf Mitglieder, über ein elftes Mitglied einigen sich die zehn anderen Aufsichtsratmitglieder. Ab 1978 in allen Kapitalgesellschaften über 2.000 Arbeitnehmer, paritätische Beteiligung der Arbeitnehmer im Aufsichtsrat; jedoch bei Stimmengleichheit gibt Stimme des von den Anteilseignern gestellten Vorsitzenden des Aufsichtsrates den Ausschlag (MitbestG).

führung ein den tatsächlichen Verhältnissen entsprechendes Bild der Vermögens-, Finanz- und Ertragslage der Gesellschaft zu vermitteln (§ 264 HGB). Jahresabschluß und Lagebericht sind nach der Aufstellung vom Vorstand unverzüglich dem Abschlußprüfer (Wirtschaftsprüfer oder Wirtschaftsprüfungsgesellschaft) vorzulegen. Dieser hat über das Ergebnis der Prüfung einen schriftlichen Prüfungsbericht zu erstellen.

Kommanditgesellschaft auf Aktien (§§ 278 ... 290 AktG)

Die Rechtsform einer Kommanditgesellschaft auf Aktien (KGaA) steht zwischen der einer AG und einer KG. Die KGaA hat einen oder mehrere persönlich haftende Gesellschafter und außerdem Teilhafter (Kommanditaktionäre), die an dem in Aktien zerlegten Grundkapital beteiligt sind. Die kapitalistische Kommanditgesellschaft, wie die KGaA auch genannt wird, ist wie die AG juristische Person. Die Firma muß den Zusatz „Kommanditgesellschaft auf Aktien" tragen. Geschäftsführung und Vertretung haben der oder die persönlich haftenden Gesellschafter. Sonst gelten weitgehend für die KGaA die Bestimmungen wie für die AG.

Es gibt relativ wenige Kommanditgesellschaften auf Aktien.

Gesellschaft mit beschränkter Haftung (GmbHG v. 20.4.1892 i.d.F. v. 19.12.1985)

Die Gesellschaft mit beschränkter Haftung (GmbH) ist wie die AG eine juristische Person, deren Gesellschafter mit Einlagen am Stammkapital (AG: Grundkapital) beteiligt sind, ohne persönlich für die Verbindlichkeiten der Gesellschaft zu haften (§ 13 GmbHG). Rein rechtlich ist die GmbH der AG sehr ähnlich; allerdings bestehen für sie nicht so strenge Vorschriften. So muß z.B. der Jahresabschluß allgemein außer bei großen Gesellschaften nicht veröffentlicht werden. Praktisch sind viele Gesellschaften der OHG viel ähnlicher. Insbesondere ist die GmbH meist kleiner und hat weniger Gesellschafter als die AG. An einen Gesellschafterwechsel ist vom Gesetzgeber grundsätzlich nicht gedacht.

Die *Firma* kann eine Personenfirma (mit Namen eines oder mehrerer Gesellschafter) oder eine Sachfirma (dem Gegenstand des Unternehmens entlehnt) sein. In beiden Fällen ist der Zusatz „mit beschränkter Haftung" erforderlich (§ 4 GmbHG).

Gründung (§§ 1 ... 12 GmbHG)

Die Gründung der GmbH vollzieht sich ähnlich der einer AG. Ein oder mehrere Gründer stellen in notarieller Form die Satzung (den Gesellschaftsvertrag) für die künftige GmbH auf. Zum Mindestinhalt der Satzung gehören z.B. Firma, Sitz, Gegenstand des Unternehmens, Höhe des Stammkapitals (mindestens 50.000,- DM), Höhe der Stammeinlagen (können unterschiedlich hoch sein, müssen aber mindestens 500,- DM betragen). Weitere Bestimmungen kann die Satzung vorsehen (z.B. Nachschußpflicht). Die Gründer übernehmen die Stammeinlagen, auf die sie mindestens ein Viertel (mindestens insgesamt 25.000,- DM, bei „Einmann-GmbH" müßte für den restlichen Teil der Geldeinlage Sicherheit bestellt sein) einzahlen müssen. Mit der Eintragung im Handelsregister ist die GmbH als juristische Person entstanden.

Geschäftsanteile

Geschäftsanteil wird das Mitgliedschaftsrecht des einzelnen Gesellschafters genannt. Es bestimmt sich nach der Stammeinlage des Gesellschafters. Im Gegensatz zur Aktie ist der GmbH-Geschäftsanteil nicht wertpapiermäßig verbrieft. Die Veräußerung bedarf der notariellen Beurkundung des Vertrages und kann im Gesellschaftsvertrag von der Zustimmung der Gesellschaft abhängig gemacht werden.

Bei einer GmbH besteht also durchaus nicht die Freizügigkeit des Kapitals, wie dies bei den Aktiengesellschaften, deren Aktien auf der Börse gehandelt werden, der Fall ist. Wie bei der AG ist es aber auch bei der GmbH denkbar, daß durch Aufkauf alle Anteile in einer Hand vereinigt werden (Einmanngesellschaft). Seit 1.1.1981 kann die GmbH als Einmanngesellschaft gegründet werden.

Rechte der Gesellschafter

Die Mitgliedschaftsrechte der Gesellschafter sind denen der Aktionäre ähnlich. Sie sind entweder Verwaltungsrechte (Stimmrecht, Teilnahme-, Auskunfts- und Anfechtungsrecht) oder Vermögensrechte (Gewinnbeteiligung, Recht auf Liquidationserlös).

Organe

Die Organe der GmbH entsprechen etwa denen der AG. Es sind die Geschäftsführer, die Gesamtheit der Gesellschafter (Gesellschafterversammlung) und u.U. ein Aufsichtsrat.

Die Leitung einer GmbH haben ein oder mehrere *Geschäftsführer*. Sie werden von den Gesellschaftern bestimmt. Vielfach sind die Geschäftsführer gleichzeitig Gesellschafter.

Beispiel: A. und B. gründen eine GmbH und setzen sich gegenseitig als Geschäftsführer (Direktoren) ein. Eine derartige Gesellschaft wird auch als personalistische GmbH bezeichnet. Daneben gibt es die kapitalistisch organisierte GmbH.

Ein *Aufsichtsrat* ist nach dem GmbH-Gesetz nicht vorgeschrieben. Bei mehr als 500 Arbeitnehmern schreibt aber das Betriebsverfassungsgesetz (S. 161 ff.) einen Aufsichtsrat vor, der zu einem Drittel von der Belegschaft zu wählen ist.

Die *Gesamtheit der Gesellschafter* entspricht der Hauptversammlung der AG. Die für die Versammlung geltenden Vorschriften sind aber nicht so streng. Die Beschlüsse der Gesellschafter brauchen nicht notariell beurkundet zu werden. Wenn sämtliche Gesellschafter damit einverstanden sind, daß schriftlich abgestimmt wird, bedarf es überhaupt keiner Versammlung.

GmbH & Co.

Nicht nur natürliche Personen, sondern auch juristische Personen können Gesellschafter einer GmbH sein. Manchmal werden von größeren Unternehmen Tochtergesellschaften für den Vertrieb oder für Entwicklungszwecke in der Rechtsform einer GmbH gegründet.

Die GmbH kann ihrerseits auch Gesellschafterin einer anderen Gesellschaft sein. In der Praxis ist aus Gründen der Haftung und der Steuer der Fall bedeutend, daß eine GmbH persönlich haftende Gesellschafterin einer KG ist, während die GmbH-Gesellschafter gleichzeitig Kommanditisten der KG sind (GmbH & Co. KG).

Das Stammkapital der „persönlich haftenden" GmbH ist vielfach recht klein (mindestens 50.000,- DM), so daß für die Gesellschafter das Risiko eingeschränkt ist. Die GmbH & Co. ist jedoch Personengesellschaft und unterliegt daher nicht der Körperschaftssteuer (S. 195 f.). Nur die Einkünfte der GmbH unterliegen der Körperschaftssteuer, während die Einkünfte der Kommanditisten der Einkommensteuer unterliegen. Nach einem Beschluß des Bundesgerichtshofes vom 18.9.1975 muß die Firma einer KG, deren alleiniger persönlich haftender Gesellschafter eine GmbH ist, einen Zusatz enthalten, der sie als GmbH & Co. kenntlich macht. Gleiches sagt der neue Absatz 5 von § 19 HGB.

Bergrechtliche Gewerkschaft

Die bergrechtliche Gewerkschaft ist eine nach Landesrecht geregelte Kapitalgesellschaft – also keine Arbeitnehmerorganisation –, die nur im Bergbau vorkommt. Die Gesellschafter heißen Gewerken und sind mit auf Bruchteile (z.B.1/1.000) am Bergwerk lautenden Anteilscheinen, genannt Kuxe, beteiligt. Sie haben nicht nur Anspruch auf Gewinn (Ausbeute), sondern müssen evtl. Zubuße leisten, also die Einlage im Verhältnis der Beteiligung erhöhen.

d) Genossenschaften

Rechtsgrundlage für die Genossenschaften ist das Gesetz betreffend die Erwerbs- und Wirtschaftsgenossenschaften vom 1.5.1889 i.d.F. v. 19.12.1985 (GenG). Die Genossenschaften sind „Gesellschaften von nicht geschlossener Mitgliedzahl, welche die Förderung des Erwerbes oder der Wirtschaft ihrer Mitglieder mittels gemeinschaftlichen Geschäftsbetriebes bezwecken..." (§ 1 GenG). „Für die Verbindlichkeiten der Genossenschaft haftet den Gläubigern nur das Vermögen der Genossenschaft." (§ 2 GenG).

Im Gegensatz zu den Handelsgesellschaften, die allgemein Gewinn erzielen wollen[1], erstreben die Genossenschaften keinen Gewinn für sich, sondern wollen den Erwerb oder die Wirtschaft ihrer Mitglieder (genannt Genossen) fördern. Sie sind ihrem Wesen nach Selbsthilfeorganisationen. Pioniere des Genossenschaftswesens in Deutschland waren Schulze-Delitzsch (gewerbliche Genossenschaften) und Raiffeisen (landwirtschaftliche Genossenschaften) in der Mitte des vorigen Jahrhunderts.

Gründung

Zur Gründung einer Genossenschaft sind mindestens sieben Personen erforderlich. Die Eintragung erfolgt in das Genossenschaftsregister, das beim Amtsgericht geführt wird. U.a. ist eine Liste der Genossen der Anmeldung beizufügen.

Firma

Die Firma ist dem Gegenstand des Unternehmens entlehnt (Sachfirma) und muß den Zusatz „eingetragene Genossenschaft" oder die Abkürzung „eG" tragen (§ 3 GenG).

Geschäftsanteil, Haftung, Gewinn und Verlustverteilung

Jeder Genosse ist mit einem bestimmten *Geschäftsanteil*, der für alle gleich hoch ist, an der Genossenschaft beteiligt. Dieser Anteil braucht nicht voll eingezahlt zu werden. Der Betrag der tatsächlich geleisteten Einlage heißt *Geschäftsguthaben* und muß mindestens 10 % des Geschäftsanteils betragen.

---

1 Ausnahmen: gemeinnützige AG bzw. gemeinnützige GmbH, die satzungsmäßig auf dem Kostendeckungsprinzip arbeiten, insbesondere im Bau- und Siedlungswesen, z.B. die Gagfah (Gemeinnützige Aktiengesellschaft für Angestelltenheimstätten) und die Bausparkassen.

Das Statut kann vorsehen, daß sich die Genossen auch mit mehreren Geschäftsanteilen beteiligen können. Für den Fall des Konkurses der Genossenschaft muß das Statut bestimmen, ob die Genossen einen Nachschuß zur Konkursmasse in unbeschränkter Höhe, nur bis zu einer bestimmten Haftsumme oder gar nicht zu leisten haben. Im letzten Falle ist somit die Haftung auf den Geschäftsanteil beschränkt. Da die Genossenschaft meist recht viele Mitglieder hat, ergibt sich häufig eine hohe Gesamthaftsumme, so daß eine entsprechende Kreditwürdigkeit gewährleistet ist, ohne daß der einzelne Genosse im Konkursfalle wirtschaftlich ruiniert wird. Der grundsätzlich nach dem Geschäftsguthaben ermittelte Gewinnanteil wird so lange diesem zugeschrieben, bis der Geschäftsanteil erreicht ist. Der Verlust mindert das Geschäftsguthaben.

Arten der Genossenschaften

Kreditgenossenschaften. Auf dem Land sind dies besonders die Raiffeisenbanken, in der Stadt die Volksbanken. Sie führen Bankgeschäfte durch.

Einkaufsgenossenschaften. Fast jeder Handwerkszweig hat seine Einkaufsgenossenschaft. Es gibt auch Einkaufsgenossenschaften von Einzelhändlern (z.B. Edeka bei Lebensmitteln, Nürnberger Bund bei Haushaltswaren). Mitglieder sind (anders als bei Konsumgenossenschaften) die Händler. Die Einkaufsgenossenschaft ersetzt den Großhandel.

Absatzgenossenschaften. Die Genossenschaften übernehmen für ihre Mitglieder den Verkauf der Waren (z.B. Winzergenossenschaften).

Produktions-(Erzeugungs-)Genossenschaften. Sie übernehmen ganz oder teilweise die Produktion für ihre Mitglieder und gleichzeitig allgemein den Absatz (z.B. Molkereigenossenschaften, Zuckerfabriken usw. mit Landwirten als Genossen).

Verbraucher-(Konsum-)Genossenschaften. Sie sind Einkaufsgenossenschaften der Verbraucher. Der Einzelhandel wird durch sie ersetzt.

Bau- und Wohnungsgenossenschaften. Sie errichten für ihre Mitglieder Mietwohnungen oder auch Eigenheime und Eigentumswohnungen. Bei einigen dieser Baugenossenschaften beruht die Selbsthilfe nicht nur auf finanziellen Leistungen, sondern auch auf Arbeitsleistungen.

Zentralgenossenschaften. Es handelt sich um Genossenschaften, bei denen die Genossen ihrerseits Genossenschaften sind.

Da die einzelnen Genossen geschäftlich häufig unerfahren sind, sieht das Genossenschaftsgesetz zu ihrem und der Gläubiger Schutz strenge *Vorschriften über Buchführung und Geschäftsführung vor.*

Jede Genossenschaft muß einem Prüfungsverband angehören. Alle zwei Jahre (bei zwei Millionen DM Bilanzsumme alljährlich) hat eine Prüfung stattzufinden.

Organe

Die Organe der Genossenschaft sind ähnlich denen der Kapitalgesellschaften und heißen Vorstand, Aufsichtsrat und Generalversammlung.

Der *Vorstand* besteht aus mindestens zwei Personen, die Genossen sein müssen und von der Generalversammlung gewählt werden. Sie können Gehalt bekommen oder auch ehrenamtlich tätig sein. Dem Vorstand obliegen die Vertretung der Genossenschaft und die Geschäftsführung.

Der *Aufsichtsrat* besteht aus mindestens drei ehrenamtlichen Personen, die auch Mitglieder der Genossenschaft sein müssen. Wenn allerdings die Genossenschaft über 500 Arbeitnehmer beschäftigt, muß ein Drittel des Aufsichtsrates von der Belegschaft gewählt werden.

Die *Generalversammlung* ist das Organ der Mitglieder. Jeder Genosse hat gleiches Stimmrecht. Bei großen Genossenschaften (über 3.000 Mitglieder immer, über 1.500 zulässig) wird die Generalversammlung von der *Vertreterversammlung* ersetzt, in der die Vertreter, z.B. der Genossen der einzelnen Konsumläden, ihr Stimmrecht ausüben.

3. Unternehmungszusammenschlüsse

Landwirte, Handwerker und Einzelhändler schließen sich oft zu Genossenschaften zusammen. Weitere Zusammenschlüsse, besonders in der Industrie, sind Unternehmervereinigungen, Kartelle, Syndikate, Konzerne und sonstige verbundene Unternehmen sowie schließlich Trusts.

a) Unternehmervereinigungen

Unternehmervereinigungen bzw. Unternehmerverbände sind Interessengemeinschaften, aber keine eigentlichen Unternehmungszusammenschlüsse. Sie umfassen vielfach einen großen Teil der Unternehmen einer Branche (Fachverbände). Die Arbeitgeberverbände treten beispielsweise bei arbeitsrechtlichen Vereinbarungen als Vertragspartner der Gewerkschaften auf (S. 157). Die Fachverbände nehmen gemeinsame Interessen einer Branche wahr, z.B. die Gemeinschaftswerbung, oder versuchen, einen Einfluß auf die Gesetzgebung und die Staatsverwaltung, z.B. durch Denkschriften oder Lobbyisten[1], auszuüben.

b) Kartelle

Ein Kartell ist ein Zusammenschluß von Unternehmungen des gleichen Wirtschaftszweiges. Die Unternehmen bleiben rechtlich selbständig, beeinflussen aber durch *Absprachen* über Preise, Bedingungen, Produktionsmengen, Absatzgebiete u.a. den Wettbewerb. Nach dem Gesetz gegen Wettbewerbsbeschränkungen vom 27.7.1957 i.d.F. v. 7.7.1986 (GWB) sind derartige Absprachen allgemein verboten. Das Gesetz läßt aber eine Reihe von Ausnahmen zu. In einigen Fällen genügt eine Anmeldung der Absprachen beim Bundeskartellamt in Berlin (Konditionskartelle, Rabattkartelle und Spezialisierungskartelle), in anderen Fällen ist eine Genehmigung erforderlich. Dies ist bei der Bildung von Strukturkrisenkartellen (zur Anpassung der Kapazität an den Bedarf unter Berücksichtigung des Gemeinwohls) Ausfuhrkartellen, Einfuhrkartellen, Rationalisierungskartellen (zur einheitlichen Anwendung von Normen oder Typen) und Sonderkartellen gem. § 8 GWB (Wettbewerbsbeschränkung ist aus sonstigen Gründen der Gesamtwirtschaft oder des Gemeinwohls notwendig) der Fall.

---

1 Ein Lobbyist (von Lobby = Wandelhalle im engl. oder amerik. Parlament) ist ein Interessenvertreter, der z.B. Abgeordnete oder die öffentliche Meinung zu beeinflussen versucht.

Tabelle 10: Übersicht über die Unternehmungsformen

	Einzelunternehmung	OHG	KG	Stille Ges.	AG	GmbH	Genossenschaft
Wesen	größte Verantwortlichkeit und Unternehmerinitiative	engster Zusammenschluß von Kaufleuten	Vereinigung von voll verantwortlichen Gesellschaftern und Nurkapitalgebern	Vereinigung von voll verantwortlichen Gesellschaftern und Nurkapitalgebern	Kapitalgesellschaft, Geldgeber anonym	Kapitalgesellschaft, Geldgeber bekannt	Selbsthilfeeinrichtung
Mindestzahl der Gründer	allein	mind. 2 Personen	mind. 2 Personen	Inh. übern. Beteiligung	mind. 5 Personen	mind. 1 Person	mind. 7 Personen
Firma	Personenfirma (Vor- und Zuname)	Personenfirma (mind. ein Zuname mit Zusatz)	Personenfirma (mind. ein Zuname mit Zusatz)	Personenfirma (Vor- und Zuname)	grundsätzlich Sach-, ausnahmsweise Personenfirma mit Zusatz AG	Personen- oder Sachfirma mit Zusatz GmbH	Sachfirma mit Zusatz eG
Mindestkapital	–	–	–	–	100.000,–	50.000,–	–
Mindesteinlage	–	–	–	–	50,–	500,–	–
Haftung der Inhaber	unbeschränkt	unbeschränkt	Komplementäre unbeschränkt, Kommanditisten nur Einlage	Inhaber unbeschränkt, Teilhaber nur Einlage	Aktienbetrag	Geschäftsanteil	bei Konkurs: evtl. beschränkte oder unbeschränkte Nachschußpflicht
Geschäftsführung	Inhaber	Gesellschafter	Vollhafter	Inhaber	Vorstand (kontrolliert durch Aufsichtsrat und Hauptvers.)	Geschäftsführer (kontrolliert durch Aufsichtsrat und Gesellschaftsvers.)	Vorstand (kontrolliert durch Aufsichtsrat und Generalvers.)
Vertretung	Inhaber	Gesellschafter	Vollhafter	Inhaber	Vorstand	Geschäftsführer	Vorstand
Gewinn	allein	4 % der Einlage, Rest nach Personen	4 % der Einlage, Rest angemessen	angemessen	Dividende anteilmäßig	anteilmäßig	anteilmäßig

D. Aus dem Handelsrecht

Entsprechend der Absprache unterscheidet man folgende Kartellarten:
1. *Preiskartell* zur Vereinbarung von Mindestpreisen
2. *Gebietskartell.* Jedem Kartellmitglied wird ein Absatzgebiet zugeteilt, in dem es konkurrenzlos ist.
3. *Produktionskartell.* Jedes Kartellmitglied darf nur eine bestimmte Produktionsmenge herstellen. Damit wird das Angebot künstlich knapp und der Preis hochgehalten.
4. *Konditionskartell* (Bedingungskartell). Es werden gleiche Lieferungs- und Zahlungsbedingungen vereinbart.
5. *Rabattkartell.* Es werden einheitliche Rabatt- (Preisnachlaß-) Regelungen getroffen.
6. *Normungs- und Typisierungskartelle* (Rationalisierungs- und Spezialisierungskartelle gem. §§ 5 und 5a GWB). Es werden die Typen beschränkt und die Teile genormt. Die einschneidenden Rationalisierungskartelle sind genehmigungspflichtig, während die Spezialisierungsabreden, die einen wesentlichen Wettbewerb bestehen lassen, nur anmeldepflichtig sind.

c) Syndikate

Syndikate sind Kartelle mit gemeinsamer Einkaufs- oder (meist) Verkaufsorganisation (Kohlensyndikat, Stahlkontor). Der unmittelbare Verkehr zwischen Produzent und Verbraucher ist durch die Zwischenschaltung des Syndikats unterbrochen. Syndikate sind allgemein verboten.

d) Konzerne und sonstige verbundene Unternehmen

Die technische Entwicklung hat zu einer Konzentration der Wirtschaft geführt. „Fast 70 % des deutschen Aktienkapitals stecken in irgendwelchen Konzernzusammenhängen"[1]. Das neue Aktiengesetz regelt in den §§ 15 ... 22 und 291 ff. das Recht der verbundenen Unternehmen.

Die Vorschriften dienen dem Schutz abhängiger Gesellschaften, ihrer Gläubiger und außenstehender, nicht zum Konzern gehöriger Aktionäre.

Bei den verbundenen Unternehmen handelt es sich gem. § 15 AktG um „rechtlich selbständige Unternehmen, die im Verhältnis zueinander in Mehrheitsbesitz stehende Unternehmen und mit Mehrheit beteiligte Unternehmen (§ 16), abhängige und herrschende Unternehmen (§ 17), Konzernunternehmen (§ 18), wechselseitig beteiligte Unternehmen (§ 19) oder Vertragsteile eines Unternehmensvertrags (§§ 291, 292) sind".

Wenn die Mehrheit der Anteile eines Unternehmens einem anderen Unternehmen gehört, dann handelt es sich um ein *in Mehrheitsbesitz stehendes* und um ein *mit Mehrheit beteiligtes Unternehmen* (§ 16 AktG).

„Abhängige Unternehmen sind rechtlich selbständige Unternehmen, auf die ein anderes Unternehmen (herrschendes Unternehmen) unmittelbar oder mittelbar einen beherrschenden Einfluß ausüben kann" (§ 17 AktG).

„Sind ein herrschendes und ein oder mehrere abhängige Unternehmen unter der einheitlichen Leitung des herrschenden Unternehmens zusammengefaßt, so bilden sie einen *Konzern;* die einzelnen Unternehmen sind Konzernunternehmen" (§ 18 AktG).

Von einer *wechselseitigen Beteiligung* spricht § 19 AktG, wenn inländischen Kapitalgesellschaften jeweils mehr als 25 % der Anteile des anderen Unternehmens gehören. Gemäß § 20, 21 AktG bestehen Mitteilungspflichten gegenüber der anderen Gesellschaft, wenn einem Unternehmen mehr als 25 % der Anteile der anderen Gesellschaft gehören.

---

[1] *Wolfgang Hefermehl,* a.a.O., S. 24.

Unternehmensverträge können Beherrschungsverträge, Gewinnabführungsverträge, Gewinngemeinschaftsverträge, Teilgewinnabführungsverträge, Betriebspachtverträge und Betriebsüberlassungsverträge sein (§§ 291, 292 AktG). Diese Verträge erfordern die Zustimmung der Hauptversammlung (mindestens 3/4 Mehrheit); die Eintragung im Handelsregister ist erforderlich.

Eine *eingegliederte Gesellschaft* (§§ 319 ff. AktG) bleibt zwar nach außen ein rechtlich selbständiges Unternehmen, ist aber im Innenverhältnis weisungsgebunden wie eine Betriebsabteilung. Die Eingliederung kann die Hauptversammlung der Hauptgesellschaft beschließen, wenn sich sämtliche Aktien in der Hand der Hauptgesellschaft befinden.

Falls sich mindestens 95 % des Grundkapitals im Besitz der künftigen Hauptgesellschaft befinden, ist eine Eingliederung bei angemessener Abfindung der restlichen Aktionäre möglich.

Ein Konzern, der von einer inländischen Kapitalgesellschaft (Obergesellschaft, Holding-Gesellschaft) einheitlich geleitet wird, hat einen *Konzernabschluß* (konsolidierten Abschluß) aufzustellen. In diesen Abschluß muß jedes inländische Unternehmen, das mit mehr als 50 % seines Grundkapitals der Obergesellschaft gehört, einbezogen werden (§§ 290 ff. HGB). Konzernabschluß und Konzerngeschäftsbericht sind durch besondere Prüfer zu prüfen (§ 316 (2) HGB).

Beispiele für Konzerne: Oetker-, Flick-, Veba-Konzern

e) Trusts

Während bei der Eingliederung einer Gesellschaft in eine andere, also der strengsten Form der Konzernbildung, immer noch die rechtliche Selbständigkeit der eingegliederten Gesellschaft bestehen bleibt, wird sie bei einem Trust aufgegeben. Es erfolgt eine *Fusion* (Verschmelzung) der betreffenden Gesellschaften (§§ 339 ff. AktG). Die Verschmelzung kann durch Aufnahme einer AG in die andere AG (§§ 340 ... 352 AktG) oder durch Bildung einer neuen Gesellschaft (§ 353 AktG) erfolgen. Der Trust ist auf Marktbeherrschung gerichtet, sein Streben ist im allgemeinen aber auch die innerbetriebliche Rationalisierung und eine betriebswirtschaftliche Kontrolle der Produktion.

Das Gesetz gegen Wettbewerbsbeschränkungen verbietet die Bildung von verbundenen Unternehmen und Trusts nicht, sondern wirkt nur dem Mißbrauch entgegen. Gemäß § 23 GWB besteht eine Anzeigepflicht gegenüber der Kartellbehörde, wenn durch den Zusammenschluß ein Marktanteil (Anteil am gesamten Angebot) von mindestens 20 % durch die sich zusammenschließenden Unternehmen erreicht wird bzw. wenn die Unternehmen insgesamt mindestens 10.000 Beschäftigte, 500 Millionen DM Jahresumsatz oder 1 Milliarde DM Bilanzsumme haben. Ein Unternehmen darf ein anderes Unternehmen nicht zum Zusammenschluß zwingen (§ 25 GWB).

4. Handelsgeschäfte

Das Recht der Handelsgeschäfte wird im vierten Buch des HGB (§§ 343 ... 460 HGB) geregelt. „Handelsgeschäfte sind alle Geschäfte eines Kaufmannes, die zum Betrieb seines Handelsgewerbes gehören" (§ 343 (1) HGB).

Bei dem Geschäft muß mindestens auf einer Seite ein Kaufmann beteiligt sein, und das Geschäft muß im Zusammenhang mit dem Gewerbetrieb stehen.

D. Aus dem Handelsrecht

Arten der Handelsgeschäfte

Nach den Beteiligten unterscheidet man *beiderseitige* und *einseitige* Handelsgeschäfte, je nachdem, ob beide Vertragsteile Kaufleute sind oder nur ein Kaufmann mitwirkt.

Nach der Bedeutung für den Betrieb unterscheidet man *Handelsgrundgeschäfte* (sie bilden den eigentlichen Gegenstand des Handelsgewerbes). *Handelshilfsgeschäfte* (z.b. Miete eines Ladens, Einstellung eines Arbeitnehmers) und *Handelsnebengeschäfte* (z.b. ein Industrieunternehmer macht Börsengeschäfte mit Wertpapieren, vgl. § 343 Abs. 2 HGB).

Rechtliche Bedeutung

Grundsätzlich gehen die HGB-Bestimmungen bei Handelsgeschäften den BGB-Bestimmungen vor. Manche Sondervorschriften gelten jedoch nur für beiderseitige Handelsgeschäfte (z.b. Handelsgebräuche § 346, Zinsen §§ 352, 353, unverzügliche Untersuchungs- und Rügepflicht § 377 HGB) oder nur für den Vertragsteil, der Kaufmann ist (z.b. kaufmännische Sorgfaltspflicht § 347) bzw. nur für Vollkaufleute (z.b. Formfreiheit für Bürgerschaftsversprechen § 350 HGB).

Handelsgebräuche

Handelsgebräuche (§ 346 HGB) sind kein Gewohnheitsrecht, sondern kaufmännische Verkehrssitte und gelten nur unter Kaufleuten. Insbesondere bei Auslegung typischer Vertragsklauseln (z.b. fob, cif[1]) sind sie zu berücksichtigen. Beweispflichtig für einen bestrittenen Handelsbrauch ist die Partei, die sich auf ihn beruft.

Stillschweigen im Handelsverkehr

Wie im bürgerlichen Recht gilt auch bei Handelsgeschäften das Stillschweigen nicht als Genehmigung. Jedoch gibt es zahlreiche Ausnahmen:

Beispiele:
1. Bei Bestellung aufgrund von Katalogen und Preislisten gilt das Schweigen des Verkäufers als Annahme der Bestellung.
2. Wer ohne Widerspruch einen Auftrag nach den mitgeteilten „Allgemeinen Geschäftsbedingungen" erteilt, hat sich diesen Bedingungen unterworfen. Bei Banken, Versicherungen und gemeinnützigen Unternehmen genügt, daß diese „Allgemeinen Geschäftsbedingungen" ordnungsgemäß veröffentlicht wurden.
3. Das Schweigen auf ein Bestätigungsschreiben (Auftragsbestätigung) gilt als Genehmigung der Bedingungen dieses Schreibens. Dagegen gilt die Annahme einer Rechnung nicht als Genehmigung nicht vereinbarter Bedingungen.
4. „Geht einem Kaufmann, dessen Gewerbebetrieb die Besorgung von Geschäften für andere mit sich bringt, ein Antrag über die Besorgung solcher Geschäfte von jemand zu, mit dem er in Geschäftsverbindung steht, so ist er verpflichtet, unverzüglich zu antworten; sein Schweigen gilt als Annahme des Antrags. Das gleiche gilt, wenn einem Kaufmann ein Antrag über die Besorgung von Geschäften von jemand zugeht, dem gegenüber er sich zur Besorgung solcher Geschäfte erboten hat" (§ 362 HGB).

---
1 fob = free on board = frei Schiff
cif = cost, insurance, freight = Verkäufer trägt Beförderungs- und Versicherungskosten bis zum Empfangshafen.

Während beim vierten Beispiel die Regelung auf dem Gesetz beruht, stützen sich die ersten drei Beispiele auf die Rechtsprechung, die sich aus dem Grundsatz von Treu und Glauben entwickelte.

Art und Weise der Leistung

Bei Gattungsware ist gem. § 360 HGB (entsprechend § 243 BGB vgl. II.B.1) Handelsgut mittlerer Art und Güte zu liefern. Für Maße, Gewichte, Währungen, Zeitrechnungen und Entfernungen ist der Erfüllungsort maßgebend (§ 361 HGB). Die Leistung kann bei Handelsgeschäften nur während der gewöhnlichen Geschäftszeit bewirkt und gefordert werden (§ 358 HGB). Bei beiderseitigen Handelsgeschäften besteht eine Verzinsungspflicht ab Fälligkeit, nicht erst ab Verzug (§ 353 HGB). Bei Darlehensgewährung und ähnlichen Rechtsgeschäften hat der Kaufmann auch gegenüber Nichtkaufleuten einen Zinsanspruch, bei einer Geschäftsbesorgung einen Vergütungsanspruch (§ 354 HGB). Der Zinsfuß beträgt bei beiderseitigen Handelsgeschäften 5 % (§ 352 HGB), bei einseitigen Handelsgeschäften dagegen entsprechend § 246 BGB nur 4 %, falls keine andere Vereinbarung (z.B. 2 % über Zentralbankdiskont) oder Rechtsvorschrift besteht.

Als Schuldner haftet der Kaufmann „für die Sorgfalt eines ordentlichen Kaufmanns" (§ 347 HGB). Er kann, falls er sich zur Zahlung einer Vertragsstrafe verpflichtet hat, nicht deren Herabsetzung durch das Gericht verlangen (§ 348 HGB). Als Bürge hat der Vollkaufmann, falls die Bürgschaft für ihn ein Handelsgeschäft ist, kein Recht auf Einrede der Vorausklage (vgl. II.B.5 – § 349 HGB).

Für die Geschäftsverbindung mit einem Kaufmann sehen §§ 355 ... 357 HGB die Möglichkeit der laufenden Rechnung (des Kontokorrents) vor.

Wenn ein Kaufmann eine ihm nicht gehörende bewegliche Sache im Rahmen seines Handelsgewerbes veräußert oder verpfändet (vgl. II.C.1.b), ist der gute Glaube des Erwerbers auch auf die Verfügungsmacht des Veräußerers oder Verpfänders ausgedehnt (§ 366 HGB). Wenn ein Bankier gestohlene, verlorene oder sonst abhanden gekommene Inhaberwertpapiere erwirbt oder als Pfand annimmt, hat er eine besondere Prüfungspflicht.

Der gute Glaube des erwerbenden Bankiers ist nicht geschützt, wenn zur Zeit der Veräußerung oder Verpfändung der Verlust des Papieres im Bundesanzeiger bekanntgemacht und seit dem Jahr, in dem die Veröffentlichung erfolgte, nicht mehr als ein Jahr verstrichen war (§ 367 HGB).

Besondere Bestimmungen sehen §§ 368 ... 372 HGB für das Pfandrecht und das Zurückbehaltungsrecht bei Handelsgeschäften vor.

Zum *Handelskauf* (Kauf von Waren oder Wertpapieren unter Kaufleuten) s. II.B.3.c (S. 79).

E. Zahlungsverkehr, Wertpapiere

1. Übersicht über den Zahlungsverkehr

Für eine Geldzahlung gibt es verschiedene Zahlungsarten
1. Bargeldzahlung
2. Bargeldsparende Zahlung
3. Bargeldlose Zahlung

Bei der *Bargeldzahlung* gibt der Zahler bares Geld (Münzen, Scheine) und der Zahlungsempfänger erhält bares Geld. Möglichkeiten sind die Handzahlung unter Anwesenden, die Zahlung durch Boten, durch Postanweisung oder durch Wertbrief.

Bargeldzahlung ist beim Einkauf im Einzelhandel üblich oder dann, wenn Privatpersonen kleinere Zahlungen leisten. Viele Privatbetriebe zahlen die Löhne und Gehälter in bar statt durch Überweisung auf ein Konto aus. Bei Versteigerungen muß grundsätzlich mit Bargeld bezahlt werden. Nachteile des Bargeldverkehrs können Verluste durch Verzählen, Diebstahl, Brand usw. sein. Die Zahlung durch Postanweisung oder Wertbrief verursacht höhere Kosten als die bargeldlose oder bargeldsparende Zahlung.

Bei der *bargeldsparenden Zahlung (halbbaren Zahlung)* zahlt entweder der Zahler mit Bargeld und der Empfänger bekommt eine Kontogutschrift oder der Zahler bekommt eine Kontolastschrift und der Empfänger erhält Bargeld. Es muß also einer der beiden Partner ein Konto bei einer Bank, einem Postgiroamt oder einer Sparkasse haben. Möglichkeiten zur Zahlung sind Zahlkarte (Post) bzw. Zahlschein (Bank oder Sparkasse), wenn der Empfänger ein Konto hat bzw. Postscheck oder Scheck, wenn der Zahler ein Konto hat.

	Zahlungsverkehr	
Bargeldzahlung	bargeldsparende Zahlung (halbbare Zahlung)	bargeldlose Zahlung

Zahler: Geld
Empfänger: Geld
	Zahler:
	  Geld bzw. Lastschrift
	Empfänger:
	  Gutschrift bzw. Geld
		Zahler: Lastschrift
		Empfänger: Gutschrift

Handzahlung Botenzahlung Postanweisung Wertbrief	Zahlkarte Zahlschein Postscheck Scheck	Postgiroüberweisung Banküberweisung Sparkassenüberweisung Abbuchung Verrechnungsscheck Kreditkarte Sonderfall: Wechsel

Bei der *bargeldlosen Zahlung* erhält der Zahler auf dem Konto eine Lastschrift und der Zahlungsempfänger eine Gutschrift. Möglichkeiten dieser Zahlungsart sind Postgiro-, Bank- und Sparkassenüberweisung, Lastschriftverfahren (Abbuchungsverfahren), Kreditkarte (z.B. Eurocard, American Express Karte, Diner's Club Karte u.a. – 1993 akzeptierten 248.000 Unternehmen Zahlung mit Kreditkarten) sowie Verrechnungsscheck.

Für große Beträge und bei räumlicher Trennung von Zahler und Zahlungsempfänger ist dies Verfahren zweckmäßig und verursacht die geringsten Kosten.

Eine Sonderform des Zahlungsverkehrs ist die *Wechselzahlung*. Man kann sie aber nur bedingt zum Zahlungsverkehr rechnen, da der Wechsel in erster Linie nicht Zahlungs-, sondern Kreditmittel ist.

2. Postgiroverkehr

Der Postgiroverkehr spielt im gesamten Zahlungsverkehr eine große Rolle. Trägerin ist die Postbank mit ihren Postämtern und Postgiroämtern.

Mittels Zahlkarten kann man bei jedem Postamt Beträge auf ein Postgirokonto einzahlen. Zur Barauszahlung dient der Postscheck, und zur Überweisung von Konto zu Konto wird ein Überweisungsformular verwendet. Einzelheiten über den Postgiroverkehr kann man bei den Postämtern erfahren.

3. Bankverkehr, Scheck

a) Allgemeines

Jeder kann bei einer Bank oder einer Sparkasse ein Konto eröffnen. Um am Bankverkehr bzw. Spargiro[1] (Sparkassen-Giroverkehr) teilnehmen zu können, erhält man ein Überweisungsheft und ein Scheckheft.

Selbstverständlich sind wie beim Postgiroverkehr auch Daueraufträge, Abbuchungsaufträge usw. möglich.

b) Scheck

Der Scheck ist eine schriftliche Anweisung an eine Bank oder Sparkasse, aus einem Guthaben (auch einem Kreditguthaben) bei Vorlage (bei Sicht) eine bestimmte Geldsumme zu zahlen. Rechtsgrundlage ist das Scheckgesetz vom 14. August 1933, das dem internationalen Scheckrecht angeglichen ist.

Gesetzliche Bestandteile des Schecks sind solche Bestandteile, die gemäß Art. 1 des Scheckgesetzes enthalten sein müssen, damit der Scheck rechtlich ein Scheck ist:
1. Bezeichnung als Scheck im Texte der Urkunde, und zwar in der Sprache, in der sie ausgestellt ist
2. Unbedingte Anweisung, eine bestimmte Geldsumme zu zahlen
3. Name dessen, der zahlen soll (bezogene Bank)
4. Angabe des Zahlungsortes
5. Tag und Ort der Ausstellung
6. Unterschrift des Ausstellers

---

1 Giro ≙ „Kreis", Umlauf, Übertragung.

E. Zahlungsverkehr, Wertpapiere

Die *kaufmännischen Bestandteile* eines Schecks sind zwar gesetzlich nicht vorgeschrieben, sie erleichtern aber den Scheckverkehr. Hierzu zählen: laufende Nummer des Schecks, Kontonummer des Ausstellers, zusätzlich Betrag in Ziffern, Orts- und Banknummer.

Die Schecks sind allgemein Überbringerschecks (Inhaberschecks) und tragen nach dem gegebenenfalls eingetragenen Namen des Scheckempfängers die Klausel „oder Überbringer" (Bild II/2).

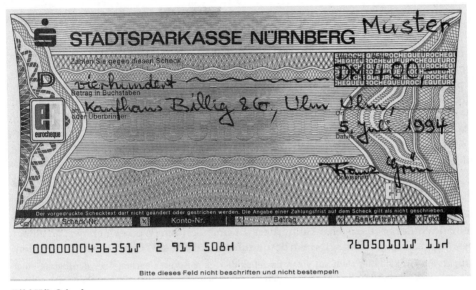

Bild II/2. Scheck

Bezüglich Einlösung des Schecks unterscheidet man Barscheck und Verrechnungsscheck. Der *Barscheck* wird von der bezogenen Bank dem Vorleger bar ausgezahlt, sofern ausreichende Deckung vorhanden ist. Der *Verrechnungsscheck* sieht wie ein Barscheck aus, trägt aber zusätzlich quer die Worte „Nur zur Verrechnung" (geschrieben, gestempelt oder gedruckt). Er wird dem Einlöser nicht in bar ausbezahlt, sondern nur auf sein Konto gutgeschrieben.

Da man auf diese Weise feststellen kann, auf welches Konto ein bestimmter Scheck gutgeschrieben wurde, ist die Verlustgefahr beim Verrechnungsscheck wesentlich geringer als beim Barscheck. Aus jedem Barscheck kann man einen Verrechnungsscheck machen, aber nicht umgekehrt.

1968 führten die Banken und Sparkassen sog. *Scheckkarten* ein. Es handelt sich um kleine Karten mit Kontonummer und Unterschrift des Kontoinhabers, die von der Bank auf Antrag an zuverlässige Konteninhaber ausgegeben werden.

Mit der eurocheque-Karte verpflichtet sich die Bank, ec-Schecks bis zu 400,- DM einzulösen, falls Unterschrift und Kontonummer zwischen Scheck und Scheckkarte übereinstimmen und die Nummer der Scheckkarte auf der Rückseite des Schecks geschrieben wurde. Der Empfänger des Schecks riskiert also nicht, daß der Scheck mangels Deckung nicht eingelöst wird. Die meisten europäischen Länder sind dem ec-System angeschlossen. Sicherlich ist daher bei uns das besonders in den USA verbreitete System der Kreditkarten nicht von so großer Bedeutung, bei der unter Vorlage der Karte durch die Unterschrift gezahlt wird. Bei entsprechend ausgestatteten Karten kann aus Automaten (Bankomat) Bargeld entnommen werden. Das eigene Konto wird dabei belastet.

Der *Reisescheck* lautet auf DM oder eine Fremdwährung. Man erhält diese Schecks mit eingedruckten Beträgen bei Banken, ohne daß ein Konto bestehen muß. Der Gegenwert wird eingezahlt, jeder Scheck sogleich einmal unterschrieben. Im Reiseland versieht man den jeweiligen Scheck beim Bezahlen unter Vorlage von Personalausweis oder Paß mit einer zweiten Unterschrift.

4. Wechsel

Der Wechsel ist heute, im Gegensatz zu seiner historischen Bedeutung als Geldtransportmittel, kaum Zahlungsmittel, sondern Kreditmittel. Ein Schuldner zahlt mit einem erst später fälligen Wechsel, weil er augenblicklich nicht über genügend Bargeld verfügt. Es wird mit Hilfe eines Wechsels z.B. die Zeitspanne zwischen Lieferung und Bezahlung einer Ware überbrückt. Für den Gläubiger ist das Wertpapier Wechsel besser als eine normale Forderung (Buchforderung). Einerseits ist die Wechselforderung wegen der Strenge des Gesetzes sicherer als eine Buchforderung, andererseits besteht die Möglichkeit, einen Wechsel an andere (z.B. Vorlieferanten, Banken) weiterzugeben.

Die rechtlichen Grundlagen des Wechsels sind im Wechselgesetz vom 21. Juni 1933, das dem internationalen Wechselrecht angeglichen ist, enthalten.

Bedeutsam ist insbesondere der *gezogene Wechsel*, mit dem ein Gläubiger (Aussteller) seinen Schuldner (Bezogenen) auffordert, an einen Dritten (Wechselnehmer) an einem bestimmten Tag (Verfalltag)[1] einen bestimmten Geldbetrag (Wechselsumme) zu zahlen.

Beispiel: Ein Großhändler stellt auf einen Einzelhändler gemäß Vereinbarung über den Betrag einer Warenlieferung einen Wechsel, zahlbar an den Vorlieferanten (Fabrikanten) des Großhändlers, aus.

Allgemein wird für die Ausstellung eines gezogenen Wechsels ein Vordruck (gemäß DIN 5004) verwendet, aus dem die im Wechselgesetz (Art. 1) geforderten acht Bestandteile hervorgehen:

1. Bezeichnung als Wechsel im Texte der Urkunde
2. Unbedingte Anweisung, eine bestimmte Geldsumme zu zahlen
3. Name dessen, der zahlen soll (Bezogener)
4. Angabe der Verfallzeit
5. Angabe des Zahlungsortes
6. Name dessen, an den oder an dessen Order gezahlt werden soll[2]
7. Angabe des Tages und Ortes der Ausstellung
8. Unterschrift des Ausstellers

Die Ausstellung eines gezogenen Wechsels soll an folgendem Beispiel erläutert werden:

Spielwarenhändler Hans Weiß, Frankfurt (Main), Eichenstraße 4, schuldet der Spielwarenfabrik Blau & Gelb GmbH in Nürnberg, Buchenstraße 4, für eine Warenlieferung 8.500,– DM, fällig am 3. Oktober 1994. Gemäß Vereinbarung ziehen Blau & Gelb GmbH, vertreten durch ihren Prokuristen, Herrn Fritz

---

1 Der Wechsel könnte auch nach Ablauf einer bestimmten Zeit (Datowechsel), bei Vorlegung (Sichtwechsel) oder bestimmte Zeit nach Vorlegung (Nachsichtwechsel) zur Zahlung fällig gestellt werden.
2 Wenn der Aussteller bei der Ausstellung noch nicht weiß, wem er den Wechsel weitergibt, wird als Wechselnehmer „eigene Order" (Art. 3 WG) eingetragen.

Schwarz, am 3. Juli 1994 einen Wechsel an eigene Order auf Herrn Weiß über diesen Betrag. – Der Wechsel wird ohne Annahmevermerk (ganz links), ohne Zahlstellenvermerk, Nummer des Zahlungsortes usw. (Kästchen unten und rechts oben) ausgestellt (Bild II/3).

Ein gezogener Wechsel (eine Tratte) verpflichtet aber den Bezogenen (Trassat – im Beispiel Eberhard Schmidt) noch nicht zur Einlösung des Wechsels am Verfalltag. Erst wenn der Bezogene durch seinen *Annahmevermerk* (Akzept) die unbedingte Einlösung des Wechsels versicherte, ist er zur Zahlung verpflichtet. Es gibt verschiedene Akzeptarten, es genügt aber, wenn der Bezogene auf der Vorderseite links quer seine Unterschrift leistet (auf dem Formular unterhalb des Wortes „Angenommen"). Vielfach stellt der Bezogene den Wechsel auf seine Bank zahlbar (Domizil- und Zahlstellenvermerk unten am Wechsel).

Bis 1991 mußten Wechsel auch versteuert werden.

Die *Weitergabe* eines Wechsels erfolgt durch ein sogenanntes Indossament (Übertragungsvermerk auf der Rückseite des Wechsels, auch Giro genannt). Die Bedeutung des Indossaments liegt nicht nur in dem Nachweis des rechtmäßigen Erwerbs (Transportfunktion und Legitimationsfunktion), sondern besonders in der Haftung des Indossanten (Weitergebenden) gegenüber denen, die nach ihm den Wechsel bekommen (Garantiefunktion gemäß Art. 15 WG)[1]. Ein Wechsel ist deshalb für seinen Inhaber um so sicherer, je mehr „gute" Unterschriften auf ihm sind[2].

Das erste Indossament auf dem Wechsel stammt vom Wechselnehmer. Lautet der Wechsel aber an eigene Order (wie in unserem Beispiel), dann ist das erste Indossament das des Ausstellers.

Indossamente können verschiedene Formen haben. Ein *Vollindossament* ist ein vollständiger Übertragungsvermerk (z.B. „Für mich an die Order der Firma ..., Ort, Datum, Unterschrift"). Bei einem Blankoindossament bringt der Weitergebende nur seine Unterschrift (und Stempel) an. Dieses Blankoindossament wird bevorzugt, wenn man noch nicht genau weiß, ob der Gläubiger, dem man den Wechsel übertragen will, auch den Wechsel entgegennimmt.

In unserem Beispiel geben Blau & Gelb GmbH den Wechsel an ihren Gläubiger Max Blau in Braunschweig (Vollindossament) weiter. Dieser gibt den Wechsel an die Kaltwalzwerk Braun AG (Blankoindossament), die ihn durch die Dresdner Bank AG einziehen lassen (Bild II/4).

Der jeweilige Wechselinhaber hat für die *Verwertung des Wechsels* drei Möglichkeiten. Er kann ihn bis zur Fälligkeit liegen lassen, er kann ihn an einen Gläubiger (Lieferanten) weitergeben oder er kann ihn einer Bank zur Diskontierung einreichen. Die Bank gibt ihm dann sofort Geld, zieht aber die Zinsen (Diskont) bis zur Fälligkeit und eventuell noch Provisionen ab.

---

1 Wenn das Indossament mit einem entgegenstehenden Vermerk, z.B. „ohne Gewähr", „ohne Obligo" versehen ist (Angstindossament), ist die Haftung ausgeschlossen. Ist im Indossament die weitere Weitergabe ausgeschlossen (Rektaindossament), besteht keine Haftung gegenüber weiteren Indossataren (Art. 15 WG).
2 Gibt man einen Wechsel, der nur gefälschte Unterschriften enthält, mit seinem (echten) Indossament weiter, muß man diesen Wechsel einlösen (Art. 7 WG).

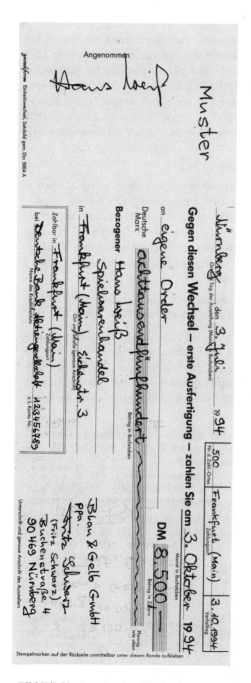

Bild II/3. Vorderseite eines Wechsels   **Bild II/4.** Rückseite eines Wechsels

E. Zahlungsverkehr, Wertpapiere

Banken lassen bei Geldbedarf ihrerseits Wechsel von der Landeszentralbank (LZB, Zweigstelle der Deutschen Bundesbank) diskontieren. Die LZB diskontiert aber nur Wechsel, die gewisse Voraussetzungen erfüllen, z.B. muß dem Wechsel ein Warengeschäft zugrunde liegen, der Wechsel muß die Unterschriften von drei als zahlungsfähig bekannten Firmen tragen, die Restlaufzeit darf nicht mehr als drei Monate betragen, der Wechsel muß an einem Bankplatz (Ort, an dem eine Niederlassung der LZB besteht) zahlbar gestellt sein, Verbesserungen, Rasuren usw. sind unzulässig, Ausstellungs- und Verfallmonat müssen in Buchstaben (evtl. mit mindestens drei Buchstaben abgekürzt) geschrieben sein, Name usw. des Bezogenen muß mit dem Annahmevermerk genau übereinstimmen, Stempel dürfen nicht umrandet sein. Um die Verwertbarkeit des Wechsels nicht einzuschränken, wird man natürlich auf die Zentralbankfähigkeit des Wechsels achten.

Zum *Einzug des Wechsels* kann am Verfalltag bzw. am ersten oder zweiten Werktag danach der Inhaber den Wechsel persönlich, durch eine Bank (üblich), durch einen Geschäftsfreund oder durch die Post (Postprotestauftrag bei Wechseln bis 3.000,- DM in deutscher Sprache und Währung) dem Bezogenen bzw. der Zahlstelle zur Zahlung vorlegen (präsentieren). Der Bezogene erhält bei Zahlung den quittierten Wechsel zurück.

Wenn ein Wechsel jedoch durch den Bezogenen nicht oder nur teilweise eingelöst wird, hat der letzte Wechselinhaber das Recht, auf andere Wechselverpflichtete (die auf dem Wechsel unterschrieben haben) zurückzugreifen (Regreß zu nehmen). Er muß allerdings beweisen, daß der Wechsel rechtzeitig vorgelegt, aber nicht eingelöst worden ist.

Dieser Beweis erfolgt durch eine Beurkundung, genannt *Wechselprotest*, die am ersten oder zweiten Werktag nach Verfall durch einen Notar, Gerichtsvollzieher oder bei Wechseln bis zu 3.000,- DM auch durch die Post vorgenommen wird.

Die Protesturkunde wird an den Wechsel angeheftet und mit einem Dienstsiegel versehen. Kein Protest mangels Zahlung ist erforderlich, wenn durch den Vermerk „ohne Kosten", „ohne Protest" u. dergl. gem. Art. 46 WG der Protest erlassen wurde (pünktliche Vorlegung ist aber erforderlich), wenn bereits Protest mangels Annahme erhoben wurde (die Nichtannahme durch den Bezogenen wurde beurkundet) oder wenn über das Vermögen des Bezogenen das Konkurs- oder Vergleichsverfahren eröffnet wurde.

Außerdem muß innerhalb von vier Werktagen nach Protest der letzte Inhaber den Aussteller und seinen unmittelbaren Vormann benachrichtigen, dieser muß wiederum innerhalb von zwei Werktagen seinen Vormann benachrichtigen usw. (Art. 45 WG).

„Wer die rechtzeitige Benachrichtigung versäumt, verliert nicht den Rückgriff; er haftet für den etwa durch seine Nachlässigkeit entstandenen Schaden, jedoch nur bis zur Höhe der Wechselsumme" (Art. 45 Abs. 6 WG).

Beim *Rückgriff* (Regreß), entweder auf seinen unmittelbaren Vormann oder einen anderen Wechselverpflichteten, kann der letzte Wechselinhaber nicht nur den Wechselbetrag, sondern auch die Protestkosten und sonstige Auslagen, Verzugszinsen (2 % über LZB-Diskont, mindestens 6 %) und 1/3 % der Wechselsumme als Provision verlangen. Der so in Anspruch Genommene kann sich wiederum an einen Verpflichteten vor ihm wenden. Der Aussteller wird schließlich einen viel größeren Betrag als die Wechselsumme zahlen müssen. Dieser kann nur vom (inzwischen wahrscheinlich zahlungsunfähigen) Bezogenen sein Geld und alle Auslagen verlangen.

Da ein Wechselprotest die Kreditwürdigkeit des Bezogenen erheblich mindert („schwarze Liste"), wird er auf jeden Fall bemüht sein, ihn zu vermeiden und irgendwie den Betrag aufzubringen. Eventuell bittet er den Aussteller um Prolongation (Verlängerung) des Wechsels. Falls der Aussteller den Wechsel bereits weitergegeben hat, schießt er dem Bezogenen vielleicht das Geld gegen Akzeptierung eines neuen Wechsels vor, damit dieser dann den Wechsel einlösen kann.

Die *Wechselklage* (der Wechselprozeß) zeichnet sich gegenüber dem normalen Zivilprozeß durch größere Schnelligkeit aus.

Der sogenannte Urkunden- und Wechselprozeß wird in den §§ 592 ... 605a der Zivilprozeßordnung (ZPO) geregelt. Als Beweismittel sind nur Urkunden und Parteivernehmung zulässig (§ 595 ZPO). Auch bei diesem Verfahren ist ein gerichtliches Mahnverfahren (Urkunden-Wechsel-Scheck-Mahnbescheid, vergl. II.F.2) möglich.

Der eigene Wechsel (Solawechsel) ist eine Urkunde, bei der sich der Aussteller verpflichtet, am Verfalltag selbst einen bestimmten Betrag zu zahlen („Gegen diesen Wechsel ... zahle ich ..."). Der Aussteller ist gleichzeitig der Bezogene. Es handelt sich praktisch um einen Schuldschein mit wechselrechtlicher und damit schärferer Wirkung.

Im Baugewerbe ist es möglich, daß ein Bauunternehmer eine vereinbarte Sicherheit gemäß § 17 VOB, Teil B, durch Hinterlegung von Wechseln leistet. Kautionswechsel könnten in diesem Falle gleichzeitig Solawechsel (eigene Wechsel), Sichtwechsel (zahlbar bei Vorlegung) und Rektawechsel (Weitergabe ist ausgeschlossen) sein.

Beispiel: „Gegen diesen Wechsel zahle ich bei Sicht an ..., nicht an Order, ... DM ...".

Fremdwörter im Wechselverkehr

Akzept	Annahmevermerk (Art. 21 ... 29 WG), i.w.S. der angenommene Wechsel
Allonge	Verlängerung des Wechselformulars durch Ankleben eines Anhangs
Aval	Wechselbürgschaft (Art. 30 ... 32 WG)
Diskont	Zinsabzug bis Verfall
Effektivwechsel	Wechsel, der in einer anderen Währung, als am Zahlungsort gilt, zu zahlen ist (Art. 41 Abs. 3)
Indossament	Übertragungsvermerk (auf Rückseite) (Art. 11 ... 20)
Indossant	Weitergebender
Indossatar	wer den Wechsel durch Indossament erhält
Inkasso	Geldeinzug
Notifikation	Benachrichtigung (Art. 45)
Prolongation	Verlängerung der Laufzeit des Wechsels (allgemein wird neuer Wechsel ausgestellt)
Prokuraindossament	Vollmachtsindossament, durch das Indossatar nicht Eigentümer wird (Art. 18)
Protest	(mangels Annahme bzw. mangels Zahlung) Beurkundung der ... (Art. 44, 79 ... 88)
Regreß	Rückgriff (Art. 43 ... 54)
Rektaindossament	Indossament, bei dem die weitere Indossierung untersagt ist (Art. 15 Abs. 2)
Remittent	Wechselnehmer
Rimesse	empfangener Wechsel
Solawechsel	eigener Wechsel (Art. 75 ... 80)
Trassant	Aussteller
Trassat	Bezogener
Tratte	gezogener Wechsel

E. Zahlungsverkehr, Wertpapiere

5. Übersicht über die Wertpapiere

Die Wertpapiere gehören zu den Urkunden, die ein *privates Vermögensrecht* verbriefen:

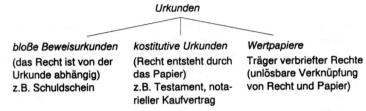

Die Wertpapiere können nach verschiedenen Gesichtspunkten eingeteilt werden. Nach dem *verbrieften Recht* kann folgende Einteilung vorgenommen werden:

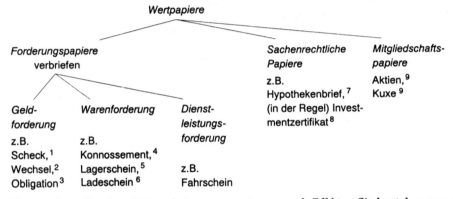

Wertpapiere, die einen Ertrag bringen, nennt man auch *Effekten*. Sie bestehen aus dem sogenannten Mantel (eigentliche Aktie, eigentlicher Pfandbrief usw.) und dem Gewinnanteilscheinbogen (bei Aktien), dem Ertragsscheinbogen (bei Investmentzertifikaten) bzw. dem Zinsscheinbogen (Kuponbogen bei festverzinslichen Wertpapieren, also bei Rentenwerten).

---

1 S. II.E.3.
2 S. II.E.4.
3 Obligation = Schuldverschreibung (festverzinsliches Wertpapier mit längerer Laufzeit, Rentenwert), auch Pfandbriefe, Bundesanleihen usw. gehören zu den Obligationen.
4 Konnossement (Bill of lading, Seefrachtbrief) = urkundliche Verpflichtung des Verfrachters, die übernommene Ware an den berechtigten Inhaber der Urkunde herauszugeben.
5 Lagerschein = vom Lagerhalter ausgestelltes Wertpapier, in welchem der Lagerhalter die Herausgabe des bei ihm eingelagerten Gutes verspricht.
6 Ladeschein = Urkunde, durch die sich der Frachtführer verpflichtet, das von ihm zur Beförderung übernommene Gut an den durch den Ladeschein als Empfänger Legitimierten gegen Zahlung der Fracht und Rückgabe des Scheines auszuhändigen.
7 S. II.C.2.
8 Investment-Zertifikate = Anteilscheine einer Kapitalanlagegesellschaft. Diese Gesellschaften legen die bei ihnen angelegten Gelder in börsengängigen Wertpapieren an.
9 S. II.D.2.c.

Nach der *Person des Berechtigten* kann man die Wertpapiere folgendermaßen einteilen:

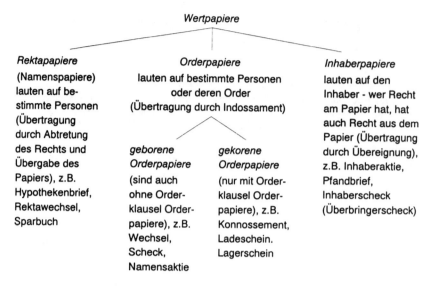

Die Eigentümlichkeit des Wertpapierrechts, nämlich die unlösbare Verknüpfung von Recht und Papier, kommt nur bei den Order- und Inhaberpapieren zur vollen Geltung.

F. Gerichtswesen

1. Allgemeines über das Gerichtswesen

In einem Rechtsstaat ist die Selbsthilfe zur Durchsetzung eigener Ansprüche nur in Ausnahmefällen gestattet. Grundsätzlich findet die Rechtsprechung durch unabhängige Gerichte statt.

Die Rechtsprechung ist neben Gesetzgebung (Legislative) und ausführender Gewalt (Exekutive) die dritte der voneinander unabhängigen Staatsgewalten. Der Richter ist nicht weisungsgebunden und nur dem Gesetz und seinem Gewissen gegenüber verantwortlich. Vor dem Gesetz ist jeder Bürger gleich. Gerichtsverhandlungen finden allgemein öffentlich statt (Ausnahme: Gefährdung der Sittlichkeit u.ä.). Die Besetzung der Gerichte wird vor Beginn des Gerichtsjahres festgelegt, so daß niemand seinem gesetzlichen Richter entzogen wird.

Man unterscheidet ordentliche Gerichte und *besondere Gerichtsbarkeiten*, z.B. Arbeitsgerichtsbarkeit (s. II.G.6), Sozialgerichtsbarkeit (s. II.H.3), Verwaltungsgerichtsbarkeit (z.B. bei Anfechtung von Verwaltungsakten), Finanzgerichtsbarkeit (s. II.I.1.c und e) und Verfassungsgerichtsbarkeit. Rechtsgrundlage für die *ordentlichen Gerichte* sind das Gerichtsverfassungsgesetz vom 27.1.1877 (mehrfach geändert) und einige andere Gesetze, z.B. das Deutsche Richtergesetz vom 8.9.1961. Für das Verfahren vor den Gerichten sind insbesondere die Strafprozeßordnung (StPO) und die Zivilprozeßordnung (ZPO) von Bedeutung. Für die freiwillige Gerichtsbarkeit (z.B. Vormundschaftssachen,

F. Gerichtswesen

Annahme an Kindes Statt, Personenstandsangelegenheiten, Nachlaßsachen, Handels-, Vereins-, Güterrechtsregister, Grundbuch, Beurkundung) gilt u.a. das mehrfach geänderte Gesetz über die Angelegenheiten der freiwilligen Gerichtsbarkeit vom 17.5.1898. Ordentliche Gerichte sind die Amtsgerichte, Landgerichte, Oberlandesgerichte und der Bundesgerichtshof (BGH) in Karlsruhe.

In Bayern nimmt außerdem das Bayerische Oberste Landesgericht mit dem Sitz in München teilweise die Aufgabe der Oberlandesgerichte wahr.

a) Amtsgerichte

Amtsgerichte bestehen meist für einen Stadt- oder Landkreis. Neben den Angelegenheiten der freiwilligen Gerichtsbarkeit sind sie für Zivilsachen und Strafsachen zuständig.

In *Zivilsachen* (bürgerlichen Rechtsstreitigkeiten) ist das Amtsgericht bei einem Streitwert bis zu 10.000,- DM in erster Instanz zuständig. Außerdem ist es ohne Rücksicht auf die Höhe des Streitwertes bei Mietsachen, Viehmängeln, Wildschaden, Unterhaltssachen, für Mahnverfahren, Zwangsvollstreckungen, Konkurse und Vergleiche zuständig. Seit 1.7.1977 werden bei den Amtsgerichten Abteilungen für Familiensachen (Familiengerichte) gebildet. Sie sind z.B. für Ehesachen, Regelung der elterlichen Gewalt von Kindern geschiedener Eltern und sonstige Scheidungsfolgen zuständig. Bei den Streitigkeiten entscheidet ein einzelner Richter (Einzelrichter). Man braucht sich als Partei (Kläger bzw. Beklagter) beim Amtsgericht außer bei Ehesachen u.a. nicht durch einen Rechtsanwalt vertreten zu lassen.

Bei *Strafsachen* (Verletzung von Strafgesetzen) entscheiden beim Amtsgericht entweder ein Einzelrichter (zuständig bei leichten Delikten), ein Schöffengericht, besetzt mit einem Berufsrichter und zwei Schöffen[1] (zuständig bei mittelschweren Delikten) oder ein erweitertes Schöffengericht, besetzt mit zwei Berufsrichtern und zwei Schöffen (Zuständigkeit wie beim Schöffengericht, wenn umfangreiches Material vorliegt). Ist der Täter ein Jugendlicher (zwischen 14 und 18 Jahre alt) oder ein Heranwachsender (zwischen 18 und 21 Jahre), so ist das Jugendgericht mit einem Einzelrichter oder das Jugendschöffengericht (Berufsrichter und zwei Schöffen) zuständig.

b) Landgerichte

Zu einem Landgerichtsbezirk gehören mehrere Amtsgerichtsbezirke.

In *Zivilsachen* entscheiden mit drei Berufsrichtern besetzte Zivilkammern. Sie sind zuständig bei bürgerlichen Rechtsstreitigkeiten über 10.000,- DM in erster Instanz. Ferner ist das Landgericht Berufungsinstanz[2] gegen Urteile des Amtsgerichts.

---

1 Ein Schöffe ist ein Laienrichter. Allgemein kann jeder mindestens 25 Jahre alte unbescholtene Bürger zu diesem Ehrenamt gewählt werden. Eine Ablehnung des Ehrenamtes ist nur in wenigen Ausnahmefällen möglich. Der Schöffe wird für jeweils vier Jahre gewählt und für eine Reihe von Sitzungen ausgelost. Vor Beginn der ersten Verhandlung wird er vereidigt. Während der Hauptverhandlung kann er das Richteramt in vollem Umfang und mit gleichem Stimmrecht wie der Berufsrichter ausüben.

2 Bei einer Berufung findet das ganze Verfahren vor einem höheren Gericht nochmals statt. Bei Zivilurteilen des Amtsgerichts mit einem Streitwert bis 1.500,- DM ist eine Berufung nicht möglich.

Bei Handelssachen (Streitigkeiten unter Kaufleuten, Wechsel- und Schecksachen) über 10.000,- DM Streitwert entscheiden bei den Landgerichten Kammern für Handelssachen (besetzt mit einem Berufsrichter und zwei ehrenamtlichen Richtern.

Bei *Strafsachen* sind die kleinen Strafkammern (ein Berufsrichter, zwei Schöffen) für Berufungen gegen Einzelrichterurteile zuständig. Die großen Strafkammern (drei Berufsrichter, zwei Schöffen) sind für Berufungen gegen Schöffengerichtsurteile und in erster Instanz für schwere Straftaten zuständig. Strafkammern als Schwurgerichte sind nur für ganz besonders schwere Verbrechen in erster Instanz zuständig.

Bei Zivilsachen muß man sich vor dem Landgericht oder vor höheren Gerichten stets durch einen Rechtsanwalt vertreten lassen. Bei Strafsachen kann bei einer entsprechenden Schwere des Falles oder in besonderen Fällen (z.B. Angeklagter ist taubstumm) eine Verteidigung notwendig sein. Dann wird ein Rechtsanwalt (Pflichtverteidiger) vom Gericht beauftragt.

c) Oberlandesgerichte

Der Bezirk eines Oberlandesgerichts umfaßt mehrere Landgerichtsbezirke. In *Zivilsachen* ist das Oberlandesgericht (jeder Zivilsenat hat drei Berufsrichter) Berufungsinstanz für Landgerichtsurteile in erster Instanz.

Bei *Strafsachen* ist das Oberlandesgericht[1] (Strafsenate mit drei Berufsrichtern) Revisionsinstanz[2], insbesondere gegen Berufungsurteile des Landgerichts (kleine und große Strafkammern) sowie bei leichten Fällen auch gegen die Urteile des Amtsrichters. In erster Instanz ist das Oberlandesgericht (bzw. in Bayern das Bayer. Oberste Landesgericht) bei Hochverrat usw. gegen ein Bundesland zuständig.

Beispiel: Hitlers Putschversuch vom 9. November 1923 wurde vom Bayerischen Obersten Landesgericht abgeurteilt, weil er gegen den bayerischen Staat gerichtet war.

d) Bundesgerichtshof

Der Bundesgerichtshof (BGH) in Karlsruhe ist in Zivilsachen u.a. Revisionsinstanz gegen Berufungsurteile der Oberlandesgerichte. In Strafsachen werden allgemein bei ihm Revisionen gegen erstinstanzliche Urteile der großen Strafkammern und der Schwurgerichte eingelegt. Außerdem ist der BGH erste und letzte Instanz bei Hochverrat, Landesverrat, Parlamentsnötigung u.a.

Wie auch die Entscheidungen des früheren Reichsgerichts in Leipzig, so werden die Urteile des BGH als richtungsweisend in der Rechtsauslegung angesehen.

2. Geltendmachung von Ansprüchen

Bei der Durchsetzung eigener Ansprüche sollte man möglichst eine Einigung mit dem Schuldner versuchen. Der Weg zum Gericht sollte erst die letzte Lösungsmöglichkeit sein.

---

1 In Bayern: Bayerisches Oberstes Landesgericht in München.
2 Revision ist im Gegensatz zur Berufung nur Überprüfung auf Rechtsverletzung. Wird der Revision stattgegeben, findet nochmals ein Verfahren vor dem unteren Gericht statt. Wird die Revision abgewiesen, ist das Urteil rechtskräftig.

a) Mahn- und Klageverfahren

Führten außergerichtliche Mahnungen nicht zum Erfolg, kann man Zahlungsklage[1] erheben. Besteht der Anspruch voraussichtlich unbestritten, so ist es zweckmäßiger, ein gerichtliches Mahnverfahren (§§ 688 ... 703d ZPO, seit 1.7.1977 i.d.F. der sog. Vereinfachungsnovelle) einzuleiten. Wenn man nicht anwaltlich vertreten ist, stellt man auf einem Vordruck einen *Mahnantrag*.

Gemäß § 690 ZPO muß der Antrag auf Erlaß eines Mahnbescheides u.a. enthalten: Die Parteien (Antragsteller = Gläubiger, Antragsgegner = Schuldner), ihre gesetzlichen Vertreter und Prozeßbevollmächtigten, das für das Mahnverfahren und für das streitige Verfahren jeweils zuständige Gericht, die bestimmte Angabe der verlangten Leistung sowie die Erklärung, daß der Anspruch nicht von einer Gegenleistung abhängt oder daß die Gegenleistung erbracht ist. Der Antrag muß handschriftlich unterschrieben werden. Künftig kann der Antrag auch in maschinell lesbarer Form eingereicht werden.

Der Antragsteller reicht den Mahnantrag beim zuständigen[2] Amtsgericht ein und entrichtet die Gerichtskosten durch Kostenmarken oder Überweisung an die Gerichtskasse (1/2 der einfachen Gebühr).

Das Amtsgericht erläßt den *Mahnbescheid*, wenn der Antrag formell in Ordnung ist, ohne Rücksicht darauf, ob der Anspruch zu recht besteht oder nicht. Mit diesem Mahnbescheid wird der Antragsgegner vom Gericht aufgefordert, innerhalb von 14 Tagen entweder den geforderten Betrag an den Antragsteller zu zahlen oder, wenn er den Anspruch nicht anerkennt, *Widerspruch* beim Gericht einzulegen.

Der Widerspruch braucht nicht begründet zu werden. Künftig soll er auf einem Formular erfolgen, das dem Mahnbescheid bereits beigefügt und nur noch angekreuzt und unterschrieben zu werden braucht.

Zahlt der Antragsgegner, ist die Angelegenheit erledigt. Legt er dagegen Widerspruch ein, geht es auf Antrag in ein *streitiges Verfahren* (bis 10.000,- DM beim Amtsgericht, darüber allgemein beim Landgericht) über. Dabei hat natürlich der Kläger (bisheriger Antragsteller beim Mahnverfahren) seinen Anspruch zu beweisen.

Zahlt der Antragsgegner nicht, legt aber auch keinen Widerspruch ein (er erkennt somit den Anspruch an), kann der Antragsteller nach Ablauf der zweiwöchigen Widerspruchsfrist die Erteilung eines *Vollstreckungsbescheides* beantragen.

Der Vollstreckungsbescheid kann nur innerhalb von sechs Monaten nach Zustellung des Mahnbescheides beantragt werden. Das Amtsgericht stellt ihn allgemein von Amts wegen dem Antragsgegner zu.

„Der Vollstreckungsbescheid steht einem für vorläufig vollstreckbar erklärten Versäumnisurteil gleich" (§ 770 ZPO). Innerhalb von zwei Wochen kann gegen den Vollstreckungsbescheid *Einspruch* eingelegt werden. Das Verfahren geht dann auch in ein streitiges Verfahren über.

Der Antragsteller kann mit dem Vollstreckungsbescheid die Zwangsvollstreckung (II.F.2.b) betreiben. Aber auch wenn diese erfolglos ist oder nicht betrieben wird, weil sie als erfolglos erscheint, hat der Vollstreckungstitel immerhin den Vorteil, daß die Verjährung unterbrochen wurde und in den nächsten 30 Jahren nicht erfolgen kann.

---

1 Klageerhebung schriftlich oder zu Protokoll der Geschäftsstelle des Gerichts.
2 Seit 1.7.1977 ist für das Mahnverfahren das Amtsgericht zuständig, bei dem der Antragsteller seinen allgemeinen Gerichtsstand hat (durch den Wohnsitz bestimmt). Die Landesregierungen werden ermächtigt, durch Rechtsverordnung Mahnverfahren einem Amtsgericht für den Bezirk eines oder mehrerer Oberlandesgerichte zuzuweisen, wenn dies ihrer schnelleren und rationelleren Erledigung dient (§ 689 ZPO). Im streitigen Verfahren nach Erhebung des Widerspruchs ist dagegen grundsätzlich das Gericht zuständig, in dessen Bezirk der Beklagte seinen Wohnsitz hat.

b) Zwangsvollstreckung

Im Besitze eines gerichtlichen Vollstreckungstitels (Urteil, Vollstreckungsbescheid, Kostenfestsetzungsbeschluß, Prozeßvergleich, für vollstreckbar erklärter Schiedsspruch oder schiedsrichterlicher Vergleich, notarielle Urkunde, in der sich der Schuldner der sofortigen Zwangsvollstreckung unterworfen hat) kann der Gläubiger die Zwangsvollstreckung in das Vermögen des Schuldners betreiben[1] (§§ 704 ... 945 ZPO). Bei einer Zwangsvollstreckung wegen Geldforderungen unterscheidet man die Vollstreckung in das bewegliche Vermögen (körperliche Sachen, Forderungen) und in das unbewegliche Vermögen (Grundstücke).

Zwangsvollstreckung in das bewegliche Vermögen

Körperliche Sachen des Schuldners werden durch den Gerichtsvollzieher gepfändet.

Geld, Wertpapiere, Schmuck usw. nimmt der Gerichtsvollzieher dabei in Besitz. Andere Sachen, z.B. Möbel, werden durch Anbringung von Pfandsiegelmarken als gepfändet gekennzeichnet.

Gemäß § 811 ZPO kann eine ganze Reihe von Sachen nicht gepfändet werden. Praktisch ist dies alles, was zur Existenz des Schuldners erforderlich ist, z.B. Bett, Stuhl, notwendige Kleidung, Nahrung für vier Wochen, Werkzeug usw.) bzw. alles, dessen Pfändung unmoralisch wäre (z.B. Ehering).

Die gepfändeten Sachen werden nach einer bestimmten Zeit öffentlich meistbietend versteigert. Das Mindestgebot muß dabei die Hälfte des Schätzwertes betragen. Die Zwangsvollstreckung in Forderungen erfolgt durch einen Pfändungs- und Überweisungsbeschluß des Amtsgerichts. Dem Drittschuldner (Schuldner des Schuldners, gegen den die Zwangsvollstreckung betrieben wird) verbietet das Gericht, an den Schuldner zu zahlen. Die bedeutsamste Forderungspfändung ist die von Lohn- und Gehaltsforderungen des Schuldners (Lohnpfändung) (näheres hierüber siehe Arbeitsrecht, II.G.2.b, S. 150.)

Zwangsvollstreckung in das unbewegliche Vermögen

Die Zwangsvollstreckung in ein Grundstück kann durch Eintragung einer Sicherungshypothek in das Grundbuch, durch Zwangsversteigerung des Grundstückes und durch Zwangsverwaltung erfolgen (§ 866 ZPO).

Eidesstattliche Versicherung

Blieb die Zwangsvollstreckung erfolglos, glaubt aber der Gläubiger, daß der Schuldner noch Vermögenswerte hat, beantragt er, den Schuldner zur Abgabe einer eidesstattlichen Versicherung über die Offenbarung seines Vermögens laden zu lassen. Verweigert der Schuldner die Versicherung, kann der Gläubiger ihn zur Erzwingung in Haft[2] nehmen lassen (§§ 807, 889, 899 ... 915 ZPO).

Sofortmaßnahmen

Besteht die Gefahr, daß der Schuldner die Zwangsvollstreckung vereitelt (z.B. durch Verschiebung von Vermögenswerten in das Ausland), kann auf Antrag des Gläubigers

---

1 Außer dem Vollstreckungstitel ist für die Zwangsvollstreckung die Vollstreckungsklausel (ausgenommen Vollstreckungsbescheid) und Zustellung von Titel und Klausel notwendig.
2 Diese Haft ist keine Strafe, sondern ein Druckmittel. Sie darf höchstens sechs Monate betragen.

ein dinglicher oder (selten) persönlicher Arrest oder eine einstweilige Verfügung erlassen werden (§§ 916 ... 945 ZPO).

Wenn der Gläubiger bereits einen Vollstreckungstitel hat und die Pfändung einer Forderung seines Schuldners vornehmen lassen möchte, ist als Sofortmaßnahme an die sogenannte *Vorpfändung* zu denken: „Schon vor der Pfändung kann der Gläubiger aufgrund eines vollstreckbaren Schuldtitels durch den Gerichtsvollzieher dem Drittschuldner und dem Schuldner die Benachrichtigung, daß die Pfändung bevorstehe, zustellen lassen mit der Aufforderung an den Drittschuldner, nicht an den Schuldner zu zahlen, und mit der Aufforderung an den Schuldner, sich jeder Verfügung über die Forderung, insbesondere ihrer Einziehung, zu enthalten... (§ 845 ZPO).

3. Konkurs- und Vergleichsverfahren

a) Konkursverfahren

Während bei der normalen Zwangsvollstreckung ein Gläubiger in das Vermögen des Schuldners vollstreckt, ist der Konkurs (von lat. concursus ≙ Zusammenlaufen) eine Zwangsvollstreckung in das gesamte Vermögen (Konkursmasse), das dem Schuldner (Gemeinschuldner) zur Zeit der Eröffnung des Verfahrens gehört, zur gemeinschaftlichen Befriedigung aller Gläubiger (Konkursgläubiger). Rechtsgrundlage ist die mehrfache geänderte Konkursordnung vom 10.2.1877 (KO). Das Insolvenzenrecht (Konkurs- und Vergleichsrecht) soll neu geregelt werden.

Der *Antrag* auf Eröffnung des Verfahrens wird durch den Gemeinschuldner selbst oder durch einen Gläubiger gestellt. Konkursgrund ist Zahlungsunfähigkeit[1], bei juristischen Personen (z.B. AG, GmbH, e.V.) sowie der GmbH & Co außerdem Überschuldung[2], bei einem Nachlaßkonkurs nur die Überschuldung.

Das Amtsgericht prüft anhand der eingereichten Unterlagen, ob das Vermögen des Schuldners, die Masse, noch mindestens zur Deckung der Kosten ausreicht, sonst erfolgt Ablehnung mangels Masse.

Die Eröffnung des Konkursverfahrens (Tag und Stunde) wird öffentlich bekanntgegeben, und die Gläubiger werden aufgefordert, ihre Ansprüche anzumelden. Ein Konkursverwalter (Rechtsanwalt, Steuerberater o.ä.) wird eingesetzt. Auf ihn geht die Befugnis, das zur Konkursmasse gehörige Vermögen zu verwalten und darüber zu verfügen, über. Bei der *Feststellung der Konkursmasse* bleibt dasjenige unberücksichtigt, was auch nicht gepfändet werden kann, z.B. Bett, notwendige Kleidung usw.

Angefochten werden Rechtshandlungen, die vor Eröffnung des Verfahrens liegen, wenn dadurch die Gläubiger benachteiligt wurden (§§ 29 ... 42 KO).

Beispiel: Schenkungen an den Ehegatten innerhalb zweier Jahre vor Konkurseröffnung.

Ausgesondert werden Sachen, die durch Pfandrechte oder Sicherungsübereignungen für einen Gläubiger gesichert sind (§§ 47 ... 51 KO).

Abgesondert werden Sachen, die durch Pfandrechte oder Sicherungsübereignungen für einen Gläubiger gesichert sind (§§ 47 ... 51 KO).

Beispiel: Das Grundstück des Gemeinschuldners dient zuerst einmal für die Befriedigung der Hypothekengläubiger.

---

1 Ein auf dem Mangel an Zahlungsmitteln beruhendes, nicht nur vorübergehendes Unvermögen, fällige Zahlungsverpflichtungen zu erfüllen.
2 Schulden übersteigen das Vermögen.

Aufgerechnet werden Forderungen, bei denen eine Gegenforderung des Schuldners besteht (§§ 53 ... 56 KO).

Bei der *Verteilung der Konkursmasse* (nach der Verwertung durch Verkauf, Versteigerungen usw.) werden vorweg die *Massekosten* (Gerichtskosten, Konkursverwaltung, Unterhalt des Gemeinschuldners und seiner Familie) und die *Masseschulden* (Ansprüche, die nach Konkurseröffnung entstanden, Arbeitslöhne, die in den letzten 6 Monaten vor Konkurseröffnung entstanden) befriedigt (§§ 57 ... 60 KO).

Die *Konkursgläubiger* werden gemäß § 61 KO in folgender Reihenfolge befriedigt.
1. Rückständige Löhne und Gehälter (6-12 Monate vor Konkurseröffnung entstanden)
2. Forderungen des Staates und der Gemeinden (z.B. Steuern)
3. Forderungen der Kirchen und Schulen
4. Forderungen der Ärzte, Apotheker, Hebammen, Krankenhäuser usw.
5. Forderungen der Kinder, Mündel, Pflegebefohlenen
6. Alle übrigen Konkursforderungen

Es wird immer zuerst die vorherige Rangklasse in voller Höhe befriedigt, bis die nächste an die Reihe kommt. Reicht die verbleibende Konkursmasse für eine Gläubigerklasse nicht aus, erfolgt anteilsmäßige (prozentuale) Befriedigung (Konkursdividende, Konkursquote).

Nach der Abwicklung erfolgt die Schlußabrechnung und die Aufhebung des Konkursverfahrens (Veröffentlichung). Nicht befriedigte Konkursforderungen bleiben weiterhin bestehen (Verjährung 30 Jahre nach der letzten Zwangsvollstreckungsmaßnahme). Ein Konkursverfahren kann auch strafrechtliche Folgen nach sich ziehen (§§ 283 ... 283d StGB).

Auf Bankrott[1] (z.B. wenn Vermögensteile beiseite geschafft wurden) steht bis 5 Jahre, in besonders schweren Fällen bis 10 Jahre Freiheitsstrafe (§§ 283, 283a StGB), auf Gläubigerbegünstigung bis 2 Jahre (§ 283c StGB) und auf Schuldnerbegünstigung bis 5 Jahre Freiheitsstrafe.

b) Vergleichsverfahren

Durch den Konkurs verliert der zahlungsunfähige Schuldner seine selbständige Existenz. Ein Kaufmann wird daher alles unternehmen, um ein Konkursverfahren abzuwenden. Durch einen Vergleich, bei dem die Gläubiger auf einen Teil ihrer Forderungen verzichten[2], kann dem Unternehmer eventuell geholfen werden.

Bei *einem außergerichtlichen Vergleich* (Akkord) erfolgt eine Einigung mit den Gläubigern ohne Einschaltung des Gerichts.

Für *einen gerichtlichen Vergleich zur Abwendung des Konkurses* ist die Vergleichsordnung vom 26. Februar 1935 maßgebend. Das Verfahren wird vom in finanzielle Schwierigkeiten geratenen Schuldner beantragt. Er muß den Gläubigern einen Vergleichsvorschlag machen, in dem ihnen mindestens 35 % (bei längerer Zahlungsfrist 40 %) ihrer Forde-

---

1 Aus ital. banca rotta: „zerbrochene Bank".
2 Außer dem Erlaßvergleich, bei dem die Gläubiger auf einen Teil ihrer Forderungen verzichten, gibt es noch den Stundungsvergleich (Moratorium, Gläubiger stunden Forderungen) und den Liquidationsvergleich (Schuldner stellt den Gläubigern das Vermögen zur Verwertung zur Verfügung, auf den Rest verzichten die Gläubiger).

rungen geboten wird. Das Amtsgericht als Vergleichsgericht bestellt einen Vergleichsverwalter, holt ein Gutachten ein und prüft die Angelegenheit. In einer Reihe von Fällen (§§ 17, 18 VerglO) darf kein Vergleichsverfahren stattfinden, z.B. dann, wenn der Schuldner den Vermögensverfall durch Leichtsinn oder Unredlichkeit herbeiführte oder wenn er in den letzten fünf Jahren bereits ein Vergleichsverfahren führte. Stimmt auch die einfache Mehrheit der Gläubiger, die die qualifizierte Mehrheit[1] der Forderungen besitzt, zu, bestätigt das Gericht den Vergleich, und dieser gilt dann für alle Gläubiger, auch für die, die nicht zustimmten. Wird das Verfahren abgelehnt, wird das Konkursverfahren (Anschlußkonkurs) eröffnet.

Kann während eines Konkursverfahrens der Gemeinschuldner den Gläubigern mehr bieten, als sie Konkursquote bekommen würden, z.B. durch die Hilfe von Verwandten, so kann es zu einem *Zwangsvergleich* (§§ 173 ... 201 KO) kommen. Es genügt, wenn die Hälfte der Gläubiger, die mindestens 75 % der Forderungen vertreten, zustimmen.

Alle Vergleichsverfahren haben für den Schuldner gegenüber dem Konkursverfahren den Vorteil, daß ihm ein Teil seiner Schulden erlassen wird. Für die Gläubiger kommt es allgemein zu größeren Zahlungen als beim Konkursverfahren. Durch die Erhaltung des Unternehmens wird die Verschleuderung von Werten, wie sie manchmal bei Konkursverfahren nicht verhindert werden kann, vermieden.

G. Arbeitsrecht

1. Einführung in das Arbeitsrecht

a) Begriff des Arbeitsrechts

Das Arbeitsrecht ist das Sonderrecht der nichtselbständigen Arbeit. Es handelt sich hierbei um die Arbeit, die der Arbeitnehmer weisungsgebunden im Rahmen eines Arbeitsvertrages dem Arbeitgeber gegen Entgelt leistet.

Das Arbeitsrecht betrifft also nicht die Arbeit des selbständigen Gewerbetreibenden oder die der freiberuflich Tätigen, z.B. die der Rechtsanwälte, Steuerberater, Ärzte usw.

Die abhängige Arbeit (Arbeitnehmerarbeit) bildet für die große Mehrheit der berufstätigen Bevölkerung die Existenzgrundlage. Das Arbeitsrecht ist daher ein sehr wichtiges Rechtsgebiet. Jeder, der als Arbeitnehmer oder als Arbeitgeber bzw. als dessen Beauftragter im Arbeitsleben steht, sollte daher gewisse Grundkenntnisse des Arbeitsrechts besitzen.

b) Quellen des Arbeitsrechts

Die Quellen des Arbeitsrechts liegen in den verschiedenen Gesetzen, u.a. dem Grundgesetz, den Länderverfassungen, dem Bürgerlichen Gesetzbuch, der Gewerbeordnung, dem Handelsgesetzbuch, dem Betriebsverfassungsgesetz, dem Arbeitsgerichtsgesetz,

---

[1] 75 % der Gläubigerforderungen; bei einer Quote unter 50 %: 80 % der Gläubigerforderungen (§ 74 VerglO).

dem Jugendarbeitsschutzgesetz, dem Kündigungsschutzgesetz, dem Mutterschutzgesetz, dem Tarifvertragsgesetz, dem Heimarbeitsgesetz, dem Gesetz gegen den unlauteren Wettbewerb, der Reichsversicherungsordnung, dem Strafgesetzbuch, der Konkursordnung und der Zivilprozeßordnung.

Die Selbstgesetzgebung (Autonomie) spielt im Arbeitsrecht eine große Rolle. Tarifverträge, Betriebsvereinbarungen und Unfallverhütungsvorschriften der Berufsgenossenschaften schaffen für die Beteiligten gesetzesähnliche Rechtsverhältnisse. Auch Gewohnheitsrecht und Rechtsprechung (Entscheidungen der Gerichte) können Quellen des Arbeitsrechts sein.

c) Arbeitgeber

Arbeitgeber sind alle natürlichen oder juristischen[1] Personen, die jemanden mit nichtselbständiger, entgeltlicher Arbeit aufgrund eines Arbeitsvertrages beschäftigen.

Es kann eine Person gleichzeitig Arbeitgeber und Arbeitnehmer sein.

Beispiel: Ein in einem Industriebetrieb angestellter Ingenieur beschäftigt eine Hausgehilfin. Dem industriellen Unternehmen gegenüber ist er Arbeitnehmer, der Hausgehilfin gegenüber Arbeitgeber.

d) Arbeitnehmer

Arbeitnehmer ist, wer in einem Arbeitsverhältnis durch einen Arbeitgeber weisungsgebunden beschäftigt wird und daher nichtselbständige Arbeit gegen Entgelt leistet.

Als Arbeitnehmer gelten allgemein nicht: Selbständige Handelsvertreter, Beamte (ihr Dienstverhältnis beruht auf öffentlichem Recht und nicht auf einem Vertrag), Vorstandsmitglieder einer juristischen Person (Vorstand der AG, Geschäftsführer der GmbH), im Betrieb mitarbeitende Gesellschafter (Vollhafter), Strafgefangene, Ehefrauen und Kinder, falls sie Arbeit auf familienrechtlicher Grundlage leisten.

Nach dem Betriebsverfassungsgesetz (§ 5 BetrVG) gelten u.a. nicht als Arbeitnehmer und dürfen daher zum Betriebsrat weder wählen noch gewählt werden: Personen, deren Beschäftigung nicht in erster Linie ihrem Erwerb dient, sondern vorwiegend durch Beweggründe karitativer oder religiöser Art bestimmt ist oder die vorwiegend zu ihrer Heilung, Wiedereingewöhnung, sittlicher Besserung oder Erziehung beschäftigt werden; der Ehegatte sowie Kinder und Schwiegerkinder, die in häuslicher Gemeinschaft mit dem Arbeitgeber leben.

Außerdem findet das BetrVG allgemein keine Anwendung auf leitende Angestellte, wenn sie zur selbständigen Einstellung oder Entlassung von Arbeitnehmern berechtigt sind, Generalvollmacht oder Prokura haben oder im wesentlichen eigenverantwortlich Aufgaben wahrnehmen, die ihnen regelmäßig wegen deren Bedeutung für den Bestand und die Entwicklung des Betriebs im Hinblick auf besondere Erfahrungen und Kenntnisse übertragen werden.

Bei den Arbeitnehmern unterscheidet man Angestellte und Arbeiter.

Angestellte sind Arbeitnehmer, die hauptsächlich kaufmännische oder büromäßige Arbeit leisten oder eine leitende, beaufsichtigende oder vergleichbare Tätigkeit ausüben.

Man kennt kaufmännische Angestellte (§ 59 HGB), technische Angestellte (§ 133a Gewerbeordnung), Angestellte des öffentlichen Dienstes und sonstige Angestellte (z.B. Betriebsarzt).

---

[1] Sowohl juristische Personen des privaten Rechts (z.B. AG, GmbH) wie solche des öffentlichen Rechts (z.B. Bund, Länder, Gemeinden, Allgemeine Ortskrankenkassen).

Arbeiter sind alle sonstigen Arbeitnehmer.

Eine Sonderstellung nehmen die *Auszubildenden* im Sinne des Berufsbildungsgesetzes ein, weil sie zur Berufsausbildung eingestellt sind.

2. Arbeitsverhältnis

Das Arbeitsverhältnis ist das Rechtsverhältnis zwischen Arbeitgeber und Arbeitnehmer. Es zeichnet sich gegenüber anderen Vertragsverhältnissen durch eine besonders enge Bindung der Partner aus. Der eine ist zur Leistung der versprochenen Dienste, der andere zur Gewährung der vereinbarten Vergütung verpflichtet.

a) Begründung des Arbeitsverhältnisses

Das Arbeitsverhältnis wird durch einen Vertrag (Arbeitsvertrag) zwischen Arbeitgeber und Arbeitnehmer begründet.

Der Arbeitsvertrag ist ein Dienstvertrag im Sinne von § 611 BGB (Leistung von Diensten gegen Vergütung). Aber nicht jeder Dienstvertrag ist ein Arbeitsvertrag.

```
                    Dienstvertrag
                   ╱            ╲
          Arbeitsvertrag      sonstiger Dienstvertrag
      (betrifft abhängige Arbeit)  (z.B. freiberufliche Arbeit)
```

Grundsätzlich besteht für den Abschluß eines Arbeitsvertrages Vertragsfreiheit, d.h. man kann einen Vertrag schließen, mit wem man will und kann vereinbaren, was man will. Zum Schutz der Arbeitnehmer allgemein oder besonderer Arbeitnehmergruppen bestehen aber Ausnahmen.

Beispiele: Beschäftigungspflicht für Schwerbehinderte[1]; Verbot der Einstellung von Auszubildenden bei mangelnder persönlicher Eignung (§ 20 BerBildG); Vertrag darf nicht gegen Gesetze (z.B. Arbeitsschutzbestimmungen) oder die guten Sitten verstoßen; Mindestnormen geltender Tarifverträge dürfen nicht unterschritten werden. Verbot der Beschäftigung Jugendlicher, wenn der Arbeitgeber wegen eines Verbrechens eine Freiheitsstrafe von mindestens 2 Jahren erhielt. Arbeitnehmer dürfen grundsätzlich nicht wegen ihres Geschlechts benachteiligt werden (§ 611a BGB).

Der Arbeitsvertrag ist formfrei gültig, kann also auch mündlich geschlossen werden.

Ausnahmen: Das Wettbewerbsverbot für einen kaufmännischen Angestellten nach Beendigung des Arbeitsverhältnisses bedarf der Schriftform (§ 74 HGB); Schriftform des Berufsausbildungsvertrages (§ 4 BerBildG); durch Parteivereinbarung oder Tarifvertrag kann eine bestimmte Form (Schriftform) vereinbart sein.

Bei Arbeitsverträgen mit Angestellten, insbesondere mit Ingenieuren und Technikern, ist vielfach eine schriftliche Fixierung der vorherigen mündlichen Vereinbarungen vorteilhaft und üblich. Die schriftliche Festlegung kann auch in der Form eines Briefwechsels erfolgen.

In Betrieben mit in der Regel mehr als 20 Arbeitnehmern „hat der Arbeitgeber den Betriebsrat vor Einstellung, Eingruppierung, Umgruppierung und Versetzung zu un-

---

[1] Schwerbehinderte im Sinne des Schwerbehindertengesetzes i.d.F. v. 26.08.1986 sind Personen mit einem Grad der Behinderung von wenigstens 50 %, sofern sie ihren Wohnsitz, gewöhnlichen Aufenthalt oder Arbeitsplatz im Inland haben.

terrichten, ihm die erforderlichen Bewerbungsunterlagen vorzulegen und Auskunft über die Person der Beteiligten zu geben ..." (§ 99 BetrVG).

Bei Vorliegen bestimmter Gründe kann der Betriebsrat die erforderliche Zustimmung zur Einstellung verweigern (innerhalb einer Woche nach Unterrichtung durch den Arbeitgeber schriftlich mit Angabe von Gründen, sonst gilt Zustimmung als erteilt). Der Arbeitgeber kann bei Verweigerung der Zustimmung durch den Betriebsrat beim Arbeitsgericht beantragen, die Zustimmung zu ersetzen.

Der Arbeitnehmer hat dem Arbeitgeber die Lohnsteuerkarte, die Versicherungspapiere und evtl. die Bescheinigung des bisherigen Arbeitgebers über den bereits gewährten Urlaub (§ 6 BUrlG) auszuhändigen. Der Arbeitgeber hat allgemein über die Krankenkasse dem Arbeitsamt die Einstellung anzuzeigen. Ausländer bedürfen einer Arbeitserlaubnis der Bundesanstalt für Arbeit (§ 19 AFG). Sonderregelungen bestehen für Angehörige der Europäischen Gemeinschaften und für heimatlose Ausländer. Bezüglich Arbeitsvertragsschluß durch Minderjährige wird auf II.A.5 verwiesen.

Wenn bestimmte Teile des Arbeitsvertrages nichtig sind, z.B. bei Gesetzwidrigkeit, Verstoß gegen die guten Sitten, ist das Arbeitsverhältnis zwar gültig, aber es gelten die gesetzlichen tariflichen oder der Billigkeit entsprechenden Regelungen als vereinbart.

Wenn dagegen das Arbeitsverhältnis selbst gegen ein Gesetz oder die guten Sitten verstößt, z.B. bei Einstellung als Einbrecher, Schmuggler usw., ist es ganz nichtig.

Liegt Grund zur Anfechtung (s. II.A.8) vor, so kann das Arbeitsverhältnis, wenn bereits Arbeit geleistet wurde, für die Zukunft aufgehoben werden.

Die Befragung einer Bewerberin nach einer Schwangerschaft ist unzulässig (Entscheidung des Europäischen Gerichtshofes). Eine falsche Antwort hat keine Folgen.

Auch wenn es nicht zu einem Arbeitsvertrag gekommen ist, kann der Stellenbewerber im Zweifelsfalle die Reisekosten verlangen, wenn ihn der Arbeitgeber aufgefordert hat, sich bei ihm vorzustellen.

b) Inhalt des Arbeitsverhältnisses

Das Arbeitsverhältnis bringt für Arbeitnehmer und Arbeitgeber Pflichten.

Wesentliche Pflichten

des Arbeitnehmers	des Arbeitgebers [1]
Arbeitspflicht	Entlohnungspflicht
Treupflicht	Fürsorgepflicht
Gehorsamspflicht	Urlaubspflicht

Arbeitspflicht

Der Arbeitnehmer hat die vereinbarten Dienste (§ 611 BGB, § 59 HGB, § 105 Gewerbeordnung) grundsätzlich höchstpersönlich zu leisten (§ 613 BGB). Außer dem Einzelvertrag sind für den Inhalt der Dienstpflicht Tarifverträge, Betriebsvereinbarungen, Gesetzesnormen und ähnliche Vorschriften, z.B. Unfallverhütungsvorschriften der Berufsgenossenschaften, maßgebend.

---

[1] Grundsätzlich hat der Arbeitgeber dem Arbeitnehmer gegenüber auch eine Beschäftigungspflicht (Ausnahme z.B. Freistellung während der Kündigungsfrist).

Beispiel: Ein Arbeiter ist nicht verpflichtet, eine Arbeit zu verrichten, die in dieser Form gegen die Unfallverhütungsvorschriften verstößt.

Falls keine genauen Vereinbarungen getroffen wurden, sind die üblichen Dienste gemäß Anordnung des Arbeitgebers zu leisten. Dies gilt auch für Nebendienste.

Beispiele: Ein Arbeiter muß das Werkzeug sauberhalten. – Ein Lehrer muß Aufsichtsdienste leisten.

Größere Unternehmen und Verwaltungen vereinbaren mit ihren Arbeitnehmern im Dienstvertrag vorsichtshalber vielfach eine weitgehende Dienstleistungspflicht entsprechend den Weisungen des Vorgesetzten. Unzumutbare Dienste brauchen hierbei aber auch nicht geleistet zu werden.

Beispiel: Wenn eine Stadtgemeinde mit einer Lehrkraft im Angestelltenverhältnis vereinbart, daß eine vorübergehende anderweitige Beschäftigung im städtischen Dienst möglich ist, dann wäre trotzdem die Heranziehung zum Dienst in der Straßenreinigung unzumutbar. Eine vorübergehende Verwaltungstätigkeit ist jedoch zumutbar.

In Notfällen ist die Dienstleistungspflicht grundsätzlich auf alle zumutbaren Tätigkeiten ausgedehnt. Bei einem Streik kann unmittelbare Streikarbeit abgelehnt werden, mittelbare jedoch nicht.

Beispiel: Wenn in einem Betrieb der Metallindustrie die Arbeiter streiken, die Angestellten jedoch nicht, kann der Arbeitgeber nicht von Technikern verlangen, daß sie an der Drehbank oder an anderen Stellen Arbeiten statt der streikenden Arbeiter verrichten (unmittelbare Streikarbeit). – Wenn die Zuliefererindustrie bestreikt wird, kann nicht die Verarbeitung von Rohstoffen, die durch Streikbrecher hergestellt wurden, verweigert werden (mittelbare Streikarbeit).

Gerät der Arbeitgeber in Annahmeverzug – er läßt den Arbeitnehmer, dessen Arbeitsverhältnis noch nicht beendet ist, nicht arbeiten –, ist der Arbeitnehmer von der Dienstleistungspflicht befreit, ohne daß er den Lohnanspruch verliert oder nacharbeiten muß (§ 615 BGB).

Das Ergebnis der Arbeitsleistung gehört dem Arbeitgeber (bezüglich der durch Arbeitnehmer gemachten Erfindungen vgl. Gesetz über Arbeitnehmererfindungen, II.K.5). Ort und Zeit der Dienstleistung bestimmt der Arbeitgeber bzw. sie werden durch Betriebsvereinbarung geregelt. Die wöchentliche Arbeitszeit wird dagegen allgemein durch Tarifvertrag festgesetzt. Soll eine Versetzung nach auswärts erfolgen, so muß der Arbeitnehmer vorher gefragt werden, es sei denn, daß die Versetzung zumutbar ist.

Treupflicht

Der Arbeitnehmer hat die Belange des Arbeitgebers zu wahren, jede möglicherweise seinen Arbeitgeber schädigende Handlung zu unterlassen und sich dafür einzusetzen, daß ihm kein Schaden entsteht. Diese Verpflichtung des Arbeitnehmers wird Treupflicht genannt. Sie entspricht der Fürsorgepflicht des Arbeitgebers.

Beispiele für Verletzung der Treupflicht: Kreditgefährdende Nachreden, Aufruf zu einem rechtswidrigen Streik, strafbare Handlungen gegen den Arbeitgeber, Anstiftung von Kollegen zum Vertragsbruch, Verrat von Geschäftsgeheimnissen, grobe Schädigung der Arbeitsfähigkeit (z.B. eine bettlägerig krankgeschriebene Angestellte geht zum Tanzen, obwohl sie weiß, daß dadurch ihre Krankheit, während der sie Gehalt bekommt, verlängert wird), Annahme von Schmiergeldern (z.B. von Einkäufern), eventuell unzulässige Nebentätigkeit[1], Strafanzeige gegen den Arbeitgeber ohne Grund oder ohne schwerwiegenden Grund.

Keine Verstöße gegen die Treupflicht sind jedoch die Durchsetzung berechtigter Ansprüche, z.B. Einklagung des ausstehenden Lohnes, und die ordnungsmäßige Kündigung des Arbeitsverhältnisses.

Gehorsamspflicht

Der Arbeitnehmer hat den Dienstanweisungen des Arbeitgebers nachzukommen, soweit diese zumutbar sind (Direktionsrecht des Arbeitgebers).

Grundsätzlich gilt die Gehorsamspflicht nur für die dienstlichen Weisungen des Arbeitgebers und nur in besonderen Fällen für solche, die sich auf das Privatleben des Arbeitnehmers beziehen.

Dies ist z.B. dann der Fall, wenn sich eine Anordnung des Arbeitgebers auf ein außerdienstliches Verhalten bezieht, das als Verstoß gegen die Treupflicht aufzufassen ist. *Beispiel:* Der Arbeitgeber verbietet den Arbeitnehmern die Übernahme einer bezahlten Tätigkeit während des Erholungsurlaubs.

Verletzung der Arbeitnehmerpflichten

Bei schuldhafter *Nichterfüllung* von Arbeitnehmerpflichten (z.B. Arbeitnehmer erscheint grundlos nicht zur Arbeit, beharrliche Arbeitsverweigerung) kann der Arbeitgeber die Lohnzahlung verweigern, Schadenersatz verlangen und evtl. fristlos kündigen.

Die theoretisch mögliche Klage auf Erfüllung ist ohne Bedeutung, weil eine Heranziehung zur Arbeit im Wege der Zwangsvollstreckung nicht möglich ist.

Bei schuldhafter *Schlechterfüllung* einer Verpflichtung kann der Arbeitgeber Schadenersatz verlangen und unter Einhaltung einer Frist kündigen. Grundsätzlich haftet ein Arbeitnehmer, der vorsätzlich oder fahrlässig dem Arbeitgeber einen Schaden zufügte, für den angerichteten Schaden. Eine totale Haftpflicht des Arbeitnehmers auch bei nur geringer Fahrlässigkeit wäre aber dem Wesen des Arbeitsverhältnisses kaum angemessen. Ausnahmsweise kann daher eine Haftungsbeschränkung auf die Fälle des Vorsatzes und der groben Fahrlässigkeit Platz greifen, z.B. bei „gefahrengeneigter" Arbeit. Eine solche liegt nach der Rechtsprechung des Bundesarbeitsgerichts vor, wenn die Eigenart der Arbeit es mit großer Wahrscheinlichkeit mit sich bringt, daß auch dem sorgfältigen Arbeitnehmer gelegentlich Fehler unterlaufen, die zwar für sich betrachtet vermeidbar waren, mit denen aber als mit einem typischen Abirren der Dienstleistung erfahrungsgemäß zu rechnen ist. Die entsprechenden Schäden gehören zum Unternehmerrisiko.

Entlohnungspflicht

Die Zahlung des vereinbarten Arbeitsentgeltes ist die Hauptpflicht des Arbeitgebers. Lohnforderungen verjähren in zwei Jahren nach Ablauf des angebrochenen Jahres. Bei

---

1 Nebentätigkeiten außerhalb des Arbeitsverhältnisses sind grundsätzlich erlaubt, können aber im Einzelfall gesetzlich verboten sein, z.B. Wettbewerbsverbot für kaufmännische Angestellte, Gesamtarbeitszeit über 48 Stunden in der Woche, oder nach dem Vertrag verboten sein bzw. der Genehmigung bedürfen, z.B. im öffentlichen Dienst. Eine übermäßige Gefährdung der Arbeitsfähigkeit ist auf jeden Fall unzulässig.

G. Arbeitsrecht

Bestehen eines Tarifvertrages ist aber auf eventuelle kürzere tarifliche Ausschlußfristen zu achten.

Übersicht über die Einkommensarten[1]

Das Arbeitsentgelt für abhängige Arbeit ist Gegenstand des Arbeitsvertrages. Man kann dabei unterscheiden: Lohn im engen Sinne (Arbeitsentgelt des Arbeiters), Gehalt (Arbeitsentgelt des Angestellten), Gage (beim Künstler), Sonderformen (z.B. Weihnachtsgratifikationen, Gewinnbeteiligungen, Beihilfen) und Arbeitsentgelt für frühere Arbeitsleistung (Renten, Pensionen).

Unter *Nominallohn* versteht man den Nennwert in Geldeinheiten des Lohnes, unter *Reallohn* dagegen die Kaufkraft des Lohnes. *Bruttolohn* ist der Lohn einschließlich Abzüge (Lohnsteuer, Kirchensteuer, Sozialversicherung, *Nettolohn* der um die Abzüge verminderte Bruttolohn.

Wird der Lohn in Naturalien (Sachwerten) gezahlt, spricht man von Naturallohn, wird er in Geld gezahlt, von *Geldlohn*. Heute ist der reine Geldlohn üblich, teilweise findet man Kombinationen von Geld- und Naturallohn, z.B. Deputat bei landwirtschaftlichen Arbeiten, freie Station bei Hausgehilfinnen, Köchen, Kellnern, Seeleuten.

Nach der Berechnung des Lohnes unterscheidet man Zeitlohn, Leistungslohn[2], Mischformen zwischen Zeit- und Leistungslohn und Lohn mit Erfolgsbeteiligung.

Beim Angestellten ist weitgehend der Zeitlohn in Form des Monatsgehaltes üblich. Aber auch bei Arbeitern findet man häufig Zeitlöhne, nämlich immer dann, wenn das Arbeitsergebnis schlecht als Bemessungsgrundlage dienen kann.

Grundlage des Zeitlohnes ist meist der Stundenlohnsatz, der dann mit der Zahl der geleisteten Stunden vervielfacht wird. Es kann aber auch ein fester Wochen- oder Monatslohn vereinbart sein.

Der *Leistungslohn* wird auch als Stück- oder Akkordlohn bezeichnet. Berechnungsgrundlage ist das erzielte Arbeitsergebnis. Allgemein dient der Stundenlohn (z.B. vermehrt um 10 %) als Grundlage zur Berechnung der Akkordsätze[3], wobei die Schwierigkeit in der Errechnung der richtigen Vorgabezeit liegt. Eine Lohnerhöhung bedeutet

---
1 Zum steuerrechtlichen Begriff des Einkommens und der Einkunftsarten s. II.I.2.a.
2 Ausführlich: *H. Sonnenberg,* Bd. II., a.a.O., S. 11 ff.
3 Bayer, Metallindustrie: Akkordgrundlohn + 10 % = Akkordrichtsatz (identisch mit Stundenlohn des Zeitlöhners), Akkordrichtsatz: 60 = Geldfaktor für 1 Minute Vorgabezeit.

somit gleichzeitig eine entsprechende Erhöhung der Akkordsätze. Ist der Akkordlohn von der Arbeitsleistung des einzelnen Arbeiters abhängig, spricht man von Einzelakkord, ist er von der Arbeit einer Gruppe abhängig, spricht man vom Gruppenakkord.

Mischformen zwischen Zeit- und Leistungslohn können darin bestehen, daß beim Leistungslohn ein bestimmter Mindestlohn garantiert wird. Es kann aber auch sein, daß bei Zeitlohn und auch bei Leistungslohn, für Mehr- oder Besserleistungen Prämien gezahlt werden (Prämienlohn).

Erfolgslohnsysteme können vom Umsatz oder vom Gewinn abhängen. Insbesondere wird Reisenden (Angestellten im Außendienst) häufig neben ihrem festen Gehalt von dem von ihnen erzielten Umsatz eine Provision gezahlt. Beim Kellner ist die Entlohnung nach dem Umsatz (Bedienungsgeld) üblich. Viele Unternehmen beteiligen ihre leitenden Angestellten am Gewinn (Tantieme). Von einigen Unternehmen werden alle Arbeitskräfte am Gewinn beteiligt.

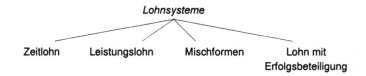

Gratifikationen aus besonderen Anlässen, insbesondere Weihnachtsgratifikationen, sind, auch wenn es sich um freiwillige Leistungen des Unternehmers handelt (wenn nicht drei Jahre ohne Vorbehalt gezahlt und auch keine tarifliche Abmachung besteht), Arbeitsentgelt und keine Schenkungen.

Das Versprechen einer Weihnachtsgratifikation durch den Arbeitgeber bedarf daher nicht der öffentlichen Beurkundung. Das gleiche gilt für das Versprechen eines Ruhegehaltes (Betriebspension). Rückzahlungsklauseln können durch Einzelvereinbarung oder Tarifvertrag für den Fall der fristgemäßen Kündigung durch den Arbeitnehmer oder der berechtigten fristlosen Kündigung durch den Arbeitgeber vereinbart werden, wenn bei

a) einer Gratifikation von mehr als 200,- DM aber weniger als einem Monatsverdienst das Arbeitsverhältnis vor dem 31.3.

b) einer Gratifikation in Höhe des durchschnittlichen Monatsverdienstes das Arbeitsverhältnis vor dem 1.4. des nächsten Jahres beendet wird.

Bei einer Gratifikation von mehr als einem Monatsverdienst hängt die mögliche Bindung von den Umständen des Einzelfalles ab.

Die Höhe des Lohnes ergibt sich im Einzelfall aus dem Einzelvertrag oder aus dem Tarifvertrag. Die Tariflöhne sind hierbei als Mindestlöhne anzusehen, die zwar über-, aber nicht unterschritten werden dürfen. Die Tarifverträge sehen Einteilungen in Lohn- bzw. Gehaltsgruppen (Vergütungsgruppen) vor. Allgemein erfolgt die Einteilung nach der überwiegenden Tätigkeit und nicht nach der Vorbildung, wobei allerdings die Vorbildung die Voraussetzung für die Tätigkeit sein kann.

Außer von der Lohn- oder Gehaltsgruppe hängt die Höhe des Bruttolohnes (bzw. -gehaltes) noch vielfach von der Ortsklasse, vom Lebensalter und (oder) von der Beschäftigungszeit sowie vom Familienstand ab.

Die Abhängigkeit des Lohnes vom Familienstand und von der Kinderzahl tritt im öffentlichen Dienst stärker in Erscheinung als in der Privatwirtschaft, weil dort die Gefahr besteht, daß Familienväter bei der Einstellung benachteiligt werden. Für alle Arbeitnehmer ist der Nettolohn vom Familienstand abhängig, weil die Höhe der Lohnsteuer von Lohnsteuerklasse und Kinderzahl abhängt.

Die verschiedenen Lohngruppen stehen allgemein in einem bestimmten Verhältnis zueinander, das auch bei Lohnerhöhungen gleichbleibt. Der Lohn, auf den prozentual die anderen Löhne bezogen sind, heißt *Ecklohn*.

Beispiel: In einem Tarifvertrag gilt der Lohn des Facharbeiters als Ecklohn (100 %). Die Löhne in den anderen Lohngruppen werden in einem bestimmten Prozentsatz des Facharbeiterlohnes ausgedrückt, z.B. bestqualifizierte Facharbeiter 120 %, qualifizierte Facharbeiter 110 %, qualifizierte angelernte Arbeiter 97 %, angelernte Arbeiter 90 %, ungelernte Arbeiter 84 % des Facharbeiterlohnes (Lohngruppenschlüssel). Allgemein erfolgen bei jugendlichen Arbeitern noch gestaffelte prozentuale Altersabschläge und bei niederen Ortsklassen Ortsklassenabschläge.

Die Lohnauszahlung hat mangels besonderer Vereinbarung am Ende der Abrechnungsperiode (bei Monatsgehalt am Letzten des Monats, bei Wochenlohn am Wochenende) zu erfolgen. Im öffentlichen Dienst erhält allgemein der Angestellte bereits am 15. eines Monats sein Gehalt. Bei der heute vielfach üblichen bargeldlosen Lohnzahlung hat die Gutschrift rechtzeitig auf dem Konto des Arbeitnehmers zu erfolgen.

Lohnzahlung ohne Arbeitsleistung

In einer Reihe von Fällen hat der Arbeitnehmer Anspruch auf Arbeitsentgelt, ohne daß er eine Arbeitsleistung vollbrachte.

Fällt durch einen gesetzlichen Feiertag die Arbeit an einem Wochentag aus, so ist der Arbeitsverdienst zu bezahlen.

Der Anspruch auf Bezahlung der ausgefallenen Arbeitszeit entfällt, wenn der Arbeitnehmer am letzten Arbeitstag vor oder am ersten Arbeitstag nach dem Feiertag unentschuldigt der Arbeit fernblieb.

Arbeitnehmer erhalten bei Krankheit sechs Wochen ihr Arbeitsentgelt. Manche Tarifverträge sehen eine nach Dienstzeit gestaffelte längere Zeit vor (z.B. für Angestellte des öffentlichen Dienstes bei einer Dienstzeit von 10 Jahren 26 Wochen Gehaltsfortzahlung bei Krankheit).

Die Entgeltfortzahlung ist nicht auf eine Krankheit im Jahr beschränkt. Bei wiederholten Krankheitsfällen, die auf dasselbe Grundleiden zurückzuführen sind, entsteht erst nach Ablauf von sechs Monaten nach Beendigung der ersten Erkrankung ein neuer Lohnfortzahlungsanspruch. Der Arbeitnehmer muß unverzüglich dem Arbeitgeber die Arbeitsunfähigkeit anzeigen und (zumindest als Arbeiter) spätestens am 3. Krankheitstag eine ärztliche Bescheinigung vorlegen.

Natürlich gilt die Lohnfortzahlung nicht für durch Vorsatz oder grobe Fahrlässigkeit herbeigeführte Krankheit (z.B. Schaden, der durch Nichtangurten trotz Vorschrift entstand, durch Trunkenheit verursachter Verkehrsunfall, verschuldete Schlägerei) bzw. deren verschuldete Verlängerung. *Beispiel:* Ein kranker Arbeitnehmer, dem der Arzt Bettruhe verordnete, geht zum Fußballspiel und verzögert dadurch seine Genesung.

Kuren, die von Sozialversicherungsträgern, der Kriegsopferversorgung oder von sonstigen Sozialleistungsträgern bewilligt sind, werden Krankheiten gleichgestellt.

Bei Schwangerschaft gilt das Mutterschutzgesetz (II.G.5.c).

Wer sonst ohne sein Verschulden für eine nicht erhebliche Zeit an der Dienstleistung verhindert ist, behält den Lohnanspruch (§ 616 BGB). In den Tarifverträgen wurden hierzu allgemein Einzelheiten geregelt, z.B. eigene Eheschließung, Umzug; Eheschließung, schwere Erkrankung oder Tod von Angehörigen usw.

Ist der Arbeitnehmer an der Nichtleistung der Arbeit schuld, z.B. kommt er betrunken zur Arbeit, so besteht kein Lohnanspruch. Ist dagegen der Arbeitgeber an dem Ausfall der Arbeit schuld, z.B. stellt er kein Material zur Verfügung, besteht Lohnanspruch.

Bei Betriebsstockungen usw., an denen weder Arbeitgeber noch Arbeitnehmer schuld sind, muß allgemein der Lohn gezahlt werden, sofern dies nicht unbillig ist. Verschiedene Tarifverträge regeln auch hierzu die Einzelheiten. Wenn aber wegen eines Streiks der Arbeiter bei Zulieferern die Materialzufuhr ausfällt und daher nicht gearbeitet werden kann, entfällt der Lohnanspruch.

Schutz der Lohnforderungen

Da der Arbeitslohn allgemein die Existenzgrundlage des Arbeitnehmers sichert, gelten für ihn bestimmte Schutzbestimmungen.

Die *Pfändung von Lohnforderungen* durch gerichtlichen Pfändungs- und Überweisungsbeschluß (II.F.2) ist eingeschränkt (§§ 850 ... 850i ZPO). Unpfändbar sind z.B. die Hälfte der Überstundenlöhne, Urlaubsgeld, halbes Weihnachtsgeld, höchstens 540,- DM, Heirats- und Geburtenhilfen. Vom sonstigen Nettolohn kann nur ein Teil gepfändet werden. Dieser pfändbare Teil des Arbeitsentgelts hängt ab von Lohnhöhe und Zahl der zu unterhaltenden Angehörigen. Der Betrag kann aus Tabellen für die Lohnpfändung bei monatlicher, wöchentlicher bzw. täglicher Lohnzahlung (Anlage zu § 850c ZPO) abgelesen werden.

Tabelle 11: Auszüge aus der monatlichen Pfändungstabelle

Nettolohn monatlich	Pfändbarer Betrag bei Unterhaltspflicht für Personenzahl					
	0	1	2	3	4	5 und mehr
1.600 ... 1.619,99	273,70	–	–	–	–	–
1.800 ... 1.819,99	413,70	61,50	–	–	–	–
2.000 ... 2.019,99	553,70	161,50	–	–	–	–
2.200 ... 2.219,99	693,70	261,50	68,80	–	–	–
2.400 ... 2.419,99	833,70	361,50	148,80	6,30	–	–
2.600 ... 2.619,99	973,70	461,50	228,80	66,30	–	–
2.800 ... 2.819,49	1.113,70	561,50	308,80	126,30	14,–	–
3.000 ... 3.019,99	1.253,70	661,50	388,80	186,30	54,–	–
3.200 ... 3.219,99	1.393,70	761,50	468,80	246,30	94,–	11,90
3.400 ... 3.419,99	1.533,70	861,50	548,80	306,30	134,–	31,90

Der Mehrbetrag über 3.796,- DM monatlich (876,- DM wöchentlich, 175,20 DM täglich) ist voll pfändbar. Das Vollstreckungsgericht kann in besonderen Fällen von den Sätzen abweichen. Bei Unterhaltsforderungen (z.B. für uneheliche Kinder) und bei Forderungen wegen vorsätzlich begangener unerlaubter Handlungen können noch höhere Beträge gepfändet werden. Versuchen des Schuldners, sein Arbeitseinkommen zu verschleiern, kann begegnet werden.

G. Arbeitsrecht 151

Eine freiwillige Forderungsabtretung (Zession) von Lohn- und Gehaltsforderungen (z.B. zur Kreditsicherung) ist nicht möglich, soweit es sich um den unpfändbaren Teil des Arbeitsentgeltes handelt (§ 400 BGB).

Weitere Bestimmungen dienen dem *Schutz der tatsächlichen Lohnauszahlung*.

Beispiele: Dem Arbeitnehmer sind Abrechnungsbelege auszuhändigen (z.B. Lohnzettel), außer bei vorsätzlicher Schädigung durch den Arbeitnehmer darf der Arbeitgeber bei berechtigten Schadenersatzansprüchen den unpfändbaren Lohnteil nicht zurückbehalten, bei Konkurs des Arbeitgebers sind die Lohnforderungen bevorrechtigt (II.F.3).

Fürsorgepflicht

Der Arbeitgeber hat die Pflicht, für die Person des Arbeitnehmers (z.B. Gesundheit, Sittlichkeit) und eventuell für dessen Eigentum (z.B. Kleidung, abgestellte Fahrräder) zu sorgen. Sofern nicht gesetzliche Bestimmungen z.B. Arbeitsschutzvorschriften oder Verträge, z.B. Tarifverträge, die Einzelheiten regeln, gelten hier die Grundsätze von Treu und Glauben.

Bei einer Verletzung der Fürsorgepflicht haftet der Arbeitgeber dem Arbeitnehmer für den entstandenen Schaden. Für den Körperschaden des Arbeitnehmers durch Betriebsunfall haftet der Arbeitgeber jedoch nur, wenn er ihn vorsätzlich verursacht hat (§ 636 RVO). In allen anderen Fällen kommen die Leistungen der Berufsgenossenschaft (s. II.H.3.e) als Trägerin der gesetzlichen Unfallversicherung in Betracht.

Urlaubspflicht

Der Arbeitgeber ist verpflichtet, dem Arbeitnehmer einen Erholungsurlaub unter Weiterzahlung des Arbeitsentgeltes zu gewähren.

Rechtsgrundlage und Urlaubsdauer ergeben sich aus dem Bundesurlaubsgesetz, den Tarifverträgen oder Einzelarbeitsverträgen. Die für den Arbeitnehmer jeweils günstigste Regelung ist dabei bindend.

Das Bundesurlaubsgesetz (Mindesturlaubsgesetz für Arbeitnehmer vom 8.1.1963 i.d.F. v. 29.10.1974) sieht für Arbeitnehmer einen Mindesturlaub von 18 Werktagen jährlich vor. Die Tarifverträge sehen meist mehr Urlaub vor, z.B. Metallindustrie 30 Arbeitstage = 36 Werktage = 6 Wochen. Wenn an bestimmten Werktagen, z.B. an einem Sonnabend, regelmäßig nicht gearbeitet wird, so zählt dieser Tag nach dem Gesetz als Urlaubstag. Fällt dagegen ein Wochenfeiertag, z.B. Himmelfahrt, in den Urlaub, dann zählt dieser Feiertag nicht als Urlaubstag. Die zeitliche Lage des Urlaubs wird in erster Linie durch Vereinbarungen innerhalb des Betriebes bestimmt. Der Urlaub soll zusammenhängend gewährt werden.

In größeren Betrieben wird allgemein ein Urlaubsplan aufgestellt, bei dem die Wünsche des Arbeitnehmers unter Berücksichtigung des Betriebsinteresses möglichst zu berücksichtigen sind. Gemäß § 87 Betriebsverfassungsgesetz hat der Betriebsrat bei der Aufstellung des Urlaubsplanes mitzubestimmen. Es ist nicht immer einfach, den Urlaub aller Arbeitnehmer in der warmen Jahreszeit und bei Arbeitnehmern mit schulpflichtigen Kindern in die Schulferien zu legen. Es gibt auch Betriebe mit gemeinsamem Urlaub (Betriebsferien).

Wenn ein Arbeitnehmer neu in einen Betrieb eintritt, steht ihm erstmals Urlaub nach einer Wartezeit zu. Diese beträgt nach dem Urlaubsgesetz sechs Monate. Während des Kalenderjahres eintretende oder ausscheidende Arbeitnehmer haben allgemein nur Anspruch auf so viele Zwölftel des Jahresurlaubs, wie sie Monate in dem Jahr tätig waren, falls die Wartezeit nicht erfüllt wurde oder der Arbeitnehmer in der ersten Hälfte des Kalenderjahres ausscheidet.

Von einem ausscheidenden Arbeitnehmer, der bereits den vollen Urlaub gehabt hat, kann in der Regel kein Urlaubsentgelt zurückverlangt werden. Arbeitnehmer, die fristlos entlassen wurden, können allgemein keinen Urlaub beanspruchen. Ein von einem anderen Arbeitgeber für das Jahr gewährter Urlaub wird auf den Jahresurlaub angerechnet (§ 6 BUrlG). Wenn ein Arbeitnehmer während des Jahres Grundwehrdienst bei der Bundeswehr leistet, kann der Arbeitgeber für jeden Monat Grundwehrdienst den Urlaub um ein Zwölftel kürzen. Für die Zeit von Wehrübungen ist eine Urlaubskürzung nicht zulässig (§ 4 Arbeitsplatzschutzgesetz i.d.F. v. 21.5.1968).

Der Arbeitnehmer kann das Urlaubsentgelt[1] (Arbeitsentgelt, das er sonst während des Urlaubs verdienen würde) vor Urlaubsantritt verlangen.

Da der Urlaub der Erholung dienen soll, darf der Arbeitnehmer grundsätzlich während des Urlaubs keine bezahlte Arbeit leisten. Auch eine Abgeltung in Geld ist nur in Ausnahmefällen möglich, z.B. dann, wenn das Arbeitsverhältnis endet, bevor der Urlaub genommen werden kann.

Eine Übertragung des Urlaubs auf das nächste Jahr (bis 31.3.) ist nur statthaft, wenn dringende Gründe dies rechtfertigen. Nachgewiesene Krankheit während des Urlaubs wird auf den Jahresurlaub nicht angerechnet. Gleiches gilt für von Sozialleistungsträgern gewährte Kuren.

Die zusätzliche Gewährung von bezahltem oder unbezahltem Urlaub kann auf Vereinbarung, Tarifvertrag (z.B. Bildungsurlaub) oder auf gesetzlicher Basis (Sonderurlaub für Jugendleiter) beruhen.

c) Beendigung des Arbeitsverhältnisses

Beendigungsgründe

Das Arbeitsverhältnis endigt:

1. Durch Zeitablauf (§ 620 BGB), wenn es für eine feste Zeit eingegangen wurde

    Beispiel: Eine Verkäuferin wird nur für die Zeit des Winterschlußverkaufes eingestellt. Nach Ablauf des Schlußverkaufes endet das Arbeitsverhältnis automatisch.

2. Durch Zweckerreichung

    Beispiel: Es wird jemand zum Entladen eines Eisenbahnwaggons eingestellt.

3. Durch Kündigung[2] (wichtigster Fall)

4. Durch Vereinbarung (vertragliche Lösung des Arbeitsverhältnisses)

    Bei beiderseitigem Einverständnis bedarf es natürlich keiner Kündigungsfrist.

5. Durch Tod des Arbeitnehmers

Das Arbeitsverhältnis endet dagegen nicht durch Konkurs (natürlich kann der Konkursverwalter kündigen), durch Einberufung zum Grundwehrdienst, zu Wehrübungen oder zu Eignungsübungen der Bundeswehr (Ruhen des Arbeitsverhältnisses) oder durch vereinbartes Ruhen des Arbeitsverhältnisses (z.B. für die Dauer des Technikerstudiums).

Ebenfalls endete das Arbeitsverhältnis nicht durch Einziehung zur Wehrmacht im Zweiten Weltkrieg einschließlich einer etwa folgenden Kriegsgefangenenschaft.

---

1 Unter „Urlaubsgeld" versteht man heute vielfach auch einen betrieblichen Zuschuß zum Urlaub, z.B. in der Metallindustrie 50 % des Normallohnes.
2 Das Bundesverfassungsgericht (1 BvL 2/83) entschied am 19.07.1990, daß unterschiedliche Kündigungsfristen für Angestellte und Arbeiter unzulässig sind. Bis Mitte 1993 muß der Gesetzgeber neue Regelungen treffen.

G. Arbeitsrecht

Kündigung des Arbeitsverhältnisses

Eine Kündigung ist eine einseitige, empfangsbedürftige und bedingungsfeindliche Willenserklärung, die das Arbeitsverhältnis von einem bestimmten Zeitpunkt an aufhebt. Die Kündigung muß eindeutig und unbedingt sein. Sie kann aber auch zum Zwecke der Änderung des Arbeitsverhältnisses (Änderungskündigung) ausgesprochen werden. Sie ist an keine Form gebunden, falls nicht eine bestimmte Vereinbarung besteht. Allerdings ist die Schriftform wegen der leichteren Beweisführung zweckmäßig. Ein Kündigungsgrund braucht bei einer Kündigung durch den Arbeitnehmer nicht angegeben zu werden. Bei einer Kündigung durch den Arbeitgeber ist wegen des Kündigungsschutzgesetzes die Angabe eines Grundes erforderlich. Der Betriebsrat ist vor jeder Kündigung durch den Arbeitgeber zu hören (§ 102 BetrVG). Bei Schwerbehinderten bedarf die Kündigung durch den Arbeitgeber der Zustimmung der Hauptfürsorgestelle (§ 12 Schwerbehindertengesetz). Wirksam ist die Kündigung erst, wenn sie dem anderen Teile zugeht, d.h. wenn der Empfänger unter normalen Verhältnissen von ihr Kenntnis nehmen kann.

Bei den Kündigungen unterscheidet man die ordentliche (fristgemäße) und die außerordentliche (fristlose) Kündigung.

Die *ordentliche Kündigung* erfolgt mit Einhaltung einer Kündigungsfrist. Es gibt gesetzliche und vertragliche Kündigungsfristen. Die gesetzliche gilt, wenn vertraglich (durch Tarifvertrag oder Einzelvereinbarung) nichts anderes vereinbart wurde. Die gesetzliche Kündigungsfrist beträgt für *Arbeiter* zwei Wochen. Bei einer Dienstzeit von 5 Jahren nach Vollendung des 25. Lebensjahres erhöht sie sich auf einen Monat auf Monatsende, bei 10 Jahren auf zwei Monate auf Monatsende und bei 20 Jahren auf drei Monate zum Vierteljahresschluß. Für *Angestellte* beträgt die Kündigungsfrist sechs Wochen auf Vierteljahresschluß (§ 622 BGB und Beschluß des Bundesverfassungsgerichts vom 6.11.1982). Wenn eine kürzere Frist vereinbart wurde, muß sie bei Angestellten mindestens einen Monat auf Monatsschluß betragen. Für Arbeiter können kürzere Kündigungsfristen nur durch Tarifvertrag vereinbart werden (z.B. im Baugewerbe). Für die Kündigung durch den Arbeitnehmer darf keine längere Frist vereinbart werden als für die Kündigung durch den Arbeitgeber.

Für langjährige Angestellte des Unternehmens besteht eine Verlängerung der Kündigungsfrist nach dem Gesetz über die Fristen für die Kündigung von Angestellten vom 9. Juli 1926 (3-6 Monate).

Ist ein Arbeitsverhältnis auf Lebenszeit oder für längere Zeit als fünf Jahre eingegangen, so kann es vom Arbeitnehmer, nicht jedoch vom Arbeitgeber, nach dem Ablauf von fünf Jahren mit einer Frist von sechs Monaten gekündigt werden (§ 624 BGB).

Durch den Arbeitgeber unkündbare Arbeitsverhältnisse betreffen hauptsächlich langjährige Angestellte, z.B. mind. 40 Jahre alte Angestellte des öffentlichen Dienstes mit mindestens 15 Jahren Beschäftigungszeit; Arbeitnehmer der bayer. Metallindustrie nach mindestens 10jähriger ununterbrochenen Unternehmens- oder Betriebszugehörigkeit und einem Alter von 55 Jahren bzw. 15 Jahre Betriebszugehörigkeit und Alter von 50 Jahren.

Da das Bundesverfassungsgericht 1990 unterschiedliche Kündigungsfristen für Arbeiter und Angestellte für verfassungswidrig erklärte, verabschiedete im Juni 1993 der Bundestag ein Gesetz, das eine einheitliche Kündigungsfrist von vier Wochen für Arbeiter und Angestellte vorsieht. Bei einer Betriebszugehörigkeit ab zwei Jahre tritt eine Verlängerung ein. Gemäß einer Entscheidung des Vermittlungsausschusses dürfte wohl künftig die Kündigungsfrist mindestens vier Wochen zum 15. oder Letzten des Monats betragen. Bei Redaktionsschluß lag noch keine gesetzliche Regelung vor.

bei fristloser Kündigung bleibt Urlaubsanspruch erhalten

Eine *außerordentliche (fristlos) Kündigung* erfolgt ohne Einhaltung einer Kündigungsfrist. Sie ist nur bei einem *wichtigen Grund* zulässig, d.h., wenn „Tatsachen vorliegen, aufgrund derer dem Kündigenden unter Berücksichtigung aller Umstände des Einzelfalles und unter Abwägung der Interessen beider Vertragsteile die Fortsetzung des Dienstverhältnisses bis zum Ablauf der Kündigungsfrist oder bis zu der vereinbarten Beendigung des Dienstverhältnisses nicht zugemutet werden kann". Sie kann nur innerhalb von 14 Tagen ab dem Zeitpunkt erfolgen, an dem der Kündigungsberechtigte von den für die Kündigung maßgebenden Tatsachen erfährt. Dem anderen Teil muß er auf Verlangen den Kündigungsgrund unverzüglich schriftlich mitteilen (§ 626 BGB).

Beispiele für Gründe zur fristlosen Kündigung durch den Arbeitgeber: Falsche Angaben bei der Einstellung, Untreue (z.B. Diebstahl, Unterschlagung, Geheimnisverrat), beharrliche Arbeitsverweigerung, Verstoß gegen Unfallverhütungsvorschriften trotz Verwarnung, Tätlichkeiten, grobe Beleidigungen, längere Freiheitsstrafen.

Beispiele für Gründe zur fristlosen Kündigung durch den Arbeitnehmer: Tätlichkeiten oder grobe Beleidigungen durch den Arbeitgeber oder seinen Vertreter, Nichtzahlung des Arbeitsentgeltes.

In der Regel hat der zur fristlosen Kündigung berechtigte Vertragsteil auch noch einen Schadenersatzanspruch gegenüber dem anderen (§ 628 BGB).

Kündigungsschutz

Nach dem Kündigungsschutzgesetz i.d.F. v. 25.8.1969 (KSchG), das nur für Betriebe mit mehr als fünf Arbeitnehmern gilt, ist eine Kündigung des Arbeitsverhältnisses gegenüber einem Arbeitnehmer, „dessen Arbeitsverhältnis in demselben Betrieb oder Unternehmen ohne Unterbrechung länger als sechs Monate bestanden hat, ... rechtsunwirksam, wenn sie sozial ungerechtfertigt ist" (§ 1 KSchG).

Eine Kündigung ist sozial ungerechtfertigt, wenn sie nicht durch Gründe, die in der Person oder in dem Verhalten des Arbeitnehmers liegen, z.B. Unpünktlichkeit, oder durch dringende betriebliche Erfordernisse, z.B. Arbeitsmangel, Rationalisierung, bedingt ist. Ebenfalls ist eine Kündigung sozial ungerechtfertigt, wenn sie gegen bestimmte Richtlinien des Betriebsverfassungsgesetzes verstößt, wenn der Arbeitnehmer an einem anderen Arbeitsplatz im Betrieb oder Unternehmen weiterbeschäftigt werden kann, wenn die Weiterbeschäftigung nach zumutbaren Umschulungs- oder Fortbildungsmaßnahmen bzw. unter geänderten Arbeitsbedingungen möglich ist und der Betriebsrat der Kündigung widersprochen hat. Der Arbeitgeber hat die Tatsachen zu beweisen, die die Kündigung bedingen.

Eine Kündigung aus dringenden betrieblichen Erfordernissen ist trotzdem sozial ungerechtfertigt, wenn die Auswahl der zu Kündigenden nicht nach sozialen Gesichtspunkten getroffen wurde.

Bei einer Änderungskündigung (Kündigung bei gleichzeitigem Angebot eines Arbeitsverhältnisses mit anderen, d.h. praktisch schlechteren, Bedingungen) kann der Arbeitnehmer das Angebot unter dem Vorbehalt annehmen, daß die Änderung der Arbeitsbedingungen nicht sozial ungerechtfertigt ist (§ 2 KSchG).

Hält ein Arbeitnehmer eine Kündigung für sozial ungerechtfertigt, so kann er – er muß es nicht – binnen einer Woche nach der Kündigung Einspruch beim Betriebsrat einlegen. Wenn der Betriebsrat den Einspruch für begründet erachtet, hat er eine Verständigung mit dem Arbeitgeber zu versuchen (§ 3 KSchG).

Will ein Arbeitnehmer geltend machen, daß eine Kündigung sozial ungerechtfertigt sei (falls nicht vorher eine Einigung erreicht wurde), so muß innerhalb von drei Wochen nach Zugang der Kündigung beim Arbeitsgericht Klage auf Feststellung erhoben werden, daß das Arbeitsverhältnis durch die Kündigung nicht aufgelöst ist (§ 4 KSchG).

Hält das Arbeitsgericht die Kündigung für sozial ungerechtfertigt, besteht entweder das Arbeitsverhältnis weiter oder, wenn die Aufrechterhaltung dem einen oder anderen Teil nicht mehr zumutbar ist, löst das Gericht es auf. Im letzteren Fall setzt das Gericht eine Abfindung für den Arbeitnehmer fest[1].

Einen besonderen Kündigungsschutz genießen Betriebsratsmitglieder, Schwerbehinderte und werdende Mütter. Massenentlassungen bedürfen der Anzeige beim Arbeitsamt und der Zustimmung des Landesarbeitsamtes.

Pflichten des Arbeitgebers bei Beendigung des Arbeitsverhältnisses

Nach der Kündigung eines Arbeitsverhältnisses hat der Arbeitgeber dem Arbeitnehmer auf Verlangen eine angemessene Zeit zum Aufsuchen einer anderen Stelle zu gewähren (§ 629 BGB). Dies gilt sowohl für die Kündigung durch den Arbeitgeber als auch durch den Arbeitnehmer.

Bei Beendigung des Arbeitsverhältnisses hat der Arbeitgeber dem Arbeitnehmer auf Verlangen ein schriftliches Zeugnis auszustellen (§ 630 BGB, § 113 GO, § 73 HGB). Das Zeugnis muß auf jeden Fall genaue Angaben über Art und Dauer der Beschäftigung machen (einfaches Zeugnis). Auf Wunsch des Arbeitnehmers hat es sich auch auf Führung und Leistung zu erstrecken (qualifiziertes Zeugnis). Ein Zeugnis muß wahrheitsgetreu sein. Ein Urteil über Leistung und Führung ist ohne Voreingenommenheit so abzugeben, wie es dem gerecht denkenden Menschen entspricht. Ein ungünstiges Urteil muß durch Tatsachen belegt werden.

Irrig ist es zu glauben, in einem Zeugnis dürfe nur Gutes stehen. Wenn ein Arbeitnehmer sich etwas hat zuschulden kommen lassen, wird er allerdings wohl nur ein einfaches Zeugnis verlangen.

Ein unrichtiges Zeugnis kann den Arbeitgeber schadenersatzpflichtig machen, und zwar gegenüber dem Arbeitnehmer, wenn es wahrheitswidrig ungünstig ist, und gegenüber einem späteren Arbeitgeber, wenn es wahrheitswidrig günstig ist.

Beispiel: Ein Kassierer unterschlägt Geld und wird fristlos entlassen. Mit Rücksicht auf die ungünstige soziale Lage des Kassierers stellt der Arbeitgeber ihm ein Zeugnis aus, in dem Ehrlichkeit bescheinigt wird. Mit diesem Zeugnis bekommt der Kassierer eine neue Stelle und verschwindet dort mit der Kasse. Nachträglich stellt der neue Arbeitgeber den Unterschied zwischen Zeugnisangaben und dem Geschehen fest. Da bei dem diebischen Kassierer nichts mehr zu holen ist, hält sich der neue Arbeitgeber an den Aussteller des Zeugnisses.

---

1 Höhe bis 12 u.U. 18 Monatslöhne (bis 24.000,- DM u.U. bis 36.000,- DM steuerfrei – § 3 EStG).

Einem in Kündigung stehenden Arbeitnehmer ist auf Wunsch bereits ein Zwischenzeugnis auszustellen, damit er sich damit anderweitig bewerben kann. Von der Zeugnispflicht abgesehen, hat der Arbeitgeber auch die Pflicht, anderen Arbeitgebern auf Verlangen Auskunft zu erteilen.

Selbstverständlich muß der Arbeitgeber auch die Arbeitspapiere (Lohnsteuerkarte, Versicherungspapiere) herausgeben.

Der Arbeitgeber kann bei der Rückgabe der Papiere eine entsprechende Empfangsbestätigung verlangen. In vielen Fällen verlangt der Arbeitgeber beim Ausscheiden des Arbeitnehmers eine sog. *Ausgleichsquittung*, d.h. eine Bestätigung, daß keine Ansprüche gegen den Arbeitgeber bestehen. Eine derartige Ausgleichsquittung sollte nicht unterschrieben werden, falls auch nur die Möglichkeit von Ansprüchen besteht, z.B. aufgrund des Kündigungsschutzgesetzes.

d) Berufsausbildungsverhältnis (früher Lehrverhältnis)

Das Berufsausbildungsverhältnis ist kein Arbeitsverhältnis der üblichen Art, sondern hat dem Auszubildenden eine „breit angelegte berufliche Grundbildung und die für die Ausübung einer qualifizierten beruflichen Tätigkeit notwendigen fachlichen Fertigkeiten und Kenntnisse in einem geordneten Ausbildungsgang zu vermitteln". Ferner hat es „den Erwerb der erforderlichen Berufserfahrung zu ermöglichen" (§ 1 Berufsbildungsgesetz[1].

Der *Berufsausbildungsvertrag* ist unverzüglich schriftlich niederzulegen sowie vom Ausbildenden, dem Auszubildenden und dessen gesetzlichen Vertreter[2] zu unterzeichnen.

„Auszubildende darf nur einstellen, wer persönlich geeignet ist. Auszubildende darf nur ausbilden, wer persönlich und fachlich geeignet ist" (§ 20).

Persönlich nicht geeignet ist z.B. wer Jugendliche nicht beschäftigen darf oder wer wiederholt oder schwer gegen das Gesetz verstoßen hat. *Fachlich* nicht geeignet ist, wer die erforderlichen beruflichen Fertigkeiten und Kenntnisse oder die erforderlichen berufs- und arbeitspädagogischen Kenntnisse nicht besitzt (vgl. Ausbildereignungsverordnung v. 20.4.1972).

Die *Ausbildungsstätte* muß nach Art und Einrichtung für die Berufsausbildung geeignet sein (§ 22).

Der Auszubildende hat sich zu bemühen, die Fertigkeiten und Kenntnisse zu erwerben, die erforderlich sind, um das Ausbildungsziel zu erreichen. Er muß insbesondere die im Rahmen seiner Berufsausbildung aufgetragenen Verrichtungen sorgfältig ausführen, am Berufsschulunterricht teilnehmen, den Weisungen der Ausbilder folgen, die für die Ausbildungsstätte geltende Ordnung beachten, Werkzeug, Maschinen usw. pfleglich behandeln und über Geschäftsgeheimnisse Stillschweigen wahren (§ 9).

„Der Ausbildende hat dafür zu sorgen, daß dem Auszubildenden die Fertigkeiten und Kenntnisse vermittelt werden, die zum Erreichen des Ausbildungszieles erforderlich sind, um die Berufsausbildung in einer durch ihren Zweck gebotenen Form planmäßig, zeitlich und sachlich gegliedert so durchzuführen, daß das Ausbildungsziel in der vorgesehenen Ausbildungszeit erreicht werden kann, ..." (§ 6).

---

[1] Das Berufsbildungsgesetz vom 14.8.1969 regelt außer der Berufsausbildung die berufliche Fortbildung und die berufliche Umschulung.

[2] Wenn der Minderjährige einen Vormund hat, ist die Genehmigung des Vormundschaftsgerichts erforderlich (§ 1822 BGB).

G. Arbeitsrecht

Der Ausbildende hat auch die Ausbildungsmittel (Werkzeuge, Werkstoffe) für die Ausbildung sowie für die Zwischen- und Abschlußprüfung kostenlos zu stellen sowie den Auszubildenden zum Besuch der Berufsschule und zur Führung des Berichtsheftes anzuhalten. Er hat dafür zu sorgen, daß der Auszubildende charakterlich gefördert sowie sittlich und körperlich nicht gefährdet wird. Dem Auszubildenden dürfen nur Verrichtungen übertragen werden, die dem Ausbildungszweck dienen. Dem Auszubildenden ist eine angemessene Vergütung zu zahlen, deren Höhe vielfach tariflich geregelt ist. Im Krankheitsfalle ist sie sechs Wochen weiterzuzahlen.

Normalerweise endet das Ausbildungsverhältnis durch Zeitablauf.

Die Ausbildungsdauer hängt von der Ausbildungsordnung des jeweiligen Ausbildungsberufes ab und soll nicht mehr als drei und nicht weniger als zwei Jahre betragen. Besteht der Auszubildende vorher die Abschlußprüfung (z.B. Facharbeiterprüfung, Gesellenprüfung, Kaufmannsgehilfenprüfung), so endet das Ausbildungsverhältnis mit Bestehen der Prüfung. Besteht der Auszubildende die Prüfung nicht, so verlängert sich das Berufsausbildungsverhältnis auf sein Verlangen bis zur nächstmöglichen Wiederholungsprüfung, höchstens um ein Jahr.

Eine *vorzeitige Beendigung* des Ausbildungsverhältnisses ist ohne weiteres während der Probezeit (1 bis 3 Monate) möglich. Bei Vorliegen eines wichtigen Grundes (s. S. 154) kann das Ausbildungsverhältnis von beiden Seiten fristlos gekündigt werden. Der Auszubildende kann mit einer Kündigungsfrist von vier Wochen kündigen, wenn er die Berufsausbildung aufgeben oder sich für eine andere Berufstätigkeit ausbilden lassen will.

3. Arbeitsverfassung

a) Berufsverbände

In der Bundesrepublik besteht Koalitionsfreiheit, also z.B. das Recht, zur Wahrung und Förderung der Arbeits- und Wirtschaftsbedingungen Vereinigungen, z.B. Berufsverbände, zu bilden (Art. 9 GG).

Diese Vereinigungen sind entweder Zusammenschlüsse von Arbeitgebern (Arbeitgeberverbände) oder von Arbeitnehmern (Gewerkschaften). Obwohl diese Zusammenschlüsse freiwillig sind, nehmen die Berufsverbände im Arbeitsleben als Sozialpartner eine sehr wichtige Stellung ein.

Arbeitgeberverbände

Arbeitgeberverbände sind Fachverbände der Arbeitgeber, und zwar örtliche, bezirkliche, Landes- und Bundesverbände in den verschiedenen Industriezweigen, im Handwerk (Innungen und Innungsverbände), Handel usw. Ferner gibt es überfachliche Landeszusammenschlüsse der Fachverbände jedes Landes. Der Spitzenverband der Arbeitgeber ist die Bundesvereinigung der deutschen Arbeitgeberverbände (BDA).

Gewerkschaften

Der *Deutsche Gewerkschaftsbund (DGB)* ist die große Einheitsgewerkschaft. Sie ist parteipolitisch und konfessionell unabhängig. Ihre Mitglieder sind sowohl Arbeiter als auch Angestellte und Beamte. Als selbständige Gewerkschaft ist der DGB regional gegliedert. Außerdem ist der DGB Spitzenverband von 16 rechtlich selbständigen Einzelgewerkschaften (Industriegewerkschaften und Gewerkschaften für die einzelnen Wirtschaftszweige.

DGB-Mitgliederstand[1] am 31.12.1991: 11.605.118, davon

Industriegewerkschaft Bau-Steine-Erden-Umwelt	780.410
Industriegewerkschaft Bergbau und Energie[1]	506.657
Industriegewerkschaft Chemie-Papier-Keramik[1]	674.611
Gewerkschaft der Eisenbahner Deutschlands	527.478
Gewerkschaft Erziehung und Wissenschaft	359.852
Gewerkschaft Gartenbau, Land- und Forstwirtschaft	134.982
Gewerkschaft Handel, Banken und Versicherungen	737.075
Gewerkschaft Holz und Kunststoff	236.244
Gewerkschaft Leder	41.718
IG Medien, Druck und Papier, Publizistik und Kunst	244.775
IG Metall für die Bundesrepublik Deutschland	3.624.380
Gewerkschaft Nahrung-Genuß-Gaststätten	431.211
Gewerkschaft Öffentliche Dienste, Transport und Verkehr	2.138.317
Gewerkschaft der Polizei	200.997
Deutsche Postgewerkschaft	611.969
Gewerkschaft Textil-Bekleidung	354.442
	11.605.118

[1] IG Bergbau und Energie sowie Chemie-Papier-Keramik werden sich möglicherweise vereinigen.

Die *Deutsche Angestelltengewerkschaft (DAG)* ist eine reine Angestelltenorganisation, in der also grundsätzlich keine Arbeiter organisiert sind. Sie umfaßt kaufmännische, technische und sonstige Angestellte der Privatwirtschaft und des öffentlichen Dienstes. Wie der DGB, von dem sie unabhängig ist, ist sie parteipolitisch und konfessionell unabhängig. Die Untergliederung erfolgt nach dem Berufsverbandsprinzip.
Beispiele: Fachgruppen Technische Angestellte der Metallverarbeitung und Elektrotechnik, Chemisch-technische Angestellte, Technische Angestellte in der Energiewirtschaft, Bautechnische Angestellte usw.
Die DAG hatte am 31.12.1991 584.775 Mitglieder. Außer DGB und DAG gibt es eine Reihe weiterer Gewerkschaften, von denen der Deutsche Beamtenbund (DBB) mit 1.053.001 Mitgliedern 1991 als Dachorganisation etlicher Beamtenverbände eine besondere Stellung einnimmt. Die Christliche Gewerkschaftsbewegung Deutschlands (CGB) umfaßt überwiegend konfessionell orientierte Arbeitnehmer, ist aber zahlenmäßig viel kleiner als der DGB (310.831). Auch die sonstigen kleineren Gewerkschaften haben nur eine verhältnismäßig kleine Mitgliederzahl und damit geringe Bedeutung.

Keine Berufsverbände im arbeitsrechtlichen Sinne, also nicht tariffähig, sind Verbände, die nicht ausschließlich Arbeitgeber bzw. Arbeitnehmer als Mitglieder haben, bzw. die neben sonstigen Zwecken, z.B. Bildungsaufgaben[2], nicht auch das Ziel verfolgen, auf die Löhne und Arbeitsbedingungen einzuwirken. Mit Ausnahme der Beamtenverbände muß eine Gewerkschaft notfalls auch in der Lage sein, die arbeitsrechtlichen Ziele mit einem Streik durchzusetzen.

Unternehmensverbände, die sich lediglich mit Steuer-, Verkehrs- oder Verkaufsfragen beschäftigen, Postsportvereine, der Verein Deutscher Ingenieure (VDI) usw. sind keine Berufsverbände.

Die Berufsverbände sind tariffähig, d.h. sie können Tarifverträge schließen, können vor den Arbeitsgerichten als Parteien auftreten und haben ein Vorschlagsrecht bei der Besetzung von maßgebenden Stellen einiger Behörden, z.B. der Bundesanstalt für Arbeit und den Arbeitsgerichten.

---

1 Quelle für die Gewerkschaftsmitgliederzahlen: Jahrbuch der Bundesrepublik Deutschland, a.a.O.
2 Sowohl DGB wie DAG unterhalten eine Reihe von Bildungseinrichtungen.

b) Arbeitskampf

Können wirtschaftliche Interessengegensätze zwischen Arbeitgebern und Arbeitnehmern nicht friedlich ausgeglichen werden, so kommt es zum Arbeitskampf. Durch wirtschaftliche Druckmittel will man dabei eine Änderung der Löhne und Arbeitsbedingungen oder die Lösung anderer Probleme erzwingen. Wegen der erheblichen Schäden, die durch Arbeitskämpfe der gesamten Wirtschaft drohen, wird oft versucht, derartige Streitigkeiten friedlich beizulegen. Die Arten des Arbeitskampfes sind Streik, Aussperrung und Boykott.

Streik

Ein Streik ist eine gemeinsame Arbeitsniederlegung von Arbeitnehmern mit der Absicht, nach Erzwingung günstigerer Arbeitsbedingungen die Arbeit wieder aufzunehmen.
Die Niederlegung der Arbeit aus politischen Gründen ist kein Arbeitskampf, weil sie sich nicht gegen den Arbeitgeber, sondern gegen Regierung bzw. Volksvertretung richtet und politische Ziele verfolgt.
Ein *organisierter* Streik wird von der Gewerkschaft geleitet. Vor einem Streik sind eventuelle Schlichtungsvereinbarungen zu beachten und tarifliche Friedenspflichten zu erfüllen, dann müssen die organisierten Arbeitnehmer in einer sogenannten Urabstimmung[1] befragt werden, und der Streik ist anzukündigen. Während des Streiks stehen vor den bestreikten Betrieben Streikposten, die arbeitswillige Arbeitnehmer auf die Tatsache des Streiks aufmerksam machen, sie jedoch nicht an der Arbeit hindern dürfen. Die organisierten Arbeitnehmer erhalten während des Streiks von der Gewerkschaft Streikunterstützung, weil sie ja keinen Lohn beziehen.
Ein nicht organisierter Streik ist ein *wilder Streik*. Die Gewerkschaft kann sich aber eventuell nachträglich der Streikenden annehmen, insbesondere, wenn diese durch den Arbeitgeber gemaßregelt wurden.
Nach dem Ausmaß des Streiks unterscheidet man zwischen einem *Vollstreik* und einem *Teilstreik*. Ein *Generalstreik* (Streik in allen Wirtschaftszweigen) ist meist politischer Natur und selten Arbeitskampf. Von einem Streik kann man nicht sprechen, wenn die Arbeitnehmer absichtlich ihre Arbeitsleistung, z.B. durch langsames Arbeiten, Arbeiten genau „nach Vorschrift", herabsetzen. Ein für die Arbeitnehmer erfolgreicher Streik endet oft mit dem Abschluß eines günstigeren Tarifvertrages. Meist werden auch Maßregelungsverbote vereinbart.

Aussperrung

Eine Aussperrung ist eine allgemeine vorübergehende Massenentlassung durch den Arbeitgeber mit der Absicht, nach Erreichen des Kampfzieles die ausgesperrten Arbeitnehmer weiterzubeschäftigen. Meist handelt es sich um die Abwehrmaßnahme gegen einen Streik.
Beispiel: In Baden-Württemberg führte 1963 die Industriegewerkschaft Metall in der Metallindustrie einen Schwerpunktstreik durch. Um die Gewerkschaftskasse zu schonen, wurden nur bestimmte Betriebe bestreikt. Als Abwehrmaßnahme rief der metallindustrielle Arbeitgeberverband eine Aussper-

---

1 Bei der Urabstimmung müßten allgemein 75 % für den Streik sein.

rung für alle Betriebe der Metallindustrie in Baden-Württemberg mit über 100 Beschäftigten aus. Ähnlich war es 1971.

Streik und Aussperrung sind grundsätzlich erlaubt, sie können aber im Einzelfall gegen ein Gesetz[1], einen Vertrag oder die guten Sitten verstoßen und somit unzulässig sein. Der Staat verhält sich bei Arbeitskämpfen neutral. Oft bemüht er sich um eine Vermittlung zwischen den Partnern. Das Arbeitsamt vermittelt für in Streik oder Aussperrung befindliche Arbeitnehmer nur, wenn die Tatsache des Streiks oder der Aussperrung den Arbeitsuchenden bekanntgemacht wurde. Arbeitslosenunterstützung wird allgemein nicht gewährt.

Boykott

Beim Boykott fordert jemand einen bestimmten Personenkreis auf, die Beziehungen zu einem bestimmten anderen (z.B. Unternehmen) ganz oder teilweise abzubrechen. Es soll hierdurch entweder ein bestimmter Zweck erreicht oder ein früheres Verhalten gesühnt werden. Grundsätzlich ist ein Boykott zulässig.

Beispiel: Die Gewerkschaft fordert ihre Mitglieder auf, nur in solchen Betrieben zu arbeiten, die mindestens die Tariflöhne zahlen, ausreichend soziale Leistungen gewähren und nicht gegen die Unfallverhütungsvorschriften verstoßen.

Ein Boykott ist unzulässig, wenn er gegen das Arbeitsverhältnis, z.B. die Treupflicht, den Tarifvertrag oder eine Betriebsvereinbarung verstößt bzw. sittenwidrig ist.

Beispiele: Ein Arbeitnehmer fordert öffentlich auf, nicht die Erzeugnisse seines Arbeitgebers zu kaufen. – Auf dem Zeugnis bringt der Arbeitgeber ein Geheimzeichen an; der betreffende Arbeitnehmer wird von anderen Arbeitgebern unter Angabe falscher Gründe nicht eingestellt (Sittenwidrigkeit).

c) Tarifverträge

Ein Tarifvertrag ist ein schriftlicher Vertrag zwischen tariffähigen Parteien, der hauptsächlich die Arbeitsverhältnisse regelt (Tarifvertragsgesetz vom 9.4.1949 i.d.F. v. 25.8.1969 – TVG). Tarifvertragsparteien sind auf Arbeitnehmerseite Gewerkschaften bzw. Zusammenschlüsse von Gewerkschaften, auf Arbeitgeberseite einzelne Arbeitgeber, Arbeitgeberverbände oder Zusammenschlüsse von Arbeitgeberverbänden (§ 2 TVG). Die im Tarifvertrag festgelegten Tarifbestimmungen stellen grundsätzlich *Mindestnormen* zugunsten der Arbeitnehmer dar. Für den Arbeitnehmer günstigere Bedingungen (z.B. übertarifliche Löhne) dürfen vereinbart werden. Der abgeschlossene Tarifvertrag wird in ein beim Bundesarbeitsminister geführtes Tarifregister eingetragen.

Nach dem *Geltungsbereich* unterscheidet man Bundes-, Landes-, Bezirks-, Orts- und Firmentarife. Grundsätzliche Regelungen nennt man Rahmen- bzw. Manteltarife; die nur die Lohnsätze regeln, heißen Lohntarife. Beim sachlichen Geltungsbereich gilt der Grundsatz „Industrietarif geht vor Fachtarif".

Beispiel: Für den in einer Metallwarenfabrik beschäftigten Betriebsmaurer ist nicht der Tarif des Baugewerbes, sondern der der Metallindustrie anzuwenden.

---

1 Z.B. Streikverbot gem. Art. 63 des Bayer. Beamtengesetzes.

Der Tarifvertrag gilt grundsätzlich nur für die Tarifgebundenen. Tarifgebunden sind die Mitglieder der Tarifvertragsparteien, also die Arbeitgeber, die dem tarifvertragschließenden Arbeitgeberverband angehören, und die Arbeitnehmer, die der betreffenden Gewerkschaft angehören.

Ein Arbeitnehmer hat demnach, falls durch Einzelvertrag nicht eine entsprechende Vereinbarung getroffen wurde (der Tarifvertrag also vertraglich zum Bestandteil des Arbeitsvertrages wurde), nur dann Rechtsanspruch auf den Tariflohn als Mindestlohn, wenn sowohl er der betreffenden Gewerkschaft als auch der Arbeitgeber dem betreffenden Arbeitgeberverband angehört. In der Praxis werden allerdings auch durch Unorganisierte und an Unorganisierte meist mindestens die Tariflöhne gezahlt.

Nicht nur für die Tarifgebundenen, sondern für alle Betriebe des betreffenden Wirtschaftszweiges in dem Tarifgebiet und ihre Arbeitnehmer gilt der Tarifvertrag, wenn er für allgemeinverbindlich erklärt wurde. Die „Allgemeinverbindlichkeitserklärung" (§ 5 TVG) kann auf Antrag einer Tarifvertragspartei durch den Staat (Arbeitsminister) erfolgen, insbesondere, wenn sie im öffentlichen Interesse geboten ist.

„Die Arbeitgeber sind verpflichtet, die für ihren Betrieb maßgebenden Tarifverträge an geeigneter Stelle im Betrieb auszulegen" (§ 8 TVG).

Es genügt hierbei, daß der Arbeitnehmer im Personalbüro die Tarifverträge einsehen kann. Ob er von dieser Möglichkeit Gebrauch macht, ist seine Sache. Insbesondere bei der Nichtbeachtung tariflicher Ausschlußfristen für die Geltendmachung von Ansprüchen kann er sich nicht darauf berufen, diese nicht gekannt zu haben.

Wenn keine tarifliche Regelung der Arbeitsverhältnisse besteht, kann der Staat – falls erforderlich – durch Rechtsverordnung sogenannte Mindestarbeitsbedingungen, z.B. für Heimarbeit, erlassen (Gesetz über die Festsetzung von Mindestarbeitsbedingungen v. 11.1.1952).

4. Betriebsverfassung

Das Betriebsverfassungsgesetz[1] regelt die Mitwirkung und Mitbestimmung der Arbeitnehmer in Betrieben der Privatwirtschaft, vertreten durch den Betriebsrat. Im öffentlichen Dienst obliegen den Personalräten diese Aufgaben (Personalvertretungsgesetz für Bundesbedienstete bzw. Personalvertretungsgesetze der Länder für Arbeiter, Angestellte und Beamte der Bundesländer und Gemeinden).

Zur sog. erweiterten Mitbestimmung siehe II.D.2.c, zur Vertretung der Arbeitnehmer in den Aufsichtsräten siehe II.D.2.c und d (S. 113 ff.).

a) Betriebsrat

„In Betrieben mit in der Regel mindestens fünf ständigen wahlberechtigten Arbeitnehmern, von denen drei wählbar sind, werden Betriebsräte gewählt" (§ 1 BetrVG). Wahlberechtigt sind alle mindestens 18 Jahre alten Arbeitnehmer (§ 7). Wählbar sind Wahlberechtigte mit 6 Monaten Betriebs-, Unternehmens- oder Konzernzugehörigkeit. Die Größe des Betriebsrats hängt von der Zahl der wahlberechtigten Arbeitnehmer ab (§ 9).

---

[1] Das Betriebsverfassungsgesetz v. 15.1.1972 (BetrVG) löste das BetrVG 1952 v. 11.10.1952 ab. Die §§ 76 bis 77a, 81, 85 und 87 BetrVG 1952 (Beteiligung der Arbeitnehmer im Aufsichtsrat, Ausnahmen für gewisse Betriebe) bleiben in kraft.

Beispiele: 5 ... 20 Arbeitnehmer, 1 Betriebsobmann, 21 ... 50 Arbeitnehmer, 3 Betriebsratsmitglieder, 1001 ... 2000 Arbeitnehmer, 15 Mitglieder, 5001 ... 7000 Arbeitnehmer, 29 Mitglieder.

„Arbeiter und Angestellte müssen entsprechend ihrem zahlenmäßigen Verhältnis im Betriebsrat vertreten sein, wenn dieser aus mindestens drei Mitgliedern besteht" (§ 10). „Der Betriebsrat soll sich möglichst aus Arbeitnehmern der einzelnen Betriebsabteilungen und der unselbständigen Nebenbetriebe zusammensetzen. Dabei sollen möglichst auch Vertreter der verschiedenen Beschäftigungsarten der im Betrieb tätigen Arbeitnehmer berücksichtigt werden. Die Geschlechter sollen entsprechend ihrem zahlenmäßigen Verhältnis vertreten sein" (§ 15).

Die regelmäßigen Betriebsratswahlen finden alle drei Jahre (also 1972 – 1975 – 1978 usw.) in der Zeit vom 1. März bis 31. Mai statt. In einigen Fällen erfolgt eine außerplanmäßige Wahl (§ 13). Der Betriebsrat wird in geheimer und unmittelbarer Wahl gewählt. Grundsätzlich findet Gruppenwahl statt, d.h. Arbeiter und Angestellte wählen getrennt. Nur wenn beide Gruppen in getrennter, geheimer Abstimmung die gemeinsame Wahl beschließen, wird hiervon eine Ausnahme gemacht (§ 14).

Allgemein erfolgt Verhältniswahl (Verteilung im Verhältnis der Stimmenzahl, die die einzelnen Listen bekamen). Ist jedoch nur ein Wahlvorschlag eingereicht, erfolgt Mehrheitswahl (die Kandidaten sind gewählt, die die meisten Stimmen auf sich vereinigen). Die wahlberechtigten Arbeitnehmer können Wahlvorschläge machen. Der alte Betriebsrat bestellt einen Wahlvorstand. Notfalls bestellt das Arbeitsgericht den Wahlvorstand. Die Kosten der Wahl trägt der Arbeitgeber.

Aus seiner Mitte wählt der Betriebsrat den Vorsitzenden und dessen Stellvertreter, diese sollen nicht derselben Gruppe (Arbeiter – Angestellte) angehören (§ 26). Bei einem Betriebsrat von 9 oder mehr Mitgliedern wird ein Betriebsausschuß gebildet, der aus dem Stellvertreter und entsprechend der Betriebsgröße 3 ... 9 weiteren Ausschußmitgliedern besteht. Der Betriebsausschuß führt die laufenden Geschäfte des Betriebsrats (§ 27). Weitere Ausschüsse können gebildet werden.

Für Unternehmen mit mehreren Betrieben wird ein Gesamtbetriebsrat gebildet (§§ 47 ... 53). Die einzelnen Betriebsräte entsenden in ihn ihre Vertreter. Für einen Konzern kann durch Beschlüsse der einzelnen Gesamtbetriebsräte bzw. Betriebsräte ein *Konzernbetriebsrat* errichtet werden (§§ 54 ... 59).

In Betrieben mit mindestens fünf noch nicht 18 Jahre alten Arbeitnehmern, wählen diese eine *Jugendvertretung* mit 1 ... 9 Jugendvertretern (§§ 60 ... 73). Wählbar sind noch nicht 24 Jahre alte Arbeitnehmer, die nicht Mitglieder des Betriebsrats sind. Die Jugendvertretung soll sich möglichst aus Vertretern der verschiedenen Beschäftigungsarten der im Betrieb tätigen Jugendlichen zusammensetzen. Auch sollen die Geschlechter entsprechend ihrem zahlenmäßigen Verhältnis vertreten sein. Die regelmäßigen Wahlen der Jugendvertretung finden alle zwei Jahre in der Zeit vom 1. Mai bis 30. Juni in geheimer, unmittelbarer und gemeinsamer Wahl nach den Grundsätzen der Mehrheitswahl statt. Wenn in einem Unternehmen mehrere Jugendvertretungen bestehen, ist eine *Gesamtjugendvertretung* zu errichten.

Die Mitglieder des Betriebsrats führen ihr Amt unentgeltlich als Ehrenamt. Lohnausfall tritt nicht ein (§ 37). Die Kosten der Tätigkeit trägt der Arbeitgeber (§ 40).

Bei Betrieben mit mindestens 300 Arbeitnehmern sind ein oder (je nach Größe) mehrere Betriebsratsmitglieder von ihrer beruflichen Tätigkeit freizustellen (§ 38). In jedem Betrieb kann der Betriebsrat während der Arbeitszeit Sprechstunden einrichten (§ 39). Ort und Zeit der Sprechstunden sind mit dem Arbeitgeber zu vereinbaren. In Betrieben mit mehr als 300 Jugendlichen kann auch die Jugendvertretung Sprechstunden halten, sonst kann ein Mitglied der Jugendvertretung an den Sprechstunden des Betriebsrats zur Beratung jugendlicher Arbeitnehmer teilnehmen. Lohnausfall durch den Besuch von Sprechstunden dürfen den Arbeitnehmern nicht entstehen.

Die Sitzungen des Betriebsrats finden in der Regel während der Arbeitszeit statt. Der Arbeitgeber ist vorher zu verständigen; auf betriebliche Notwendigkeiten ist Rücksicht zu nehmen (§ 30).

G. Arbeitsrecht

Die Jugendvertretung kann zu allen Betriebsratssitzungen einen Vertreter entsenden. Wenn Angelegenheiten behandelt werden, die besonders jugendliche Arbeitnehmer betreffen, hat die gesamte Jugendvertretung Teilnahmerecht. In diesem Falle haben die Jugendvertreter Stimmrecht (§ 67). Beauftragte einer im Betriebsrat vertretenen Gewerkschaft können beratend teilnehmen, wenn dies 1/4 der Mitglieder oder die Mehrheit einer Gruppe beantragt (§ 31). Auch der Vertrauensmann der Schwerbeschädigten kann an den Sitzungen beratend teilnehmen. Für Beschlüsse genügt grundsätzlich die einfache Mehrheit der anwesenden Mitglieder.

„Arbeitgeber und Betriebsrat arbeiten unter Beachtung der geltenden Tarifverträge vertrauensvoll und im Zusammenwirken mit den im Betrieb vertretenen Gewerkschaften und Arbeitgebervereinigungen zum Wohl der Arbeitnehmer und des Betriebs zusammen" (§ 2).

Den Beauftragten der im Betrieb vertretenen Gewerkschaften ist nach Unterrichtung des Arbeitgebers Zugang zum Betrieb zu gewähren, soweit nicht unumgängliche Notwendigkeiten des Betriebsablaufs, zwingende Sicherheitsvorschriften oder der Schutz von Betriebsgeheimnissen entgegenstehen.

Arbeitgeber und Betriebsrat sollen mindestens monatlich zu einer Besprechung zusammentreten. Über strittige Fragen haben sie mit dem ernsten Willen zur Einigung zu verhandeln. Parteipolitische Betätigung im Betrieb haben sie zu unterlassen (§ 74). Sie haben darüber zu wachen, daß alle Arbeitnehmer nach den Grundsätzen von Recht und Billigkeit behandelt werden, insbesondere, daß jede unterschiedliche Behandlung von Personen wegen ihrer Abstammung, Religion, Nationalität, Herkunft, politischen oder gewerkschaftlichen Betätigung oder Einstellung oder wegen ihres Geschlechts unterbleibt. Sie haben darauf zu achten, daß Arbeitnehmer nicht wegen Überschreitung von Altersstufen benachteiligt werden. Die freie Entfaltung der Persönlichkeit der im Betrieb beschäftigten Arbeitnehmer haben sie zu schützen und zu fördern (§ 75).

Zur Beilegung von Meinungsverschiedenheiten ist bei Bedarf eine Einigungsstelle zu bilden (§ 76). Die Mitglieder und Ersatzmitglieder des Betriebsrats, Gesamtbetriebsrats, Konzernbetriebsrats und der Jugendvertretung haben für Geschäftsgeheimnisse Geheimhaltungspflicht (§ 79). Wegen ihrer Tätigkeit dürfen sie weder benachteiligt noch begünstigt werden (§ 78).

Der Betriebsrat hat *allgemeine Aufgaben* sowie ein *Mitwirkungs- und Mitbestimmungsrecht* in sozialen Angelegenheiten, bei der Gestaltung von Arbeitsplatz, Arbeitsablauf und Arbeitsumgebung, in personellen sowie in wirtschaftlichen Angelegenheiten.

Allgemeine Aufgaben sind, darüber zu wachen, daß die zugunsten der Arbeitnehmer geltenden Gesetze, Verordnungen, Unfallverhütungsvorschriften, Tarifverträge und Betriebsvereinbarungen durchgeführt werden; Maßnahmen, die dem Betrieb und der Belegschaft dienen, beim Arbeitgeber zu beantragen; Anregungen von Arbeitnehmern und der Jugendvertretung entgegenzunehmen und, falls sie berechtigt erscheinen, durch Verhandlungen mit dem Arbeitgeber auf Erledigung hinzuwirken; die Eingliederung Schwerbeschädigter und sonst schutzbedürftiger Personen zu fördern; die Wahl der Jugendvertretung vorzubereiten und mit dieser zusammenzuarbeiten; die Beschäftigung älterer Arbeitnehmer zu fördern; die Eingliederung ausländischer Arbeitnehmer zu fördern (§ 80).

Soziale Angelegenheiten, in denen der Betriebsrat Mitbestimmungsrecht hat, sind: Ordnung und Verhalten der Arbeitnehmer im Betrieb, tägliche Arbeitszeit, Auszahlung der Arbeitsentgelte, Urlaubsgrundsätze und Urlaubsplan, Einführung und Anwendung technischer Einrichtungen zur Überwachung der Arbeitnehmer, Unfallverhütung, betriebliche Sozialeinrichtungen, Dienstwohnungsverteilung, betriebliche Lohngestaltung, Festsetzung von Akkord- und Prämiensätzen, Vorschlagswesen (§ 87).

Bei der *Gestaltung von Arbeitsplatz, Arbeitsablauf und Arbeitsumgebung* hat der Betriebsrat ein Unterrichtungs- und Beratungsrecht, in besonderen Fällen ein Mitbestimmungsrecht (§§ 90, 91).

In *personellen Angelegenheiten* gibt BetrVG 1972 dem Betriebsrat eine stärkere Stellung als BetrVG 1952. Er ist bereits über Personalplanungen zu unterrichten, Auswahlrichtlinien bedürfen seiner Zustimmung (§ 95). Er hat allgemein ein Mitbestimmungsrecht bei der betrieblichen Berufsbildung, bei Einstellungen, Eingruppierungen, Umgruppierungen, Versetzungen und Kündigungen (§§ 96 ... 105).

Zur Mitwirkung in *wirtschaftlichen Angelegenheiten* wird in Betrieben mit über 100 Arbeitnehmern ein Wirtschaftsausschuß (3 ... 7 Mitglieder) gebildet, der über die die Interessen der Arbeitnehmer berührenden wirtschaftlichen Angelegenheiten zu informieren ist (§§ 106 ... 110). Betriebsänderungen (z.B. Verlegungen, Stillegungen, Zusammenschlüsse, Einführung grundlegend neuer Arbeitsmethoden) hat der Arbeitgeber mit dem Betriebsrat zu beraten, ggf. ist ein Sozialplan aufzustellen (§§ 111 ... 113).

In jedem Vierteljahr hat der Betriebsrat eine *Betriebsversammlung* einzuberufen und in ihr einen Tätigkeitsbericht zu erstatten. Erforderlichenfalls finden Teil- oder Abteilungsversammlungen statt (§§ 42 ... 46).

Die Versammlungen finden während der Arbeitszeit statt. Der Arbeitgeber ist einzuladen. Beratend dürfen die im Betrieb vertretenen Gewerkschaften teilnehmen. Die Versammlungen können dem Betriebsrat Anträge unterbreiten und zu seinen Beschlüssen Stellung nehmen.

b) Betriebsvereinbarungen

Betriebsvereinbarungen werden durch Arbeitgeber und Betriebsrat gemeinsam beschlossen. Sie sind schriftlich niederzulegen, von beiden Seiten zu unterzeichnen, durch den Arbeitgeber an geeigneter Stelle im Betrieb auszulegen und in leserlichem Zustand zu erhalten (§ 77 BetrVG).

Tarifverträge und Betriebsvereinbarungen sind die Kollektivverträge im Arbeitsrecht. Während Tarifverträge allgemein von den Verbänden geschlossen werden, überbetriebliche Geltung (außer bei Firmentarifen) haben und nur für Organisierte gelten (Ausnahme: Allgemeinverbindlichkeitserklärung), wird die Betriebsvereinbarung zwischen Arbeitgeber und Betriebsrat geschlossen und gilt für sämtliche Arbeitnehmer des Betriebes.

In Betriebsvereinbarungen wird allgemein das festgelegt, was in den Mitwirkungs- und Mitbestimmungsbereich des Betriebsrats fällt. Soweit Arbeitsentgelte und sonstige Arbeitsbedingungen üblicherweise durch Tarifvertrag geregelt werden, sind Betriebsvereinbarungen nicht zulässig, es sei denn, daß ein Tarifvertrag den Abschluß ergänzender Betriebsvereinbarungen ausdrücklich zuläßt.

Beispiel: Lohnhöhe und wöchentliche Arbeitszeit werden durch Tarifvertrag geregelt. Eine Betriebsvereinbarung hierüber ist unzulässig (Einzelvereinbarungen mit günstigeren Bedingungen sind natürlich erlaubt). Durch Betriebsvereinbarung kann aber der Zeitpunkt der Lohnauszahlung und die Lage der täglichen Arbeitszeit geregelt werden.

5. Arbeitsschutz

Durch die Tätigkeit in einem Betrieb drohen dem Arbeitnehmer mancherlei Gefahren. Der Bekämpfung dieser Gefahren dient das Arbeitsschutzrecht. Seine Hauptgebiete sind Betriebsschutz, Arbeitszeitschutz, Sonderschutz für Frauen und Jugendliche. Aufsichtsorgane zur Überwachung der Arbeitsschutzbestimmungen sind in erster Linie die staatlichen Gewerbeaufsichtsämter. Speziell die Maßnahmen zur Unfallverhütung und zur Verhütung von Berufskrankheiten werden von den Aufsichtsbeamten der Berufsgenossenschaften als der gesetzlichen Unfallversicherung überwacht. Zur Durchsetzung des Arbeitsschutzrechts sind Zwangsmaßnahmen, z.B. Strafen, möglich.

G. Arbeitsrecht

a) Betriebsschutz

Unter Betriebsschutz versteht man die Vorschriften, die den Arbeitnehmer allgemein vor den Gefahren durch die Betriebsarbeit schützen sollen. Die Gewerbeordnung vom 21.6.1869 (GewO) in der jeweils gültigen Fassung gibt grundsätzliche Vorschriften über den Schutz von Leben, Gesundheit und Sittlichkeit des Arbeitnehmers.

„Die Gewerbeunternehmer sind verpflichtet, die Arbeitsräume, Betriebsvorrichtungen, Maschinen und Gerätschaften so einzurichten und zu unterhalten und den Betrieb so zu regeln, daß die Arbeiter gegen Gefahren für Leben und Gesundheit soweit geschützt sind, wie es die Natur des Betriebes gestattet" (§ 120a GewO).

Weitere wichtige Vorschriften enthalten die Arbeitsstättenverordnung vom 20.3.1975, die Verordnung über besondere Arbeitsschutzanforderungen bei Arbeiten im Freien vom 1.8.1968, die Verordnung über den Schutz durch ionisierende Strahlen (Strahlenschutzverordnung) vom 13.10.1976, das Gesetz über gesundheitsschädliche oder feuergefährliche Arbeitsstoffe vom 25.3.1939. Die Verordnung über gefährliche Arbeitsstoffe (Arbeitsstoffverordnung) vom 8.9.1975 i.d.F. vom 12.4.1976, das Gesetz über technische Arbeitsmittel vom 24.6.1968 und das Gesetz über Betriebsärzte, Sicherheitsingenieure und andere Fachkräfte für Arbeitssicherheit vom 12.12.1973.

Die Arbeitsstättenverordnung macht genaue Vorschriften über Arbeitsräume, Sanitärräume, Verkehrswege usw. Sogar ein Nichtraucherschutz wird geboten. Die Strahlenschutzverordnung ist beim Umgang mit radioaktiven Stoffen und mit Röntgeneinrichtungen zu beachten. Das Gesetz über technische Arbeitsmittel verlagert z.T. die Unfallverhütung auf die Hersteller und Importeure von Arbeitsmitteln. Das Gesetz über Betriebsärzte, Sicherheitsingenieure und andere Fachkräfte für Arbeitssicherheit schreibt die Bestellung entsprechender Fachkräfte vor. „... Der Sicherheitstechniker oder -meister muß über die zur Erfüllung der ihm übertragenen Aufgaben erforderliche sicherheitstechnische Fachkunde verfügen" (§ 7).

Eine besondere Bedeutung haben die Unfallverhütungsvorschriften der jeweiligen Berufsgenossenschaft.

Da die gültigen Unfallverhütungsvorschriften im Betrieb ausliegen müssen, soll hier nicht auf Einzelheiten eingegangen werden.

b) Arbeitszeitschutz

Grundlage für den allgemeinen Arbeitszeitschutz ist die Arbeitszeitordnung vom 30.4.1938 (AZO). Die regelmäßige Arbeitszeit beträgt hiernach für erwachsene Arbeitnehmer am Tag acht Stunden bzw. – wenn am Samstag nicht oder nicht voll gearbeitet wird – 48 Stunden[1] in der Woche (§§ 3 und 4 AZO). Als Arbeitszeit zählt die Zeit vom Beginn bis zum Ende der Arbeit ohne die Ruhepausen (§ 2 AZO). Fällt ein gesetzlicher Feiertag in die Woche, so verringert sich die Arbeitszeit entsprechend. Wenn in die Arbeitszeit regelmäßig und in erheblichem Umfange Arbeitsbereitschaft fällt, ist eine längere Arbeitsdauer zulässig (§ 7 AZO). Eine Verlängerung der Arbeitszeit (allgemein bis zehn Stunden täglich) ist bei Vor- und Abschlußarbeiten (§ 6), durch Tarifvertrag (§ 7), nach Genehmigung des Gewerbeaufsichtsamtes (§ 8) und in außergewöhnlichen Fällen (§§ 14, 14a AZO) möglich.

Für die Mehrarbeit ist außer dem regelmäßigen Arbeitslohn ein Mehrarbeitszuschlag (Überstundenlohn) zu zahlen (§ 15 AZO). Dies gilt nicht bei Mehrarbeit in Form von Arbeitsbereitschaft oder bei Not- und Unglücksfällen. Wenn im Tarif- und im Arbeitsvertrag keine andere Regelung getroffen wurde, beträgt der Mehrarbeitszuschlag 25 %.

Auch für die Lage der Arbeitszeit bestehen Vorschriften (§ 12 AZO).

---

1 Die Tarifverträge sehen meistens wesentlich kürzere wöchentliche Arbeitszeiten vor.

Die Ruhezeit nach der Arbeit muß allgemein mindestens elf Stunden betragen; bei über sechsstündiger Arbeitszeit männlicher Arbeitnehmer sind mindestens eine halbe Stunde oder zwei viertel Stunden Ruhepause vorgeschrieben.

Die Arbeitszeitordnung gilt u.a. nicht für Betriebe der Land- und Forstwirtschaft, der Fischerei, Seeschiffahrt und Luftfahrt. In allen Betrieben gilt die AZO nicht für Generalbevollmächtigte, Angestellte in leitender Stellung, die Vorgesetzte von mindestens 20 Arbeitnehmern sind, sowie Apotheker (§ 1 AZO).

Allgemein besteht für Gewerbebetriebe die Pflicht zu Sonntagsruhe, Ausnahmen sind jedoch möglich (§§ 105a ff. GO).

Auf arbeitszeitliche Bestimmungen besonderer Berufsgruppen, z.B. Einzelhandel (Ladenschlußgesetz), Bäckergewerbe, Apotheken, Krankenanstalten, Kraftfahrer und Beifahrer, soll hier nicht eingegangen werden.

c) Sonderschutz für Frauen

Trotz rechtlicher Gleichberechtigung bedarf die arbeitende Frau wegen ihrer biologischen Besonderheit und auch wegen ihrer besonderen Aufgabe als Mutter eines stärkeren Schutzes vor den Gefahren der Arbeit als der männliche Arbeitnehmer. Die gesetzliche Regelung des Arbeitsschutzes für Frauen erfolgt hauptsächlich in der Gewerbeordnung, der Arbeitszeitordnung und dem Mutterschutzgesetz.

Bestimmte Arbeiten sind für Frauen ganz verboten.

Beispiele: Arbeit in Bergwerken (unter Tage), Salinen, Kokereien, an Hochöfen, in Steinbrüchen (§ 16 AZO). Gemäß § 120e GO können weitere Beschäftigungsverbote erlassen werden.

Die *Arbeitszeitbestimmungen* sind für Frauen strenger als für Männer (§§ 16 ... 21 AZO). Bei mehr als 4 1/2 Stunden Arbeit sind Ruhepausen vorgeschrieben (§ 18 AZO). Arbeiterinnen dürfen nachts zwischen 20 und 6 Uhr und vor Sonn- und Feiertagen nach 17 Uhr nicht beschäftigt werden (§ 19 AZO).

Ausnahme: In mehrschichtigen Betrieben bis 23 Uhr oder mit Genehmigung des Gewerbeaufsichtsamtes.

Nach verschiedenen Ländergesetzen haben Frauen mit eigenem Hausstand Anspruch auf einen freien Wochentag. Dieser wird allgemein bei beschäftigungsfreiem Samstag und bei verringerter wöchentlicher Arbeitszeit nicht mehr gewährt.

Einen ganz besonderen Arbeitsschutz genießt die Mutter im *Mutterschutzrecht*. Grundlage ist das Gesetz zum Schutze der erwerbstätigen Mutter (Mutterschutzgesetz – MuSchG) vom 24.1.1952 i.d.F. v. 18.4.1968.

Werdende Mütter dürfen in den letzten sechs Wochen vor der Niederkunft nicht beschäftigt werden, es sei denn, daß sie sich zur Arbeitsleistung ausdrücklich bereit erklären (§ 3 MuSchG). Eine Beschäftigung ist auch vor dieser Zeit unzulässig, sofern sie nach ärztlichem Zeugnis Leben oder Gesundheit von Mutter und Kind gefährdet. Körperlich schwere oder gefährliche Arbeiten sind werdenden Müttern überhaupt verboten (§ 4 MuSchG).

Beispiele: Regelmäßiges Heben von Lasten über 5 kg oder gelegentliches Heben über 10 kg; Arbeiten im Stehen über bestimmte Grenzen hinaus; Arbeiten, bei denen sich die Frauen häufig erheblich strecken oder beugen müssen; Bedienung von Geräten mit Fußantrieb mit hoher Fußbeanspruchung; Schälen von Holz; Akkord- oder Fließarbeit.

G. Arbeitsrecht

Werdende Mütter sollen ihren Zustand dem Arbeitgeber mitteilen (§ 5 MuSchG)[1]. Der Arbeitgeber hat dann entsprechende Vorkehrungen für die Beschäftigung der werdenden Mutter (z.B. Bereitstellung einer Sitzgelegenheit) zu treffen (§ 2 MuSchG). Der Arbeitgeber hat nach der Mitteilung auch unverzüglich die Aufsichtsbehörde zu benachrichtigen. Eine unbefugte Bekanntgabe an Dritte ist dagegen unzulässig.

Für die Berechnung der Sechswochenfrist vor der Entbindung ist das Zeugnis eines Arztes oder einer Hebamme maßgebend. „Irrt sich der Arzt oder die Hebamme über den Zeitpunkt der Entbindung, so verkürzt oder verlängert sich diese Frist entsprechend" (§ 5 MuSchG).

Nach der Entbindung dürfen Wöchnerinnen acht Wochen, nach Früh- oder Mehrlingsgeburten zwölf Wochen, nicht beschäftigt werden (*Schutzfrist* nach der Entbindung – § 6 MuSchG). Im Anschluß kann Mutter oder Vater (oder beide abwechselnd) bis zu 3 Jahre Erziehungsurlaub nehmen. Der Urlaub muß spätestens vier Wochen vorher verlangt werden.

Während der Schutzfristen erhalten die Arbeitnehmerinnen allgemein von der gesetzlichen Krankenkasse ein *Mutterschaftsgeld* in Höhe des Nettolohnes bzw. -gehaltes bis zur Höhe von 25,- DM je Kalendertag. Bei einem höheren Lohn zahlt der Arbeitgeber den Unterschied zum vollen Nettolohn bzw. -gehalt dazu (§§ 13, 14 MuSchG). Während der Pflege in einer Entbindungs- oder Krankenanstalt ist der Zuschuß nach dem Mutterschaftsgeld zu berechnen, das ohne den Anstaltsaufenthalt gezahlt würde. Bei Arbeitsausfall außerhalb der Schutzfristen infolge eines Beschäftigungsverbotes muß der Arbeitgeber den vollen Lohn zahlen (§ 11 MuSchG).

Mutter, Vater, Stiefmutter oder dergl., die ein Kind erziehen und keine volle Erwerbstätigkeit ausüben, erhalten von der Geburt des Kindes bzw. ab Wegfall des Mutterschaftsgeldes bis Vollendung des 18. Monats ein Erziehungsgeld von 600,- DM monatlich (bei höherem Einkommen ab 7. Monat gemindert) (Bundeserziehungsgeldgesetz v. 6.12.1985).

Stillenden Müttern ist bezahlte Stillzeit zu gewähren (§§ 6 u. 7 MuSchG). Sowohl bei werdenden als auch bei stillenden Müttern ist Mehrarbeit, Nachtarbeit sowie Sonn- und Feiertagsarbeit grundsätzlich verboten (§ 8). Für ärztliche Untersuchungen ist bezahlte Freizeit zu gewähren.

Die Kündigung gegenüber einer Arbeitnehmerin „während der Schwangerschaft und bis zum Ablauf von vier Monaten nach der Entbindung ist unzulässig, wenn dem Arbeitgeber zur Zeit der Kündigung die Schwangerschaft oder Entbindung bekannt war oder innerhalb zweier Wochen nach Zugang der Kündigung mitgeteilt wird" (§ 9 MuSchG). Bei Inanspruchnahme von Erziehungsurlaub besteht ebenfalls Kündigungsschutz.

Ausnahme: Im Familienhaushalt beschäftigte Frauen nach Ablauf des fünften Monats der Schwangerschaft; bei anderen Arbeitnehmerinnen bei Genehmigung durch die zuständige oberste Landesbehörde.

Die Arbeitnehmerin kann dagegen ohne Einhaltung einer Frist zum Ende der Schutzfrist (8 bzw. 12 Wochen) nach der Entbindung kündigen. Falls die Arbeitnehmerin innerhalb eines Jahres nach der Entbindung wieder eingestellt wird, gilt das Arbeitsverhältnis bezüglich bestimmter Rechte als nicht unterbrochen (§ 10 MuSchG).

---

1 Eine direkte Offenbarungspflicht besteht für die werdende Mutter weder bei der Einstellungsverhandlung noch später. Sie muß allerdings ihren Zustand mitteilen, wenn sie ausdrücklich gefragt wird oder wenn es sich um die Beschäftigung in bestimmten Berufen, z.B. Schauspielerin, Sängerin, Tänzerin, Artistin, Mannequin, Sportlehrerin usw., handelt.

Erkrankungen während der Schwangerschaft oder nach der Niederkunft außerhalb der Schutzfristen werden, auch wenn sie mit der Schwangerschaft oder Niederkunft zusammenhängen, gesondert gerechnet.

Eine Arbeitnehmerin, die wegen Schwangerschaftsbeschwerden vom Arzt vor der Schutzfrist arbeitsunfähig geschrieben wird, erhält vom Arbeitgeber außerhalb der Schutzfrist Krankengehalt (bis sechs Wochen, tariflich evtl. länger) obwohl sie später Mutterschaftsgeld bekommt.

Zu den Leistungen der Krankenversicherung (Mutterschaftshilfe) siehe II.H.3.b. Selbstverständlich macht das Mutterschutzrecht keine Unterschiede bei der Frage, ob die Arbeitnehmerin verheiratet oder ledig ist.

d) Sonderschutz für Jugendliche

Das Gesetz zum Schutz der arbeitenden Jugend (Jugendarbeitsschutzgesetz – JArbSchG) vom 12. April 1976 gilt für die Beschäftigung von Personen unter 18 Jahren. Es gilt nicht für lediglich geringfügige Hilfeleistungen, soweit sie gelegentlich aus Gefälligkeit, aufgrund familienrechtlicher Vorschriften, in Einrichtungen der Jugendhilfe oder in Einrichtungen zur Eingliederung Behinderter erbracht werden sowie für die Beschäftigung durch die Personensorgeberechtigten (meist Eltern) im Familienhaushalt (§ 1 JArbSchG). Als Kind gilt, wer noch nicht 14 Jahre alt ist, als Jugendlicher, wer 14, aber noch nicht 18 Jahre alt ist. Jugendliche, die noch der Vollzeitschulpflicht unterliegen, gelten als Kinder (§ 2 JArbSchG).

Die Kinderarbeit ist grundsätzlich verboten (§ 5 JArbSchG).

Ausnahmen: Beschäftigung zum Zwecke der Beschäftigungs- und Arbeitstherapie, im Rahmen des Betriebspraktikums während der Vollzeitschulpflicht, in Erfüllung einer richterlichen Weisung. Für Kinder über 13 Jahren bis zu drei Stunden in der elterlichen Landwirtschaft bzw. allgemein bei der Ernte bis zu drei Stunden werktäglich oder Zeitungsaustragen bis zu zwei Stunden werktäglich bzw. Handreichungen beim Sport bis zu zwei Stunden täglich. Die Arbeit muß aber leicht und für Kinder geeignet sein, darf nicht vor oder während des Schulunterrichts erfolgen und das Fortkommen in der Schule nicht beeinträchtigen (§ 5 JArbSchG). Für bestimmte Veranstaltungen (z.B. Theatervorstellungen, Musikaufführungen, Rundfunk- und Fernsehaufnahmen, Film- und Fotoaufnahmen kann die Aufsichtsbehörde in bestimmtem Rahmen auch für jüngere Kinder Ausnahmen bewilligen (§ 7 JArbSchG)).

Das Mindestalter für die Beschäftigung Jugendlicher ist 15 Jahre. Jugendliche, die noch nicht 15 Jahre alt sind, aber nicht mehr der Vollzeitschulpflicht unterliegen, dürfen im Berufsausbildungsverhältnis oder außerhalb eines Berufsausbildungsverhältnisses bis zu 7 Stunden täglich (35 Stunden wöchentlich) mit leichten Arbeiten beschäftigt werden. Für Jugendliche darf die tägliche Arbeitszeit 8 Stunden und die Wochenarbeitszeit 40 Stunden nicht überschreiten (§ 8 JArbSchG).

„Wenn in Verbindung mit Feiertagen an Werktagen nicht gearbeitet wird, damit die Beschäftigten eine längere zusammenhängende Freizeit haben, so darf die ausfallende Arbeitszeit auf die Werktage von fünf zusammenhängenden, die Ausfalltage einschließenden Wochen nur dergestalt verteilt werden, daß die Wochenarbeitszeit im Durchschnitt dieser fünf Wochen 40 Stunden nicht überschreitet. Die tägliche Arbeitszeit darf hierbei achteinhalb Stunden nicht überschreiten" (§ 8 Abs. 2 JArbSchG).

Die Unterrichtszeit in der Berufsschule (einschl. Pausen) wird auf die Arbeitszeit angerechnet. Berufsschultage mit mehr als 5 Unterrichtsstunden (einmal in der Woche) gelten als volle Arbeitstage (8 Stunden). Dies gilt auch für über 18 Jahre alte Berufsschulpflichtige. Ein Entgeltausfall darf durch den Berufsschulbesuch nicht eintreten (§ 9 JArbSchG). Ebenfalls sind die Jugendlichen für die Teilnahme an Prüfungen und außerbetriebliche Ausbildungsmaßnahmen ohne Entgeltminderung freizustellen. Der Arbeitstag vor der schriftlichen Abschlußprüfung ist auch bezahlt arbeitsfrei (§ 10 JArbSchG). Besondere Vorschriften über die Lage der Arbeitszeit Jugendlicher bringen die §§ 11 ... 18 JArbSchG.

Beispiele: Bei 4 1/2 bis 6 Stunden Arbeitszeit mindestens 30 Minuten Pause, darüber mind. 60 Minuten Pause in geeigneten Pausenräumen; Verbot der Nachtarbeit zwischen 7 und 20 Uhr mit gewissen Ausnahmen; Fünf-Tage-Woche; allgemein ist die Samstags- und Sonntagsarbeit verboten (Ausnahmen: Krankenanstalten, Alten-, Pflege-, Kinderheime, Landwirtschaft, Tierpflege, Familienhaushalt, Gaststätten, Schaustellergewerbe, Musikaufführungen, Theatervorstellungen, Rundfunk, Fernsehen, Sport, ärztlicher Notdienst; Ausnahmen nur für Samstag: Einzelhandel, Bäckereien, Konditoreien, Friseure, Marktverkehr, Verkehrswesen, außerbetriebliche Ausbildungsmaßnahmen), die Ausnahmen sind z.T. mit erheblichen Einschränkungen versehen; Verbot der Beschäftigung am 24.12. und 31.12. nach 14 Uhr und an gesetzlichen Feiertagen.

Der bezahlte Erholungsurlaub beträgt jährlich

mindestens 30 Werktage, wenn Jugendlicher am 1.1. noch nicht 16 Jahre,
mindestens 27 Werktage, wenn Jugendlicher am 1.1. noch nicht 17 Jahre,
mindestens 25 Werktage, wenn Jugendlicher am 1.1. noch nicht 18 Jahre
alt ist.

Bei Beschäftigung im Bergbau unter Tage erhöht sich der Urlaub jeweils um drei Werktage. Der Urlaub soll Berufsschülern während der Berufsschulferien gegeben werden. Soweit er nicht in die Berufsschulferien fällt, ist für jeden Berufsschultag, an dem die Berufsschule während des Urlaubs besucht wurde, ein weiterer Urlaubstag zu gewähren.

Beschäftigungsverbote bestehen für gefährliche oder die Kräfte übersteigende Arbeiten, Akkordarbeit und tempoabhängige Arbeit (§§ 22, 23 JArbSchG). Unter Tage dürfen Jugendliche unter 16 Jahre überhaupt nicht, darüber nur zur Ausbildung beschäftigt werden.

Wer Jugendliche beschäftigt, hat noch eine Reihe sonstiger Pflichten (§§ 28 ... 31 JArbSchG): Menschengerechte Gestaltung der Arbeit, Unterweisung über Gefahren vor Arbeitsaufnahme und in angemessenen Zeitabständen, mindestens halbjährlich; Züchtigungsverbot, Schutz vor sittlicher Gefährdung; Verbot der Abgabe alkoholischer Getränke und Tabakwaren an unter 16 Jahre alte Jugendliche und von Branntwein an alle Jugendlichen.

Die §§ 32 ... 46 sehen eine gesundheitliche Betreuung der Jugendlichen vor (Erstuntersuchung vor Einstellung. 1. Nachuntersuchung ein Jahr nach Arbeitsaufnahme, weitere Nachuntersuchungen sind möglich).

Arbeitgeber, die Jugendliche beschäftigen, müssen das Gesetz und die Anschrift der Aufsichtsbehörde (Gewerbeaufsichtsamt) auslegen oder aushängen. Auch sind bei Beschäftigung von mindestens drei Jugendlichen die täglichen Arbeitszeiten und Pausen an geeigneter Stelle auszuhängen. Die §§ 58 ... 60 JArbSchG sehen bei Verstößen Straf- oder Bußgeldvorschriften vor.

6. Arbeitsstreitigkeiten

Zivilrechtliche, das Arbeitsverhältnis betreffende Streitigkeiten zwischen Arbeitgeber und Arbeitnehmer, aber auch zwischen Tarifvertragsparteien werden nicht vor der ordentlichen Gerichtsbarkeit (Amtsgericht, Landgericht, Oberlandesgericht, Bundesgerichtshof) ausgefochten, sondern vor den *Gerichten für Arbeitssachen*. Rechtsgrundlage ist das Arbeitsgerichtsgesetz vom 3.9.1953 (ArbGG). Instanzen sind die Arbeitsgerichte, die Landesarbeitsgerichte und das Bundesarbeitsgericht in Kassel. Diese Gerichte sind mit Berufsrichtern und mit Beisitzen aus den Kreisen der Arbeitnehmer und Arbeitgeber besetzt.

Die *Arbeitsgerichte* sind ohne Rücksicht auf die Höhe des Streitwertes immer in erster Instanz zuständig.

Die *Landesarbeitsgerichte* sind für Berufungen gegen Urteile der Arbeitsgerichte zuständig, falls der Streitwert mindestens 800,- DM beträgt oder die Berufung aus grundsätzlichen Gründen zugelassen wurde. Außerdem sind sie für Beschwerden gegen Beschlüsse der Arbeitsgerichte und ihrer Vorsitzenden zuständig.

Das *Bundesarbeitsgericht* in Kassel ist für Revisionen gegen Urteile des Landesarbeitsgerichts zuständig, wenn das Landesarbeitsgericht die Revision zugelassen hat oder wenn die Entscheidung von einer ähnlichen höchstrichterlichen Entscheidung abweicht.

Das arbeitsgerichtliche Verfahren ist einfacher, billiger[1], schneller[2] und unmittelbarer als bei der ordentlichen Gerichtsbarkeit. Vor dem Arbeitsgericht braucht man keinen Prozeßvertreter. Man kann sich aber durch einen Vertreter einer Gewerkschaft oder eines Arbeitgeberverbandes bzw. einen Rechtsanwalt vertreten lassen. Ggf. kann das Gericht einer Partei einen Rechtsanwalt beiordnen (§ 11a ArbGG).

Wer sich nicht vertreten lassen will, kann die Klage in doppelter Ausfertigung schriftlich einreichen oder sie auf der Geschäftsstelle des Arbeitsgerichts zu Protokoll erklären. Dort wird auch kostenlos Auskunft über einschlägige Fragen erteilt. Auch minderjährige Arbeitnehmer, die mit Ermächtigung des gesetzlichen Vertreters die Arbeit aufgenommen haben, können selbständig Klage beim Arbeitsgericht erheben.

„Die mündliche Verhandlung beginnt mit einer Verhandlung vor dem Vorsitzenden zum Zwecke der gütigen Einigung der Parteien (Güteverhandlung)" (§ 54 ArbGG). Erst wenn die Güteverhandlung erfolglos blieb, wird streitig verhandelt (mit Beisitzern).

Vor dem Landesarbeitsgericht muß man sich durch einen Rechtsanwalt oder durch den Vertreter einer Gewerkschaft bzw. eines Arbeitgeberverbandes vertreten lassen, vor dem Bundesarbeitsgericht durch einen Rechtsanwalt.

---

1 „Im Verfahren des ersten Rechtszuges wird eine einmalige Gebühr nach dem Werte des Streitgegenstandes erhoben. Sie beträgt bei einem Streitwert bis zu einhundert DM einschließlich drei DM und von da ab für jede angefangene hundert DM je drei DM bis zu höchstens fünfhundert DM". Es werden keine Vorschüsse verlangt. Ist die Güteverhandlung erfolgreich, kommt es also zu einem Vergleich, werden keine Gebühren erhoben. Zu den aufgeführten Gebühren kommen noch die Auslagen des Gerichts. In der ersten Instanz kann die obsiegende Partei nicht (wie im sonstigen Zivilprozeß) die Vertreterkosten (Rechtsanwaltskosten) von der unterlegenen Partei verlangen.
2 Kündigungsverfahren sind vorrangig zu erledigen (§ 61a ArbGG).

H. Versicherungen

1. Allgemeines über Versicherungen

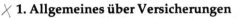
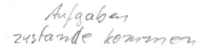

Die Hauptaufgabe aller Versicherungen ist es, Gefahren (Risiken), die den einzelnen besonders hart treffen würden, auf eine Gefahrengemeinschaft umzulegen. Es spielt hierbei keine Rolle, ob die Mitglieder der Gefahrengemeinschaft ihren Beitrag zur Hilfe für das geschädigte Mitglied erst im Schadensfalle leisten, oder ob bereits vorher Beiträge bzw. Prämien entrichtet werden.

Außer dieser allen Versicherungen zukommenden Risikoverteilungsfunktion haben manche Versicherungen, insbesondere die Renten- und Lebensversicherungen (ausgenommen reine Risikolebensversicherungen), eine Sparfunktion. Jeder Versicherte einer Rentenversicherung hofft, einmal in den Genuß einer Rente zu kommen. Durch die Anlage des Sparanteils können beispielsweise durch Gewährung von Hypotheken noch erhebliche wirtschaftliche Werte, die den Versicherten zugute kommen, geschaffen werden. Schließlich kommt als weitere Aufgabe der Versicherungen teilweise noch die vorbeugende Schadensverhütung bzw. Schadensminderung hinzu.

Beispiele: Heilverfahren der Rentenversicherung, Unfallverhütung durch die gesetzliche Unfallversicherung, gesundheitliche Ratschläge durch Kranken- und Lebensversicherungen, Verpflichtung zur Schadensabwendung durch den Versicherungsnehmer gemäß § 62 VVG usw.

Die Einteilung der Versicherungen kann nach verschiedenen Gesichtspunkten vorgenommen werden. Die übliche Einteilung ist die in Vertragsversicherung (Individualversicherung[1]) und Sozialversicherung.

Zum Zustandekommen eines Versicherungsschutzes durch eine Vertragsversicherung ist allgemein der Abschluß eines Versicherungsvertrages erforderlich. Versicherte einer Sozialversicherung wird man allgemein allein durch Begründung eines Arbeitsverhältnisses.

2. Vertragsversicherung

a) Allgemeines

Rechtsgrundlage für die Vertragsversicherung ist das Versicherungsvertragsgesetz (VVG) vom 30. Mai 1908. Sie stehen unter der Aufsicht des Bundesaufsichtsamtes für das Versicherungswesen. Die Rechtsform einer Vertragsversicherung kann nur die einer Aktiengesellschaft, eines Versicherungsvereins auf Gegenseitigkeit (Versicherungsnehmer sind gleichzeitig die Unternehmer der Versicherung und leisten statt der Prämien Beiträge) oder einer öffentlich-rechtlichen Versicherungsanstalt sein.

Zum Versicherungsvertrag kommt es durch Antragstellung durch den Versicherungsnehmer und erklärter Annahme des Antrages durch den Versicherer. Vor der Annahme

---

1 Die Vertragsversicherung wird meist Individualversicherung genannt, obwohl teilweise auch kollektive Versicherungen, z.B. Gruppensterbegeldversicherung, vereinbart werden. Man nennt sie vielfach Privatversicherung, obwohl es auch öffentlich-rechtliche Versicherungsanstalten gibt. In diesem Buch werden alle Versicherungen, die nicht Sozialversicherung sind, der Vertragsversicherung zugeordnet. Der Versicherungsnehmer hat bei längerer Laufzeit als ein Jahr allgemein ein Widerrufsrecht (10 Tage – Eintreffen bei Versicherung – § 8 (4) VVG).

findet vielfach eine Risikoprüfung aufgrund der im Antrag gemachten Angaben oder eines Gutachtens, z.B. einer ärztlichen Untersuchung, durch den Versicherer statt.

Durch die Risikoprüfung und eine sich daraus ergebende Prämien- oder Beitragsfestlegung unterscheidet sich die Vertragsversicherung von der Sozialversicherung.

Vor der Annahme des Vertrages, die sich durch die Prüfung verzögern kann, wird zum Schutze des Versicherungsnehmers oft schon Deckung zugesagt, damit der Versicherungsschutz sofort besteht (z.B. Doppelkarte bei Kfz-Haftpflichtversicherung).

Der Versicherungsvertrag enthält die Versicherungsbedingungen, nämlich die allgemeinen Versicherungsbedingungen (AVB) und die besonderen Bedingungen.

Nach dem Gegenstand der Versicherung unterscheidet man:
1. *Personenversicherungen* (Lebens-, Unfall- und Krankenversicherung)
2. *Sachversicherungen* (z.B. Hausrat-, Feuer-, Maschinen-, Transport-, Autokasko-, Glas- und Hagelversicherung)
3. *Vermögensversicherungen* (z.B. Haftpflicht-, Rechtsschutz-, Betriebsunterbrechungs- und Kreditversicherung)

b) Einige Zweige der Vertragsversicherung

X Lebensversicherung

Die Lebensversicherung ist wohl der wichtigste Zweig der Vertragsversicherung. Ihre Bedeutung besteht nicht nur für den einzelnen, insbesondere im Schutz für die Familie, sondern auch für die Volkswirtschaft als Kapitalsammelbecken.

Infolge der Verschiedenartigkeit der Versicherungsbedürfnisse unterscheidet man auch verschiedene Arten der Lebensversicherung:

1. *Reine Todesfallversicherung.* Sie wird nur beim Tod der versicherten Person fällig. Die Prämienzahlung kann dagegen bereits bei einem bestimmten Alter, z.B. bei 65 Jahren, aufhören.
2. *Reine Erlebensversicherung.* Es wird die Versicherungssumme nur beim Erleben eines bestimmten Zeitpunktes ausgezahlt (als Kapitalversicherung selten).
3. *Gemischte Lebensversicherung.* Die Auszahlung erfolgt zu einem vereinbarten Zeitpunkt oder bei vorzeitigem Ableben (häufigste Versicherungsform).
4. *Risikolebensversicherung (kurzfristige Todesfallversicherung).* Das Versicherungskapital wird nur dann ausgezahlt, wenn der Versicherte innerhalb der Versicherungszeit (meist 5 oder 10 Jahre) stirbt. Da in der Prämie kein Sparanteil enthalten ist, ist diese entsprechend gering. Diese Versicherung kommt häufig als Gruppenversicherung durch Bausparkassen vor (stirbt der Bausparer, so wird durch die Versicherungssumme das jeweilige Bauspardarlehen getilgt).
5. *Lebensversicherung mit festem Auszahlungstermin (Ausbildungsversicherung).* Die Versicherungssumme wird zu einem bestimmten Termin ausgezahlt. Stirbt der Versicherungsnehmer vorher, braucht keine Prämie mehr gezahlt zu werden. Bei einer Aussteuerversicherung wird die Summe bei der Heirat der Tochter fällig.
6. *Kleinlebensversicherungen* haben eine kleine Versicherungssumme (unter 2.000,- oder 3.000,- DM). Als Sterbegeldversicherungen sind sie Versicherungen auf den Todesfall.

7. *Zusatzversicherungen zu Lebensversicherungen* sind vielfach möglich, z.B. Unfallzusatzversicherung (doppelte Versicherungssumme bei Unfalltod), Invaliditätsversicherung u.a.

Wird die Versicherungssumme nicht in einem Betrag (Kapitalversicherung), sondern in einer Rente, also in laufenden Zahlungen ausgezahlt, so spricht man von einer Rentenversicherung. Versicherungen können auch auf „verbundene Leben" (Ehegatten, Teilhaber usw.) abgeschlossen werden. Die Versicherungssumme wird dann beim Tode des zuerst Sterbenden fällig. Eine Gruppenversicherung umschließt einen fest umrissenen Personenkreis (Betrieb, Verein usw.). Wegen einer Ersparung von Verwaltungskosten ist die Prämie niedriger. Zur „vermögenswirksamen" Lebensversicherung s. II.I.3.

Die Prämie einer Lebensversicherung setzt sich aus drei Bestandteilen, nämlich dem Sparanteil, dem Risikoanteil und dem Verwaltungskostenanteil zusammen. Sie hängt daher außer von der Versicherungssumme vom Alter des Versicherten und von der Laufzeit, eventuell noch von Risikozuschlägen, ab. Der Rückkaufswert[1] bemißt sich nach dem angelaufenen Sparanteil und dessen Verzinsung. Da die Prämien vorsichtig berechnet werden, kann der Versicherungsnehmer allgemein zusätzlich zur Versicherungssumme noch mit erheblichen Gewinnanteilen rechnen.

Unfallversicherung

Ein Unfall liegt vor, wenn der Versicherte durch ein plötzlich von außen auf seinen Körper wirkendes Ereignis unfreiwillig eine Gesundheitsschädigung erleidet.

Versichert werden können in der Unfallversicherung Tod, Invalidität, Tagegeld und Heilungskosten. Die Höhe der Prämie hängt weitgehend vom Risiko ab. Sie ist beispielsweise bei einem Dachdecker höher als bei einem Büroangestellten. Bei Ausschluß des Berufsrisikos (Freizeitunfallversicherung, bei Arbeitnehmern wegen der gesetzlichen Unfallversicherung interessant) ist die Prämie allgemein niedriger. Besondere Formen der Unfallversicherung sind Reiseunfallversicherung und Gruppenversicherung, z.B. Schülerunfallversicherung.

Krankenversicherung

Man unterscheidet in der privaten Krankenversicherung die *Krankheitskostenversicherung* (für ambulante Behandlung, Krankenhausbehandlung, Entbindungshilfe, Zahnbehandlung und Hilfsmittel), die *Krankentagegeldversicherung* und die *Krankenhaustagegeldversicherung*.

Die Risikoprüfung beim Versicherungsantrag ist besonders wichtig, weil man einer Versichertengemeinschaft nicht zumuten kann, die Kosten einer bereits bei Eintritt in die Versicherung bestehenden Krankheit ohne Risikozuschlag zu tragen. Allgemein besteht auch bei der Neuaufnahme eine Wartezeit (Ausnahmen: bestimmte Infektionskrankheiten, Unfälle und direkte Übertritte aus der sozialen Krankenversicherung). Die Höhe der Prämie hängt vom gewählten Tarif (je bessere Leistungen, desto höhere Prämien), vom Eintrittsalter (je jünger, desto günstiger) und vom Geschlecht (Frauen zahlen mehr als Männer) ab.

---

[1] Der Rückkaufswert ist die Höhe der Abstandszahlung des Versicherungsunternehmens bei vorzeitiger Beendigung des Versicherungsvertrages.

Es gibt auch Zusatztarife für Sozialversicherungspflichtige, z.B. für die II. Pflegeklasse im Krankenhaus.

Im Gegensatz zur sozialen Krankenversicherung ist der Versicherte Privatpatient des Arztes und erhält allgemein vom Arzt die Rechnung, die er dann zur tarifgemäßen Erstattung seiner Kasse einreicht. Wird während eines Jahres die Versicherung nicht in Anspruch genommen, so erhält der Versicherungsnehmer allgemein eine Beitragsrückgewähr. Diese soll ihn auch veranlassen, Bagatellfälle selbst zu tragen und somit Verwaltungskosten zu sparen.

Feuerversicherung

Durch eine Feuerversicherung werden der Sachschaden durch Brand, Blitzschlag, Explosion und Absturz von Flugzeugen, außerdem die Aufräumungskosten ersetzt. Nicht versichert sind dagegen Sengschäden u.ä. Wichtig, wie bei allen Sachversicherungen, ist der ausreichende Versicherungsschutz, da sonst im Schadensfall nur ein Teil der Schadenssumme ersetzt wird (Unterversicherung).

Beispiel: Versicherter Wert 12.000,- DM, Versicherungssumme 8.000,- DM, Schaden 6.000,- DM, Entschädigung 4.000,- DM (2/3).

Während sich die Feuerversicherung auf das Inventar eines Gebäudes oder einer Wohnung erstreckt, bezieht sich die Gebäudebrandversicherung – sie ist zum Teil eine Pflichtversicherung – auf das Gebäude selbst.

Eine Betriebsunterbrechungsversicherung deckt den weiteren Vermögensschaden, der durch einen Brand entsteht.

Über die für den Industriebetrieb wichtigen Versicherungen informieren Druckschriften der größeren Versicherungsgesellschaften[1].

Einbruchdiebstahl-, Leitungswasser-, Hausrat-, Sturm- und Glasversicherung

Für den Privatmann ist besonders die verbundene Hausratversicherung interessant. Durch einen einzigen Vertrag wird der Hausrat gegen Feuer, Einbruchdiebstahl, Beraubung, Leitungswasserschäden und evtl. Glasschäden versichert. Gewisse Sachen, z.B. hängende Wäsche und abgestellte Fahrräder, können bei dieser Versicherung auch gegen einfachen Diebstahl versichert sein.

Fahrzeugversicherung

Die *Fahrzeugteilversicherung* (Teilkasko) erstreckt sich auf Brand, Entwendung, Sturm, Hagel, Blitzschlag, Überschwemmung, Bruchschäden an Glasteilen des Fahrzeugs und Wildschäden durch Haarwild. Bei den zwei letztgenannten Schäden besteht Selbstbeteiligung (Glas: 20 %, mindestens 50,- DM; Wildschäden 250,- DM).

---

1 Die Allianz Versicherungs-AG empfiehlt z.B. in ihrer Schrift „Welche Versicherungen braucht der Betrieb?" den Abschluß folgender Versicherungen: Maschinenversicherung, Güter- (Waren-)Transportversicherung, Einbruchdiebstahl- und Beraubungsversicherung, Glas- und Leuchtröhrenversicherung, Leitungswasser-Versicherung, Sturmversicherung, Bauwesenversicherung, Montageversicherung, Haftpflichtversicherung, Kraftverkehrsversicherungen, Feuer-Betriebsunterbrechungsversicherung, Maschinen-Betriebsunterbrechungsversicherung, Versicherung gegen Vermögensschäden durch Betriebsschließung infolge Seuchengefahr, betriebl. Personenversicherungen, Vertrauensschadenversicherung, Feuerversicherung. In der genannten Schrift wird außerdem auf folgende Versicherungen hingewiesen: Maschinengarantie-, Valoren-, Ausstellungs-, Reiselager-, Kredit- und Personenkautionsversicherung.

H. Versicherungen

Die *Fahrzeugvollversicherung* (Vollkasko) bietet Schutz gegen Beschädigung, Zerstörung und Verlust des Fahrzeuges durch Unfall oder durch mut- oder böswillige Handlungen betriebsfremder Personen sowie gegenüber den Risiken der Teilkaskoversicherung. Es gibt Versicherungen mit oder ohne Selbstbeteiligung. Im letzten Falle sind die Prämien recht hoch.

Haftpflichtversicherung

Gegen die vielfältigen Gefahren, die wegen Inanspruchnahme in Haftpflichtfällen (II.C) drohen, kann man sich durch Abschluß einer Haftpflichtversicherung schützen. Sie ersetzt den Schaden, den der Versicherte sonst persönlich einem anderen ersetzen müßte. Selbstverständlich tritt diese Versicherung nicht für vorsätzlich durch den Versicherten verursachte Schäden ein.

Man unterscheidet u.a. die Versicherung des Haftpflichtschutzes für Privatpersonen und deren Familienangehörige, für Tierhalter, für Hausbesitzer, für bestimmte Berufsgruppen, z.B. als Lehrer, für einen Betrieb und insbesondere für Kraftfahrzeughalter. Letztere ist sogar eine Pflichtversicherung.

Rechtsschutzversicherung

Um eigene Ansprüche ohne Rücksicht auf ein eventuelles Gerichts- und Anwaltskostenrisiko durchsetzen zu können und um sich in einem Strafverfahren wegen eines Fahrlässigkeitsdeliktes verteidigen zu können, kann man eine Rechtsschutzversicherung abschließen.

3. Sozialversicherung

a) Übersicht

Vertragsversicherung beruht allgemein auf Freiwilligkeit, Sozialversicherung ist hauptsächlich Pflichtversicherung. Der Beitrag wird in der Regel von der Lohnhöhe bestimmt.

Die Gesetzgebung der deutschen Sozialversicherung beruht auf der von Bismarck verfaßten und von ihm am 17. November 1881 verkündeten Kaiserlichen Botschaft. 1883 wurden die Krankenversicherung, 1884 die Unfallversicherung und 1889 die Invalidenversicherung (heute Arbeiterrentenversicherung) geschaffen. In der Reichsversicherungsordnung (RVO) vom 19. Juli 1911 wurde ein einheitliches Sozialversicherungsrecht gegeben. 1911 trat das Angestelltenversicherungsgesetz (vorher waren nur die Arbeiter rentenversichert), 1923 das Reichsknappschaftsgesetz und 1927 das Gesetz für Arbeitsvermittlung und Arbeitslosenversicherung (AVAVG) in Kraft. Die Rentenversicherung wurde im Jahre 1957 neu gestaltet. Das Arbeitsförderungsgesetz (AFG) trat 1969 in Kraft. 1972 brachte eine weitere Reform der Rentenversicherung. Am 1.1.1976 trat der Allgemeine Teil des Sozialgesetzbuches (SGB) in Kraft, am 1.7.1977 die gemeinsamen Vorschriften für die Sozialversicherung und am 1.1.1981 das 10. Buch des SGB (Verwaltungsverfahren und Schutz der Sozialdaten). Ab 1986 wurde die Hinterbliebenenversorgung neu geregelt. Die Rentenreform 1992 mit einer Reihe von Änderungen soll auch bei einem ungünstigeren Verhältnis von Beitragszahlern zu Rentnern die Renten sichern.

Träger der Sozialversicherungen sind nicht der Staat, sondern Selbstverwaltungskörperschaften, die durch die gewählten Vertreter der versicherten Arbeitnehmer und Arbeitgeber verwaltet werden. Lediglich bei den Ersatzkassen sind Arbeitgeber nicht vertreten. Für Streitigkeiten mit den Sozialversicherungen, ebenfalls in Kriegsopferangelegenheiten, ist die Sozialgerichtsbarkeit zuständig. Rechtsgrundlage ist das Sozialgerichtsgesetz vom 3. September 1953 in der Fassung vom 23. September 1975:

1. Instanz Sozialgericht, 2. Instanz (Berufung) Landessozialgericht, 3. Instanz (Revision) Bundessozialgericht in Kassel. Außer Berufsrichtern fungieren als ehrenamtliche Beisitzer je ein Arbeitgeber und ein Arbeitnehmer (Sozialrichter). Das Verfahren ist für den Versicherten im allgemeinen kostenfrei. Der Klageerhebung geht in der Regel ein Widerspruchsverfahren voraus.

Die folgende Übersicht über die wichtigsten Sozialversicherungen soll einen kurzen Überblick über die derzeitigen Daten geben.

Nicht behandelt werden die knappschaftliche Versicherung, die Handwerkerversicherung und die Altershilfe für Landwirte. Nicht nur das Sozialversicherungsrecht, sondern das Recht aller auf Dauer angelegten Sozialleistungsbereiche (z.B. Ausbildungs- und Arbeitsförderung, soziale Entschädigung, Kinder- und Wohngeld, Sozial- und Jugendhilfe) sollen im Sozialgesetzbuch (SGB) zusammengefaßt werden. Ab 1994 soll eine Pflegeversicherung das Risiko der Dauerpflege absichern.

b) Gesetzliche Krankenversicherung

Rechtsgrundlage der gesetzlichen Krankenversicherung ist das 5. Buch des Sozialgesetzbuches vom 20.12.1988 i.d.F. v. 21.12.1992.

Versicherungsträger sind die Ortskrankenkassen, Landkrankenkassen, Innungskrankenkassen, Betriebskrankenkassen und Ersatzkassen[1]. Pflichtversichert sind Arbeiter und Angestellte nur bis zu einem Monatsverdienst von z.Z. 5.400,- DM[2]. Außerdem sind bestimmte Selbständige, Arbeitslose u.a. pflichtversichert. Die freiwillige Weiterversicherung ist möglich, wenn ein Versicherter aus einer versicherungspflichtigen Beschäftigung ausscheidet. Dies ist z.B. der Fall bei einer Gehaltserhöhung. Auch der überlebende oder geschiedene Ehegatte eines Versicherten kann sich weiterversichern lassen. Der Antrag auf freiwillige Weiterversicherung ist innerhalb von drei Monaten nach Ausscheiden aus der Pflichtversicherung zu stellen[3].

Bei einem Gehalt, das über der Pflichtversicherungs(beitragsbemessungs)grenze liegt, können Angestellte als Berufsanfänger (z.B. als Absolventen von Technikerschulen) innerhalb von drei Monaten nach Arbeitsaufnahme freiwillig beitreten.

Wer mehr verdient, hat, falls er den rechtzeitigen Antrag auf freiwillige Weiterversicherung versäumte und nicht Ersatzkassenmitglied ist, keine Möglichkeit, in eine soziale Krankenversicherung aufgenommen zu werden. Auch ist es bei solchen Gehältern nicht mehr möglich, aus der Allgemeinen Ortskrankenkasse in eine Ersatzkasse überzutreten.

---

1 Ersatzkassenzugehörigkeit befreit von der Versicherungspflicht bei der Ortskrankenkasse. Ersatzkassen (Körperschaften des öffentlichen Rechts) beschränken allgemein satzungsgemäß ihren Versichertenkreis, z.B. nur Facharbeiter, nur Angestellte, nur technische Angestellte. Wegen der Bestimmung dieses Buches für einen besonderen Leserkreis wurde hauptsächlich die Techniker-Krankenkasse in Hamburg berücksichtigt. Ihre Mitglieder sind technische Angestellte und solche Personen, die sich in einer geregelten Ausbildung zu einem technischen Angestelltenberuf befinden.
2 Pflichtversicherungsgrenze und Beitragsbemessungsgrenze (Fußnote S. 178) sind identisch: 1993 5.400,- DM, in den neuen Bundesländern 3.965,- DM.
3 Bei Ersatzkassenzugehörigkeit bleibt die Mitgliedschaft bestehen, falls kein Austritt erklärt wird.

Tabelle 12: *Sozialversicherung (Stand 1993)*

Zweig	Gesetzliche Krankenversicherung	Rentenversicherung		Arbeitslosenversicherung	Gesetzliche Unfallversicherung
		der Arbeiter	der Angestellten		
Träger	Orts-, Land-, Innungs-, Betriebs- und Ersatzkrankenkassen	Landesversicherungsanstalten	Bundesversicherungsanstalt für Angestellte in Berlin (BfA)	Bundesanstalt für Arbeit in Nürnberg	Berufsgenossenschaften u.a.
Pflichtversicherte	Arbeiter und Angestellte bis z.Z. 5.400,- DM[1] Monatsgehalt u.a.	alle Arbeiter u.a.	alle Angestellte u.a.	Angestellte und Arbeiter (einige Ausnahmen)	alle Arbeitnehmer u.a.
Möglichkeit der freiwilligen Versicherung	unter gewissen Voraussetzungen	in den meisten Fällen		entfällt	für Unternehmer und mittätige Ehegatten
Beitrag	gem. Satzung (ca. 12 %)	17,5 % (ab 1994 voraussichtlich 19,2 %)		6,3 %	Umlageverfahren nach Lohnsumme und Gefahrenklasse (nur vom Arbeitgeber)
Leistungen	Leistungen zur Förderung der Gesundheit, zur Verhütung von Krankheiten, zur Früherkennung von Krankheiten, zur Behandlung einer Krankheit, bei Schwerpflegebedürftigkeit, Sterbegeld (bei älteren Mitgliedern), bei Schwangerschaft und Mutterschaft	medizinische, berufsfördernde und ergänzende Leistungen zur Rehabilitation, Renten (Altersruhegeld, Renten wegen Erwerbs- oder Berufsunfähigkeit, Witwen- und Witwerrente, Waisenrente), Witwen- und Witwerrentenabfindung, Beitragserstattungen, Krankenversicherung der Rentner		Arbeitslosengeld, Berufsberatung, Arbeitsvermittlung, Förderung der beruflichen Bildung, Arbeits- und Berufsförderung Behinderter, Leistungen zur Erhaltung und Schaffung von Arbeitsplätzen u.a.	Unfallverhütung, Leistungen bei Körperschädigung durch Betriebsunfall, Wegeunfall oder Berufskrankheit (Unfallheilverfahren, Berufsfürsorge, Geldleistungen, insbesondere Renten)

[1] In den neuen Bundesländern 3.975,- DM

Praktisch hat der Angestellte, der mehr als die Beitragsbemessungsgrenze verdient, bezüglich einer Krankenversicherung drei Möglichkeiten:
1. Er kann sich bei seiner bisherigen Krankenkasse weiterversichern lassen.
2. Er kann sich in einer privaten Krankenversicherung versichern lassen.
3. Er kann sich überhaupt nicht versichern.

Ob Fall 1 oder Fall 2 günstiger ist, hängt ganz vom Einzelfall (Familienstand, Kinderzahl, Alter, Gesundheitszustand, Wunsch der Behandlung als Privatpatient) ab. In beiden Fällen muß der Arbeitgeber die Hälfte höchstens vom Pflichtversicherungsbeitrag zahlen.

Die Beitragshöhe ist bei den einzelnen Kassen unterschiedlich und beträgt für versicherungspflichtige Arbeitnehmer bei der Technikerkrankenkasse z.Z. 11 % des Bruttogehalts. Allgemein zahlen Arbeitgeber und Arbeitnehmer die Hälfte, Beitragsbemessungsgrenze[1] ist z.Z. 5.400,- DM in den alten, 3.975,- DM in den neuen Bundesländern, im Monat.

Für versicherungspflichtige Arbeitnehmer wird der Beitrag im Lohnabzugsverfahren bezahlt. Der Arbeitgeber führt von dem einbehaltenen Betrag nicht nur den Gesamtbeitrag der Krankenkasse, sondern auch die Renten- und Arbeitslosenversicherung an die Krankenkasse ab, die für die anderen Sozialversicherungsträger Einzugsstelle ist. Falls bei Mitgliedern von Ersatzkassen der Arbeitgeber nicht freiwillig die Abführung der Sozialversicherungsbeiträge übernimmt, zahlt er ihnen den Arbeitgeberanteil aus. Die Ersatzkassenmitglieder zahlen dann an ihre Kasse den Gesamtbeitrag.

Versicherte haben Anspruch auf Leistungen zur Förderung der Gesundheit, Verhütung und Früherkennung von Krankheiten, zur Behandlung einer Krankheit, bei Schwerpflegebedürftigkeit und Sterbegeld (2.100,- DM nur noch bei älteren Mitgliedern). Mutterschaftsleistungen sieht das 2. Buch der RVO vor. Ärztliche Behandlung erfolgt z.Z. noch gegen Abgabe eines Krankenscheins, ab 1.1.1995 nach Vorlage einer Krankenversichertenkarte. Die Leistungen müssen ausreichend, zweckmäßig und wirtschaftlich sein. Bei manchen Leistungen ist eine Selbstbeteiligung des Versicherten vorgesehen, z.B. bei Arzneimitteln 3,-, 5,-, 7,- DM, Heilmittel und Massagen 10 %, Krankenhaus 11,- DM tägl. die ersten 14 Tage, Zahnersatz. Bestimmte Arzneimittel, z.B. Hustenmittel, werden nicht übernommen.

Familienhilfe wird für nicht selbstversicherte Familienangehörige, insbesondere für Ehegatten und minderjährige Kinder, gewährt. Familienangehörige erhalten kein Krankengeld.

Zur *Mutterschaftshilfe* gehören ärztliche Betreuung, Hebammenhilfe, Versorgung mit Arznei-, Verband- und Heilmitteln, Pauschbeträge für Entbindungskosten, Pflege in Entbindungs- oder Krankenanstalt bzw. Hauspflegerinnen, Mutterschaftsgeld und Mutterschaftsvorsorge.

Damit die Kosten der Krankenversicherung nicht weiterhin überdimensional steigen, mußte die Gesundheitsreform 1989 teilweise einschneidende Leistungskürzungen bringen, ebenfalls das Gesundheitsstrukturgesetz vom 21.12.1992. Die Gesamtausgaben der

---

1 Beitragsbemessungsgrenze ist der höchste Lohnbetrag, bis zu dem der Beitragsprozentsatz berechnet wird und nach dem auch die Barleistungen der Kasse berechnet werden. Sie beträgt in der Krankenversicherung 75 % der Beitragsbemessungsgrenze der Rentenversicherung 1993 5.400,- DM (75 % von 7.200,- DM) bzw. von 5.300,- DM = 3.975,- DM in den neuen Bundesländern.

gesetzlichen Krankenversicherung betrugen in Westdeutschland 1970 25,2, 1980 89,8 und 1990 141,3 Mrd. DM[1].

Wegen der Einzelheiten bezüglich Leistung der Kasse, Pflichten des Mitglieds usw. wende man sich an seine Kasse und lasse sich die entsprechenden Unterlagen (Versicherungsbedingungen, Krankenordnung, Satzung) aushändigen.

c) Rentenversicherung

Rechtsgrundlage für die Rentenversicherung ist das 6. Buch des Sozialgesetzbuches (SGB VI). Die Rentenversicherung der Arbeiter und die Angestelltenversicherung unterscheiden sich heute nur noch durch die Verschiedenheit ihrer Versicherungsträger. Aufgaben, Beitrag und Leistungen sind gleich. Bei Berechnung der Leistungen werden im Falle des Versicherungswechsels die Zeiten in beiden Versicherungen zusammengezählt.

Beispiel: Ein Techniker, der früher Facharbeiter war, war zuerst in der Rentenversicherung der Arbeiter und dann in der Angestelltenversicherung versichert (Wanderversicherung).

Alle Arbeiter, die Lehrlinge für Arbeiterberufe u.a. sind in der Arbeiterrentenversicherung pflichtversichert. Angestelltenversicherungspflichtig sind alle Angestellten und auch einige Selbständige, z.B. selbständige Hebammen. Wehrpflichtige, die vor ihrer Einberufung pflichtversichert waren, sind auch während der Dienstleistung pflichtversichert. Der Bund bezahlt ihren Beitrag. Mütter (evtl. Väter), die ihre Kinder erziehen, sind ab 1986 in den ersten 12 Monaten nach der Geburt des Kindes versichert. Seit 1992 beträgt die Kindererziehungszeit drei Jahre. Sie kann auch auf Vater und Mutter aufgeteilt werden. Bei Frauen ab Jahrgang 1921 wird bei Renten ab 1986 für jedes Kind ein Jahr als Versicherungszeit zugerechnet.

Versicherungsfrei sind z.B. Beamte und sonstige Personen, die eine beamtenrechtliche Versorgung erhalten; Werkstudenten, die während der Dauer eines Hoch- oder Fachschulstudiums arbeiten.

Die Rentenversicherungsreform 1972 brachte eine erhebliche Öffnung der Rentenversicherung. Während bisher nur eine freiwillige Weiterversicherung möglich war, wenn mindestens 60 Monate Beiträge für eine versicherungspflichtige Tätigkeit gezahlt waren, können jetzt auch Selbständige als Pflichtversicherte oder freiwillig Versicherte beitreten. Auch z.B. Hausfrauen können sich freiwillig versichern.

Freiwillig Versicherten ist die Beitragshöhe freigestellt. Auch kann beliebig mit der Beitragszahlung ausgesetzt werden, es gehen keine erworbenen Ansprüche verloren außer für Erwerbs- oder Berufsunfähigkeitsrente. Seit 1979 dynamisieren freiwillige Beiträge die Rente nur noch unter eingeschränkten Voraussetzungen. Gerade den freiwillig Versicherten wird sehr empfohlen, sich beim Versicherungsträger, Versicherungsamt, bei Versichertenältesten usw. beraten zu lassen.

Bei der ersten Aufnahme einer versicherungspflichtigen Tätigkeit ist bei der Gemeinde (dem Versicherungsamt) ein Versicherungsnachweis zu beantragen. Seit 1.1.1973 ersetzt dieser bei Pflichtversicherten die Versicherungskarte. Seit 1.1.1977 gibt es auch für freiwillig Versicherte kein Markenverfahren mehr.

Jeder Versicherte sollte darauf achten, daß die Versicherungsunterlagen in Ordnung sind. Insbesondere sollte er auf die Vollständigkeit der Aufrechnungsbescheinigungen bzw. jetzt der Durchschläge der Entgeltbescheinigungen achten.

---

1 Quelle: Jahrbuch der Bundesrepublik, a.a.O., S. 203.

Der Beitrag von 17,5 % (1994 voraussichtlich 19,2 %) des Bruttolohnes (höchstens von der Beitragsbemessungsgrenze[1]) wird bei Pflichtversicherten allgemein im Lohnabzugsverfahren erhoben und je zur Hälfte vom Arbeitgeber und Arbeitnehmer getragen. Beträgt der Lohn jedoch nicht mehr als 610,- DM im Monat, so muß der Arbeitgeber den Beitrag allein zahlen.

Der Bund leistet zu den Ausgaben der Rentenversicherung einen Zuschuß (ca. 20 %). Die Regelleistungen der Rentenversicherung sind:

1. medizinische, berufsfördernde und ergänzende Leistungen zur Rehabilitation
2. Renten
3. Witwen- und Witwerrentenabfindungen
4. Beitragserstattungen
5. Beiträge für die Krankenversicherung der Rentner

Über die Leistungen geben die Versicherungsträger bzw. ihre Organe bzw. die Versicherungsämter (Landratsämter) genaue Auskunft[2].

Man unterscheidet folgende Rentenleistungen:

1. *Renten wegen Alters:*
   a) Regelaltersrente
   b) Altersrente für langjährig Versicherte
   c) Altersrente für Schwerbehinderte, Berufsunfähige oder Erwerbsunfähige
   d) Altersrente wegen Arbeitslosigkeit
   e) Altersrente für Frauen
   f) Altersrente für langjährig unter Tage beschäftigte Bergleute

2. *Renten wegen verminderter Erwerbsfähigkeit*
   a) Rente wegen Berufsunfähigkeit
   b) Rente wegen Erwerbsunfähigkeit
   c) Rente für Bergleute

3. *Renten wegen Todes:*
   a) Witwenrente oder Witwerrente
   b) Erziehungsrente
   c) Waisenrente

Die Rente nach 1.a) ist mit 65 Jahren, nach 1.b) mit 63 Jahren und nach 1.c-f) mit 60 Lebensjahren möglich. Die Rente nach 2.a) beträgt nur 2/3 der Rente nach 2.b), weil der Versicherte noch im beschränkten Maße verdienen kann. Keine eigenständigen Renten sind die neu eingeführten Teilrente (1/3, 1/2 oder 2/3 der erreichten Vollrente), die Renten auf Zeit und die Renten wegen Todes bei Verschollenheit.

Die erforderliche Wartezeit beträgt 60 Beitragsmonate.

Auskünfte über die Art und Weise der Rentenberechnung geben Druckschriften der Versicherungsträger. Für die Rentenhöhe sind außer den Beitragszeiten (Zeiten, für die Beiträge entrichtet wurden) noch die Ersatzzeiten (z.B. Kriegsdienst im 2. Weltkrieg, Kriegsgefangenschaft), die Anrechnungszeiten (z.B. Krankheit und Arbeitslosigkeit über einen Monat), nach Vollendung des 16. Lebensjahres liegende weitere Schulausbildung oder eine abgeschlossene Fachschul- oder Hochschulausbildung, insgesamt maximal 7 Jahre und die Zurechnungszeit (Zeit vom Eintritt des Versicherungsfalles bis zur Vollendung des 55. Lebensjahres zusätzlich 1/3 der Zeit von 55 bis 60 Jahre) und Kinderberücksichtigungszeiten von Bedeutung. Die Höhe der Rente richtet sich vor allem nach der Höhe der gezahlten Beiträge während des gesamten Versicherungslebens. Aber auch die genannten beitragsfreien Zeiten steigern die Rentenhöhe, und zwar abhängig von den in der übrigen Zeit gezahlten Beiträgen.

---

1 Die Beitragsbemessungsgrenze entspricht etwa dem doppelten Durchschnittsverdienst aller Versicherten ohne Auszubildende: im Jahre 1993 7.200,- DM monatlich bzw. 86.400,- DM jährlich (in den neuen Bundesländern 5.300,- bzw. 63.600,- DM).

2 Vgl. Merkblätter der Angestelltenversicherung. Die Leistungen müssen grundsätzlich beantragt werden.

H. Versicherungen

Die Rentenhöhe ist dynamisch, d.h. sie wird entsprechend der Entwicklung der Durchschnittsverdienste (seit 1992 netto) jährlich zum 1. Juli angepaßt. In den neuen Bundesländern können sich auch andere Stichtage ergeben. Die Rente erhöht oder vermindert sich um den Betrag, der im Rahmen eines Versorgungsausgleichs für einen (nach dem 30.6.1977) geschiedenen Ehegatten übertragen oder begründet worden ist.

d) Arbeitslosenversicherung – Arbeitsförderung

Rechtsgrundlage der Arbeitslosenversicherung ist das Arbeitsförderungsgesetz (AFG). Trägerin ist die Bundesanstalt für Arbeit. Sie gliedert sich in die Hauptstelle (Sitz Nürnberg), die Landesarbeitsämter und die Arbeitsämter.

Der Bundesanstalt obliegen die Berufsberatung, die Arbeitsvermittlung, die Förderung der beruflichen Bildung, die Arbeits- und Berufsförderung Behinderter, die Gewährung von Leistungen zur Erhaltung und Schaffung von Arbeitsplätzen und die Gewährung von Arbeitslosengeld. Die Bundesanstalt hat auch Arbeitsmarkt- und Berufsforschung zu betreiben. Im Auftrag des Bundes gewährt sie aus Steuermitteln die Arbeitslosenhilfe (Leistung an Arbeitslose, die keinen Anspruch auf versicherungsmäßiges Arbeitslosengeld haben [§ 3 AFG]).

Versicherungspflichtig (beitragspflichtig) sind gem. § 168 AFG allgemein alle Arbeitnehmer (Arbeiter, Angestellte und zur Berufsausbildung beschäftigte Personen). Wehr- und Ersatzdienstpflichtige sind beitragspflichtig (Beitrag zahlt der Bund), wenn sie vor Dienstantritt beschäftigt oder arbeitslos waren. §§ 169-169c sehen etliche Fälle der Beitragsfreiheit vor; z.B. Vollendung des 65. Lebensjahres, Bezug von Erwerbsunfähigkeitsrente, starke Minderung der Leistungsfähigkeit, Besuch einer allgemeinbildenden Vollzeitschule, geringfügige Beschäftigung, unständige Beschäftigung.

Der Beitrag beträgt z.Z. 6,3 % des Bruttolohnes, höchstens von der Beitragsbemessungsgrenze der Rentenversicherung (S. 180). Arbeitgeber und Arbeitnehmer zahlen allgemein je die Hälfte.

Die Hauptleistung der Arbeitslosenversicherung ist das Arbeitslosengeld. Anspruch darauf hat, wer arbeitslos[1] ist, der Arbeitsvermittlung zur Verfügung steht[2], die Anwartschaft erfüllt, sich beim Arbeitsamt arbeitslos gemeldet und Arbeitslosengeld beantragt hat (§ 100 AFG).

Die Höchstdauer des Bezuges von Arbeitslosengeld richtet sich nach der Dauer der versicherungspflichtigen Beschäftigung und beträgt höchstens ein Jahr (bei drei Jahren Arbeit), bei Lebensalter über 42 Jahre länger (bis 32 Monate ab 54 Jahre).

Bei Arbeitslosigkeit infolge eines inländischen Arbeitskampfes und in einigen anderen Fällen ruht der Anspruch auf Arbeitslosengeld. In bestimmten Fällen wird das Arbeitslosengeld für vier Wochen gesperrt: z.B. unberechtigte Ablehnung der Arbeitsaufnahme, unberechtigte Weigerung der Ausbildung, Fortbildung oder Umschulung; Aufgabe des Arbeitsplatzes ohne berechtigten Grund; vorsätzlicher oder grob fahrlässiger Verlust der Arbeitsstelle.

---

1 Arbeitslos ist, wer berufsmäßig in der Hauptsache als Arbeitnehmer tätig zu sein pflegt, aber vorübergehend nicht in einem Beschäftigungsverhältnis steht. Selbständige, Inhaber von Hausiererscheinen usw. zählen nicht als Arbeitslose.
2 Der Arbeitsvermittlung steht zur Verfügung, wer ernstlich bereit und nach seinem Leistungsvermögen imstande sowie nicht durch sonstige Umstände gehindert ist, eine Beschäftigung unter den üblichen Bedingungen auszuüben.

Die Höhe des Arbeitslosengeldes hängt vom Verdienst ab (höchstens von der Beitragsbemessungsgrenze) und beträgt gemäß § 111 AFG 63 bis 68 % des um die gesetzlichen Abzüge, die bei Arbeitnehmern gewöhnlich anfallen, verminderten Arbeitsentgelts, also des Nettolohnes. Die genauen Werte ergeben sich aus Tabellen mit Leistungsgruppen entsprechend den Lohnsteuerklassen.

Die *Arbeitslosenhilfe* beträgt nur 56 bis 58 % des um die gesetzlichen Abzüge, die bei Arbeitnehmern gewöhnlich anfallen, verminderten Arbeitsentgelts (§ 136 AFG). Sie wird aus Steuermitteln an solche Arbeitnehmer gezahlt, die noch keinen Anspruch oder keinen mehr auf versicherungsmäßiges Arbeitslosenentgelt haben[1].

Das *Unterhaltsgeld*, das an Teilnehmer beruflicher Bildungsmaßnahmen (Vollzeitunterricht) unter gewissen Voraussetzungen bei zweckmäßigen Maßnahmen als zinsloses Darlehen gezahlt wird, beträgt allgemein 58 % des um die gesetzlichen Abzüge, die bei Arbeitnehmern gewöhnlich anfallen, verminderten Arbeitsentgelts (§ 44 AFG). Bei notwendigen Maßnahmen beträgt es 63 % (bei mindestens einem Kind 70 %) als Zuschuß.

Weitere Leistungen sind z.B. Krankenversicherung für Arbeitslose und Unterhaltsgeldempfänger, Kurzarbeitergeld[2], Schlechtwettergeld, produktive Winterbauförderung, Förderung der beruflichen Ausbildung, Fortbildung und Umschulung (z.B. Lehrgangsgebühren, Fahrtkosten). Mit Kürzungen der Leistungen ist zu rechnen.

e) Gesetzliche Unfallversicherung

Rechtsgrundlage der gesetzlichen Unfallversicherung ist das 3. Buch der RVO. Die Versicherungsträger sind die gewerblichen und landwirtschaftlichen Berufsgenossenschaften, z.B. die Berufsgenossenschaft der Feinmechanik und Elektrotechnik, soweit nicht für Betriebe und Verwaltungen der Länder, Gemeinden usw. ein anderer Versicherungsträger bestimmt ist.

Versichert sind alle Arbeitnehmer, auch wenn sie nur vorübergehende Dienste leisten, außerdem aber auch Teilnehmer einer fachlichen Schulausbildung, sonstige Schüler, Studierende, Kinder in Kindergärten, Lebensretter, Blutspender, Personen, die bei öffentlich geförderten und steuerbegünstigten Bauvorhaben im Rahmen der Selbsthilfe tätig sind, Angehörige des Roten Kreuzes u.a.

Die Mittel für die Aufgaben der Versicherung werden im Umlageverfahren nach Lohnsumme und Gefahrenklasse nur von den Arbeitgebern aufgebracht. Die Unfallversicherung gewährt Versicherungsschutz bei Körperschaden durch Arbeitsunfälle und durch bestimmte Berufskrankheiten. Als Arbeitsunfall gilt nicht nur ein Unfall bei der eigentlichen Arbeit, sondern auch auf dem Weg zur oder von der Arbeit sowie beim

---

1 Die Zahlung von Arbeitslosenhilfe ist – im Gegensatz zu allen versicherungsmäßigen Leistungen – noch von der Bedürftigkeit des Arbeitslosen abhängig.
2 Kurzarbeitergeld wird Arbeitnehmern bei vorübergehendem „Arbeitsausfall... gewährt, ..., wenn zu erwarten ist, daß durch die Gewährung ... den Arbeitnehmern die Arbeitsplätze und dem Betrieb die ... Arbeitnehmer erhalten werden." (§ 63 AFG)

ersten Weg zur Bank nach der Lohn- oder Gehaltsgutschrift. Umwege auf dem Wege zur Arbeit sind unschädlich, wenn z.B. ein Kind fremder Obhut anvertraut wird oder wenn Kollegen eine Fahrgemeinschaft bilden. „Verbotswidriges Handeln schließt die Annahme eines Arbeitsunfalles nicht aus" (§ 548 Abs. 3 RVO).

Die Aufgaben der Berufsgenossenschaften sind Unfallverhütung, Unfallheilverfahren, Berufsfürsorge und Geldleistungen.

Die Unfallverhütung, nämlich technischer Unfallschutz und psychologische Unfallverhütung (Einwirkung auf die Versicherten), ist die vornehmste Aufgabe der Berufsgenossenschaften.

Für ein Heilverfahren gilt der Grundsatz, daß das beste Heilverfahren für den Unfallverletzten gerade gut genug ist. Jeder Unfallverletzte muß einem Durchgangsarzt (meist Facharzt für Chirurgie) zugeführt werden. Schwerverletzte werden in gut ausgestatteten Krankenhäusern behandelt.

Die Berufsfürsorge der Berufsgenossenschaft bemüht sich neben den sonstigen Leistungen um die Wiedereingliederung des Verletzten in das Wirtschaftsleben, z.B. durch Umschulung, Bezahlung eines Fachschulbesuches, Beratung usw.

Geldleistungen bestehen hauptsächlich aus Renten. Verletztenrenten werden gewährt, wenn eine Dauerschädigung mit z.Z. mindestens 20 % Erwerbsminderung vorliegt. Bei Unfalltod erhalten die Hinterbliebenen (Witwen, Waisen) ein Sterbegeld und eine Hinterbliebenenrente.

Unfälle und Berufskrankheiten sind vom Arbeitgeber (bzw. von der Schule usw.) dem zuständigen Unfallversicherungsträger auf einem Formblatt zu melden.

I. Steuern

1. Allgemeines Steuerrecht

a) Wesen und Zweck der Steuern

Zur Erfüllung ihrer vielgestaltigen Aufgaben benötigen die öffentlich-rechtlichen Gemeinwesen wie Bund, Länder, Gemeinden, Geldmittel (s. Bild II/5). Diese Geldmittel werden hauptsächlich durch *Steuern* sowie durch Verwaltungseinnahmen in Form von Gebühren und Beiträgen beschafft.

Andere Einnahmen dieser Gemeinwesen, wie Erträge aus Kapital- oder Grundvermögen, Erwerbseinkünfte aus wirtschaftlichen Unternehmen, aus Darlehen und Anleihen sind unerheblich.

Die Steuern sind die wichtigste Einnahmequelle der öffentlichen Verwaltung. Ohne Steuereinnahmen kann kaum ein Staat bestehen. § 3 der Abgabenordnung (AO), das wichtigste deutsche Steuergrundgesetz, erklärt den Begriff „Steuern" wie folgt:

„Steuern sind Geldleistungen, die nicht eine Gegenleistung für eine besondere Leistung darstellen und von einem öffentlich-rechtlichen Gemeinwesen zur Erzielung von Einnahmen allen auferlegt werden, bei denen der Tatbestand zutrifft, an den das Gesetz die Leistungspflicht knüpft; die Erzielung von Einnahmen kann Nebenzweck sein. Zölle und Abschöpfungen sind Steuern im Sinne dieses Gesetzes."

Gebühren sind besondere Entgelte für eine von privater Seite beanspruchte öffentliche Leistung der Verwaltung oder Rechtspflege, z.B. Rechtsmittelgebühren, Gerichtskosten, Benutzungsgebühren, Straßenreinigungskosten u.a.

Bild II/5. Haushalt der öffentlichen Hand
(mit Genehmigung des Erich Schmidt Verlages, Berlin)

Beiträge – auch Vorzugslasten genannt – sind Zahlungen zur anteilmäßigen Kostendeckung für die Herstellung und Unterhaltung öffentlicher Einrichtungen. Die Einrichtungen sind zwar im öffentlichen Interesse notwendig, aber einzelne haben dadurch besondere Vorzüge und werden deshalb zur Kostendeckung mit herangezogen. Solche Beiträge sind z.B. Straßenanliegerbeiträge, Kanalisationsbeiträge, Flurbereinigungskosten, Schulgeld u.a.

b) Einteilung der Steuern

Allgemein gebräuchlich ist die Einteilung der Steuern in direkte und indirekte Steuern. *Direkte Steuern* sind solche, die vom Steuerzahler getragen werden und nicht abgewälzt werden können. Hierzu gehören die Personensteuern und die Realsteuern (Einkommen-, Vermögen-, Gewerbe-, Grundsteuer usw.)

Indirekte Steuern sind Steuern, die in der Regel auf eine andere Person abgewälzt werden. Hierzu gehören die Umsatzsteuer und alle Verkehr- und Verbrauchsteuern, ebenso die Zölle.

Das Grundgesetz, die Abgabenordnung, das Gesetz über die Finanzverwaltung teilt die Steuern ein in

1. Bundes-, Landes- und Gemeindesteuern (je nachdem, zu wessen Gunsten die Steuern erhoben werden)
2. Besitz- und Verkehrsteuern, Verbrauchsteuern und Zölle
3. Realsteuern

I. Steuern

Besitzsteuern sind: Einkommensteuer, Körperschaftsteuer, Erbschaftsteuer[1] und Vermögensteuer. Weil die genannten Steuern an die Leistungsfähigkeit bestimmter natürlicher oder juristischer Personen anknüpfen, spricht man bei diesen auch von Personensteuern.

Verkehrsteuern sind: Umsatzsteuer, Grunderwerbsteuer, Kapitalverkehrsteuer, Beförderungsteuer, Kraftfahrzeugsteuer, Wechselsteuer, Erbschaftsteuer[1] u.a. Sie erfassen Vorgänge des volkswirtschaftlichen Verkehrs mit Gütern und Leistungen.

Verbrauchsteuern sind: Kaffee-, Tabak-, Zucker-, Salz-, Bier-, Leuchtmittel-, Branntweinsteuer u.a. Sie belasten die einzelnen Verbrauchsgüter ohne Rücksicht auf die Leistungsfähigkeit des Verbrauchers.

Realsteuern sind die Grundsteuer und die Gewerbesteuer.

c) Steuerverwaltung

Finanzämter und Hauptzollämter

Die örtlichen Behörden, mit denen die Steuerpflichtigen zu tun haben, sind die Finanzämter und Hauptzollämter.

Die *Finanzämter* sind die örtlichen Landesbehörden für Besitz- und Verkehrsteuern, die den Ländern ganz oder teilweise zufließen. Auch die Umsatzsteuer und Beförderungsteuer werden als Bundessteuern von ihnen für ihren Bezirk verwaltet. Zuständig für die Besteuerung nach dem Einkommen und Vermögen ist das Finanzamt, in dessen Bezirk der Steuerpflichtige seinen Wohnsitz hat (Wohnsitzfinanzamt).

Die Kommunalsteuern (z.B. Gewerbesteuer, Grundsteuer, Hundesteuer, Getränkesteuer) werden von den Stadt- und Gemeindesteuerämtern verwaltet.

Hauptzollämter sind die örtlichen Bundesbehörden für die Erhebung der Zölle und Verbrauchsteuern.

Oberfinanzdirektionen und Finanzgerichte

Die *Oberfinanzdirektionen* sind Mittelbehörden für Bund und Länder. Ihnen obliegt die Leitung der Finanzverwaltung des Bundes und des Landes für ihren Bezirk. Sie beaufsichtigen die ihnen untergeordneten Finanz- und Zollämter und überwachen die Gleichmäßigkeit der Gesetzesanwendung.

Die *Finanzgerichte* sind unabhängige, von den Verwaltungsbehörden getrennte, besondere Landesgerichte. Sie entscheiden nur über Rechtsfragen der Besteuerung, nicht über Strafsachen.

Landesfinanzministerien

Den Landesfinanzministerien unterstehen alle Finanzbehörden der Länder. Sie sind die zuständigen obersten Landesbehörden für die Finanzverwaltung.

---

1 Die Erbschaftsteuer kann man, je nach der Betrachtungsweise sowohl unter die Besitzsteuern als auch unter die Verkehrsteuern eingruppieren.

Bundesfinanzministerium und Bundesfinanzhof

Dem *Bundesfinanzminister* obliegt die oberste Verwaltung der Finanzbehörden des Bundes. Die oberste Gerichtsbehörde in Steuersachen ist der *Bundesfinanzhof* (BFH) mit seinem Sitz in München.

d) Steuerverfahren

Veranlagungsverfahren

Das Finanzamt fordert in der Regel den Steuerpflichtigen zur Abgabe einer *Steuererklärung* (vorgeschriebener amtlicher Vordruck, z.B. Einkommensteuererklärung) auf. In den einzelnen Steuergesetzen ist bestimmt, wer eine Steuererklärung abzugeben hat. Die Zusendung eines Erklärungsvordrucks gilt als Aufforderung zur Abgabe. Außerdem ist jeder zur Abgabe einer Steuererklärung verpflichtet, der dazu vom Finanzamt durch öffentliche Bekanntmachung aufgefordert wird.

Aufgrund der eingereichten Steuererklärung ermittelt das Finanzamt die Höhe der zu zahlenden Steuer. Das Verfahren, das mit der Festsetzung einer Steuer oder Freistellung endet, nennt man *Veranlagung*. Durch einen *Steuerbescheid* wird dem Steuerpflichtigen die Höhe der Steuerschuld und die Art der Errechnung bekanntgegeben. Ferner enthält der Steuerbescheid eine Rechtsmittelbelehrung, die Zahlungsaufforderung, die Zahlungstermine und eine Mitteilung der Punkte, in denen von der Erklärung abgewichen ist.

Zahlungen von Steuern können gestundet werden, wenn ihre Einziehung mit erheblichen Härten für den Steuerpflichtigen verbunden ist und der Anspruch durch die Stundung nicht gefährdet wird.

Abzugsverfahren

Bei Lohn- und Gehaltsbezügen, bei Kapitalerträgen und zum Teil bei Aufsichtsratsvergütungen bekommen die Empfänger nur die Nettobeträge ausbezahlt, nachdem die Steuern (und andere Abzüge) vorher abgezogen wurden. Die einbehaltenen Steuerabzüge müssen vom Unternehmer an das Finanzamt abgeführt werden.

e) Rechtsbehelfe

In Steuersachen sind die *Finanzgerichte* und der *Bundesfinanzhof* zuständig. Voraussetzung für die Klage vor den Finanzgerichten ist allgemein ein negativer Ausgang des *Einspruch-* oder *Beschwerdeverfahrens* bei der Finanzverwaltung.

Die außergerichtlichen Rechtsbehelfe sind in folgenden Fällen zulässig (vgl. §§ 348, 349 AO):

1. Der *Einspruch* gegen einen Steuerbescheid des Finanzamtes; z.B. Einkommensteuer-, Steuermeß-, Feststellungs-, Erstattungs-, Kostenbescheid usw.
2. Die *Beschwerde* gegen Verfügungen der Finanzverwaltung, wenn es sich nicht um Steuerbescheide handelt. In Frage kommen z.B. Fälle der Festsetzung von Vorauszahlungen oder der Ablehnung von Stundungsanträgen.

Zuständig für Einspruch und Beschwerde (schriftlich oder mündlich) ist die Behörde, deren Verfügung angefochten oder deren Erlaß begehrt wird. Die Entscheidung über den Einspruch fällt das Finanzamt. Über die Beschwerde entscheidet die nächstobere Verwaltungsbehörde. Die Frist beträgt einen Monat nach Bekanntgabe der Verfügung. Die Wirksamkeit des angefochtenen Bescheides wird durch diese Rechtsbehelfe nicht gehemmt, insbesondere nicht die Erhebung der angeforderten Steuern.

I. Steuern

Als gerichtliche Rechtsbehelfe (vgl. §§ 40 ff. FGO) kommen in Frage:
1. Die *Klage* beim Finanzgericht, wenn aufgrund des Einspruchs oder der Beschwerde keine Entscheidung zugunsten des Steuerpflichtigen getroffen wurde.
2. Die *Revision* beim Bundesfinanzhof gegen Urteile eines Finanzgerichts (vgl. §§ 36 f. FGO).

f) Steuerstrafrecht (§§ 369 ff. AO)

Bei Strafverfahren wegen Steuerstraftaten sind die ordentlichen Gerichte zuständig. Durch ein Strafverfahren werden gerichtlich u.a. verfolgt:
1. Steuerhinterziehung und Beihilfe dazu;
2. Steuerhehlerei;
3. Steuerzeichenfälschung.

Steuerhinterziehung begeht, wer zum eigenen Vorteil oder zum Vorteil eines anderen nicht gerechtfertigte Steuervorteile erschleicht oder vorsätzlich bewirkt, so daß Steuereinnahmen verkürzt werden.

Beispiele: Abgabe falscher Steuererklärungen, falsche Angaben über Familienverhältnisse, Täuschung des Buch- und Betriebsprüfers.

Steuerhehlerei begeht, wer seines Vorteils wegen Erzeugnisse oder Waren kauft oder sonst an sich bringt, verheimlicht oder absetzt, von denen er weiß oder annehmen muß, daß Verbrauchsteuern oder Zoll für sie hinterzogen worden sind.

Beispiel: Verkauf von Waren, bei denen schon ein anderer Zoll oder Verbrauchsteuer hinterzogen hat, z.B. Handel mit geschmuggelten Zigaretten.

Steuerzeichenfälschung begeht, wer Steuerzeichen in der Absicht, daß sie als echte verwendet werden, fälschlich anfertigt oder verfälscht oder wer sich falsche Zeichen verschafft, wer vorsätzlich falsche Zeichen als echte verwendet, anbietet oder in den Verkehr bringt.

Beispiele: Fälschung von Tabaksteuerzeichen (Banderolen) oder Wechselsteuermarken.

Die leichteren Steuervergehen (Ordnungswidrigkeiten) werden vom Finanzamt im Bußgeldverfahren geahndet. Eine solche Ordnungswidrigkeit ist u.a. die *Steuergefährdung*. Sie liegt vor bei vorsätzlicher oder leichtfertiger Ausstellung unrichtiger Belege oder bei unrichtiger Verbuchung von Geschäftsvorfällen.

2. Steuerarten

a) Einkommensteuer

Rechtsgrundlage[1]

Die Einkommensteuer ist die wichtigste Personensteuer, der alle natürlichen Personen unterliegen. Sie wird im Wege der Veranlagung nach den Vorschriften des Einkommensteuergesetzes (EStG) erhoben.

---

1   EStG 1990 v. 07.09.1990.

Einkommen

Grundlage für die Besteuerung ist das Einkommen, das der Steuerpflichtige innerhalb eines Kalenderjahres bezogen hat. Einkommen ist der Gesamtbetrag der Einkünfte aus den in § 2 Abs. 3 EStG bezeichneten sieben Einkunftsarten nach Ausgleich mit Verlusten, die sich aus einzelnen Einkunftsarten ergeben, und nach Abzug der Sonderausgaben und der außergewöhnlichen Belastungen.

Einkunftsarten

Nur folgende Einkunftsarten unterliegen der Einkommensteuer:

1. *Einkünfte aus Land- und Forstwirtschaft,* z.B. aus Weinbau, Gartenbau, Obstbau, Tierzucht, Fischzucht, Teichwirtschaft u.ä.
2. *Einkünfte aus Gewerbebetrieb,* z.B. Gewinne aus gewerblichen Unternehmen jeder Art, Gewinnanteile der Gesellschafter von Personengesellschaften, Gewinne aus der Veräußerung des Betriebs
3. *Einkünfte aus selbständiger Arbeit,* z.B. aus freien Berufen als Arzt, Anwalt, Architekt, Schriftsteller, Steuerberater
4. *Einkünfte aus nichtselbständiger Arbeit,* z.B. Gehälter, Löhne, Gratifikationen, Sachbezüge wie freie Wohnung
5. *Einkünfte aus Kapitalvermögen,* z.B. Zinsen aus Kapitalforderungen jeder Art, wie Hypotheken, Bankguthaben, aus festverzinslichen Wertpapieren, Dividenden aus Aktien
6. *Einkünfte aus Vermietung und Verpachtung,* z.B. aus Gebäuden und Grundstücken, Schiffen u.ä. mehr. Wie Einkünfte aus Vermietung wird auch der Nutzungswert der Wohnung im eigenen Haus oder des eigenen Einfamilienhauses behandelt.
7. *Sonstige Einkünfte im Sinne des § 22 EStG,* z.B. wiederkehrende Bezüge wie Renten; Spekulationsgewinne (Freigrenze 1.000,- DM).

Steuerfreie Einnahmen sind: Einnahmen aus sozialen und anderen Gründen, z.B. Bezüge aus der Krankenversicherung, der gesetzlichen Unfallversicherung, der öffentlichen Fürsorge, Arbeitslosengeld sowie Versorgungsbezüge der Kriegsbeschädigten und Hinterbliebenen, Leistungen aufgrund des Bundeskindergeldgesetzes (§ 3 EStG).

Ermittlung der Einkünfte aus Land- und Forstwirtschaft, Gewerbebetrieb und selbständiger Arbeit

Bei der Ermittlung der Einkünfte aus Land- und Forstwirtschaft, Gewerbetrieb und selbständiger Arbeit bildet der Gewinn die Grundlage der Einkommenbesteuerung (§§ 4 ... 7 f. EStG).

Es gibt drei Arten der Gewinnermittlung:

1. Das Betriebsvermögen am Anfang des Wirtschaftsjahres wird mit dem Betriebsvermögen am Ende des Wirtschaftsjahres verglichen, wobei die Privatentnahmen zum Unterschiedsbetrag hinzuzurechnen und die Einlagen abzuziehen sind (§ 4 Abs. 1 EStG). Diese Art der Gewinnermittlung (Bestandsvergleich) kommt für buchführende Land- und Forstwirte und für Freiberufler in Betracht.

I. Steuern

Beispiel:

	DM	DM
Betriebsvermögen 31.12.	110.000,-	110.000,-
Betriebsvermögen 31.12. des Vorjahres	90.000,-	120.000,-
Unterschiedsbetrag	(+) 20.000,-	(-) 10.000,-
+ Privatentnahmen	4.000,-	14.000,-
	24.000,-	4.000,-
- Einlagen	5.000,-	1.000,-
Steuerpflichtiger Gewinn	19.000,-	3.000,-

2. Der Gewinn wird als Überschuß der Betriebseinnahmen über die Betriebsausgaben angesetzt (§ 4 Abs. 3 EStG).
Diese vereinfachte Gewinnermittlung kommt bei Kleingewerbetreibenden und den Angehörigen der freien Berufe vor.

Beispiel:
Der Kleingewerbetreibende A hat im Kalenderjahr folgende Einnahmen und Ausgaben aufgezeichnet:

Einnahmen	43.607,- DM
Eigenverbrauch	+ 190,- DM
Betriebseinnahmen	43.797,- DM
Betriebsausgaben (Ladenmiete, Gewerbesteuer, sonstige Kosten, wie Licht, Heizung usw.)	36.426,- DM
Überschuß der Betriebseinnahmen über die Betriebsausgaben (Gewinn)	7.371,- DM

3. Als Gewinn wird nach § 5 EStG das Ergebnis des Jahresabschlusses der Buchführung, d.h. der Bilanz und der Gewinn- und Verlustrechnung zugrunde gelegt (s. I.C.6.a).

Alle Gewerbetreibenden, die aufgrund gesetzlicher Vorschriften verpflichtet sind, Bücher zu führen und regelmäßige Abschlüsse zu machen, oder die ohne eine solche Verpflichtung Bücher führen und regelmäßig Abschlüsse machen, müssen den Gewinn nach der zuletzt genannten Methode ermitteln.

Um eine gleichmäßige Besteuerung der Steuerpflichtigen zu gewährleisten, sind im § 6 EStG besondere Bewertungsgrundsätze aufgestellt, da für die Ermittlung des „richtigen" Gewinns die Bewertung der Vermögensteile und Abschreibungen entscheidend ist (s. I.C.6.a).

Ermittlung der Einkünfte aus nichtselbständiger Arbeit, Kapitalvermögen, Vermietung usw.

Bei den Einkünften aus nichtselbständiger Arbeit, aus Kapitalvermögen, Vermietung und Verpachtung und sonstigen Einkünften ist der Überschuß der Einnahmen über die Werbungskosten als Einkünfte anzusetzen (§§ 8 ... 9a EStG).

Werbungskosten (vgl. § 9 EStG) sind Aufwendungen zur Erwerbung, Sicherung und Erhaltung der Einnahmen. Sie sind bei der Einkunftsart abzuziehen, bei der sie erwachsen sind.

So können z.B. bei den Einkünften aus Vermietung und Verpachtung abgezogen werden: Gezahlte Zinsen, Grundsteuer, Absetzung für Abnutzung, Ausgaben für Reparaturen, Gebühren für Müllabfuhr, Beiträge zu den Hausversicherungen usw. Bei den Einkünften aus nichtselbständiger Arbeit (Lohn und

Gehalt) können als Werbungskosten u.a. abgezogen werden: Beiträge zu Berufsständen, Berufsverbänden, z.B. für Gewerkschaft, Aufwendungen für Fahrten zwischen Wohnung und Arbeitsstätte mit öffentlichem Verkehrsmittel oder mit eigenem Kraftfahrzeug, Aufwendungen für Arbeitsmittel, z.B. Werkzeuge, typische Berufskleidung, Fachliteratur usw., Fortbildungskosten (nicht dagegen Ausbildungskosten).

Wenn der Steuerpflichtige nicht höhere Werbungskosten nachweist, kann er mindestens folgende *Pauschalbeträge* jährlich abziehen (§ 9a EStG):

Bei Einkünften aus nichtselbständiger Arbeit	2.000,- DM[1]
Bei Einkünften aus Kapitalvermögen	100,- DM
Bei zusammen veranlagten Ehegatten	200,- DM
Bei wiederkehrenden Bezügen im Sinne des § 22 Ziff. 1 EStG, z.B. bei Leibrenten, ein Betrag von	200,- DM

Die Pauschbeträge dürfen nicht höher sein als die Einnahmen aus der jeweiligen Einkunftsart.

Bei der Ermittlung der Einkünfte aus Kapitalvermögen ist ein *Sparer-Freibetrag* von 6.000,- DM (bei zusammenveranlagten Ehegatten 12.000,- DM) abzuziehen (§ 20 EStG).

Ermittlung des Einkommens

Der Gesamtbetrag aller Einkünfte nach Ausgleich mit Verlusten, die sich aus den einzelnen Einkunftsarten ergeben und nach Abzug der Sonderausgaben (vgl. § 10 bis 10e und 10h EStG), ergibt das Einkommen im Sinne des EStG.

Als *Sonderausgaben* faßt das EStG eine Reihe von Aufwendungen zusammen, die weder Betriebsausgaben noch Werbungskosten sind.

Zu den Sonderausgaben gehören u.a.:

1. Beiträge und Versicherungsprämien zu Kranken-, Unfall- und Haftpflichtversicherungen, zu den gesetzlichen Rentenversicherungen, der Arbeitslosenversicherung, zur Versicherung auf den Lebens- oder Todesfall und zu Witwen-, Waisen-, Versorgungs- und Sterbekassen.
2. Beiträge an Bausparkassen zur Erlangung von Baudarlehen (falls keine Wohnungsbauprämie beansprucht wird; bes. Beträge für Wohnung im eigenen Haus (vgl. § 10e und 10h EStG).
3. Kirchensteuer. Abzugsfähig sind die tatsächlich gezahlten Beträge.
4. Ausgaben zur Förderung mildtätiger, kirchlicher, religiöser, wissenschaftlicher und staatspolitischer Zwecke; Zuwendungen an politische Parteien begrenzt (vgl. §§ 34g u. 10b EStG).
5. Berufsausbildungskosten des Steuerpflichtigen oder seines Ehegatten bis zu gewissen Höchstbeträgen.
6. Unterhaltsleistungen an den geschiedenen oder dauernd getrennt lebenden Ehegatten bis zu 27.000,- DM.

Ebenso wie die Sonderausgaben können Steuerpflichtige mit ordnungsmäßiger Buchführung auch die Verluste bis zu insgesamt 10 Millionen der vorangegangenen Wirtschaftsjahre aus Land- und Forstwirtschaft, aus Gewerbebetrieb und aus selbständiger Arbeit vom Gesamtbetrag der Einkünfte abziehen, soweit sie noch nicht ausgeglichen oder abgezogen sind (§ 10d EStG).

Höchstbeträge für Vorsorgeaufwendungen: Grundfreibetrag von 2.610,- DM bei Ledigen und 5.220,- DM bei Verheirateten für Versicherungs- und Bausparkassenbeiträge (§ 10 Abs. 3 EStG).

---

[1] Dieser Betrag ist in der Lohnsteuertabelle berücksichtigt.

Darüber hinausgehende Aufwendungen können noch bis zur Hälfte des Grundhöchstbetrages abgezogen werden. In bestimmten Fällen ist der Höchstbetrag durch den „Vorweg-Abzug" von Versicherungsbeiträgen noch höher. Dieser sogenannte Vorwegabzugsbetrag, der vorwiegend freiberuflich Tätigen und Selbständigen zugutekommt, da bei Arbeitnehmern darauf die Arbeitgeberbeiträge zur Sozialversicherung angerechnet werden, beträgt 6.000,-/12.000,- DM[1].

Sonderausgaben-Pauschbetrag:
Für alle Sonderausgaben, ausgenommen Vorsorgeaufwendungen, wird ein Pauschbetrag von 108,-/ 216,- DM (Ledige/Verheiratete) berücksichtigt, sofern der Steuerpflichtige nicht höhere Aufwendungen nachweist. Dieser Pauschbetrag ist in die Lohnsteuertabelle eingearbeitet (§ 10c EStG).

Vorsorge-Pauschbetrag:
Für Vorsorgeaufwendungen (Beiträge zu Versicherungen und Bausparkassen) wird grundsätzlich ein Pauschbetrag abgezogen, wenn der Steuerpflichtige nicht höhere Aufwendungen nachweist (§ 10c EStG).

Vorsorgepauschale:
Bei Arbeitnehmern wird für Vorsorgeaufwendungen statt des Vorsorge-Pauschbetrags eine Vorsorgepauschale berücksichtigt, die in die Lohnsteuertabelle eingearbeitet ist. Sie gilt grundsätzlich alle Vorsorgeaufwendungen des Arbeitnehmers ab. Höhere Vorsorgeaufwendungen, die steuerlich noch berücksichtigt werden können, sind im Lohnsteuer-Jahresausgleich oder bei einer Veranlagung zur Einkommensteuer geltend zu machen, wobei bestimmte Obergrenzen nicht überschritten werden dürfen (§ 10c EStG).

Steuerermäßigung durch Freibeträge[2]

1. **Haushaltsfreibetrag (§ 32 EStG):**
   Ein Ehegatte, der getrennt zur ESt. zu veranlagen und für den das Splittingverfahren nicht anzuwenden ist, kann einen Freibetrag von 5.616,- DM vom Einkommen abziehen, wenn er einen Kinderfreibetrag für mindestens ein Kind erhält, das in seiner Wohnung gemeldet ist.

2. **Freibetrag für Alleinstehende mit Kindern:**
   Alleinstehende (verwitwete, geschiedene, getrennt lebende Ehegatten und Ledige) mit Kindern erhalten einen besonderen Freibetrag von 4.000,- DM, für jedes weitere Kind Erhöhung um 2.000,- DM (§ 33c EStG).

3. **Pauschalbeträge für Körperbehinderte und Hinterbliebene (§ 33b EStG):**
   Die nach dem Grund der Erwerbsminderung gestaffelten Pauschalbeträge betragen 600,- ... 2.760,- DM. In der Stufe 1 wird von einer Erwerbsminderung von 25 ... 30 % ausgegangen und in der Stufe 8 von 95 ... 100 %. Für Blinde und für völlig hilflose Körperbehinderte beträgt der Pauschbetrag 7.200,- DM.

4. **Altersentlastungsbetrag (§§ 24a EStG):**
   Wer das 64. Lebensjahr vollendet hat, erhält für andere Einkünfte als Renten und Pensionen (z.B. Nebeneinkünfte) einen zusätzlichen Freibetrag von 40 % dieser Einkünfte, höchstens 3.720,- DM.

5. **Versorgungsfreibetrag:**
   Von Versorgungsbezügen, wie Beamten- oder Werkpensionen, werden 40 %, höchstens aber 6.000,- DM steuerfrei gelassen (§ 19 EStG).

6. **Freibetrag für Bewohner von Altenheimen:** (vgl. § 33a EStG)
   Wenn die Aufwendungen für die Unterbringung und Kosten für Dienstleistungen enthalten sind, die mit denen einer Hausgehilfin vergleichbar sind, wird ein Freibetrag von 1.200 bzw. 1.800,- DM gewährt.

---

1 S. Sonderausgaben Ziff. 1.
2 Freibeträge sind Beträge, die vor der Berechnung der Steuer vom Einkommen abgezogen werden. Freigrenze ist dagegen der Betrag, bis zu dem keine Steuer erhoben wird. Beim Überschreiten wird der volle Betrag versteuert.

7. **Unterhaltsaufwendungen für nahe Angehörige:** (vgl. § 33a EStG)
   Diese Aufwendungen können für eine Person über 18 Jahre bis 6.300,- DM und unter 18 Jahren bis 4.104,- DM abgezogen werden, wenn kein Anspruch auf einen Kinderfreibetrag besteht. Auf den Höchstbetrag werden eigene Einkünfte des Unterhaltsberechtigten nur angerechnet, soweit sie diese Beträge übersteigen. Voraussetzung ist, daß die unterhaltene Person kein oder nur geringes Vermögen besitzt.

8. **Ausbildungsfreibeträge:** (vgl. § 33a EStG)
   Vom Gesamtbetrag der Einkünfte wird auf Antrag für die Berufsausbildung eines Kindes, für das der Steuerpflichtige einen Kinderfreibetrag erhält oder erhielte bei auswärtiger Unterbringung ein Ausbildungsfreibetrag abgezogen: bis 1.800,- DM, wenn das Kind noch nicht 18 Jahre alt ist; für ältere Kinder bis zu 2.400,- DM bei auswärtiger Unterbringung 4.200,- DM. Voraussetzung ist, daß die unterhaltene Person kein oder nur geringes Vermögen besitzt. Ihre eigenen Einkünfte, Bezüge oder Zuschüsse aus öffentlichen Mitteln, die zur Bestreitung des Unterhalts geeignet sind, vermindern die genannten Beträge entsprechend.

9. **Kinderfreibetrag:** (vgl. § 32 EStG)
   Für jedes Kind wird ein Kinderfreibetrag von 2.052,-/4.104,- DM gewährt, auch wenn es älter als 27 Jahre ist und die steuerrechtlichen Voraussetzungen erfüllt sind.

Außergewöhnliche Belastungen

Erwachsen einem Steuerpflichtigen zwangsläufig größere Aufwendungen als der überwiegenden Mehrzahl der Steuerpflichtigen gleicher Einkommensverhältnisse, gleicher Vermögensverhältnisse und gleichen Familienstandes (außergewöhnliche Belastung), so wird auf Antrag die Einkommensteuer dadurch ermäßigt, daß der Teil der Aufwendungen die dem Steuerpflichtigen zumutbare Eigenbelastung übersteigt, vom Gesamtbetrag der Einkünfte abgezogen wird. Die Höhe der zumutbaren Eigenbelastung ist in Prozentsätzen (1 bis 7 %) des um bestimmte Sonderausgaben verminderten Gesamtbetrags der Einkünfte gestaffelt (vgl. § 33 EStG).

Nicht abzugsfähige Ausgaben sind die Kosten der Lebenshaltung.

Zu den außergewöhnlichen Belastungen gehören auch einzelne der unter vorstehenden Ziffern (1 bis 9) aufgeführten Fälle. Sie können nur durch die genannten Freibeträge berücksichtigt werden.

Veranlagung

Die Einkommensteuer wird nach Ablauf des Kalenderjahres nach dem Einkommen veranlagt, das der Steuerpflichtige in diesem Veranlagungszeitraum bezogen hat. Um die Veranlagung durchführen zu können, hat jeder Steuerpflichtige zu dem jährlich besonders bestimmten Zeitpunkt auf vorgeschriebenem Vordruck eine Einkommensteuererklärung dem zuständigen Finanzamt einzureichen. Eine Veranlagung wird in jedem Fall durchgeführt, wenn das Einkommen mehr als 27.000,-/54.000,- DM (Ledige/Verheiratete) beträgt, auch bei Lohnersatzleistungen über 800,- DM.

Nach dem Einkommensteuergesetz gibt es drei Möglichkeiten der Veranlagung:

1. *Die Veranlagung von alleinstehenden Personen;*
2. *Die Zusammenveranlagung von Ehegatten* (§ 26b EStG). Die Ehegatten können zwischen getrennter Veranlagung und Zusammenveranlagung wählen. Geben die Ehegatten keine Erklärung über ihre Wahl ab, so wird unterstellt, daß sie Zusammenveranlagung wünschen. In diesem Fall werden die Einkünfte der Eheleute zusammengerechnet; dabei werden etwaige Verluste des einen Ehegatten mit den Einkünften des anderen Ehegatten ausgeglichen. Von dem Gesamtbetrag der Einkünfte werden die Sonderausgaben abgezogen. Für das nach der Verminderung um tarifliche Freibeträge sich ergebende Einkommen ist die Einkommensteuer nach dem *Splittingverfahren (Halbierungsverfahren)* zu ermitteln. Es besteht darin, daß das zusammengerechnete Einkommen der Ehegatten halbiert, von dem halbierten Betrag die Einkommensteuer nach der Tabelle berechnet und der errechnete Steuerbetrag sodann verdoppelt wird.

Nach dem Splittingverfahren werden also Ehegatten tariflich wie zwei Ledige behandelt, von denen jeder ein Einkommen in Höhe der Hälfte des gemeinsamen Einkommens beider Ehegatten bezogen hat.

3. *Die getrennte Veranlagung von Ehegatten.* Hierbei wird für jeden Ehegatten die Summe der Einkünfte ermittelt und danach die Steuer errechnet.

Berechnung der Einkommensteuer

Die Höhe der Steuer ergibt sich aus der Einkommensteuertabelle lt. EStG. Ab 1995 wird ein Zuschlag zur Einkommen- und Körperschaftsteuer in Höhe von 7,5 % erhoben (FKP-Gesetz, FKP = Föderales Konsolidierungs-Programm) (Solidaritätszuschlag).

Der Einkommensteuertarif hat folgenden Aufbau:
Die Einkommensteuer beträgt für das zu versteuernde Einkommen bis 5.616,- DM (Grundfreibetrag) 0. Danach folgt eine proportionale Eingangszone. Diese reicht bis zu einem zu versteuernden Einkommen von 8.154,- DM. Bis zu diesem Betrag werden 19 % Steuer erhoben.

Danach folgt ein linear-progressiver Tarif, bei dem die Steuersätze mit steigendem Einkommen gleichmäßig ansteigen: von 19 bis 53 % für Einkommen bis 120.041,- DM. Für zu versteuernde Einkommen von 120.041,- DM an werden dann 53 % Steuer erhoben (vgl. § 32a EStG).

Hat ein Steuerpflichtiger Arbeitslosen-, Kurzarbeiter-, Schlechtwettergeld, Arbeitslosenhilfe oder ausländische Einkünfte bezogen, so wird ein besonderer Steuersatz angewendet (vgl. § 32b EStG). Das Existenzminimum (1993: 10.500,-/21.000,- DM), 1994: 11.000,-/22.000,- DM, 1995: 11.500,-/23.000,- DM) wird gem. Bundesverfassungsgericht von der Steuer freigestellt.

Kindergeld

Es wird nach dem Bundeskindergeldgesetz ein einheitliches Kindergeld vom ersten Kind an gewährt. Dieses beträgt monatlich für das erste Kind 50,- DM, für das zweite Kind 70,- bis 130,- DM, für das dritte Kind 140,- bis 220,- DM und für das vierte und jedes weitere 140,- bis 240,- DM. Diese Beträge werden jeweils alle zwei Monate außerhalb des Bestimmungsverfahrens von den Arbeitsämtern auf Antrag ausgezahlt. Ab dem zweiten Kind wird das Kindergeld einkommensabhängig gewährt.

Entrichtung der Einkommensteuer

Auf die durch die Veranlagung zu errechnende Steuerschuld sind grundsätzlich vierteljährliche Vorauszahlungen am 10. März, 10. Juni, 10. September und 10. Dezember zu leisten. Diese bemessen sich nach der Steuerschuld der letzten vorausgegangenen Veranlagung. Der Restbetrag, der sich bei Anrechnung der Vorauszahlungen auf die Steuerschuld ergibt, ist als Abschlußzahlung zu entrichten. Ein eventuell zuviel gezahlter Betrag wird aufgerechnet oder zurückgezahlt.

b) Lohnsteuer

Die Lohnsteuer ist eine Unterart der Einkommensteuer. Deshalb ist das Einkommensteuergesetz auch für Lohn- und Gehaltsempfänger Rechtsgrundlage.

Steuerpflicht

Alle Einkünfte, die dem Arbeitnehmer aus einem gegenwärtigen oder früheren Arbeitsverhältnis (nichtselbständiger Arbeit) zufließen, sind lohnsteuerpflichtig. Die Lohnsteuer wird vom Bruttolohn oder Bruttogehalt abgezogen, vom Arbeitgeber einbehalten und an das Finanzamt abgeführt. Dem Steuerabzug unterliegen alle laufenden und einmaligen Geld- oder Sachbezüge.

Geldbezüge sind z.B. Löhne, Gehälter, Provisionen, Gratifikationen, Tantiemen, Wartegelder, Ruhegelder usw.

Sachbezüge sind z.B. freie Wohnung, freie Heizung, Kost.

Alle für die Berechnung der Lohnsteuer notwendigen Angaben enthält die Lohnsteuerkarte. Sie wird jedem Arbeitnehmer von der Gemeindebehörde des Wohnsitzes ausgestellt und zugesandt. Bei Beginn des Dienstverhältnisses oder des Kalenderjahres muß der Arbeitnehmer die Steuerkarte dem Arbeitgeber unverzüglich aushändigen. Bei Änderungen muß der Arbeitnehmer die Lohnsteuerkarte bei der Gemeindebehörde abändern lassen. Hat ein Arbeitnehmer mehrere Dienstverhältnisse, so wird für jedes Dienstverhältnis eine besondere Lohnsteuerkarte ausgestellt.

Steuerfreie Beträge

Bei besonderen Verhältnissen wird auf Antrag des Steuerpflichtigen auf der Lohnsteuerkarte ein steuerfreier Betrag eingetragen. Neben den bereits genannten Freibeträgen (s. S. 191 f.) können erhöhte Werbungskosten, Sonderausgaben, Verluste aus Vermietung und Verpachtung, die durch Inanspruchnahme der erhöhten Absetzung für neue Wohngebäude (§ 10e und 10h EStG) z.B. Einfamilienhäuser oder Eigentumswohnungen entstanden sind, eingetragen werden.

Lohnsteuerberechnung

Die Höhe der Lohnsteuer wird bei laufendem Arbeitslohn aus der Lohnsteuertabelle abgelesen. Dabei sind die Eintragungen auf der Lohnsteuerkarte maßgebend. In den Lohnsteuertabellen sind u.a. der Arbeitnehmerpauschbetrag, der Kinderfreibetrag und die Vorsorgepauschale (für regelmäßige Vorsorgeaufwendungen) bereits berücksichtigt. Der Arbeitnehmer braucht also hierfür keinen Antrag beim Finanzamt zu stellen. Ab 1. Januar 1995 Solidaritätszuschlag von 7,5 % auf die Lohnsteuer.

Lohnsteuerjahresausgleich

Arbeitnehmern, die aus besonderen Gründen zuviel Lohnsteuer entrichtet haben, wird die Überzahlung durch den Lohnsteuerjahresausgleich erstattet. Dieser wird entweder vom Arbeitgeber oder in besonderen Fällen auf Antrag vom Finanzamt durchgeführt. Anträge sind mittels Formblatt beim Finanzamt einzureichen.

Überzahlungen an Lohnsteuer können vorliegen bei unständiger Beschäftigung (z.B. wenn der Lohnsteuerpflichtige sein Arbeitsverhältnis wegen Fachschulbesuch unterbricht), bei schwankendem Arbeitslohn, bei Eintragung, Änderung oder Aufhebung von Freibeträgen, bei Änderung des Personenstandes (z.B. bei Eheschließung), bei nachträglicher Geltendmachung von Werbungskosten, Sonderausgaben, außergewöhnlichen Belastungen oder Freibeträgen usw.

c) Kapitalertragsteuer – Zinsabschlagsteuer

Der Steuerabzug vom Kapitalertrag, die Kapitalertragsteuer, ist keine selbständige Steuer, sondern, wie die Lohnsteuer, eine besondere Erhebungsform der Einkommensteuer.

I. Steuern

Der Kapitalertragsteuer unterliegen Gewinnanteile (Dividenden), Zinsen, Ausbeuten und sonstige Bezüge aus Aktien, Kuxen, Genußscheinen, Anteilen an Gesellschaften mbH, an Erwerbs- und Wirtschaftsgenossenschaften sowie Einkünfte aus einem Handelsgewerbe als stiller Gesellschafter. Die Steuersätze betragen für Gewinnanteile, z.B. Dividenden, und Einkünfte aus stiller Beteiligung 25 %, für Erträge aus Schuldverschreibungen und Obligationen 30 % (vgl. § 43a EStG).

Die Kapitalertragsteuer ist durch den Schuldner, d.h. die ausschüttende Gesellschaft, z.B. die AG, die GmbH, für den Empfänger der Ausschüttung („Gläubiger") einzubehalten und an das Finanzamt abzuführen. Bei der Veranlagung zur Einkommensteuer wird die entrichtete Kapitalertragsteuer auf die zu zahlende Einkommensteuer angerechnet.

Banken und Sparkassen ziehen ab Januar 1993 von allen Erträgen aus verbrieften und nicht verbrieften Kapitalforderungen wie Festgeldkonten, Sparbüchern, Aktien oder Investmentfonds 30 % als Zinsabschlagsteuer ab. Ausnahmen: Zinserträge bis 1 % aus Girokonten, Bauspargutbaben und Privatdarlehen; Zinsen von Bausparkassen, die über 1 % liegen, wenn Bausparer Anspruch auf Arbeitnehmersparzulagen oder Wohnungsbauprämie haben; Zinszahlungen von Unternehmen an Mitarbeiter; Stückzinsen und ähnliche Erträge aus auf/oder abgezinsten Wertpapieren, wenn festverzinsliche Papiere vor Ablauf der Zinsbindungsfrist aus besonderen Gründen verkauft werden. Der Steuerpflichtige kann bei seinem Geldinstitut bei Kapitaleinkünften bis 6.100,-/12.200,- DM (Ledige/Verheiratete) pro Jahr die Freistellung vom Zinsabschlag beantragen.

d) Körperschaftsteuer

Steuerpflicht

Die juristischen Personen, z.B. Kapitalgesellschaften, Erwerbs- und Wirtschaftsgenossenschaften, Versicherungsvereine auf Gegenseitigkeit, Betriebe gewerblicher Art von Körperschaften, unterliegen mit ihren Einkünften der Körperschaftsteuer (KSt). Befreiungen sind aus staatswirtschaftlichen und sozialen Gründen vorgesehen (§ 5 KStG).

Steuersätze, Veranlagung und Anrechnung

Die Körperschaftsteuer beträgt 50 % des zu versteuernden Einkommens. Nach bestimmten Vorschriften vermindert oder erhöht sie sich (vgl. §§ 23 ff. KStG).

Für die Veranlagung, Entrichtung, Anrechnung und Vergütung gelten im allgemeinen sinngemäß die Vorschriften des Einkommensteuergesetzes. Nach dem Körperschaftsteuergesetz wird die bei der Körperschaft erhobene Körperschaftsteuer auf die Einkommensteuer angerechnet, so daß in Höhe der von der Kapitalgesellschaft abgeführten Körperschaftsteuer beim Finanzamt ein Steuerguthaben für den Aktionär entsteht. Bei Ausschüttungen setzt sich der vom Aktionär zu versteuernde Betrag zusammen aus der Dividende, die von der Gesellschaft ausgezahlt wird und dem Steuerguthaben. Das Steuerguthaben und die auch künftig mit 25 % von der Dividende zu erhebende Kapitalertragsteuer werden dem Aktionär auf seine persönliche Einkommensteuerschuld angerechnet. Voraussetzung für die Anrechnung des Steuerguthabens und die Kapitalertragsteuer ist eine *Steuerbescheinigung*, die der Aktionär bei Gutschrift von Dividende bei depotverwahrten Aktien erhält.

Aktionäre, die voraussichtlich nicht zur Einkommensteuer veranlagt werden, können mit einer Nichtveranlagungsbescheinigung des für sie zuständigen Finanzamts und mit der Steuerbescheinigung des Kreditinstituts die Erstattung des Steuerguthabens und der einbehaltenen Kapitalertragsteuer beim Bundesamt für Finanzen beantragen, wenn die Aktien im Zeitpunkt des Zufließens der Einnahmen in einem Wertpapierdepot des Aktionärs bei einem Kreditinstitut verwahrt werden. Wird die Nichtveranlagungsbescheinigung dem depotverwaltenden Kreditinstitut vorgelegt, dann erhält der Aktionär die Dividende ohne Abzug von Kapitalertragsteuer zusammen mit dem Steuerguthaben vergütet.

Aktionäre, die ihre Aktien selbst verwahren und somit die Dividendenscheine am Schalter einlösen, erhalten ebenfalls eine Steuerbescheinigung. Bei der Schaltereinlösung wird immer – auch bei Vorlage einer Nichtveranlagungsbescheinigung – Kapitalertragsteuer abgezogen. Das Steuerguthaben und die Kapitalertragsteuer können in solchen Fällen nur im Rahmen einer Einkommensteuerveranlagung erstattet werden.

e) Vermögensteuer

Steuerpflicht

Nach dem Vermögensteuergesetz sind alle natürlichen Personen, die im Bundesgebiet ihren Wohnsitz oder gewöhnlichen Aufenthalt haben, und die juristischen Personen, die Geschäftsleitung oder Sitz im Bundesgebiet haben, unbeschränkt steuerpflichtig. Zu den juristischen Personen (Körperschaften) gehören hinsichtlich der Steuerpflicht beispielsweise Kapitalgesellschaften, Erwerbs- und Wirtschaftsgenossenschaften, Versicherungsvereine auf Gegenseitigkeit, nicht rechtsfähige Vereine, Anstalten und Stiftungen, Kreditanstalten des öffentlichen Rechts. Körperschaften sind bis zu 50.000,- DM vermögensteuerfrei (§ 9 VStG). Das Betriebsvermögen bleibt bis 500.000,- DM außer Ansatz. Das darüber hinausgehende Betriebsvermögen wird nur noch mit 75 % angesetzt (§ 117a BewG).

Steuerfrei sind die gleichen Institute wie bei der Körperschaftsteuer (vgl. § 3 VStG). Besteuert wird das Gesamtvermögen, das nach den Vorschriften des Bewertungsgesetzes zu ermitteln und zu bewerten ist (§§ 114 ff. BewG).

Freibeträge für natürliche Personen

Folgende Beträge bleiben vermögensteuerfrei (vgl. § 6 VStG):

1. 70.000,- DM für den Steuerpflichtigen selbst
2. 70.000,- DM für die Ehefrau, wenn die Eheleute zusammenveranlagt werden
3. 70.000,- DM für jedes Kind bis zur Vollendung des 16. Lebensjahres (bis zum 27. Lebensjahr, wenn es unterhalten und für einen Beruf ausgebildet wird)
4. Weitere 50.000,- DM, wenn der Steuerpflichtige über 60 Jahre alt oder voraussichtlich für mindestens drei Jahre erwerbsunfähig ist. Das Gesamtvermögen darf aber in diesem Falle nicht mehr als 150.000,- DM betragen. Sind beide Ehegatten über 60 Jahre alt, so verdoppeln sich diese Beträge.

Ab 1995 wird der allgemeine Freibetrag von 70.000,- DM auf 120.000,- DM angehoben.

Veranlagung und Steuersatz

Die Hauptveranlagung erfolgt für drei Kalenderjahre. Ehegatten und ihre Kinder unter 18 Jahren werden grundsätzlich gemeinsam veranlagt (Haushaltbesteuerung).

Der Steuersatz beträgt für natürliche Personen jährlich 0,5 % (ab 1995 1 %) des steuerpflichtigen Vermögens. Er beträgt 0,6 % für Kapitalgesellschaften, sonstige juristische Personen u.a. (vgl. § 10 VStG).

Bei Luxus- und Kunstgegenständen sowie bei Sammlungen gibt es bei zusammenveranlagten Ehegatten eine Freigrenze von 20.000,- DM, bzw. 40.000,- DM, bei Edelmetallen, Münzen usw. nur 1.000,-/2.000,- DM (§ 110 BewG).

f) Gewerbesteuer[1]

Die Gewerbesteuer ist eine Gemeindesteuer. Belastet wird der Betrieb selbst, unabhängig davon, wer Inhaber ist. Sie wird deshalb auch als Objekt-, Sach- oder Realsteuer bezeichnet.

Steuergegenstand

Besteuert wird jeder stehende Gewerbebetrieb und auch das Reisegewerbe. Als Gewerbebetrieb gilt stets die Tätigkeit der Personen- bzw. Kapitalgesellschaften des Handelsrechts (vgl. § 2 GewStG).

Die Ausübung eines freien Berufs unterliegt nicht der Gewerbesteuer.

Steuerbefreiungen

Von der Gewerbesteuer sind hauptsächlich die gleichen Unternehmen befreit, die auch von der Körperschaftsteuer befreit sind (s. d)).

Besteuerungsgrundlagen

Grundlage der Besteuerung sind in der Regel der Gewerbeertrag und das Gewerbekapital.

Gewerbeertrag ist der nach den Vorschriften des Einkommen- oder Körperschaftsteuergesetzes ermittelte Gewinn aus Gewerbebetrieb (vgl. § 7 GewStG)

1. vermehrt um die Zurechnungen nach § 8 GewStG, z.B. 50 % der Entgelte für Dauerschulden, Hälfte der Miet- und Pachtzinsen für gemietete Wirtschaftsgüter usw.
2. vermindert um die Kürzungen nach § 9 GewStG, z.B. 1,2 % des Einheitswertes zum Betriebsvermögen des Unternehmens gehörenden Grundbesitzes.

Gewerbekapital ist der Einheitswert des gewerblichen Betriebs (vgl. § 12 GewStG) unter

1. Hinzurechnung bestimmter Beträge, z.B. Dauerschulden, Wert (Teilwert) der gemieteten und gepachteten Gegenstände.
2. Kürzung um die Summe der Einheitswerte, z.B. von Betriebsgrundstücken, und Teilwerten, z.B. Beteiligung an irgendeiner Personengesellschaft.

Steuerberechnung

Zur Steuerberechnung setzt das Finanzamt einen Steuermeßbetrag fest. Dieser wird durch Anwendung einer Steuermeßzahl auf den Gewerbeertrag (5 %) und einer Steuermeßzahl vom Gewerbekapital (2 ‰) ermittelt. Die beiden so ermittelten Meßbeträge werden zusammengerechnet, und dadurch wird ein einheitlicher Meßbetrag gebildet. Auf diesen Steuermeßbetrag wird der von der Gemeinde festgesetzte Hebesatz angewendet und dadurch die Gewerbesteuer errechnet (vgl. §§ 11 ff. GewStG).

---

[1] GewStG 1991, geändert durch Steueränderungsgesetz 1992 vom 25.2.1992.

Folgende Freibeträge sind bei der Berechnung der Gewerbesteuer zu berücksichtigen:

Der Gewerbeertrag wird bei natürlichen Personen sowie bei Personengesellschaften um 48.000,- DM, höchstens aber nur um den auf volle 100,- DM nach unten abgerundeten Gewerbeertrag gekürzt (vgl. § 11 GewStG).

Für steuerpflichtige wirtschaftliche Geschäftsbetriebe von gemeinnützigen, mildtätigen oder kirchlichen Körperschaften und für Unternehmen von juristischen Personen des öffentlichen Rechts wird keine Gewerbeertragsteuer berechnet (vgl. § 3 GewStG).

Das Gewerbekapital ist um 120.000,- DM, höchstens jedoch in Höhe des auf volle 1.000,- DM nach unten abgerundeten Gewerbekapitals zu vermindern (vgl. § 13 GewStG).

Bei der Ermittlung des Gewerbekapitals werden dem Einheitswert des gewerblichen Betriebs Dauerschulden nur hinzugerechnet, soweit sie 50.000,- DM übersteigen, der übersteigende Betrag jedoch nur zur Hälfte (vgl. § 12 Abs. 2 Nr. 1 GewStG).

Bei Betrieben mit Betriebsstätten in mehreren Gemeinden wird eine entsprechende Aufteilung des Meßbetrags auf die anspruchsberechtigten Gemeinden vom Finanzamt nach einem bestimmten Schlüssel („Zerlegungsmaßstab") vorgenommen (vgl. § 28 ff. GewStG).

g) Grundsteuer

Die Grundsteuer ist eine Gemeindesteuer. Ihr unterliegt der bebaute und unbebaute Grundbesitz. Besteuerungsgrundlage ist der nach den Vorschriften des Bewertungsgesetzes festgestellte *Einheitswert* des Grundstücks. Bei der Berechnung ist von einem Steuermeßbetrag auszugehen. Dieser beträgt 3,5 ‰ (Steuermeßzahl) des Einheitswerts; bei Einfamilienhäusern 2,6 ‰ für die ersten 75.000,- DM und 3,5 ‰, für den Rest des Einheitswerts; für Zweifamilienhäuser 3,1 ‰. Auf diesen Meßbetrag wenden die Gemeinden ihren Hebesatz (Hundertsatz des Meßbetrages) in ähnlicher Weise wie bei der Gewerbesteuer an. Von den Gemeinden wird jedem Steuerpflichtigen jährlich ein Grundsteuerbescheid erteilt. Steuerpflichtiger ist der Eigentümer eines Grundstücks.

Befreiung ist bei bestimmten Voraussetzungen für neugeschaffene Wohnungen möglich (§ 43 GrStG).

h) Umsatzsteuer (Mehrwertsteuer)

Die Mehrwertsteuer (Umsatzsteuer) ist neben der Einkommensteuer die bedeutendste Abgabe im deutschen Steuersystem. Die Mehrwertsteuer ist eine allgemeine Verbrauchsteuer, bei der immer der Endverbraucher belastet wird.

Steuerbare Umsätze (§ 1 UStG)

1. Die Lieferungen und sonstigen Leistungen, die ein Unternehmer im Erhebungsgebiet gegen Entgelt im Rahmen seines Unternehmens ausführt,
2. der Eigenverbrauch, d.h. Entnahme von Gegenständen aus dem eigenen Unternehmen für außerbetriebliche Zwecke, sowie Aufwendungen lt. Abzugsverbot nach § 4 (5) E StG,
3. unentgeltliche Lieferungen und sonstige Leistungen bestimmter Körperschaften und Vereinigungen u.a. an ihre Gesellschafter oder Mitglieder,
4. die Einfuhr von Gegenständen in das Zollgebiet (Einfuhr-Umsatzsteuer).

Steuerbefreiungen (§ 4 UStG)

Von den steuerbaren Umsätzen sind u.a. folgende umsatzsteuerfrei:
1. Ausfuhrlieferungen, d.h. Lieferungen an einen ausländischen Abnehmer,
2. Lohnveredelungen und Leistungen für ausländische Auftraggeber,
3. Beförderung auf Wasserstraßen (Binnenschiffahrt),
4. Umsätze der Bundespost,
5. Umsätze im Geld- und Kapitalverkehr,
6. Umsätze, die anderen Verkehrsteuern unterliegen, z.B. der Grunderwerb-, der Versicherungs-, der Kapitalverkehrsteuer,
7. Umsätze aus der Tätigkeit als Bausparkassenvertreter, Versicherungsvertreter und Versicherungsmakler,
8. Umsätze aus der Tätigkeit als Arzt, Zahnarzt, Heilpraktiker, Dentist, Krankengymnast, Hebamme oder aus einer ähnlichen heilberuflichen Tätigkeit,
9. Umsätze der gesetzlichen Sozialversicherung, der Krankenanstalten und Altenheime.

Bei Unternehmen, deren Gesamtumsatz im Vorjahr 25.000,- DM nicht überstieg und im lfd. Kalenderjahr 100.000,- DM nicht übersteigt, wird keine Umsatzsteuer erhoben (§ 19 UStG).

Steuerberechnung

Bemessungsgrundlage ist das vereinbarte bzw. vereinnahmte Entgelt, bei Einfuhr der Zollwert (§§ 10, 11 UStG).

Die Steuer beträgt für jeden steuerpflichtigen Umsatz 15 % der Bemessungsgrundlage (§ 12 UStG). Die Umsatzsteuer gehört nicht zur Bemessungsgrundlage.

Die Steuer ermäßigt sich auf 7 % beispielsweise

a) für Lieferungen, Eigenverbrauch, Vermietung und Einfuhr der in der Anlage des Gesetzes aufgeführten Gegenstände (z.B. Lebensmittel, Bücher),

b) für Umsätze im Kultur- und Unterhaltungsbereich,

c) für Leistungen, die gemeinnützigen, mildtätigen oder kirchlichen Zwecken dienen,

d) für die unmittelbar dem Betrieb der Schwimmbäder und der Verabreichung von Heilbädern verbundenen Umsätze,

e) für die Beförderung von Personen im Schienenverkehr bis 50 km.

Das wesentliche Merkmal der Mehrwertsteuer ist der *Vorsteuerabzug*. Die Steuer wird nicht nur von der letzten Stufe erhoben, sondern auf alle in den Warenweg eingeschalteten Unternehmen verteilt. Dies geschieht so, daß jeder Umsatz der Mehrwertsteuer unterworfen wird, aber von dem sich ergebenden Steuerbetrag jeweils die Vorsteuer, also diejenigen Steuerbeträge, die die Vorlieferanten schon entrichtet haben, abgezogen wird.

Die Entrichtung der Steuer erfolgt aufgrund einer Voranmeldung des Unternehmers binnen 10 Tagen nach Ablauf des Kalendermonats. Nach Ablauf des Kalenderjahres ist eine Steuererklärung abzugeben, an die sich die Veranlagung anschließt.

i) Erbschaft- und Schenkungsteuer

Der Erbschaftsteuer unterliegen nicht nur der Erwerb von Todes wegen, sondern auch freiwillige Zuwendungen unter Lebenden, insbesondere Schenkungen[1]. Steuerschuldner ist der Erwerber, der Beschenkte und der, dem eine Zweckzuwendung zufließt.

Die Bewertung richtet sich allgemein nach dem Bewertungsgesetz; Grundstücke sind mit 140 % des Einheitswertes vom 1.1.1964 anzusetzen (vgl. § 121 a BewG).

Steuerklassen (§ 15 ErbStG) – Steuersätze (§ 19 ErbStG)

Es gibt vier Steuerklassen:

I: der Ehegatte, die Kinder und die Kinder verstorbener Kinder;
 Steuersatz 3 ... 35 %

II: die Enkel;
 Steuersatz 6 ... 50 %

III: die Eltern und Voreltern, die Geschwister, die Abkömmlinge von Geschwistern, die Stiefeltern, die Schwiegerkinder und Schwiegereltern sowie der geschiedene Ehegatte;
 Steuersatz 11 ... 65 %

IV: alle übrigen Erwerber (natürliche und juristische Personen); Steuersatz 20 ... 70 %

Steuerbefreiungen (§ 16 f. ErbStG)

Allgemeine Freibeträge:

1. für den Ehegatten:	250.000,- DM
2. für die Kinder: (falls die Kinder verstorben sein sollten, gilt der Freibetrag auch für die Enkel)	90.000,- DM
3. für die Enkel	50.000,- DM
4. für die Erwerber der Steuerklasse III	10.000,- DM
5. für die Erwerber der Steuerklasse IV	3.000,- DM

Versorgungsfreibeträge (neben den allgemeinen Freibeträgen, gekürzt um den Kapitalwert bei gewissen erbschaftsteuerfreien Versorgungsbezügen, z.B. Renten):

für den Ehegatten 250.000,- DM

für die Kinder im Alter bis zu 27 Jahren gelten gestaffelte Freibeträge (§ 17 ErbStG).

Weitere Befreiungen (§ 13):

Z.B. Hausrat sowie Kunstgegenstände und Sammlungen bei Personen der Steuerklassen I und II bis zu einem Freibetrag von insgesamt 40.000,- DM, in den Steuerklassen III und IV bis zu einem Freibetrag von 10.000,- DM. Für andere bewegliche Sachen gibt es einen Freibetrag in Steuerklassen I und II von 5.000,- DM, in Steuerklassen III und IV von 2.000,- DM.

Grundbesitz, Kunstgegenstände und Sammlungen, deren Erhaltung im öffentlichen Interesse liegt, bleiben unter bestimmten Voraussetzungen bis zu 60 % des Wertes steuerfrei.

Unter bestimmten Voraussetzungen Zuwendungen an Pensions- und Unterstützungskassen, an die Gebietskörperschaften, die Kirchen, gemeinnützige Körperschaften, politische Parteien.

---

1 Mehrere, innerhalb von 10 Jahren von derselben Person anfallende Vermögensvorteile (z.B. Schenkung und Erbschaft), werden zusammengerechnet (§ 14 ErbStG).

I. Steuern

k) Grunderwerbsteuer

Diese Steuer umfaßt den Umsatz von Grundstücken (§ 1 GrEStG). Die Steuer wird vom Wert der Gegenleistung berechnet. Ist eine Gegenleistung nicht feststellbar, so wird der Steuerberechnung der Einheitswert des Grundstücks zugrunde gelegt (§§ 8 ff. GrEStG und § 121a BewG).

Um Doppelbesteuerung zu verhindern, ist u.a. der Anfall durch Erbfolge oder Schenkung steuerfrei, da in diesem Fall bereits Erbschaftsteuer erhoben wird. Außerdem sind eine Reihe anderer Vorgänge frei, z.B. der Erwerb eines Grundstückes mit einem für die Besteuerung maßgebenden Wert bis 5.000,- DM (§ 3 GrEStG). Die Steuer beträgt 2 % (§ 11 GrEStG).

l) Kraftfahrzeugsteuer

Steuergegenstand ist das Halten eines Kraftfahrzeuges zum Verkehr auf öffentlichen Straßen. Eine Ermäßigung bzw. ein Erlaß der Steuer kann für Schwerbehinderte gewährt werden. Befristet von der Kraftfahrzeugsteuer befreit oder durch niedrigere Steuersätze begünstigt werden schadstoffarme Autos nach dem Grad der Abgasreinigung mit Abstufungen für Neu- und Altwagen. Schadstoffarme Neuwagen mit einem Hubraum bis 2000 cm^3, die in der Zeit vom 1. Januar 1990 bis 31. Juli 1991 erstmals zugelassen wurden, sind für eine begrenzte Zeit von der Steuer befreit. Für Pkw mit einem Hubraum bis zu 1000 cm^3 endet die Steuerbefreiung nach fünf Jahren und einem Monat. Die Steuerbefreiung für Pkw mit einem Hubraum über 1000 cm^3 bis 2000 cm^3 ist zeitlich gestaffelt (vgl. § 3 f. KraftStG).

Die Jahressteuer beträgt für Pkw je 100 cm^3 Hubraum für schadstoffarme Fahrzeuge bei erstmaliger Zulassung nach dem 31. Dezember 1985 21,60 DM, bei erstmaliger Zulassung vor dem 1. Januar 1986 18,80 DM. Für schadstoffarme oder bedingt schadstoffarme Fahrzeuge sind 13,20 DM je 100 cm^3 zu zahlen (§ 9 KraftStG).

Für Diesel-Pkw sind für je 100 cm^3 Hubraum zu entrichten: schadstoffarme oder bedingt schadstoffarm anerkannte Fahrzeuge 29,60 DM, nicht schadstoffarme Diesel-Pkw bei Zulassung vor dem 1. Januar 1986 35,20 DM, bei Zulassung nach dem 31. Dezember 1985 38,- DM.

Für Krafträder beträgt der Steuersatz 3,60 DM je 25 cm^3 Hubraum. Bei Lkw bemißt sich die Steuer nach dem zulässigen Gesamtgewicht und der Anzahl der Achsen (vgl. § 9 Kraft StG). Die Steuer ermäßigt sich um 50 % für Elektrofahrzeuge.

Die Steuer ist jeweils für ein Jahr im voraus zu entrichten. Sie wird dem Steuerschuldner durch Steuerbescheid bekanntgegeben.

m) Weitere Verkehrsteuern

Versicherungsteuer

Der Steuer unterliegt die Zahlung des Versicherungsentgelts (Prämie, Umlagen, Nebenkosten usw.) aus einem Versicherungsverhältnis mit einem inländischen Versicherungsnehmer oder über einen Gegenstand, der zur Zeit der Begründung des Versicherungsverhältnisses im Inland war. Ausgenommen sind u.a. Lebens-, Sozial- und Krankenversicherungen.

Der Steuersatz beträgt in der Regel 12 %, ab 1995 15 % des Versicherungsentgelts (Prämie) zu Lasten des Versicherungsnehmers.

Feuerschutzsteuer

Steuergegenstand ist die Entgegennahme von Versicherungsentgelten aus Feuerversicherungen. Die Steuersätze betragen 5 ... 12 % des Versicherungsentgelts. Steuerschuldner ist der Versicherer.

Rennwett- und Lotteriesteuer

Die Rennwettsteuer umfaßt das Wetten beim Totalisator[1] und beim Buchmacher aus Anlaß öffentlicher Pferderennen und anderer öffentlicher Leistungsprüfungen für Pferde.

Der Lotteriesteuer unterliegen alle im Inland veranstalteten öffentlichen Lotterien und Ausspielungen (auch Fußballtoto).

n) Kirchensteuer

Die öffentlich-rechtlichen Religionsgemeinschaften sind durch besondere Ländergesetze ermächtigt, von ihren Zugehörigen Kirchensteuer zu erheben. Die Kirchensteuerordnungen unterliegen der staatlichen Genehmigung.

Die Kirchensteuer kann als Zuschlag[2] zur Einkommensteuer oder Lohnsteuer erhoben werden sowie als Zuschlag zur Grundsteuer oder als Kirchgeld. Auch von Steuerpflichtigen, die einkommen- oder lohnsteuerfrei sind, kann eine Mindeststeuer erhoben werden.

Steuergläubiger ist die jeweilige Kirchengemeinde. Steuerschuldner sind alle Angehörigen der Kirche, israelitischen Kultusgemeinde usw. Die Kirchensteuer ist als Sonderausgabe sowohl bei der Berechnung der Einkommensteuer als auch der Lohnsteuer abzugsfähig.

---

1 Ein Totalisator ist eine amtliche Wettstelle auf Rennplätzen.
2 Je nach Bundesland 8 ... 10 % der Einkommen- bzw. Lohnsteuer.

o) Verbrauchsteuern

Mit Ausnahme der Getränkesteuern der Gemeinden und der Biersteuer der Länder sind die Verbrauchsteuern Bundessteuern, die von den Zollbehörden verwaltet werden. Die Verbrauchsteuern belasten den Verbraucher. Sie werden regelmäßig aus Anlaß des Übergangs der Güter vom Hersteller in den freien Verkehr bzw. (bei den Zöllen) mit der zollamtlichen Abfertigung erhoben. Steuerpflichtig ist der Inhaber des Herstellerbetriebes. Gegenstand der Besteuerung sind Waren des Massenkonsums, z.B. Bier, Branntwein, Kaffee, Tabak, Zigarren, Zigaretten, Zündwaren.

Verbrauchsteuern sind:

1. Steuern auf Genußmittel: Biersteuer, Brantweinsteuer, Kaffeesteuer (neben dem Einfuhrzoll), Schaumweinsteuer, Tabaksteuer.
2. Steuern auf sonstige Verbrauchsgüter: Leuchtmittelsteuer, Mineralölsteuer, Erdgassteuer.

3. Vermögensbildung der Arbeitnehmer

a) Vergünstigungen des Fünften Vermögensbildungsgesetzes[1]

Zur Förderung der Vermögensbildung gewährt das Gesetz den Arbeitnehmern (einschl. Beamten, Richtern, Berufssoldaten, Soldaten auf Zeit sowie Angehörigen auf Zeit des Zivilschutzkorps) *Arbeitnehmer-Sparzulagen*.

Die Arbeitnehmer-Sparzulage ist steuer- und sozialabgabenfrei und wird vom Arbeitgeber ausgezahlt (dieser kürzt den Betrag von der Lohnsteuerschuld gegenüber dem Finanzamt). Arbeitnehmer, deren zu versteuernder Einkommensbetrag 27.000,– DM bzw. bei Zusammenveranlagung der Ehegatten 54.000,– DM im Jahr übersteigt, erhalten keine Arbeitnehmer-Sparzulage (§ 13 VermBG).

Ein besonderer Vorteil liegt darin, daß der Arbeitnehmer zusätzlich zu der Arbeitnehmer-Sparzulage je nach der gewählten Anlageform in den Genuß weiterer gesetzlicher Vergünstigungen kommen kann, z.B. Wohnungsbauprämie oder Steuervergünstigungen für das Bausparen. Darüber hinaus erhält er die Zinsen, Gewinnanteile oder Dividenden auf die Anlage. Dadurch ist ein Vermögenszuwachs möglich, der bei gleichen Beträgen und gleicher Sicherheit der Anlage auf andere Weise nicht zu erreichen ist.

---

[1] Fassung vom 19.01.1989 für Leistungen, die nach dem 31.12.1989 angelegt werden, im Gebiet der ehemaligen DDR ab 01.09.1991 anzuwenden.

b) Anlageformen – Höhe der Zulagen

Für den Arbeitnehmer kommen Arbeitgeber-Sparzulagen in Form folgender Anlagen nach freier Wahl in Betracht: (vgl. § 2 5. VermBG)

1. Aktien
2. Kuxe und Wandelschuldverschreibungen
3. Anteilscheine an einem Wertpapiervermögen oder Beteiligungsvermögen
4. Genußscheine
5. Geschäftsguthaben bei einer Genossenschaft
6. Geschäftsanteil an einer GmbH oder Stammeinlage
7. Beteiligung als stiller Gesellschafter
8. Darlehensforderung gegen Arbeitgeber
9. Genußrecht am Unternehmen des Arbeitgebers
10. Aufwendungen für Wertpapierkaufvertrag
11. Aufwendungen für Beteiligungsvertrag
12. Aufwendungen nach dem Wohnungsbau-Prämiengesetz
13. Aufwendungen für Bausparen und sonstige wohnungswirtschaftliche Verwendung

Die angelegten vermögenswirksamen Leistungen dürfen im Kalenderjahr 936,- DM nicht übersteigen, wobei auch die Einkommensgrenzen 27.000,-/55.000,- DM zu beachten sind.

Der Zulagensatz beträgt für die Leistungen der Ziff. 1-11 20 %, für die Ziff. 12 und 13 10 % (vgl. 13 5. VermBG).

c) Festlegungsfristen

Die Festlegungsfrist beträgt:

bei Wertpapieren, Geschäftsguthaben an einer Genossenschaft, Beteiligung als stiller Gesellschafter, Darlehensforderung, Genußrecht oder andere Vermögensbeteiligungen	6 Jahre
für Lebensversicherungen	12 Jahre
für Bausparverträge	10 Jahre

Auskünfte erteilen die einschlägigen Institute wie Banken, Sparkassen, Bausparkassen, Lebensversicherungen.

4. Wohnungsbau-Prämien

Für Aufwendungen zur Förderung des Wohnungsbaus gibt es Prämien[1]. Voraussetzung ist, daß die Spargelder nicht vermögenswirksame Leistungen darstellen, für die eine Arbeitnehmer-Sparzulage nach § 13 Abs. 1 des Fünften Vermögensbildungsgesetzes gewährt wird und daß die Einkommensgrenzen 27.000,-/54.000,- DM (Ledige/Verheiratete) nicht überschritten werden (§ 2a WoPG).

Als Wohnungsbau gelten auch bauliche Maßnahmen des Mieters zur Modernisierung seiner Wohnung (§ 2 WoPG).

Begünstigte Ersparnisse sind in der Regel Beiträge zu einem Bausparvertrag. Die Prämie bemißt sich auf 10 % der im Kalenderjahr geleisteten Aufwendungen. Höchstbetrag 800,-/1.600,- DM (Ledige/Verheiratete) (§ 3 WoPG).

Wenn keine Ansprüche auf Wohnungsbauprämie geltend gemacht werden, können die Bausparkassenbeiträge als *Sonderausgaben* abgesetzt werden.

K. Gewerblicher Rechtsschutz

1. Patent

Gemäß § 1 des Patentgesetzes (PatG)[2] werden Patente für neue Erfindungen, die eine gewerbliche Verwertung gestatten, erteilt.

Eine Erfindung muß eine technisch-schöpferische Neuheit sein und somit über den bekannten Stand der Technik hinausgehen. Gegenstand des Schutzrechtes kann auch ein bestimmtes Verfahren sein (Herstellungsverfahren). Nicht geschützt werden Erfindungen, deren Verwertung den Gesetzen oder guten Sitten zuwiderlaufen würde, z.B. Verbrecherwerkzeuge.

Als neu gilt eine Erfindung, wenn sie nicht in den letzten 100 Jahren in Druckschriften beschrieben wurde oder sonstwie offenkundig ist (§ 2 PatG).

Unter gewerblicher Verwertbarkeit versteht man, daß die Erfindung technisch ausführbar und gewerblich anwendbar ist. Wirtschaftlichkeit fordert das Gesetz nicht.

---

1 Wohnungsbau-Prämiengesetz v. 26.10.1988 geändert durch Wohnungsbauförderungsgesetz v. 22.12.1989.
2 Patentgesetz in der Fassung vom 2. Januar 1968.

Zur Patenterteilung, die das geistige Eigentum des Erfinders schützen soll, ist eine schriftliche Anmeldung der Erfindung beim Patentamt[1] erforderlich.

Die Erfindung ist unter Beifügung von Zeichnungen so zu beschreiben, daß danach ihre Benutzung durch andere Sachverständige möglich erscheint (§ 26 PatG).

Das Patentamt beschließt die Bekanntmachung. Dadurch erfolgt für den Anmelder bereits ein einstweiliger Schutz. Erfolgt kein Einspruch innerhalb von drei Monaten nach der Bekanntmachung, so wird das Patent erteilt (Eintragung in die Patentrolle und Aushändigung einer Urkunde).

Die Wirkung des Patentes ist, daß nur der Patentinhaber zur gewerblichen Herstellung der Erfindung berechtigt ist. Ein Patent kann auch verkauft, verschenkt oder in eine Gesellschaft eingebracht werden. Die Erlaubniserteilung, das Recht eines anderen zu benutzen, insbesondere die Auswertung eines Patentes, nennt man Lizenz. Der Lizenzinhaber muß allgemein dem Patentinhaber eine Vergütung zahlen. In bestimmten Fällen kann eine Lizenz gegen Vergütung auch zwangsweise vergeben werden. Die Dauer des Patentschutzes beträgt bis zu 20 Jahre nach der Anmeldung.

Die Patentgebühren steigen überproportional zur Dauer des Schutzrechtes.

Gebühr für Anmeldung 100,- DM, Bekanntmachung 150,- DM, 3. Jahr 100,- DM, 4. Jahr 100,- DM, 5. Jahr 150,- DM, 6. Jahr 225,- DM, 7. Jahr 300,- DM, 8. Jahr 500,- DM, ... 17. Jahr 2.400,- DM, 20. Jahr 3.300,- DM. Die hohen Gebühren sind dadurch gerechtfertigt, daß ein Patent, für das 20 Jahre Schutz beansprucht wird, wohl auch entsprechend viel Nutzen einbringen dürfte.

2. Gebrauchsmuster

Gemäß § 1 des Gebrauchsmustergesetzes (GebrMG)[2] werden Arbeitsgeräte oder Gebrauchsgegenstände oder Teile davon insoweit als Gebrauchsmuster geschützt, „als sie dem Arbeits- oder Gebrauchszweck durch eine neue Gestaltung, Anordnung oder Vorrichtung dienen sollen".

Das Anmeldeverfahren beim Patentamt ist ähnlich dem des Patentes. Wenn die Anmeldung den Anforderungen entspricht, erfolgt Eintragung in die Gebrauchsmusterrolle. Die Schutzdauer beträgt drei Jahre. Gegen Zahlung einer weiteren Gebühr ist eine jeweilige Verlängerung um drei Jahre möglich.

Die sonstigen Vorschriften über das Gebrauchsmuster sind dem des Patentes recht ähnlich.

---

[1] Sitz des Patentamtes in München. Am Sitz des Patentamtes hat auch das Bundespatentgericht seinen Sitz.
[2] Gebrauchsmustergesetz in der Fassung vom 2. Januar 1968.

3. Geschmacksmuster

Gemäß § 1 des Geschmacksmustergesetzes (GeschmMG)[1] steht das Recht, für gewerbliche Erzeugnisse bestimmte Muster oder Modelle ganz oder teilweise nachzubilden, ausschließlich dem Urheber zu. Als Muster oder Modelle werden nur neue und eigentümliche Erzeugnisse angesehen.

Beispiele: Modelle für Schmuckstücke; ein besonderes, neuartiges Teppich- oder Tapetenmuster, typische Flaschenform usw.

Die Eintragung des Geschmacksmusters erfolgt in der Musterrolle des Amtsgerichts. Die Schutzdauer beträgt ein bis drei Jahre. Eine Verlängerung bis zur Höchstdauer von 15 Jahren ist möglich.

4. Warenzeichen

Wer sich in seinem Geschäftsbetrieb zur Unterscheidung seiner Waren von den Waren anderer eines Warenzeichens bedienen will, kann dieses Zeichen zur Eintragung in die Zeichenrolle anmelden (§ 1 WZG)[2]. Die Zeichenrolle wird beim Patentamt geführt.

Das Warenzeichen kann in einem Wort (z.B. Blendax, Persil), in Buchstaben (z.B. VW, BMW), Zahlen (z.B. 4711) oder Bildern (z.B. Mercedes-Stern) bestehen.

Das Warenzeichen ist besonders für die Werbung bedeutend.

Die Dauer des Schutzes beträgt zehn Jahre. Eine Verlängerung um jeweils zehn Jahre ist möglich.

5. Arbeitnehmererfindungen

Falls im Betrieb beschäftigte Arbeitnehmer, z.B. Ingenieure, Techniker, Chemiker, Erfindungen[3] oder technische Verbesserungsvorschläge[4] machen, ist das Gesetz über Arbeitnehmererfindungen vom 25.7.1957 anzuwenden. Bei den Erfindungen unterscheidet man Diensterfindungen und freie Erfindungen.

Diensterfindungen (gebundene Erfindungen) „sind während der Dauer eines Arbeitsverhältnisses gemachte Erfindungen, die entweder aus der dem Arbeitnehmer im Betrieb ... obliegenden Tätigkeit entstanden sind oder maßgeblich auf Erfahrungen oder Arbeiten des Betriebes ... beruhen" (§ 4). Sie werden deshalb auch als Arbeitnehmererfindungen bezeichnet.

Freie Erfindungen sind alle sonstigen Erfindungen von Arbeitnehmern.

Beispiel: Ein Elektro-Ingenieur der Rundfunkindustrie erfindet ein Spezialgerät, um den Honig aus den Bienenwaben zu holen.

---

1 Gesetz betreffend das Urheberrecht an Mustern und Modellen („Geschmacksmustergesetz") in der Fassung vom 26. Juli 1957.
2 Warenzeichengesetz in der Fassung vom 2. Januar 1968.
3 Erfindungen sind patentfähig oder gebrauchsmusterfähig.
4 Technische Verbesserungsvorschläge sind Vorschläge für sonstige technische Neuerungen, die nicht patent- oder gebrauchsmusterfähig sind.

Der Arbeitnehmer hat Diensterfindungen unter genauer Beschreibung nach Fertigstellung dem Arbeitgeber schriftlich zu melden. Dieser kann sie unbeschränkt oder beschränkt in Anspruch nehmen oder freigeben. Spätestens innerhalb von vier Monaten muß der Arbeitgeber hierüber eine schriftliche Erklärung abgeben, sonst wird die Erfindung frei.

Bei einer unbeschränkten Inanspruchnahme gehen alle Rechte an der Diensterfindung auf den Arbeitgeber über. Dieser muß sie als Patent bzw. Gebrauchsmuster anmelden und dem Arbeitnehmer eine angemessene Vergütung zahlen. Für die Bemessung der Vergütung sind insbesondere die wirtschaftliche Verwertbarkeit der Diensterfindung, die Aufgaben und die Stellung des Arbeitnehmers im Betrieb sowie der Anteil des Betriebes an dem Zustandekommen der Diensterfindung maßgebend[1].

Bei einem Streit über die Höhe der Vergütung ist vor einem Gerichtsverfahren eine Schiedsstelle (beim Patentamt in München bzw. bei der Dienststelle Berlin des Patentamtes) anzurufen. Diese versucht, eine gütliche Einigung herbeizuführen.

Bei beschränkter Inanspruchnahme durch den Arbeitgeber kann der Arbeitnehmer selbst die Erfindung auch noch anderweitig verwerten. Auch hier steht ihm von dem Arbeitgeber eine angemessene Vergütung zu.

„Wird durch das Benutzungsrecht des Arbeitgebers die anderweitige Verwertung unbillig erschwert, so kann der Arbeitnehmer verlangen, daß der Arbeitgeber innerhalb von zwei Monaten die Diensterfindung entweder unbeschränkt in Anspruch nimmt oder sie dem Arbeitnehmer freigibt" (§ 7).

Auch freie Erfindungen hat der Arbeitnehmer zu melden, damit der Arbeitgeber beurteilen kann, ob die Erfindung frei ist.

„Eine Verpflichtung zur Mitteilung freier Erfindungen besteht nicht, wenn die Erfindung offensichtlich im Arbeitsbereich des Betriebes des Arbeitgebers nicht verwendbar ist" (§ 18).

Der Arbeitgeber kann eine freie Erfindung nicht in Anspruch nehmen. Der Arbeitnehmer muß sie ihm aber vor einer anderweitigen Verwertung zur nicht ausschließlichen Benutzung (Lizenzvertrag) unter angemessenen Bedingungen anbieten.

Auch für wertvolle technische Verbesserungsvorschläge hat der Arbeitnehmer einen Anspruch auf angemessene Vergütung, wenn der Arbeitgeber sie verwertet.

6. Unlauterer Wettbewerb

Auch ein scharfer Konkurrenzkampf darf nicht zur Verwendung unlauterer Mittel führen.

Gemäß § 1 des Gesetzes gegen den unlauteren Wettbewerb (UWG)[2] kann, „wer im geschäftlichen Verkehr zu Zwecken des Wettbewerbs Handlungen vornimmt, die gegen die guten Sitten verstoßen, ... auf Unterlassung und Schadenersatz in Anspruch genommen werden". Neben dieser Generalklausel führt das UWG noch eine Reihe von verbotenen Handlungen, unter Strafandrohung, auf.

---

1 „Richtlinien für die Vergütung von Arbeitnehmererfindungen im privaten Dienst" vom 20. Juli 1959 (Beil. z. Bundesanzeiger Nr. 156).
2 Gesetz gegen den unlauteren Wettbewerb vom 7. Juni 1909.

Beispiele: Falsche Angaben über Beschaffenheit und Ursprung der Waren, über die Art des Bezugs oder die Bezugsquellen von Waren, den Besitz von Auszeichnungen, den Anlaß und Zweck des Verkaufs; unzulässige Ausverkäufe und Räumungsverkäufe; Verwendung unzulässiger Verkaufseinheiten; Bestechung von Angestellten, um durch unlauteres Verhalten des Angestellten Vorteile gegenüber der Konkurrenz zu haben (Strafe: Freiheitsstrafe bis zu einem Jahr und Geldstrafe bis zu 10.000,- DM); Anschwärzung eines Konkurrenten oder dessen Ware; Hervorrufen einer Verwechselungsgefahr; Verrat von Geschäftsgeheimnissen durch einen Arbeitnehmer (Strafe: Freiheitsstrafe bis zu drei Jahren und Geldstrafe); Verleiten zum Verrat.

Auch das Rabattgesetz[1] (höchstzulässiger Nachlaß bei Barzahlung 3 %), die Zugabeverordnung[2] (Zugaben allgemein verboten, wenn sie nicht gerade von geringerem Wert sind) und das Kartellgesetz[3] (vgl. S. 119) sind den Wettbewerb regelnde Rechtsnormen.

L. Familie, Gemeinde, Staat, überstaatliche Organisationen

1. Familie

„Ehe und Familie stehen unter dem besonderen Schutz der staatlichen Ordnung ..." (Art. 6 GG). Zum Familienrecht gehören die Rechtsnormen, die sich auf die persönliche und wirtschaftliche Stellung der Mitglieder einer Familie zueinander und zu Außenstehenden beziehen. Im 4. Buch des BGB (§§ 1297 ... 1921) sind diese Normen in drei Abschnitten geregelt: Bürgerliche Ehe (§§ 1297 ... 1588), Verwandtschaft (§§ 1589 ... 1772), Vormundschaft (§§ 1773 ... 1921).

Außer dem BGB und den fundamentalen Regeln des Grundgesetzes (z.B. Art. 3 (2) = Gleichberechtigung von Mann und Frau) sind besonders das Ehegesetz (Kontrollratsgesetz Nr. 16 vom 20.2.1946 mit einigen Änderungen) mit Durchführungsverordnungen wichtige Rechtsnormen des Familienrechts.

a) Ehe

Beim *Verlöbnis* (§§ 1297 ... 1302 BGB) handelt es sich um einen formfreien Vertrag auf künftige Eingehung der Ehe (Eheversprechen). Es kann aber aus dem Verlöbnis nicht auf Eingehung der Ehe geklagt werden. Auch ist das Versprechen einer Vertragsstrafe ungültig.

Beispiel: Herr A verspricht Frl. B die Ehe und verpflichtet sich schriftlich, 10.000,- DM zu zahlen, falls er das Eheversprechen nicht hält. Er braucht die 10.000,- DM nicht zahlen.

---

1 Gesetz über Preisnachlässe (Rabattgesetz) vom 25. November 1933.
2 Verordnung des Reichspräsidenten zum Schutz der Wirtschaft, Erster Teil: Zugabewesen („Zugabeverordnung") vom 9. März 1932.
3 Gesetz gegen Wettbewerbsbeschränkungen i.d.F. vom 3.1.1966.

Obwohl das Verlöbnis keine sehr starke Vertragsbindung bedeutet, die außerdem jederzeit gelöst werden kann, hat es rechtliche Bedeutung.

Beispiele: Verlobte haben bei Gericht ein Zeugnisverweigerungsrecht (§§ 383 ZPO, 52 StPO). – Bei grundlosem Rücktritt vom Verlöbnis besteht gegenüber dem anderen Teil, evtl. auch gegenüber dessen Eltern, ein Ersatzanspruch für bestimmte angemessene Aufwendungen, die in Erwartung der Ehe gemacht wurden.

Das Recht der *Eheschließung* ist im Ehegesetz geregelt. Die rechtliche Voraussetzung der Eheschließung ist die Ehemündigkeit. „Die Ehe wird dadurch geschlossen, daß die Verlobten vor dem Standesbeamten persönlich und bei gleichzeitiger Anwesenheit erklären, die Ehe miteinander eingehen zu wollen" (§ 13 (I) EheG). Eine gerichtliche Ehescheidung ist seit 1.7.1977 möglich, wenn die Ehe gescheitert ist. Dies ist der Fall, wenn die Lebensgemeinschaft der Ehegatten nicht mehr besteht und nicht mit einer Wiederherstellung gerechnet werden kann (Zerrüttungsprinzip gemäß § 1565 BGB). Bestimmte Zeiten des Getrenntlebens spielen hierbei eine Rolle.

Die Eheschließung hat verschiedene Rechtsfolgen: Durch die Ehe sind die Ehegatten zur ehelichen Lebensgemeinschaft verpflichtet. Sie haben eine gegenseitige Unterhaltspflicht. Jeder Ehegatte ist berechtigt, Geschäfte zur angemessenen Deckung des Lebensbedarfes der Familie mit Wirkung auch für den anderen Ehegatten zu besorgen (§ 1357 BGB).

Beispiel: Die Frau bestellt für den Haushalt Heizmaterial. Der Mann muß bezahlen.

Falls die Ehegatten keinen Ehevertrag (Regelung des ehelichen Güterrechts durch notariellen Vertrag, z.B. Gütertrennung, Gütergemeinschaft) geschlossen haben, leben sie im gesetzlichen Güterstand, dem der *Zugewinngemeinschaft* (§§ 1363 ... 1390 BGB). Jeder Ehegatte verwaltet sein Vermögen selbständig (Ausnahme: Verfügung über das gesamte Vermögen bzw. > 90 %, falls Vermögen < 100.000,- DM 85 % des Vermögens oder über Haushaltsgegenstände). Wenn der Güterstand endet, erfolgt ein Zugewinnausgleich. Bei Tod eines Ehegatten erfolgt der Ausgleich dadurch, daß der überlebende Ehegatte ein Viertel der Erbschaft mehr erhält. In den anderen Fällen (z.B. bei einer Scheidung) wird der errechnete Zugewinn ausgeglichen.

Beispiel:	Ehemann	Ehefrau
Vermögen bei Eheschließung	20.000,- DM	40.000,- DM
Vermögen bei Ehescheidungsklage	100.000,- DM	50.000,- DM
Zugewinn	80.000,- DM	10.000,- DM

Da der Ehemann 70.000,- DM mehr Zugewinn hat, muß er der Frau davon die Hälfte, also 35.000,- DM, als Ausgleich zahlen. Die Erfüllung der Ausgleichsforderung kann allerdings verweigert werden, wenn der Zugewinnausgleich nach den Umständen des Falles grob unbillig wäre. Analog zum Zugewinnausgleich erfolgt bei einer Ehescheidung seit 1.7.1977 ein Ausgleich der während des Bestehens der Ehe erworbenen Versorgungsansprüche (Versorgungsausgleich §§ 1587-1587p BGB).

Partner einer nichtehelichen Lebensgemeinschaft („Ehe ohne Trauschein") haben eine viel schwächere rechtliche Stellung, die sich auch nicht vertraglich in allen Fällen beheben läßt (z.B. Rentenanspruch, Erbschaftsteuer).

b) Verwandtschaft

„Personen, deren eine von der anderen abstammt, sind in gerader Linie verwandt. Personen, die nicht in gerader Linie verwandt sind, aber von derselben dritten Person abstammen, sind in der Seitenlinie verwandt. Der Grad der Verwandtschaft bestimmt sich nach der Zahl der sie vermittelnden Geburten (§ 1589 BGB)".

Beispiele: Man ist mit den eigenen Eltern wie auch mit den eigenen Kindern im ersten Grade in gerader Linie verwandt, mit den Großeltern und mit den Enkelkindern im 2. Grade in gerader Linie, mit den Urgroßeltern und den Urenkeln im 3. Grade in gerader Linie usw. Mit Geschwistern ist man im 2. Grade in der Seitenlinie verwandt, mit Onkeln und Tanten (Geschwister der Eltern) im 3. Grade in der Seitenlinie, mit Vettern und Basen (Kinder von Onkeln und Tanten) im 4. Grade in der Seitenlinie usw.

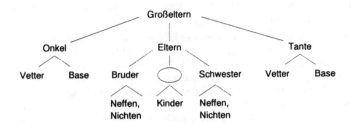

„Die Verwandten eines Ehegatten sind mit dem anderen Ehegatten verschwägert. Die Linie und der Grad der Schwägerschaft bestimmen sich nach der Linie und dem Grade der sie vermittelnden Verwandtschaft" (§ 1590 BGB).

Beispiele: Man ist mit den Eltern seines Ehegatten (Schwiegereltern) in gerader Linie im 1. Grade verschwägert, mit den Geschwistern seines Ehegatten (Schwager und Schwägerin) im 2. Grade in der Seitenlinie usw. Zwischen den Verwandten des einen und den des anderen Ehegatten (Schwippschwägerschaft) besteht im rechtlichen Sinne keine Schwägerschaft.

Außer zwischen Ehegatten (§§ 1360 ff. BGB, nach der Scheidung §§ 1569 ff. BGB) besteht auch zwischen Verwandten gerader Linie *Unterhaltspflicht*, wenn der Unterhaltsberechtigte außerstande ist, sich selbst zu unterhalten, und der Verpflichtete zu der Unterhaltsleistung in der Lage ist (§§ 1601 ff. BGB). Die besondere Unterhaltspflicht des Vaters eines nichtehelichen Kindes ist in den §§ 1615a ... o BGB geregelt.

Im Normalfall üben bei minderjährigen ehelichen Kindern beide Elternteile die *elterliche Sorge* aus, und beide sind die gesetzlichen Vertreter des Kindes (§§ 1626 ff. BGB). Bei nichtehelichen Kindern hat in der Regel die Mutter die elterliche Sorge und die gesetzliche Vertretung. Normalerweise hat das nichteheliche Kind einen Pfleger (allg. Jugendamt), der insbesondere zur Durchsetzung der Ansprüche des Kindes gegen den Vater zuständig ist (§§ 1705 ff. BGB).

Durch die Annahme an Kindes Statt (Adoption §§ 1741 ... 1772 BGB) erlangt ein Kind die rechtliche Stellung eines ehelichen Kindes des Annehmenden, bei Adoption durch Ehegatten die Stellung eines gemeinschaftlichen Kindes der Ehegatten.

Ein Minderjähriger, der nicht unter elterlicher Sorge steht (z.B. Vollwaise), oder ein entmündigter Volljähriger steht unter *Vormundschaft* (§§ 1773 ... 1921 BGB).

c) Erbrecht

Das 5. Buch des BGB (§§ 1922 ... 2385) enthält die Rechtsnormen, welche den Übergang des Vermögens eines Verstorbenen regeln. Zu unterscheiden ist die gesetzliche Erbfolge und die Erbfolge aufgrund eines Testaments oder eines Erbvertrages.

Gesetzliche Erben 1. Ordnung sind die Abkömmlinge des Erblassers zu gleichen Teilen. An die Stelle von verstorbenen Abkömmlingen treten deren Abkömmlinge.

Beispiel: Ein Verstorbener hatte drei Kinder, die wieder je drei Kinder haben. Ein Kind des Verstorbenen ist bereits tot. Es erben die beiden lebenden Kinder des Verstorbenen je 1/3, die drei Kinder des verstorbenen Kindes je 1/9 des Gesamtvermögens.

Gesetzliche Erben 2. Ordnung sind die Eltern des Erblassers bzw. deren Abkömmlinge (Geschwister bzw. wieder deren Kinder), 3. Ordnung die Großeltern des Erblassers und deren Abkömmlinge usw. Erben 2. Ordnung erben nur, wenn keine Erben 1. Ordnung vorhanden sind; Erben 3. Ordnung nur, wenn keine 2. Ordnung vorhanden sind; 4. Ordnung nur, wenn keine 3. Ordnung vorhanden sind usw. Der überlebende Ehegatte erbt neben Verwandten 1. Ordnung ein Viertel, neben Verwandten 2. Ordnung oder neben Großeltern die Hälfte der Erbschaft. Wenn nur Verwandte weiterer Ordnung vorhanden sind, erbt der Ehegatte allein. Bei gesetzlichem Güterstand (II.I.1.a) erhält der Ehegatte ein Viertel der Erbschaft mehr.

Beispiel: Bei einem Ehepaar mit Kindern, das im gesetzlichen Güterstand lebt, erben beim Tod eines Ehegatten die Kinder zusammen die Hälfte, der überlebende Ehegatte die andere Hälfte. Bei einem kinderlosen Ehepaar erben die Eltern bzw. Geschwister des verstorbenen Ehegatten (Erben 2. Ordnung) ein Viertel und der überlebende Ehegatte drei Viertel, falls der gesetzliche Güterstand bestand (sonst je die Hälfte).

Falls der Inhaber eines Vermögens nicht wünscht, daß im Falle seines Todes die gesetzliche Erbfolge eintritt, kann er durch Testament oder Erbvertrag eine andere Erbfolge bestimmen. Außer Einsetzung von Erben (bei mehreren nach Bruchteilen am Gesamtvermögen) können durch Vermächtnis auch bestimmte Zuwendungen angeordnet werden.

Ein Testament kann ein öffentliches Testament sein (vor einem Notar errichtet), ein eigenhändiges Testament (handschriftlich vom Anfang bis zum Ende) oder ein Nottestament (bei Todesgefahr, wird ungültig, wenn Testator nach drei Monaten noch lebt). Von Ehegatten kann auch ein gemeinschaftliches Testament aufgestellt werden. – Der Erbvertrag ist im Gegensatz zum Testament ein zweiseitiges Rechtsgeschäft und kann nicht einseitig aufgehoben werden. Er muß bei gleichzeitiger Anwesenheit von Erblasser und Begünstigtem vor einem Notar abgeschlossen werden.

Wer letztwilllg seine Vermögensnachfolge regeln will, sollte sich genau beraten lassen. Im Zweifelsfall dürfte es wohl angebracht sein, einen Notar aufzusuchen. Die Frage der Erbschaftsteuer (II.I.2.i) spielt bei größeren Vermögen eine erhebliche Rolle.

Allgemein braucht der Erbe zum Nachweis seiner Stellung als Erbe einen Erbschein, ausgestellt vom Nachlaßgericht (Amtsgericht).

2. Gemeinde

Die Gemeinden (Kommunen) sind Gebietskörperschaften mit dem Recht der Selbstverwaltung. „Unter kommunaler Selbstverwaltung versteht man die selbständige Verwaltung der eigenen örtlichen Angelegenheiten durch die Gemeinde unter eigener Verantwortung. Um die Selbstverwaltung wirkungsvoll durchführen zu können, haben die Gemeinden das Recht der *Autonomie*, d.h. das Recht, Satzungen zur Regelung ihrer Angelegenheiten zu erlassen. Die Satzung ist eine allgemein verbindliche Rechtsvor-

L. Familie, Gemeinde, Staat, überstaatliche Organisationen 213

schrift und kann gegen jeden mit den allgemeinen Verwaltungsmitteln durchgesetzt werden."[1]

Die Verwaltungstätigkeit der Gemeinde bezieht sich auf die eigentlichen Selbstverwaltungsangelegenheiten (z.B. Versorgung der Bürger mit Strom und Wasser, örtliche Kultur-, Wohlfahrts- und Gesundheitspflege, Gemeindestraßen) und vom Staat übertragene Aufgaben (z.B. Standesamt, Wehrerfassung).

Die Gemeindeverfassungen sind je nach Bundesland unterschiedlich[2].

Bei der *Magistratsverfassung* ist die Stadtverordnetenversammlung die Vertretungskörperschaft der Einwohner. Sie wird von dem aus ihrer Mitte gewählten Vorsitzenden geleitet und beschließt über alle wichtigen Angelegenheiten. Verwaltungsbehörde ist der Magistrat, bestehend aus dem hauptamtlichen Bürgermeister und haupt- und ehrenamtlichen Beigeordneten (Stadträten).

Die Verwaltungsaufgaben erfüllt der Magistrat als Kollegium. Diese Verfassung gilt heute insbesondere in den größeren Gemeinden Hessens und Niedersachsens sowie in abgewandelter Form in den Städten von Schleswig-Holstein.

Bei der *Bürgermeisterverfassung* ist der Bürgermeister zugleich Vorsitzender der beschließenden Gemeindevertretung und deren ausführendes Organ. Die Gemeindeverwaltung wird vom Bürgermeister geführt, die Beigeordneten sind nur seine Gehilfen.

Bürgermeisterverfassungen liegen zugrunde in Nordrhein-Westfalen, Rheinland-Pfalz, im Saarland, in den Landgemeinden von Schleswig-Holstein und in den kleineren Gemeinden Hessens und Niedersachsens.

Bei der *süddeutschen Ratsverfassung* ist die Vertretungskörperschaft der Bürger der vom Ersten Bürgermeister geleitete Gemeinde-(Stadt-)rat. Der Gemeinderat mit Bürgermeister ist gleichzeitig Verwaltungsorgan. Für die laufenden Angelegenheiten ist der Bürgermeister allein zuständig. Diese Verfassung gilt in Bayern und Baden-Württemberg.

Bei der *norddeutschen Ratsverfassung* liegt die Beschluß- und Entscheidungsbefugnis beim Rat der Gemeinde, den der von ihm gewählte Bürgermeister leitet.

Die Stadtverwaltung wird von haupt- oder ehrenamtlichen Beigeordneten unter Leitung des Gemeindedirektors (Stadtdirektors, Oberstadtdirektors) gebildet. Der Gemeindedirektor wird vom Rat gewählt und führt als Hauptverwaltungsbeamter die Beschlüsse des Rates der Gemeinde aus. Diese Verfassung gilt in den größeren Gemeinden von Nordrhein-Westfalen und abgeändert in Niedersachsen.

Eine Reihe von Gemeinden bildet jeweils einen Landkreis (Kommunalverband mit dem Recht der Selbstverwaltung). Größere Gemeinden sind allgemein kreisfreie Städte (Stadtkreise). In den kreisfreien Städten heißt der (Erste) Bürgermeister Oberbürgermeister.

3. Staat

„Der Staat (vom lateinischen status = Zustand) ist die politische Einheit einer Gemeinschaft von Menschen, die in einem bestimmten Gebiet (Land) unter einer obersten Gewalt (Staatsgewalt) organisiert sind."[3]

---
1 *Model-Creifelds*, Staatsbürger-Taschenbuch, 15. Aufl., C.H. Beck, München 1976, S. 171.
2 *Model-Creifelds*, a.a.O., S. 171 f.
3 *Model-Creifelds*, a.a.O., S. 3.

Das *Staatsgebiet* ist das Hoheitsgebiet eines Staates einschl. des umgebenden Meeres in bestimmter Entfernung (Seemeilen) vom Land und einschl. des Luftraumes. *Staatsvolk* ist die Gesamtheit der Staatsangehörigen. Es kann auch national bzw. sprachlich gemischt sein (Nationalitätenstaat, z.B. Schweiz, Rußland). Zur *Staatsgewalt* gehört die gesetzgebende Gewalt (Legislative), die ausführende Gewalt (Exekutive) und die rechtsprechende Gewalt (Judikative).

Die *Staatsformen* kann man nach verschiedenen Gesichtspunkten unterteilen:

1. Monarchie – Republik
2. Alleinherrschaft – Mehrherrschaft – Volksherrschaft
3. Einheitsstaat – Bundesstaat
4. Absoluter Staat – konstitutioneller Staat
5. Polizeistaat, totalitärer Staat – liberaler Staat, Rechtsstaat

An der Spitze einer *Monarchie* steht ein Monarch (König, Kaiser, Zar, Schah, Großherzog usw.), der entweder durch Wahl oder durch Erbfolge auf den Thron gelangt. Bestimmte anerkannt demokratische Staaten wie England, Norwegen, Schweden, Dänemark, sind auch heute Monarchien. Bei der *Republik* (Freistaat) steht ein Präsident an der Staatsspitze. Er wird entweder direkt vom Volk (z.B. Reichspräsident in der Weimarer Republik), vom Parlament oder einem sonstigen Gremium gewählt.

Eine *Alleinherrschaft* kann nicht nur von einem absoluten Monarchen (z.B. Ludwig XIV. von Frankreich), sondern auch von einem Diktator ausgeübt werden (Diktatur). Diktatoren waren z.B. Napoleon I., Mussolini und Hitler.

Mehrherrschaft gab es bei der Aristokratie (griechisch: Herrschaft der Besten) und der Oligarchie (Herrschaft einer kleinen Gruppe).

Bei der *Demokratie* (= *Volksherrschaft*) geht die gesamte Staatsgewalt vom Volke aus. Bei der unmittelbaren Demokratie trifft das Volk unmittelbar Entscheidungen. Nicht nur in den Schweizer Kantonen findet man unmittelbare Demokratie; auch Volksbegehren und Volksentscheid gem. Verfassung des Freistaates Bayern[1] bedeuten direkte Beteiligung des Volkes an den Entscheidungen. Normalerweise haben wir es aber mit repräsentativen (mittelbaren) Demokratien zu tun. Das Volk wählt seine Abgeordneten (Repräsentanten) in das Parlament (Bundestag, Landtag).

Die marxistische Lehre unterscheidet zwischen „bürgerlicher Demokratie" und „Volksdemokratie". „Diese allein verkörpere die reale Herrschaft des Volkes, d.h. der arbeitenden Klasse, auch im Ökonomischen. Die Funktion der bürgerlichen Demokratie dagegen sei unter dem Mantel formaler Gleichheit auf die Erhaltung des kapitalistischen Machtsystems gerichtet, das dem Proletariat die Teilhabe an den erarbeiteten Wirtschaftsgütern versage."[2]

Beim *Einheitsstaat* hat nur die übergeordnete Einheit Staatscharakter. Die untergeordneten Einheiten sind nur Verwaltungseinheiten. Frankreich ist ein Einheitsstaat, die Departments sind keine Staaten. Beim *Bundesstaat* haben sowohl die übergeordnete wie die untergeordneten Einheiten Staatscharakter. Die Bundesrepublik Deutschland ist ein Bundesstaat. Sowohl der Bund ist Staat, wie die einzelnen Bundesländer. Weitere Bundesstaaten sind z.B. USA und Österreich. Beim *Staatenbund* haben nur die untergeordneten Einheiten Staatscharakter. Die übergeordnete Einheit ist ein völkerrechtlicher Verein. Der Deutsche Bund (1815 ... 1866) war solch ein Staatenbund.

Beim *konstitutionellen Staat* ist im Gegensatz zum *absoluten Staat* die Machtfülle durch eine Verfassung (Konstitution) beschränkt bzw. verteilt.

„Im *Polizeistaat* (Verwaltungsstaat) ist, anders als beim *Rechtsstaat*, der Machtbereich der Verwaltung so erweitert, daß eine starke Einmischung in das Privatleben der Untertanen möglich ist."[1] Der *liberale Staat* beschränkt sich im Gegensatz dazu auf die Abwehr innerer und äußerer Gefahren und räumt den

---

1 Der in anderen deutschen Bundesländern nicht immer richtig verstandene Begriff „Freistaat" wurde nach dem 1. Weltkrieg geprägt und drückt den Gegensatz zum Königreich (Monarchie) aus.
2 *Model-Creifelds*, a.a.O., S. 11.

L. Familie, Gemeinde, Staat, überstaatliche Organisationen 215

Menschen- und Freiheitsrechten Vorrang ein. „Er hat seine Ausprägung im Rechtsstaat gefunden, dessen Staatsgewalt an die Verfassung, insbesondere an die Grundrechte des Individuums (Menschenrechte), gebunden ist. Dem staatlichen Machtbereich, in dem die Gewalten getrennt sind, sind hierdurch Schranken gesetzt."[1] Wesentlich ist im Rechtsstaat, daß jeder Verwaltungsakt durch eine Gerichtsbarkeit (z.B. Verwaltungsgerichtsbarkeit, Finanzgerichtsbarkeit, Sozialgerichtsbarkeit) überprüft werden kann.

Die Bundesrepublik Deutschland besteht aus folgenden Bundesländern:

Bundesland	Fläche (km^2)	Einwohner (1.000)	Bundesland	Fläche (km^2)	Einwohner (1.000)
Baden-Württemberg	35.751	9.619	Niedersachsen	47.439	7.284
Bayern	70.553	11.221	Nordrhein-Westfalen	34.068	17.104
Berlin West	480	2.131	Rheinland-Pfalz	19.848	3.702
Ost	403	1.279	Saarland	2.569	1.065
Brandenburg	29.059	2.641	Sachsen	18.337	4.901
Bremen	404	674	Sachsen-Anhalt	20.445	2.965
Hamburg	755	1.626	Schlewig-Holtstein	15.728	2.595
Hessen	21.114	5.661	Thüringen	16.251	2.684
Mecklenburg-			Deutschland West	248.708	62.679
Vorpommern	23.838	1.964	Ost	108.333	16.434

Quelle: Hübner/Rohlfs, Jahrbuch der Bundesrepublik Deutschland 1991/92 Beck/dtv, München

Nach dem Grundgesetz für die Bundesrepublik Deutschland vom 23.5.1949 (GG) mit 39 Änderungen bis zum 28.6.1993 hat die Bundesrepublik folgende Oberste Staatsorgane: Bundestag, Bundesrat, Gemeinsamer Ausschuß, Bundespräsident und Bundesregierung.

Der *Bundestag* (Art. 38 ... 49 GG) ist die Volksvertretung und in der Gesetzgebung das entscheidende Bundesorgan.

Alle vier Jahre werden die 622 Abgeordneten in einer mit Grundsätzen der Personenwahl verbundenen Verhältniswahl gewählt.

Der *Bundesrat* (Art. 50 ... 53 GG) ist das Länderorgan. Die Länderregierungen stellen je nach Landesgröße drei bis sechs Mitglieder.

Der *Gemeinsame Ausschuß* (Art. 53a GG), bestehend zu zwei Dritteln aus Abgeordneten des Bundestages und zu einem Drittel aus Mitgliedern des Bundesrates, ist nur für den Verteidigungsfall von Bedeutung.

Der *Bundespräsident* (Art. 54 ... 61 GG), ist das Staatsoberhaupt. Er vertritt den Bund völkerrechtlich, schließt im Namen des Bundes die Verträge mit auswärtigen Staaten, beglaubigt und empfängt die Gesandten.

Die Wahl erfolgt auf 5 Jahre (einmalige Wiederwahl ist möglich) durch die Bundesversammlung (Bundestag und gleiche Anzahl von Abgeordneten der Länderparlamente).

Die *Bundesregierung* (Art. 62 ... 69 GG) besteht aus dem Bundeskanzler und den Bundesministern. „Der Bundeskanzler bestimmt die Richtlinien der Politik und trägt dafür die Verantwortung. Innerhalb dieser Richtlinien leitet jeder Bundesminister seinen Geschäftsbereich selbständig und unter eigener Verantwortung. Über Meinungsverschiedenheiten zwischen den Bundesministern entscheidet die Bundesregierung (das Kabinett)" (Art. 65 GG).

---

1 *Model-Creifelds*, a.a.O., S. 12.

Der Bundeskanzler wird auf Vorschlag des Bundespräsidenten vom Bundestag gewählt. Gewählt ist, wer die Stimmen der Mehrheit der Mitglieder des Bundestages (also nicht nur der Anwesenden) auf sich vereinigt. Der Gewählte ist vom Bundespräsidenten zu ernennen. Die Bundesminister werden auf Vorschlag des Bundeskanzlers vom Bundespräsidenten ernannt. Ein Mißtrauensvotum ist nur dadurch möglich, daß der Bundestag mit der Mehrheit seiner Mitglieder einen Nachfolger wählt (konstruktives Mißtrauensvotum).

In der aus der sowjetischen Besatzungszone entstandenen Deutschen Demokratischen Republik (DDR) erfolgte nach dem Krieg eine gänzlich andere staatliche Entwicklung. Die dortige „Wende" im Herbst 1989 führte am 1. Juli 1990 zur Währungs-, Wirtschafts- und Sozialunion mit der Bundesrepublik und am 3. Oktober 1990 zur staatlichen Einheit (Einigungsvertrag vom 31.8.1990).

4. Überstaatliche Organisationen

Von den überstaatlichen Organisationen sollen nur die Europäischen Gemeinschaften (EG) und die Vereinten Nationen kurz angedeutet werden.

a) Europäische Gemeinschaften – künftig Europäische Union (EU)

Die sechs Länder Bundesrepublik Deutschland, Frankreich, Italien, Belgien, Niederlande und Luxemburg unterzeichneten am 25.3.1957 (Inkrafttreten 1.1.1958) in Rom (daher „Römische Verträge") die Europaverträge über einen Gemeinsamen Markt und eine Atomgemeinschaft (zur friedlichen Nutzung der Kernenergie) ihrer Länder. Die Organe der Europäischen Wirtschaftsgemeinschaft (EWG) sind die Versammlung der Gemeinschaft, der Ministerrat, die Kommission und der Gerichtshof. Ein Wirtschafts- und Sozialausschuß hat beratende Funktion. Aufgabe der Gemeinschaft ist es, eine möglichst weitgehende Integration der Mitgliedsländer zu erreichen. Im Juni 1979 wurde erstmalig das Europäische Parlament direkt gewählt (Deutschland ab 1994: 99 der dann 567 Abgeordneten).

Die Übergangszeit 1958 ... 1969 brachte besonders die Errichtung der Zollunion (Wegfall der Binnenzölle und gemeinsamer Außenzoll), Aufhebung von mengenmäßigen Einfuhrbeschränkungen im internen Warenverkehr, gemeinsame Agrarpolitik. „Durch die „Einheitliche Europäische Akte" vom Februar 1986 wurden die vertraglichen Grundlagen der EG zum ersten Mal reformiert. Die Vertragsänderungen sehen die Vollendung des *europäischen Binnenmarktes* (Raum ohne Binnengrenzen mit freiem Verkehr von Waren, Personen, Dienstleistungen und Kapital) bis 31.12.1992 vor; außerdem werden die Rechte des Europäischen Parlaments und der EG-Kommission erweitert sowie das bisherige Einstimmigkeitsprinzip weitgehend durch Mehrheitsentscheidungen ersetzt. Ferner wurde der Europäische Rat als Institution festgeschrieben und die Zusammenarbeit bei Forschung, Technologie und Umweltschutz vertraglich festgehalten. Die Europäische Politische Zusammenarbeit (EPZ) soll intensiviert werden." Die Europäische Währungsunion mit einer gemeinsamen Währung der EG-Staaten soll 1997-1999 (evtl. ohne Dänemark und Großbritannien) in Kraft treten.

Am 1.1.1973 traten Großbritannien, Irland und Dänemark den Europäischen Gemeinschaften bei, am 1.1.1981 Griechenland, am 1.1.1986 Spanien und Portugal. Weitere Länder wollen beitreten.

b) Vereinte Nationen

Nach dem Vorbild des Genfer Völkerbundes (1919 ... 1939) wurde am 26.6.1945 nach umfangreichen Vorarbeiten der im 2. Weltkrieg gegen Deutschland verbündeten Mächte in San Franzisco die *Charta der Vereinten Nationen* unterzeichnet. Damit war die UNO

(United Nations Organization) gegründet. Die Bundesrepublik Deutschland und die seinerzeitige DDR erwarben 1973 die volle Mitgliedschaft. Die Bundesrepublik war bereits durch einen Beobachter vertreten und gehörte Nebenorganisationen der UNO an.

Hauptorgane der UNO:

1. Vollversammlung
2. Sicherheitsrat
3. Wirtschafts- und Sozialrat
4. Treuhandschaftsrat
5. Internationaler Gerichtshof in Den Haag
6. Sekretariat.

Die *Vollversammlung* ist das oberste Organ der UNO, sozusagen ihr Parlament. Alle Mitgliedsstaaten gehören der Vollversammlung, die jährlich tagt, an. Der *Sicherheitsrat* besteht aus 15 Mitgliedern, davon fünf ständigen (USA, Rußland, Großbritannien, Frankreich und China). Die restlichen, nicht ständigen Mitglieder, werden auf zwei Jahre gewählt. Hauptaufgabe ist, die zur Erhaltung des Weltfriedens erforderlichen Maßnahmen zu treffen. Deshalb müssen die Mitglieder jederzeit am UNO-Sitz in New York verfügbar sein. Die fünf ständigen Mitglieder haben ein Veto-Recht, d.h. ein einziges Mitglied kann gegen die anderen 14 einen Beschluß verhindern.

Der *Wirtschafts- und Sozialrat* hat sich mit der Hebung des allgemeinen Lebensstandards in der Welt zu befassen. Der *Treuhandrat* ist für die Verwaltung der alten Völkerbundsmandate, insbesondere der ehemaligen deutschen Kolonien zuständig. Der *Internationale Gerichtshof* setzt sich aus 15 unabhängigen Richtern zusammen, die 15 verschiedenen Staaten angehören und von der Vollversammlung und dem Sicherheitsrat auf neun Jahre gewählt werden.

Das *Sekretariat* ist das Verwaltungsorgan der UNO. Seine ca. 6.000 Beamten (davon 3.600 in New York) stammen aus fast allen Mitgliedsstaaten. Z.Z. steht der Peruaner Savier Perez de Cuellar als Generalsekretär an der Spitze des Sekretariats.

Es gibt folgende UN-Sonderorganisationen:

FAO	Food and Agriculture Organization (zum Kampf gegen Hunger)
GATT	General Agreement on Tariffs and Trade (Allgemeines Zoll- und Handelsabkommen)
IAEA	International Atomic Energy Agency (Internationale Atomenergie-Organisation für friedliche Atomnutzung)
IBRD	International Bank for Reconstruction an Development (Internationale Bank für Wiederaufbau und Entwicklung = Weltbank)
ICAO	International Civil Aviation Organization (Internationale Zivil-Luftfahrts-Organisation)
IDA	International Development Association (Internationale Entwicklungsorganisation)
IFC	International Finance Corporation (Internationale Finanzkorporation als Tochtergesellschaft der Weltbank)
ILO	International Labour Organization (Internationale Arbeitsorganisation)
IMCO	Intergovernmental Maritime Consultative Organization (Zwischenstaatliche Beratende Organisation für Seeschiffahrt)
IMF	International Monetary Fund (Internationaler Währungsfond)
ITU	International Telecommunication Union (Internationale Fernmeldeunion)
UNCTAD	United Nations Conference on Trade and Development (Welthandelskonferenz)
UNESCO	United Nations Educational, Scientifc and Cultural Organization (Organisation für Erziehung, Wissenschaft und Kultur)
UNICEF	United Nations International Children's Emergency Fund (Weltkinderhilfswerk)
UNIDO	United Nations Industrial Development (Industrieentwicklungsorganisation)
UPU	Universal Postal Union (Weltpostverein WPV)
WHO	World Health Organization (Weltgesundheitsorganisation)
WMO	World Meteorological Organization (Meteorologische Weltorganisation)

Anhang

Literatur zum Weiterstudium

Wirtschaftskunde

Böge, Alfred, Das Techniker-Handbuch, Vieweg, Braunschweig/Wiesbaden

Siekaup, Waldemar, Volkswirtschaftslehre, Heckners Verlag Wolfenbüttel

Mellerowicz, Konrad, Betriebswirtschaftslehre der Industrie, I und II, Rudolf Haufe Verlag, Freiburg i.Br.

Zimmermann, Werner, Planungsrechnung – Optimierungsrechnungen, Wirtschaftlichkeitsrechnungen, Netzplantechnik – Verlag Friedr. Vieweg & Sohn, Braunschweig

Krause/Bantleon, Organisation und Finanzierung von Industrieunternehmen, Verlag Friedr. Vieweg & Sohn, Braunschweig

Sonnenberg, Hugo, Arbeitsvorbereitung und Kalkulation (2 Bd.), Verlag Friedr. Vieweg & Sohn, Braunschweig

Kaufmännische Betriebslehre, Verlag Willing & Co., Europa-Lehrmittel OHG, Wuppertal-Barmen

Zimmermann, Werner (Hrsg.), Bilanzen lesen und verstehen (Lernprogramm), Verlag Friedr. Vieweg & Sohn, Braunschweig

Zimmermann, Werner, Erfolgs- und Kostenrechnung, Verlag Friedr. Vieweg & Sohn, Braunschweig

Wöhe, Günter, Einführung in die Allgemeine Betriebswirtschaftslehre, Verlag Franz Vahlen GmbH, Berlin und Frankfurt a.M.

Rechtskunde

Gesetzestexte Als Loseblatt-Ausgaben (im Ordner) besonders:

Schönfelder, Deutsche Gesetze; *Nipperdey,* Arbeitsrecht; Steuergesetze; alle drei Sammlungen Verlag C.H. Beck, München und Berlin

Besonders preiswert sind *Taschenbuchausgaben von Gesetzestexten* in verschiedenen Verlagen, z.B. dtv-Beck-Texte, Verlag C.H. Beck, München: dtv Nr. 5001 BGB, 5002 HGB, 5003 GG (Grundgesetz u.a.), 5004 GewO, 5005 ZPO, 5006 ArbG (Arbeitsgesetze), 5007 StGB, 5008 EStG, 5009 WettbewG, 5010 AktG, GmbH

Ott/Wendlandt, Grundzüge des Wirtschaftsrechts, Verlag Friedr. Vieweg & Sohn, Braunschweig

Schaeffers Grundriß des Rechts und der Wirtschaft, Verlag L. Schwann, Düsseldorf und W. Kohlhammer, Stuttgart. Es erschien eine Reihe von Bänden aus allen Rechtsgebieten. Besonders kommen in Frage die Bände der Abteilung I: Privat- und Prozeßrecht

Weber/Blitzer, Arbeitsrechts- und Sozialfibel, Bund-Verlag, Köln

Schmidt, A., Was der Ingenieur vom gewerblichen Rechtsschutz wissen muß, VDI-Verlag, Düsseldorf

Schäffner/Kühne, Was muß jeder von den Hypotheken und vom Grundbuch wissen? Verlag Handwerk und Technik, Hamburg

Model-Creifelds, Staatsbürger-Taschenbuch, C.H. Beck'sche Verlagsbuchhandlung, München

Hübner/Rohlfs, Jahrbuch der Bundesrepublik Deutschland, Verlag C.H. Beck, München

Aktuell '94 Das Lexikon der Gegenwart, Harenberg Lexikon-Verlag, Dortmund

Aufgaben

Wirtschaftskunde

1. Welche Erzeugnisse der Urproduktion können ohne weitere Verarbeitung zum Verbraucher gehen?
2. In welchen Branchen kann sich das Handwerk noch gegenüber der Industrie behaupten? Welche Handwerkszweige wurden durch die Industrie neu hervorgerufen?
3. Welche Wirtschaftsbereiche nahmen nach dem 2. Weltkrieg in ihrer zahlenmäßigen Bedeutung zu, welche ab?
4. Warum ist die Höhe des realen Bruttosozialprodukts ein Maßstab für die Leistungsfähigkeit einer Volkswirtschaft?
5. Wie unterscheidet sich die „soziale Marktwirtschaft" von der „freien Marktwirtschaft"?
6. a) Wie lautet die „Umkehrung des Gesetzes von Angebot und Nachfrage"?
   b) Vergleichen Sie die Anwendbarkeit dieser Regel bei den Gütern Milch, Sekt, Mülleimer.
   c) Ist die Regel auch für Lohnhöhe und Arbeitsangebot anwendbar? (Dabei soll auf die Lohnhöhe überhaupt und auf unterschiedliche Lohnhöhe bei verschiedenen Arbeitgebern bezogen werden.)
7. Wie kann der Staat auf die Bildung des Wettbewerbspreises Einfluß nehmen?
8. Wie beeinflussen sich Kreditaufnahme und Kreditaufnahmebereitschaft einerseits und Geldwertstabilität andrerseits?
9. Stellen Sie durch Vergleich der Zinsen und Gebühren verschiedener Banken (Anschlag in der Schalterhalle) die Kreditkosten fest.
10. Warum sind kurzfristige Kredite zur Finanzierung von Anlagevermögen nicht geeignet?
11. Welche Industriezweige sind anlageintensiver, welche arbeitsintensiver: Walzwerke, Spielwarenindustrie, Chemische Industrie, Textilindustrie, insbesondere Bekleidungsindustrie?
12. Warum kann der Grundsatz der Gewerbefreiheit nicht uneingeschränkt gelten?
13. In welchen Fällen wird der Erwerber eines bestehenden Unternehmens Wert auf die Fortführung der alten Firma legen?
14. Wie unterscheiden sich Finanz- und Betriebsbuchführung?
15. Erklären Sie die Begriffe Ausgaben, Aufwand, Kosten.
16. Wie kann die Liquidität eines Unternehmens herauf, wie herabgesetzt werden?
17. Wann wird innerhalb einer Woche, eines Monats und eines Vierteljahres die Liquiditätslage eines Unternehmens eventuell besonders angespannt sein?
18. Welchem Jahreszinsfuß entspricht die kombinierte Zahlungsbedingung „zahlbar in 8 Tagen mit 3 % Skonto oder in 30 Tagen netto Kasse"? (Anmerkung: Die Kreditdauer beträgt 22 Tage.)
19. Nennen Sie sachliche Werbemittel! Wie ist deren Brauchbarkeit zu beurteilen:
    a) für einen Fahrzeughersteller,
    b) für einen Zulieferer von Fahrzeugherstellern?
20. Ein alter Kunde ist seit drei Wochen mit einer Zahlung im Rückstand. Entwerfen Sie eine vorsichtige Mahnung.

Rechtskunde

1. Der 17jährige Hans kauft sich ohne Wissen seiner Eltern ein Moped zum Preise von 600,- DM auf Teilzahlung. Wie ist die Rechtslage?
2. Ein 17jähriger Werkzeugmacher kündigt ohne Wissen seiner Eltern (gesetzl. Vertreter) sein Arbeitsverhältnis und schließt einen neuen Arbeitsvertrag als Artist in einem Zirkus ab. Sind Kündigung und Vertragsschluß gültig?

3. Um welche Sachen, Bestandteile u.ä. handelt es sich in folgenden Fällen:
   a) Wasserfläche mit Faltboot,
   b) Installation einer Wohnung,
   c) Lampen einer Wohnung,
   d) herausoperierter Blinddarm (Wurmfortsatz) eines Menschen,
   e) Teerdecke einer Landstraße?
4. Kaufmann A. kaufte am 1. August 1988 beim Lampenhändler B. zwei Lampen, eine für sein Büro und eine für sein Wohnzimmer. Für beide blieb er den Kaufpreis schuldig. B. mahnte am 15. Oktober 1988 und am 25. Januar 1989 durch eingeschriebene Briefe. A. rührt sich nicht. Am 15. Januar 1991 verlangt B. von A. ernstlich sein Geld für beide Lampen, worauf A. die Einrede der Verjährung geltend macht.
   a) Kann A. noch zur Bezahlung der beiden Lampen gezwungen werden?
   b) Wie wäre die Rechtslage, wenn A. auf den Brief vom 25. Januar 1989 in einem Antwortbrief am 31. Januar 1989 um Geduld gebeten hätte?
   c) Wie kann man allgemein als Gläubiger verhindern, daß eigene Ansprüche verjähren?
5. A. erklärt in einem Gasthaus unter Zeugen, für die Zechschuld des B. haften zu wollen. Kann er im Falle der Zahlungsunfähigkeit des B. in Anspruch genommen werden?
6. C. verspricht seinem Neffen D. auf einer Postkarte ein Auto für den Fall des Bestehens der Technikerprüfung. Ist C. an sein Versprechen rechtlich gebunden?
7. E. vereinbart den Verkauf eines Grundstückes an F. zum Preise von 50.000,- DM. Um Grunderwerbsteuer und Kosten zu „sparen", wird beim Notar ein Kaufpreis von 25.000,- DM beurkundet. Ist ein Kaufvertrag mit einem Kaufpreis von 50.000,- DM, von 25.000,- DM oder ist überhaupt kein Kaufvertrag zustande gekommen?
8. G. kauft von H. einen Gebrauchtwagen. Auf Befragen erklärt H., es handele sich um kein Unfallfahrzeug. Nachträglich stellt sich heraus, daß der Wagen ein Unfallauto ist.
   a) Ist der Kaufvertrag zustande gekommen?
   b) Was kann G. unternehmen, wenn er den Wagen nicht mehr haben möchte?
9. J. bestellte bei K. Werkstoffe. Versehentlich schrieb er jedoch statt Bestell-Nr. 32836 die falsche Bestell-Nr. 32638 auf die Bestellung. Da bei K. eine Auftragsbestätigung nicht üblich ist, bemerkte J. sein Versehen erst bei Erhalt der Lieferung. J. sendet die Lieferung sofort zurück und bittet unter Schilderung seines Versehens um Umtausch in Bestell-Nr. 32836.
   a) Ist K. rechtlich zur Rücknahme verpflichtet?
   b) K. entstanden durch den Umtausch zusätzliche Versandkosten von 50,- DM. Kann er diese von J. erstattet verlangen?
   c) Wie wäre die Rechtslage, wenn J. die Sendung nach Erkennen des Versehens vier Wochen liegen gelassen und dann erst K. von dem Versehen verständigt hätte?
10. Um welche Verträge handelt es sich in folgenden Fällen:
    a) A. vereinbart mit den Stadtwerken die Lieferung von Strom und Gas.
    b) B. schenkt dem C. eine Kiste Zigarren, damit dieser ihm die Kohlen in den Keller schaufele.
    c) D. leiht sich von einer Leihbücherei gegen eine Leihgebühr von 40 Pf. einen Kriminalroman.
    d) Waldeigentümer E. erlaubt dem Jäger F. in seinem Wald zu jagen.
    e) Eine Brauerei stellt dem Gastwirt G. eine eingerichtete Gastwirtschaft zur Verfügung.
    f) Ingenieurstudent H. läßt sich von einem Kommilitonen ein Blatt Zeichenpapier geben. Am nächsten Tage will er „dieses" zurückerstatten.
    g) Patient I. läßt sich vom Zahnarzt J. beraten und ein Gebiß anfertigen.
    h) K. läßt sich vom Tischler L. ein Regal bauen. K. stellt die Bretter.
    i) Fall h), L. stellt die Bretter.
    j) Theaterbesucher M. gibt seinen Mantel an der Garderobe ab.
    k) N. und O. teilen sich die Einsätze im Fußballtoto und wollen sich auch einen eventuellen Gewinn teilen.
    l) Herr P. und Fräulein Q. versprechen sich heimlich die Ehe.

Aufgaben

11. A., B. und C. erhalten von einem Versandgeschäft unbestellte Ware zugesandt. A. nimmt die Ware in Gebrauch, B. läßt sie liegen und C. sendet sie zurück. Sind hierbei Kaufverträge zustande gekommen?
12. Fabrikant D. bestellte am 7. November bei den E.-Werken bestimmte Werkstoffe. In einer Auftragsbestätigung vom 10. November versprechen die E: Werke eine Lieferzeit von etwa vier Wochen. Am 18. Dezember mahnte D. die Werkstofflieferung an und bat dringend um baldige Lieferung. Die E: Werke antworteten nicht. Um nicht noch länger warten zu müssen, bestellte D. am 18. Januar die dringend benötigten Werkstoffe von einem anderen Lieferanten. Den säumigen E: Werken schrieb er, daß er die Annahme der Lieferung nunmehr ablehne. Die E.-Werke, die gerade die Werkstoffe absandten, bestehen jedoch auf der Abnahme, da es sich bei der Werkstofflieferung um eine Spezialherstellung handle. Wie ist die Rechtslage?
13. Privatmann A. gewährt dem Privatmann B. ein Darlehen in Höhe von 400,- DM. Über Rückzahlung und Verzinsung wurde nichts vereinbart. Nach einem Jahr verlangt A. von B. die Rückzahlung zuzüglich 5 % Zinsen innerhalb von 6 Wochen. B. glaubt dagegen, die Kündigungsfrist betrage 6 Monate und er brauche nur 4 % Zinsen zahlen. Entscheiden Sie!
14. a) Entwerfen Sie die Bürgschaftserklärung für eine selbstschuldnerische Bürgschaft.
    b) Besorgen Sie von einem Kreditinstitut einen Bürgschaftsvordruck.
15. Ein Kind wirft mit einem Ball auf einen Radfahrer. Dieser stürzt dadurch so unglücklich, daß er sich den Arm bricht. Nach welchen Gesichtspunkten ist die Haftpflicht a) des Kindes selbst, b) der Eltern zu untersuchen?
16. A. leiht seinem „Freund" B. für eine Reise zwei Koffer. Der undankbare B. stiehlt noch die Aktentasche des A. Den einen Koffer und die Aktentasche verkauft und übergibt B. an C., der glaubt, B. sei der rechtmäßige Eigentümer. Den anderen Koffer verkauft und übergibt B. an D., der ihn als das Eigentum des A. erkennt, wegen des niedrigen Preises aber nichts sagt. Die Angelegenheit kommt heraus und A. verlangt von C. und D., „seine" Sachen zurück. Mit Recht?
17. A. kaufte bei B. eine Maschine unter Eigentumsvorbehalt. Vor der Bezahlung (also vor dem Eigentumsübergang) übereignete A. die Maschine zur Sicherung eines Kredites an C. Da A. die Maschine braucht, wird die Übergabe an C. durch einen Leihvertrag ersetzt. C. weiß nichts von dem Eigentumsvorbehalt.
    A. erfüllt weder die Zahlungsverpflichtung gegenüber B. noch gegenüber C. Wie sind die Eigentumsverhältnisse an der Maschine, wenn
    a) B. sich die Maschine von A. herausgeben ließ,
    b) C. sich die Maschine von A. herausgeben ließ,
    c) A. die Maschine an D. verkaufte und übergab (D. waren weder Eigentumsvorbehalt noch Sicherungsübereignung bekannt)?
18. Besteht rechtlich ein Unterschied, ob man eine Geldbörse in oder vor einem Fernsprechhäuschen findet?
19. Warum gelten von Hypothekenbanken ausgestellte Pfandbriefe als mündelsicher, d.h. als geeignet zur Anlegung von Mündelgeldern durch den Vormund?
20. Prüfen Sie bei folgenden Personen die Kaufmannseigenschaft (einschließlich Frage, ob Voll- oder Minderkaufmann):
    a) Schuhfabrikant,
    b) Gemüsehändler mit kleinem Geschäftsumfang,
    c) Gärtner, der nur selbst angebautes Gemüse verkauft,
    d) Kinobesitzer,
    e) Diplom-Kaufmann im Angestelltenverhältnis mit Prokura,
    f) Waldbesitzer, der ein großes Sägewerk als Nebengewerbe betreibt,
    g) landwirtschaftlicher Gutsbetrieb in der Rechtsform einer AG.
21. Ein Bauunternehmer vereinbart für den Fall des verspäteten Fertigstellens einer bestimmten Bauleistung die Zahlung einer sehr hohen Konventionalstrafe (Vertragsstrafe). Da er tatsächlich die Bauleistung nicht pünktlich erstellen kann und ihm die Konventionalstrafe unverhältnismäßig hoch

erscheint, möchte er sie gemäß § 343 BGB herabsetzen lassen. Spielt es bei der Frage der Herabsetzung eine Rolle, ob der Bauunternehmer im Handelsregister eingetragen ist oder nicht?

22. Ein Handlungsbevollmächtigter kauft für den Unternehmer Waren im Werte von 10.000,- DM und akzeptiert einen vom Verkäufer ausgestellten Wechsel in gleicher Höhe. Ist der Unternehmer an diese Rechtsgeschäfte gebunden?

23. Ein Einzelunternehmer möchte seinen Betrieb erweitern und erwägt
    a) die Aufnahme von Vollhaftern in das Unternehmen (Umwandlung in OHG),
    b) die Aufnahme von Kommanditisten (Umwandlung in KG),
    c) die Aufnahme von stillen Gesellschaftern.
    Stellen Sie Überlegungen über die Zweckmäßigkeit dieser Unternehmungsformen an.

24. Eine OHG mit drei Gesellschaften, A. mit 100.000,- DM Kapitaleinlage, B. mit 150.000,- DM Kapitaleinlage, C. mit 250.000,- DM Kapitaleinlage, hat einen Reingewinn von 50.000,- DM. Wie ist dieser auf die Gesellschafter zu verteilen, wenn nichts anderes vereinbart wurde?

25. Wie sind die Arbeitnehmer im Aufsichtsrat
    a) einer AG der Montanindustrie,
    b) einer sonstigen Kapitalgesellschaft mit mehr als 2.000 Arbeitnehmern,
    c) einer kleineren Familien-AG,
    d) einer sonstigen AG,
    e) einer sonstigen GmbH
    vertreten?

26. Worin unterscheidet sich die GmbH von der AG?

27. Welche Konzerne müssen einen Konzernabschluß (konsolidierten Abschluß) aufstellen? Welche Unternehmen sind in diesen Abschluß einzubeziehen?

28. Welche Bedeutung hat das Stillschweigen im Handelsverkehr?

29. Ein neuer Kunde wünscht Lieferung von Waren auf Ziel. Er gibt die Anschrift von zwei Lieferanten als Referenzen für seine Kreditwürdigkeit an.
    a) Wie wird ein Schreiben mit der Bitte um Auskunft aussehen?
    b) Welche Gefahren birgt das alleinige Verlassen auf Referenzenauskünfte für den Kreditgeber?

30. Besorgen Sie Kreditantragsformulare von Teilzahlungsunternehmen und untersuchen Sie hieran, worauf es den Unternehmen bei der Prüfung der Kreditwürdigkeit ankommt.

31. Warum schreibt die Bank einen einzulösenden Wechsel nur E.v. (Eingang vorbehalten) gut?

32. Warum betonen manche Fahrzeughändler, daß sie nicht auf der Eingehung von Wechselverbindlichkeiten bestehen?

33. Was muß der Inhaber eines Wechsels veranlassen, wenn der Bezogene am Verfalltag den Wechsel nicht einlöst, damit Rückgriff auf einen anderen Wechselverpflichteten genommen werden kann?

34. Teilen Sie die Wertpapiere nach der Person des Berechtigten ein.

35. A. gewährte einem Bekannten ein Darlehen über 500,- DM, das dieser bereits vor zwei Monaten zurückzahlen sollte. Mehrere gütige Mahnungen nutzten nichts. Es liegt offensichtlich Zahlungsunwilligkeit vor. Füllen Sie einen Mahnbescheidsantrag aus.

36. Welche Konkursdividende erhält ein Lieferant (nicht bevorrechtigter Gläubiger) in einem Konkursverfahren, wenn nach Bezahlung der Massekosten und Masseschulden einer restlichen Konkursmasse von 120.000,- DM 20.000,- DM bevorrechtigte und 500.000,- DM nicht bevorrechtigte Gläubigerforderungen gegenüberstehen? Mit welchem Betrag kann dieser Lieferant rechnen, wenn er 5.000,- DM zu erhalten hätte?

37. In der Metallindustrie streiken die Arbeiter. Kann ein Ingenieur die Anfertigung von Konstruktionsarbeiten verweigern, wenn diese der Fertigung durch streikende Arbeiter dienen?

38. Ein Techniker erklärt in einer Gastwirtschaft öffentlich, daß im Betrieb seines Arbeitgebers im letzten Vierteljahr die Zahl der Reklamationen um 20 % zugenommen habe. Verstößt der Techniker gegen das Arbeitsverhältnis, falls die Behauptung der Wahrheit entspricht?

Aufgaben 223

39. Ein Arbeitgeber verbietet seinen Arbeiterinnen zu heiraten, weil er fürchtet, durch das Mutterschutzgesetz finanzielle Belastungen zu erleiden. Sind die Arbeiterinnen an das Verbot gebunden?
40. Ein Arbeitnehmer blieb am Freitag nach dem gesetzlichen Feiertag Christi Himmelfahrt unentschuldigt der Arbeit fern. Welche Folgen kann das Verhalten für den Arbeitnehmer haben?
41. Dem 30jährigen Ingenieur A., der bereits ein Jahr im Betrieb tätig ist, kündigt der Arbeitgeber das Arbeitsverhältnis, weil er statt A. einen Bekannten einstellen möchte. Was kann A. gegen die Kündigung unternehmen?
42. Ingenieur B. kündigt nach einem persönlichen Streit mit dem Arbeitgeber das Arbeitsverhältnis. Aus Verärgerung darüber schreibt der Arbeitgeber im Zeugnis u.a. „... war nicht immer pünktlich". Tatsächlich kam B. im Laufe der dreijährigen Beschäftigung zweimal zu spät zur Arbeit. Muß sich B. diesen Vermerk im qualifizierten Zeugnis gefallen lassen?
43. In der bayerischen Metallindustrie wurden mit Wirkung vom 1. April die Gehälter der Angestellten erhöht. Für den betreffenden Tarifvertrag liegt keine „Allgemeinverbindlichkeitserklärung" vor. Hat Ingenieur C., der in einer Metallwarenfabrik in München beschäftigt ist und keiner Gewerkschaft angehört, Anspruch auf diese Gehaltserhöhung?
44. Der Arbeitgeber kündigt das Arbeitsverhältnis der zwei Betriebsratsmitglieder D. und E. D. hatte sich gegen den Willen des Arbeitgebers für einen entlassenen Arbeitnehmer eingesetzt und E. wurde beim Diebstahl von Werkstoffen ertappt. D. und E. machen geltend, daß sie als Betriebsratsmitglieder einen besonderen Kündigungsschutz genießen. Sind sie im Recht?
45. Ein sonst als sehr sozial bekannter Betrieb mit übertariflicher Bezahlung erleidet einen erheblichen Rückschlag. Arbeitgeber und Betriebsrat beschließen darauf eine Betriebsvereinbarung, nach der die in Arbeitsverträgen getroffenen Vereinbarungen über übertarifliche Bezahlung hinfällig seien und nur noch die Tariflöhne bzw. -gehälter gezahlt werden. Ingenieur F. glaubt sich an die Betriebsvereinbarung nicht gebunden, weil er nicht an der Betriebsratswahl teilgenommen habe. Wie ist die Rechtslage?
46. Wie sollte sich eine schwangere Arbeitnehmerin verhalten, wenn ihr Arbeitsverhältnis gekündigt wird, der Arbeitgeber aber noch nichts von ihrem Zustand weiß?
47. In welchen Sozialversicherungszweigen ist
    a) ein Arbeiter,
    b) ein technischer Angestellter
    der Metallindustrie bei einem Monatslohn (Gehalt) von 4.800,- DM pflichtversichert?
48. Ist es für einen Verletzten von Bedeutung, ob er auf dem Weg zur Arbeit oder auf einem Spaziergang verunglückte?
49. Erläutern Sie das Schaubild „Die öffentlichen Finanzen" (S. 184).
50. A. trinkt in einer Gaststätte eine Tasse Kaffee und ißt dazu ein Stück Kuchen. Mit welchen direkten und indirekten Steuern wird A. belastet?
51. B. erhält von seinem Onkel schon zu Lebzeiten erhebliche Schenkungen. Es soll dadurch verhindert werden, daß sein Neffe (als einziger Erbe) nach seinem Tode sehr viel Erbschaftssteuer entrichten muß. Beurteilen Sie diesen Fall!
52. Nennen Sie Beispiele der Lizenzerteilung eines Unternehmens an ein anderes Unternehmen.
53. Ein Ingenieur, angestellt in einem Industriebetrieb, machte eine Diensterfindung. Welche Pflichten und Rechte erwachsen ihm daraus?
54. Der Vertreter eines Kaltwalzwerkes schenkt dem Einkäufer eines verarbeitenden Unternehmens einen Farbfernsehempfänger, damit der Einkäufer ihn bei den Bestellungen berücksichtige. Wie ist der Fall wettbewerbsrechtlich zu beurteilen?
55. Nennen Sie die Möglichkeiten des prämienbegünstigten und vermögenswirksamen Sparens.

Sachwortverzeichnis

Abgeleitete Produktion 2 f.
Absatz 50 ff.
Abschreibungen 7, 35
Abtretung 76
Abzahlungsgeschäft 78
Adoption 211
Änderungskündigung 155
Affektionswert 15
Akkordlohn 147 f.
Aktien 111 f.
Aktiengesellschaft (AG) 110 ff.
Akzept 129, 132
Allgemeine Geschäftsbedingungen 59, 123
Allonge 132
Amtsgericht 135
Amtspflichtverletzung 90
Aneignung 94
Anfechtbarkeit 67 f.
Angestellte, leitende 142
Angestelltenversicherung 179 ff.
Anlagevermögen 22 f.
Annahmeverzug 82
Annuität 97
Anspruchsgrundlagen 87 ff.
Anstalt 60
Arbeit 11 ff.
Arbeiter 29 f.
Arbeitgeber 142
Arbeitgeberverbände 157 f.
Arbeitnehmer 142 f.
Arbeitnehmererfindungen 207 f.
Arbeitsgericht 169 f.
Arbeitskampf 159 f.
Arbeitslosenversicherung 181 f.
Arbeitslosigkeit 12, 181 f.
Arbeitspflicht 144 f.
Arbeitsrecht 141 ff.
Arbeitsschutz 164 ff.
Arbeitsstreitigkeiten 169 f.
Arbeitsteilung, betriebliche 34
–, internationale 6
Arbeitsverbindung 34
Arbeitsverfassung 157 ff.
Arbeitsverhältnis 143 ff.
Arbeitsvertrag 143
Arbeitszeugnis 155 f.
Arglistige Täuschung 68
Arrest 138 f.
Artvollmacht 70
Auflassung 94
Aufsichtspflicht 89
Aufsichtsrat der AG 114
– – GmbH 116
– – Genossenschaft 119
Auftrag (rechtlich) 75
– (wirtschaftlich) 54

Aufwendungen 36
Ausbildung 156 f.
Ausgaben 36
Außergewöhnliche Belastungen 191
Ausschluß der Verantwortlichkeit 88 f.
Aussperrung 159 f.
Automatisation 34
Autonome Satzungen 59
Aval 132
Avalkredit 19

Banken 4, 18 ff., 126 ff.
Bankrott 140
Bausparkasse 97, 205
Bedarf 1
Bedingung 69
Bedürfnisse 1
Beglaubigung 66
Belastung, außergewöhnliche 191
Bereicherung, ungerechtfertigte 85 f.
Bergrechtliche Gewerkschaft 117
Berufsausbildungsverhältnis 156 f.
Berufsgenossenschaft 182 f.
Berufskrankheit 182 f.
Berufsverbände 157 f.
Berufung (prozeßrechtlich) 135
Beschäftigungsgrad 39 ff.
Beschaffung 43 ff.
Besitz 91
Bestand, eiserner 48
Bestandteile 62
Betrieb 20
Betriebliche Meßziffern 37 ff.
Betrieblicher Umsatzprozeß 42 ff.
Betriebsführung, wissenschaftliche 34
Betriebsmittel 14
Betriebsrat 161 ff.
Betriebsunfall 182 f.
Betriebsvereinbarung 164
Betriebsverfassung 161 ff.
Betriebsversammlung 164
Betriebswirt 5, 32
Betriebswirtschaftslehre 5 f.
Beurkundung 66
Bewußtlosigkeit 67, 88
Bezugsrecht 112 f.
Bilanz 13, 22, 35
Bilanzrichtliniengesetz 35, 58, 110
Billigkeitshaftung 89
Boden 10 f.
Börse 111 f.
Bote 70
Boykott 160

Bruttoinlandsprodukt 7
Bruttosozialprodukt 7
Buchhaltung 34 ff.
Bürgermeisterverfassung 213
Bürgschaft 75, 85
Bürogehilfe 32
Bundesgerichtshof (BGH) 136
Bundesrepublik Deutschland 215 f.
Bundesstaat 214

Cash Flow 42
culpa in contrahendo 87

Darlehen 75, 84
Deflation 18
Degressive Kosten 39 ff.
Deliktsunfähigkeit 88
Demokratie 214
Devisen 17 f., 71
Devisenbilanz 6
Dienstleistungen 4 f.
Dienstleistungsbilanz 6
Dienstvertrag 75, 143
Discountgeschäft 3
Diskont 129, 132
Diskontkredit 19
Domizilvermerk 129
Drohung, widerrechtliche 68
Durchschnittsbestand 48

Ecklohn 149
Effekten 133 f.
Effektivwechsel 132
Ehe 209 f.
Eidesstattliche Versicherung 138
Eigenkapital 21 f.
Eigentum 91 ff.
Eigentumsvorbehalt 78
Einheitsstaat 214
Einheitswert 15
Einkauf 43 ff.
Einkommensarten 147
Einkommensteuer 187 ff.
Einstandspreis 44
Einwilligung 70
Einzelhandel 3 f.
Einzelunternehmung 104
Einzelvollmacht 70
Einzelwirtschaft 5
Eiserner Bestand 48
Erbrecht 212
Erbschaftsteuer 200
Erfindung 205 ff.
Erfüllungsgehilfe 89
Erfüllungsort 72
Ersitzung 93
Erwerbstätigkeit 12

Sachwortverzeichnis

Erziehungsgeld 167
eurocheque-Karte 127 f.
Europäische Gemeinschaften 6, 216

Fabrikbetrieb 2, 24 ff.
Factoring 55
Fahrlässigkeit 88
Fahrzeugversicherung 174 f.
Familie 209 ff.
Faustpfand 95 f.
Fertigung 49
Fertigungsbetrieb, industrieller 24 ff.
Fertigwarenlager 50
Feuerschutzsteuer 203
Feuerversicherung 174
Finanzamt 185
Finanzierung 13 f., 21 ff.
Firma 20, 101
Fixe Kosten 39 ff.
Fixgeschäft 80
Fließfertigung 34
Föderales Konsolidierungs-Programm (FKP) (Solidaritätszuschlag) 193 f.
Form der Rechtsgeschäfte 66
Freibeträge 191 f., 196 ff.
Freistaat 214
Fremdkapital 22, 37
Fristen 63 ff.
Früchte 63
Fürsorgepflicht des Arbeitgebers 151
Fund 94
Fusion 122

Gattungsschuld 71 f.
Gebrauchsmuster 206
Gebrauchswert 15
Gebühren 184
Gebundener Preis 15
Gefährdungshaftung 90
Gefahrenübergang 80
Gegenstände 62 f.
Geld 16 ff.
Geldeinzug 54 f.
Gemeinde 212 f.
Gemeiner Wert 15
Gemeinschaftswerbung 52
Genehmigung 70
Generalvollmacht 70
Genossenschaft 117 ff.
Gerichtswesen 134 ff.
Geschäftsbedingungen, allgemeine 59, 74, 77 f., 123
Geschäftsfähigkeit 60 ff.
Geschäftsführer der GmbH 116
Geschäftsgrundlage, Wegfall der 71
Geschmacksmuster 207

Gesellschaft des bürgerlichen Rechts 75, 109 f.
Gesellschaft mit beschränkter Haftung (GmbH) 115 ff.
Gesellschaftsteuer 201
Gesellschaftsvertrag 75, 105, 109 f.
Gesetze 58
Gesetz von Angebot und Nachfrage 16
Gesetzliche Unfallversicherung 182 f.
Gewerbefreiheit 10, 23
Gewerbesteuer 197 f.
Gewerblicher Rechtsschutz 205 ff.
Gewerkschaft (Arbeitnehmerverband) 157 f.
–, bergrechtliche 117
Gewinnmaximum 41
Gewinn- und Verlustrechnung 35
Gewohnheitsrecht 59
Giro 126, 129
GmbH & Co. KG 116 f.
Gossensches Sättigungsgesetz 15
Grenznutzen 15
Großhandel 3 f.
Grundbuch 94 f.
Grunderwerbsteuer 201
Grundgesetz 215 f.
Grundpfandrechte 96 ff.
Grundschuld 19, 97 f.
Grundsteuer 198
Grundstücke 62 f.
Güter 1

Haftpflicht 86 ff.
Haftpflichtversicherung 90, 175
Haftung aus Billigkeitsgründen 89
Handel 3 f.
Handelsbilanz 6
Handelsbräuche 59
Handelsgeschäfte 122 ff.
Handelskauf 79
Handelsmakler 102
Handelsrecht 98 ff.
Handelsregister 24, 101
Handelsvertreter 53, 102 f.
Handlung, unerlaubte 88 ff.
Handlungsgehilfe 31 f.
Handlungsvollmacht 103
Handwerk 2 f., 24 f.
Hauptversammlung der AG 114
Haushalt der öffentlichen Hand 184
Haushaltsfreibetrag 191
Hausratversicherung 174
Haustürgeschäfte 73
Hemmung der Verjährung 65
Holding-Gesellschaft 122
Hypothek 19, 97 f.

Immobilien 62 f.
Individualversicherung 171 ff.
Indossament 129, 132
Industrie 2 f., 24 ff.
Industriekaufmann 32
Industrie-Kontenrahmen (IKR) 35 f.
Inflation 18
Ingenieur 31
Inhaberpapiere 134
Internationale Arbeitsteilung 6
Inventar 35
Inventur, permanente 47
Investierung 23
Investition 13 f., 23
Investitionshilfeabgabe 194
Irrtum 67 f.

Jugendarbeitsschutz 168 f.
Juristische Person 59 f.

Kalkulation 36
Kapazität 39
Kapital 13 f.
Kapitalbilanz 6
Kapitalertragsteuer 194 f.
Kapitalgesellschaften 110 ff.
Kartell 119 ff.
Kaskoversicherung 174 f.
Kaufmann 99 ff.
Kaufvertrag 74, 76 ff.
Kaution 73
Kindergeld 193
Kirchensteuer 203
Körperschaft 60
Körperschaftsteuer 195
Kommanditgesellschaft (KG) 107 f.
Kommanditgesellschaft auf Aktien (KGaA) 115
Kommandowirtschaft 9
Kommissionär 53, 102
Kommune (Gemeinde) 212 f.
Konjunkturzyklus 20
Konkurs 139 f.
Konnossement 133 f.
Konsortialkredit 19
Kontenrahmen 35 f.
Konventionalstrafe 74, 81
Konzern 121 f.
Kosten 36
Kosten; degressive, fixe, progressive, proportionale, variable 39 ff.
Kostenpunkt, optimaler 41
Kostenrechnung 36
Konsumtivkredit 19
Konsumtivwert 15
Kontokorrentkredit 19
Kraftfahrzeugsteuer 202

Krankenversicherung 173 f., 176 ff.
Kredit 18 ff., 22
Kreditgefährdung 88
Kreditkarte 125 ff.
Kreditleihe 19
Kündigung des Arbeitsverhältnisses 153 ff.
Kündigungsschutz 154 f.
Kurzarbeit 12
Kuxe 117, 133

Ladeschein 133 f.
Lagerdauer 48
Lagerkosten 49
Lagerschein 133 f.
Lagerung 46 ff.
Landgericht 135 f.
Leasing 23
Lebenshaltungskostenindex 17
Lebensversicherung 172 f.
Leihvertrag 75
Leistungsrechnung 36
Leistungszeit 72
Leitender Angestellter 142
Liberalismus 10
Lieferbedingungen 44 f.
Lieferungsverzug 80
Liquidität 41 f.
Lobbyist 119
Lohn 146 ff.
Lohnpfändung 138, 150
Lohnsteuer 193
Lombardkredit 19, 96

Magisches Viereck 6
Magistratsverfassung 213
Mahn- und Klageverfahren 137
Manufaktur 2
Markt 9 ff., 15
Marktwirtschaft 9 ff.
Maximalprinzip 1
Mechanisierung 34
Mehrwertsteuer 199 f.
Meßziffern, betriebliche 37 ff.
Mietvertrag 74
Minderjährige 61 ff.
Minimalprinzip 1
Mißtrauensvotum, konstruktives 216
Mitarbeiter der Unternehmung 29 ff.
Monarchie 214
Monopolpreis 15
Montan-Union 6
Moral 56 f.
Moratorium 140
Mutterschutz 166 ff.

Nachbesserung 83
Nachkalkulation 36

Nationalökonomie 5 f.
Natürliche Person 59 f.
Nettosozialprodukt 7
Neutralaufwand 36
Nichtigkeit 67
Normung 34
Notifikation 132
Notwehr 88

Oberfinanzdirektion 185
Oberlandesgericht 136
Obligation 133
Öffentliches Recht 57
Ökonomisches Prinzip 1
Offene Handelsgesellschaft (OHG) 105 ff.
Operations Research 14, 37
Optimaler Kostenpunkt 41
Orderpapier 134
Organisation des Industriebetriebes 32 ff.

Pachtvertrag 74
Patent 205 f.
Permanente Inventur 47
Personen, natürliche und juristische 59 f.
Personengesellschaften 104 ff.
Pfändung 138
Pfandbrief 97
Pfandrecht 95 ff.
Planung 37
Planwirtschaft 9
Polizeistaat 214
Positive Vertragsverletzung 87
Postgiroverkehr 126
Preis 15 f.
Preisindex 17
Prinzip, wirtschaftliches (ökonomisches) 1
Privatrecht 57
Probekäufe 78 f.
Produktion, abgeleitete 2 f.
Produktionsfaktoren 10 ff.
Produktionsmittel 13
Produktivität 38 f.
Produktivkredit 19
Produktivwert 15
Progressive Kosten 39 ff.
Prokura 103
Prolongation 132
Proportionale Kosten 39 ff.
Protest (beim Wechsel) 131 f.
Psychologie 50
Putativwert 15

Rationalisierung 32 ff.
Rationalprinzip 1
Ratsverfassung 213
Realkredit 19

Rechnungswesen 5, 34 ff.
Recht, öffentliches 57
-, nachgiebiges und zwingendes 58
Rechtsbehelf 186 f.
Rechtsbegriff 56 f.
Rechtsfähigkeit 59 f.
Rechtsgeschäfte 65 ff.
Rechtsgeschäftliche Übertragung 92 f.
Rechtsmängel 80
Rechtsnormen 58 f.
Rechtsschutz, gewerblicher 205 ff.
Rechtsschutzversicherung 90, 175
Rechtsstaat 215
Rechtsverordnung 58
Reichsversicherungsordnung (RVO) 176
Reisescheck 128
Rektapapiere (Namenspapiere) 134
Remittent 132
Rendite 37
Rennwett- und Lotteriesteuer 203
Rentabilität 37 f.
Rentenversicherung 179 ff.
Republik 214
Reserven, stille 22
Revision (prozeßrechtlich) 136
Richtzahlen 37 f.
Rimesse 132
Rücktritt vom Vertrage 73

Sachen 62 f.
Sachenrecht 91 ff.
Sachmängel 80 ff.
Saisonkredit 19
Satzungsrecht 58 f.
Schadenersatzpflicht 86 ff.
Schatz 94
Scheck 126 f.
Scheingeschäft 67
Schenkung 74
Schenkungsteuer 200
Scherzgeschäft 67
Schikaneverbot 71
Schmerzensgeld 86
Schöffe 135
Schuldverhältnisse 71 ff.
Schwägerschaft 211
Selbstfinanzierung 22, 196
Selbstkostenrechnung 36
Sicherheitsstellung 73
Sicherungsübereignung 19, 92 f., 95
Sittlichkeit 56 f.
Skonto 45
Solawechsel 132
Sonderausgaben 190 f.
Soziale Marktwirtschaft 10 f.
Sozialgericht 175 f.
Sozialpartner 157 f.
Sozialprodukt 7 ff.

Sachwortverzeichnis

Sozialversicherung 175 ff.
Sparen 13 f., 204 f.
Sparprinzip 1
Spediteur 54
Spezifikationskauf 79
Splittingverfahren 192
Staat 213 ff.
Staatenbund 214
Standort des Industriebetriebes 26 ff.
Statistik 36
Steuerhinterziehung 187
Steuern 183 ff.
Steuerverwaltung 185 ff.
Stille Gesellschaft 109
Stille Reserven 22
Streik 159
Stückschuld 71 f.
Subvention 7
Supermarkt 3
Syndikat 121

Tätigkeiten, wirtschaftliche 1 ff.
Täuschung, arglistige 68
Tarifvertrag 160
Tausch 74
Taylorismus 34
Techniker 30 f.
Teilwert 15
Termine 63 f.
Testament 212
Tierhalterhaftung 90
Tratte 129
Treu und Glauben 71, 73
Treupflicht im Arbeitsverhältnis 145 f.
Trust 122
Typung 34

Überschuldung 139
Übertragung, rechtsgeschäftliche 92 f.
Übertragungsbilanz 6
Überproportionale Kosten 39 ff.
Umlaufvermögen 22 f.
Umsatzgeschwindigkeit 48
Umsatzprozeß, betrieblicher 42 ff.
Umsatzsteuer 198 f.
Unerlaubte Handlung 88 ff.
Unfallversicherung 173, 182 f.
Ungerechtfertigte Bereicherung 85 f.
United Nations 216 f.
Unlauterer Wettbewerb 208 f.
Unmöglichkeit 72, 87
Unterbrechung der Verjährung 65
Unternehmen, verbundene 121 f.
Unternehmer 28 f.

Unternehmung 20 ff.
Unternehmungsformen 103 ff.
Unternehmungszusammenschlüsse 119 ff.
Unterproportionale Kosten 39 ff.
Urerzeugung 2
Urlaub 151 f.

Variable Kosten 39 ff.
Veranlagung (steuerliche) 186
Verbesserungsvorschlag, technischer 207 f.
Verbindung, Vermischung, Verarbeitung 93
Verbrauchsteuern 203
Verbundene Unternehmen 121 f.
Verdingungsordnung für Bauleistungen (VOB) 59
Vereinte Nationen 216 f.
Vergleich 76
Vergleichsverfahren 140 f.
Verjährung 64 f.
Verkauf 52 ff.
Verkehr 4 f.
Verkehrssitte 59, 71
Verlagssystem 2
Verlöbnis 76, 86, 209 f.
Vermittler 4
Vermögensbildung der Arbeitnehmer 204 f.
Vermögensteuer 196
Verrichtungsgehilfe 89
Versand 54
Verschulden bei Vertragsschluß 87
Versicherung, eidesstattliche 4 f., 171 f.
Versicherungen 4 f., 171 ff.
Versicherungsteuer 202
Versicherungsvertrag 76, 171 ff.
Versorgungsausgleich 181, 210
Versorgungsfreibetrag 200
Verteilung 3 f.
Verträge 73 ff., 65 f.
Vertragsstrafe 74, 81
Vertragsverletzung, positive 87
Vertragsversicherung 171 ff.
Vertretung 69 f.
Vertrieb 50 f.
Verwahrungsvertrag 75
Verwaltungsverordnung 59
Verwaltungswirtschaft 9
Verwandtschaft 210 f.
Verzug 72, 76 ff., 87
Viereck, magisches 6
Volksdemokratie 214
Volkseinkommen 7 ff.
Volkswirtschaftslehre 5 f.
Vollbeschäftigung 6, 13

Volljährige 62
Vollmacht 69 f.
Vorkalkulation 36
Vorkaufsrecht 79
Vorpfändung 139
Vorsatz 88
Vorsorgeaufwendungen 190 f.
Vorstand der AG 113 f.
– – Genossenschaft 118 f.

Währung 17
Währungspolitik 18
Wandlung 81
Warenzeichen 207
Wechsel 128 ff.
Wechselsteuer 129
Wegfall der Geschäftsgrundlage 71
Weihnachtsgratifikation 148
Weiterverarbeitung 2 f.
Weltwirtschaft 6
Werbung 50 f.
Werbungskosten 189 f.
Werklieferungsvertrag 75, 83 f.
Werkstoffe 14
Werkvertrag 75, 82 f.
Wert 15
Wertpapierbörse 111 f.
Wertpapiere 133 f.
Wettbewerb, unlauterer 208 f.
Wettbewerbspreis 15 f.
Widerrechtliche Drohung 68
Wiederkauf 79
Willenserklärung 65
Wirtschaftliche Tätigkeiten 1 ff.
Wirtschaftliches Prinzip 1
Wirtschaftlichkeit 1, 38
Wirtschaftsbereiche 1 ff., 5
Wirtschaftswachstum 6
Wissenschaftliche Betriebsführung 34
Wohnungsbauprämien 204 f.
Wucher 67

Zahlungsbedingungen 45
Zahlungsbefehl 137
Zahlungsbilanz 6
Zahlungsunfähigkeit (Insolvenz) 139
Zahlungsverkehr 125 ff.
Zahlungsverzug 82
Zession (Forderungsabtretung) 76
Zeugnis (Arbeits-) 155 f.
Zinsen 71, 124, 137
Zinsabschlagsteuer 194 f.
Zubehör 63
Zusatzkosten 36
Zustimmung 70
Zwangsvollstreckung 137 ff.